高效能 Python 程式設計
第二版
寫給人類的高性能編程法

SECOND EDITION
High Performance Python
Practical Performant Programming for Humans

Micha Gorelick 、 *Ian Ozsvald*　著

賴屹民　譯

O'REILLY®

序

提到高性能計算，你可能會想到模擬複雜氣象，或試著解讀遙遠恆星訊號的巨型電腦叢集，很多人認為只有需要建構特殊系統的人，才需要關心程式碼的性能，但是從你翻開這本書開始，你就朝著編寫高性能程式所需的理論和做法邁出一大步了。每一位程式員都可以了解如何建構高性能系統並得到好處。

有些 app 只能藉著編寫性能優化程式來提升性能，如果這是你的課題，你就來對地方了。但是除此之外還有更廣泛的 app 可以藉著使用高性能程式碼而獲益。

我們經常認為，使用新技術的能力可以推動創新，但我也喜歡可以將技術駕馭力提升好幾個數量級的能力。如果你可以讓處理某一件事情的時間成本或計算成本便宜十倍，你可以處理的 app 數量就會突然多得超乎想像。

我自己是在十幾年前工作時發現這一條原則的，當時我在一家社交媒體公司工作，我們必須分析好幾 TB 的資料，來了解用戶在社交媒體上究竟按下貓照片的次數比較多，還是按下狗照片的次數比較多。

當然，狗照片的次數比較多。貓只是品牌效果較好而已。

在當時，這樣子使用計算時間與基礎設施是非常輕率的舉動！由於我們有能力使用過往只能用於高價值 app 的技術（例如詐欺辨識）來處理普通的問題，所以我們開啟了全新可能性。我們可以利用從實驗得到的知識來建構一組進行搜尋與內容發現的新產品。

舉個你今天可能遇到的例子，假設有個機器學習系統可以從監視器影片中認出意外出現的動物或人。在使用高性能的系統時，你可以將那個模型放入相機本身來提高隱私性，即使模型在雲端上運行，你也可以使用少很多的計算資源與電力資源，從而為環境帶來好處，並降低你的營運成本，如此一來，你可以騰出資源來關注周遭的問題，做出更有價值的系統。

我們都想要做出高效、容易了解且高性能的系統。遺憾的是，我們往往只能從這三個要素中選出兩個（或一個）。本書是寫給想要滿足這三個要素的人看的。

本書與探討這個主題的其他書籍不同的地方有三個。首先，它是為我們這種程式員而寫的，它會告訴你做出某個選擇的所有背景。第二，Gorelick 與 Ozsvald 很好地組織和解釋支持該背景的理論。最後，在這本新版本中，你將了解實作這些方法時最實用的程式庫的特殊性質。

這是少數幾本可以改變你的編程思維的書籍之一，我已經把這本書送給許多人，讓他們有機會利用書中介紹的工具。書中的觀念將會讓你成為更棒的程式員，無論你使用哪一種語言或環境來工作。

好好享受這一場冒險！

—*Hilary Mason*，
Accel 常駐資料科學家

前言

Python 很容易學，你之所以看這本書，可能是因為雖然你的程式可以正確運行，但你想要讓它跑得更快，你想要讓程式更容易修改，並且能夠快速地反覆試驗新想法。在**容易開發與盡量按照希望的速度運行**之間的兩難很容易理解，也讓人很討厭，但這種情況是可以解決的。

有些人希望讓一系列的程序跑得更快；有些人在使用多核心架構、叢集或圖形處理單元時遇到麻煩；有些人需要可擴展的系統，能夠隨機應變，並且視資金狀況來處理工作量，且不失其可靠性；有些人則是發現他們的編程技術（通常是參考其他語言的）不像別人的案例那麼自然。

本書將探討以上所有主題，實際教你如何找出瓶頸，以及製作更快速且更容易擴展的解決方案。我們也會介紹一些過往的實戰經驗，幫助你避開別人承受過的打擊。

Python 很適合用來進行快速開發、生產部署，以及製作可縮放系統。它的生態系統有很多能為你擴展它的熱心人士，讓你可以把更多時間專注於更有挑戰性的任務上。

本書對象

我們使用 Python 很長一段時間了，所以知道為什麼有些東西跑得很慢，也曾經多次討論如何使用 Cython、numpy 與 PyPy 等技術來解決問題。或許你也用過其他語言，知道解決性能問題的手段不只一種。

雖然本書主要針對 CPU-bound（受 CPU 限制的）問題，但我們也關注資料傳輸與記憶體受限的解決方案。這些問題通常是科學家、工程師、定量分析師和學者面臨的問題。

我們也會介紹 web 開發者可能遇到的問題，包括移動資料，以及使用 PyPy 等即時（JIT）編譯器和非同步 I/O 來輕鬆提升性能。

具備 C（或 C++，也許 Java）的使用經驗是有幫助的，但它不是先決條件。Python 最常見的解譯器（CPython──通常是當你在命令列輸入 python 時執行的標準解譯器）是用 C 寫成的，所以它的掛勾（hook）與程式庫都揭露了內部的 C 機制。我們介紹的許多技術都不預設你有任何 C 知識。

或許你對 CPU、記憶體架構、資料匯流排有初步的了解，但再次強調，這不是絕對必要的。

誰不適合讀這本書

本書適合中高階 Python 程式員。雖然認真的 Python 程式員也可以跟著操作，但我們建議你具備堅實的 Python 基礎。

我們不會討論儲存系統優化。如果你遇到 SQL 或 NoSQL 瓶頸，這本書可能無法幫助你。

你將學到什麼

筆者一直以來都在業界和學術界處理大量的資料，所以多年來都有**我想要更快得到答案！**和「可擴展的架構」的需求。我們會盡量提供來之不易的經驗，避免你犯下我們犯過的錯誤。

在各章的開頭，我們會列出後續內容將要回答的問題（如果沒有，麻煩告訴我們，好在下次改版時修訂！）。

我們討論的主題有：

- 電腦機制的背景知識，讓你知道幕後發生的事情
- 串列與 tuple──在這些基本資料結構內有哪些語義和速度方面的微妙差異
- 字典與集合──在這些重要的資料結構內的記憶體配置策略和存取演算法
- 迭代器──如何將程式寫得更符合 Python 風格，以及使用迭代來開啟無限資料串流的大門
- 純 Python 法──如何有效地使用 Python 和它的模組

- 用 numpy 處理矩陣——如何大刀闊斧地使用貼心的 numpy 程式庫

- 編譯和即時計算——編譯成機器碼，以更快的速度來處理，用分析的結果來引導工作

- 並行——高效移動資料

- multiprocessing——使用內建的 multiprocessing 程式庫來進行平行計算、高效地共享 numpy 矩陣，以及程序間通訊（IPC）的成本與益處

- 叢集計算——轉換 multiprocessing 程式碼，讓它在本地或遠端叢集上的研究與生產系統中運行

- 使用更少 RAM——如何解決大型問題而不必購買大型的電腦

- 實戰經驗——從曾經遭受打擊的人吸取教訓，以避免它們

Python 3

Python 3 在 Python 2.7 經歷了 10 年的遷移過程並且被棄用之後，於 2020 年成為標準的 Python 版本。如果你還在使用 Python 2.7，這是不對的選擇——許多程式庫都不支援你的 Python 程式了，即使有支援，代價也會越來越高。請幫幫社群，遷移至 Python 3，並且在所有新專案中使用 Python 3。

本書使用 64-bit Python，雖然我們也支援 32-bit Python，但它在科學工作中罕見多了。我們希望所有程式庫都能正常工作，但數字精度可能會改變，因為它取決於計數時可用的 bit 數。64-bit 和 *nix 環境（通常是 Linux 或 Mac）在這個領域占主導地位。64-bit 可讓你處理更大量的 RAM。*nix 可讓你做出來的 app 能夠以易懂的方式和行為進行部署與設置。

如果你使用 Windows，你就要繫好安全帶了。雖然大部分的程式都可以正常運作，但有一些是 OS 專屬的，你必須自行研究 Windows 解決方案。Windows 用戶最大的困難就是安裝模組——在 Stack Overflow 等網站進行研究可以找到解決方案。如果你使用 Windows，或許在虛擬機器（例如 VirtualBox）中安裝 Linux 可以協助你更自由地進行試驗。

Windows 用戶絕對要考慮 Anaconda、Canopy、Python(x,y) 或 Sage 等包裝方案。這些版本也會讓 Linux 和 Mac 用戶輕鬆許多。

自 Python 2.7 以來的改變

如果你是從 Python 2.7 升級上來的，以下是你可能沒有發現的一些改變：

- / 在 Python 2.7 代表整數除法，但是它在 Python 3 代表浮點除法。
- str 與 unicode 在 Python 2.7 代表文字資料；Python 3 的所有東西都是 str，而且都是 Unicode。為了明確表達，當我們使用未編碼的 byte 序列時，將使用 bytes 型態。

如果你正在升級你的程式碼，這兩篇指南很棒：「Porting Python 2 Code to Python 3」（*http://bit.ly/pyporting*）與「Supporting Python 3: An in-depth guide」（*http://python3porting.com*）。使用 Anaconda 或 Canopy 等版本可讓你同時運行 Python 2 與 Python 3，這可以簡化移植工作。

勘誤與回饋

我們鼓勵你在 Amazon 等公眾網站評論本書——請協助別人知道他們是否可從本書獲益！你也可以寄 email 給我們：*feedback@highperformancepython.com*。

我們非常希望知道關於本書的錯誤、本書成功協助你的用例，以及我們應該在下一版介紹的高性能技術。本書的網頁位於 *https://oreil.ly/high-performance-python-2e*。

我們也歡迎你透過即時投訴傳遞服務來表達不滿。
> /dev/null

本書編排慣例

本書使用下列的編排方式：

斜體字（*Italic*）
　　代表新術語、URL、email 地址、檔名，與副檔名。中文以楷體表示。

定寬字（`Constant width`）
　　在長程式中使用，或是在文章中代表變數、函式名稱、資料庫、資料型態、環境變數、陳述式、關鍵字等程式元素。

定寬粗體字（**Constant width bold**）

　　代表應由使用者親自輸入的命令或其他文字。

定寬斜體字（*Constant width italic*）

　　應換成使用者提供的值的文字，或由上下文決定的值的文字。

 這個圖示代表提示、建議或批判性思考問題。

 這個圖示代表一般說明。

 這個圖案代表警告或注意。

使用範例程式

你可以在 *https://github.com/mynameisfiber/high_performance_python_2e* 下載輔助教材（範例程式、習題等等）。

如果你在使用範例程式時遇到技術性問題，可寄 email 至 *bookquestions@oreilly.com*。

本書旨在協助你完成工作。一般來說，除非你更動了程式的重要部分，否則你可以在自己的程式或文件中使用本書的程式碼而不需要聯繫出版社取得許可。例如，使用這本書的程式段落來編寫程式不需要取得許可，出售或發表 O'Reilly 書籍的範例需要取得許可；引用這本書的內容與範例程式碼來回答問題不需要我們的許可，但是在產品的文件中大量使用本書的範例程式需要我們的許可。

如果你覺得自己使用範例程式的程度超出上述的允許範圍，歡迎隨時與我們聯繫：*permissions@oreilly.com*。

致謝

Hilary Mason 為我們撰寫前言，感謝你為本書寫了這麼精彩的開場白。Giles Weaver 與 Dimitri Denisjonok 為這一版提供寶貴的技術回饋，辛苦了，老兄。

感謝 Patrick Cooper, Kyran Dale, Dan Foreman-Mackey, Calvin Giles, Brian Granger, Jamie Matthews, John Montgomery, Christian Schou Oxvig, Matt "snakes" Reiferson, Balthazar Rouberol, Michael Skirpan, Luke Underwood, Jake Vanderplas 和 William Winter 寶貴的回饋與貢獻。

Ian 想感謝他的太太 Emily 允許他再次消失 8 個月來寫這本第二版（謝天謝地，她非常體諒）。Ian 想要向他的愛犬道歉，因為他寧可埋頭寫作，也不願意像從前那樣帶著牠到樹林裡散步。

Micha 想要感謝 Marion 和其他的朋友及家人，在他學習寫作的期間如此充滿耐心。

O'Reilly 編輯們非常親切，如果你想要寫書，務必考慮和他們討論。

「實戰經驗」這一章的貢獻者善心地貢獻他們的時間和來之不易的教訓。感謝 Soledad Galli, Linda Uruchurtu, Vanentin Haenel 與 Vincent D. Warmerdam 對這一版的付出，以及 Ben Jackson, Radim Řehůřek, Sebastjan Trepca, Alex Kelly, Marko Tasic 與 Andrew Godwin 在上一版貢獻的時間與努力。

目錄

## 第一章

了解高性能 Python

看完這一章之後，你可以回答這些問題

- 電腦架構的元素有哪些？

- 常見的替代電腦架構有哪些？

- Python 如何將底層的電腦架構抽象化？

- 寫出高性能 Python 程式的障礙有哪些？

- 有哪些策略可以協助你成為高績效的程式員？

我們可以將電腦想成它可以移動一些資料位元，並且以特殊的方式轉換它們，以達到特定的結果。但是，這些動作有時間成本。因此，**高性能編程**可以視為可將這些操作最小化的工作，無論是藉著減少開銷（overhead）（即，寫出更高效的程式碼），或是藉著改變執行這些操作的方式，讓每一個操作都更有意義（即，找出更合適的演算法）。

我們把焦點放在降低程式碼的開銷，以便更深入地了解讓我們在裡面移動位元的實際硬體。因為 Python 已經很努力地將硬體的實際互動抽象化了，所以我們的做法乍看之下似乎是徒勞的，然而，藉著了解如何用最好的方法在實際的硬體中移動位元，以及 Python 的抽象如何移動位元，你可以寫出性能更高的 Python 程式。

基本電腦系統

構成電腦的底層元件可以簡單地分成三個基本部分:計算單元、記憶單元,及它們之間的連結。此外,這些單元都有不同的屬性(property),計算單元的屬性是它每秒可以做多少次計算,記憶單元的屬性是它可以保存多少資料,以及從它讀出和對它寫入的速度多快,最後,連結的屬性是將資料從一個地方搬到另一個地方有多快。

我們可以使用這些元件,以多個複雜程度來討論標準的工作站。例如,標準工作站可視為具備一個中央處理單元(CPU)作為計算單元,連接至兩個分開的記憶單元,隨機存取記憶體(RAM)與硬碟(它們分別有不同的功能與讀/寫速度),最後有一個匯流排,連接所有這些部分。但是,我們也可以更詳細地觀察,發現 CPU 本身也有多個記憶單元:L1、L2,有時甚至有 L3 與 L4 快取,雖然它們的容量很小,卻有極高的速度(從幾 KB 至數十 MB)。此外,新的電腦架構通常有新的配置(例如,Intel 的 SkyLake CPU 將前端匯流排換成 Intel Ultra Path Interconnect,並且重組許多連結)。最後,在工作站的這兩種概要結構中,我們都忽略了網路連結,它與許多其他計算與記憶單元相較之下是極緩慢的連結!

為了協助釐清這些複雜的問題,我們簡單介紹一下這些基本元素。

計算單元

電腦的計算單元是它的功能的核心——它可以將它收到的任何位元轉換成其他位元,或改變當前程序的狀態。CPU 是最常用的計算單元,然而,圖形處理單元(GPU)這種輔助計算單元也越來越流行。它們最初被用來提升電腦繪圖速度,但現在變得很適合用於數字應用,而且因其平行性質可同時進行許多計算,它也越來越實用。無論類型如何,計算單元都接收一系列的位元(例如,代表數字的位元),輸出另一組位元(例如,代表這些數字總和的位元)。除了對整數執行基本算術,以及對二進制數字執行實數和逐位元計算之外,有些計算單元也提供專門的操作,例如「fused multiply add」接收三個數字,A、B 與 C,然後回傳 A * B + C。

計算單元的主要屬性是可在一個週期之內執行的操作數，以及一秒內的週期數。第一個值是用指令平均週期數（IPC）來衡量的[1]，後者則是用它的時脈速度來衡量的。每當有新計算單元被做出來時，大家就會用這兩個指標來做比較。例如，Intel Core 系列有極高的 IPC，但時脈較低，Pentium 4 晶片則相反。另一方面，GPU 有極高的 IPC 與時脈，但它們有其他的問題，例如我們會在第 8 頁的「通訊層」討論的通訊緩慢。

此外，儘管增加時脈速度幾乎可以立即加快計算單元運行的所有程序的速度（因為它們每秒能夠執行更多計算），但具備較高的 IPC 時，你也可以藉著改變向量化（*vectorization*）程度來大幅影響計算能力。當 CPU 可以同時接收多個資料片段，並且能夠一次操作它們全部時，就會發生向量化。這種 CPU 指令稱為「單指令，多資料（single instruction, multiple data，SIMD）」。

總的來說，計算單元在過去十年的發展速度相當緩慢（見圖 1-1）。因為電晶體變小的速度被物理因素限制，時脈與 IPC 都停滯不前。因此，晶片製造商一直依靠其他方法來獲得更高的速度，包括同時多執行緒（一次可以執行多個執行緒）、更聰明的無序（out-of-order）執行，以及多核心架構。

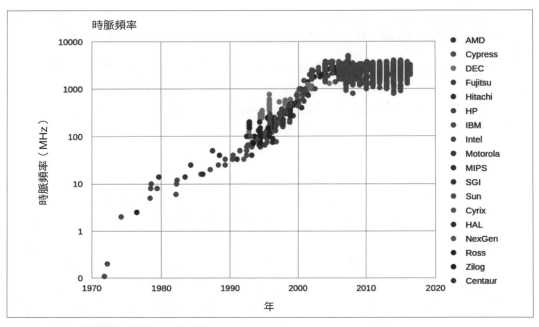

圖 1-1　CPU 時脈速度的歷史走勢（來自 CPU DB（*https://oreil.ly/JnJt2*））

1　請勿和縮詞相同的程序間通訊（interprocess communication）混為一談，第 9 章會討論這個主題。

超執行緒提供虛擬的第二 CPU 來承載作業系統（OS），聰明的硬體邏輯則試著在一顆 CPU 的執行單元內交錯執行兩個指令執行緒。成功的話，它可以讓一個執行緒提升 30% 之多。當這兩個執行緒處理的工作單位使用不同類型的執行單元時，這種做法通常有很好的效果，例如，一個執行緒執行浮點運算，另一個執行整數運算。

無序執行可讓編譯器發現有哪些線性的程式順序不需要依靠之前的工作結果，所以可讓工作以任何順序執行，或同時執行。只要有序的結果可以在正確的時間出現，程式就可以繼續正確執行，即使不同的工作沒有按照它們在程式中的順序執行。採取這種做法時，我們可以在其他指令被阻塞（例如等待記憶體存取）時執行某些指令，進而更充分地利用資源。

最後，對更高階的程式員來說，最重要的是流行的多核心架構。這種架構在同一個單元裡面放入多顆 CPU，可以提升總體性能，同時不妨礙各個單元的速度。這就是為何目前很難找到少於兩顆核心的電腦，當電腦有兩顆核心時，它就有兩個互相連接的實體計算單元。雖然這種設計可以提升每秒可以完成的操作總數，但它會讓你更難編寫程式！

在 CPU 中加入更多核心不一定可以提高程式的執行期速度。原因來自 *Amdahl 定律*（*https://oreil.ly/GC2CK*）。簡單地說，Amdahl 定律是：如果需要在多顆核心內執行的程式有多個子程序必須在同一顆核心內處理，這就會阻礙使用多核心可獲得的最大速度。

打個比方，如果我們有一份市調想要讓 100 個人填寫，而那份調查需要用 1 分鐘完成，如果我們有一位負責調查的訪問者，我們就可以在 100 分鐘之內完成這項任務（即，這個人到受訪者 1 前面，問問題，等他回答，再到受訪者 2 前面）。這種讓一個人問問題並等待回答的方法很像循序程序。使用循序程序時，我們每次滿足一項操作，每一項操作都必須等待上一個完成。

但是，如果我們有兩位訪問者，我們就可以平行進行調查，只要用 50 分鐘就可以完成程序。之所以如此是因為每一個人在問問題的時候，不需要知道另一個人的任何事情。因此，這項工作可以輕鬆地拆開，訪問者之間沒有任何依賴性。

加入更多訪問者會提升更高速度，直到有 100 位訪問者為止。此時，這個程序需要 1 分鐘完成，會影響總時間的因素，只有受訪者回答問題的時間。加入更多訪問者不會讓速度進一步提升，因為額外的人員沒有工作可做，因為所有受訪者都已經被問問題了！此時，你只能藉著減少個別調查（這個問題的連續部分）的完成時間來降低總體市調時間。同樣地，在 CPU，我們可以加入更多能夠視需要執行不同計算區塊的核心，直到到達特定核心完成其工作所需的時間瓶頸為止。換句話說，任何平行計算的瓶頸一定是被分離的較小循序任務。

此外，在 Python 中使用多核心的主要障礙在於 Python 使用全域解譯器鎖（*global interpreter lock*，*GIL*）。GIL 可確保 Python 程序一次只執行一個指令，無論它目前使用多少核心。也就是說，即使 Python 程式一次可使用多個核心，無論何時也只有一個核心在運行 Python 指令。用上述的市調例子來說，這代表即使我們有 100 位訪問者，一次也只有一個人可以問一個問題並且聆聽回答。這根本消除擁有多位訪問者帶來的任何好處了！雖然這看起來確實是個障礙，尤其是因為目前的計算趨勢是使用多個計算單元而不是使用更快速的，但這個問題可以藉著使用這些工具來避免：multiprocessing 等標準程式庫工具（第 9 章）、numpy 或 numexpr 等技術（第 6 章）、Cython（第 7 章），或分散式計算模型（第 10 章）。

> Python 3.2 也對 GIL 進行了重要的改寫（*https://oreil.ly/W2ikf*），讓系統靈活許多，減輕許多圍繞著單執行緒系統性能的煩惱。雖然 GIL 仍然會鎖定 Python，讓它一次只執行一個指令，但現在可以更好地在這些指令之間切換，讓工作開銷更低。

記憶單元

電腦的記憶單元是用來儲存位元的。這些位元可能代表程式中的變數，或代表圖像中的像素。因此，記憶單元的抽象也適用於主機板的暫存器以及你的 RAM 和硬碟。所有類型的記憶體單元之間最大的差別是它們讀 / 寫資料的速度。更複雜的是，讀 / 寫速度與資料被讀取的方式有很大的關係。

例如，大部分的記憶單元讀取一個大區塊資料的性能都遠比讀取許多小區塊更好（這稱為**連續讀取 vs. 隨機資料**）。如果你將這些記憶單元裡面的資料當成一本書的書頁，這意味著大部分的記憶單元在逐頁翻閱書本時的讀 / 寫速度，都比經常從某頁隨機翻到另一頁時更快。雖然所有記憶單元都有這種情況，但這種情況對各種記憶單元的影響程度有很大的不同。

除了讀 / 寫速度之外，記憶單元也有**延遲時間**（*latency*），也就是設備尋找想要使用的資料所花費的時間。對旋轉硬碟而言，這個延遲時間可能很長，因為磁碟需要物理性地加快轉速，並將讀取頭移到正確的位置。另一方面，對 RAM 而言，這個延遲時間可能很短，因為一切都是固定狀態的。以下簡要說明在標準工作站中常見的各種記憶單元，按讀 / 寫速度排序[2]：

旋轉硬碟

即使在電腦關機時，也可以進行持久保存的長期儲存設備。讀 / 寫速度通常很慢，因為它必須在物理上旋轉和移動磁碟。因為採取隨機存取模式，所以性能不彰，但有很大的容量（10 TB）。

固態硬碟

類似旋轉硬碟，有較快的讀 / 寫速度，但容量較小（1 TB）。

RAM

用來儲存應用程式碼與資料（例如任何變數）。具備快速讀 / 寫特性，在隨機存取模式下有很好的性能，但通常容量有限（64 GB）。

L1/L2 **快取**

極快的讀 / 寫速度。送往 CPU 的資料**必須經過它們**。容量非常小（幾 MB）。

圖 1-2 用目前的消費硬體的特性來展示這幾種記憶單元的差異。

2　這一節的速度來自 *https://oreil.ly/pToi7*。

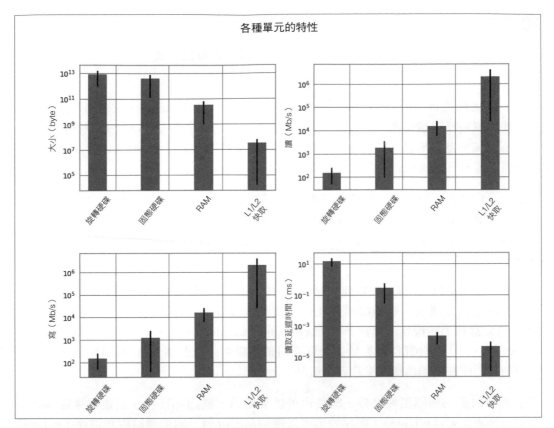

圖 1-2　不同記憶單元的特性值（2014 年 2 月的數據）

圖中有一個很明顯的趨勢是讀寫速度與容量成反比——當我們試著提高速度時，容量就會降低。因此，許多系統都採取記憶體分層法：最初，將完整的資料放在硬碟內，將它的一部分移至 RAM，再將小很多的子集合移到 L1/L2 快取。這種分層法可讓程式根據存取速度的需求在不同的地方保存記憶。當我們試著優化程式的記憶模式時，只是在優化要將哪些資料放在哪裡、如何布局（為了提升循序讀取的數量）、以及它在不同位置之間移動了多少次。此外，非同步 I/O 與搶占式快取之類的方法可以確保資料一定在需要的位置，而不會浪費計算時間——在執行其他計算時，這些程序大部分都可以獨立執行！

通訊層

最後，我們來看這些基本元素如何互相溝通。溝通模式有很多種，但它們都是所謂的匯流排（*bus*）的變體。

例如，前端匯流排（*frontside bus*）是 RAM 與 L1/L2 快取間的連結。它會將準備讓處理器轉換的資料移至預備處，準備進行計算，並且將完成的計算移出。此外還有其他的匯流排，例如外部匯流排，它是從硬體設備（例如硬碟與網路卡）到 CPU 與系統記憶體的主要路徑。外部匯流排通常比前端匯流排更慢。

事實上，L1/L2 快取的許多好處都要歸功於更快的匯流排。因為我們能夠在緩慢的匯流排（從 RAM 到快取）以大區塊的形式排列計算所需的資料，再以非常快的速度，以快取線（從快取到 CPU）提供它們，所以 CPU 無需等待太長的時間就可以進行更多的計算。

同樣地，使用 GPU 的許多缺點也來自連接它的匯流排：因為 GPU 通常是周邊設備，透過 PCI 匯流排來溝通，這種匯流排比前端匯流排慢非常多。因此，讓資料流入與流出 GPU 是相當費力的操作。異質計算（heterogeneous computing，也就是在前端匯流排接上 CPU 與 GPU 的計算模組）旨在降低資料傳輸成本，並且讓 GPU 計算成為比較可行的選項，即使在必須傳輸大量資料的情況下。

除了電腦內部的通訊區塊之外，網路也可以視為另一種通訊區塊。但是這種區塊比上述的區塊更柔韌（pliable）；網路設備可以接到記憶設備，例如網路附加儲存（network attached storage，NAS）設備或其他計算區塊，例如叢集內的計算節點。但是，網路通訊通常比上述的其他通訊類型慢非常多。前端匯流排每秒可以傳輸數十 gigabits，但網路只限於數十 megabits 的數量級。

顯然地，匯流排的主要屬性是它的速度：它可以在特定的時間內移動多少資料。這個屬性包含兩個數據：一次傳輸可以移動多少資料（匯流排寬度），以及匯流排每秒可以進行幾次傳輸（匯流排頻率）。注意，在一次傳輸之內移動的資料一定是循序的，它會將一塊資料讀出記憶體，並移到不同的位置。因此，匯流排的速度可以拆成這兩個數據，因為它們會分別影響計算的不同方面：因為寬度很大的匯流排可以在一次傳輸之內移動所有相關的資料，所以它對向量化的程式碼（或是需要循序讀取記憶體的任何程式碼）有益；另一方面，寬度很小，但是傳輸頻率很高的匯流排對必須從記憶體的隨機部分進行多次讀取的程式碼有利。有意思的是，電腦設計師可以透過主機板的物理布局改變這些屬性：當晶片被放在一起時，連接它們的物理接線比較短，所以可以加快傳輸速度。而且，接線的數量本身決定了匯流排的寬度（所以這個術語有實際的物理意義！）。

因為我們可以調整介面來為特定的應用提供正確的性能，所以介面有上百種類型就不足為奇了。圖 1-3 是常見的介面的位元率（bitrate）。注意，這與接線的延遲時間沒有任何關係，延遲時間代表回應資料請求所需的時間（不過延遲時間和電腦有很大的關係，它使用的介面有一些固有的基本限制）。

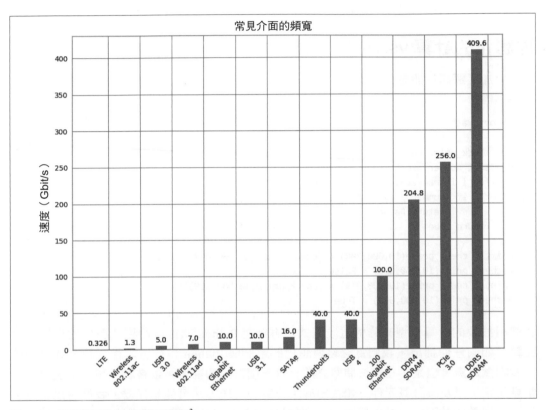

圖 1-3　各種常見介面的連接速度 [3]

將基本元素放在一起

了解電腦的基本元素不足以完全了解高性能編程的問題，這些元件的互動以及它們合作解決問題的方式也會帶來額外的複雜性。本節將探索一些玩具問題，說明理解的解決方案如何工作，以及 Python 如何處理它們。

3　此數據來自 *https://oreil.ly/7SC8d*。

警告：這一節可能會讓人氣餒，因為大部分的內容都暗指 Python 本質上無法處理性能問題。這不是事實，原因有二。第一，在所有這些「高性能計算元件」中，我們忽略了一個非常重要的因素：開發者，Python 的性能缺點可以用開發速度扳回。此外，本書將會介紹一些模組和原理，它們可以協助你相對輕鬆地緩解這裡提到的許多問題。結合這兩個層面，我們可以保持快速的 Python 開發思維，同時排除許多性能約束。

理想化的計算 vs. Python 虛擬機器

為了更加了解高性能編程的元素，我們來看一段簡單的程式，它的目的是檢查一個數字是不是質數：

```python
import math

def check_prime(number):
    sqrt_number = math.sqrt(number)
    for i in range(2, int(sqrt_number) + 1):
        if (number / i).is_integer():
            return False
    return True

print(f"check_prime(10,000,000) = {check_prime(10_000_000)}")
# check_prime(10,000,000) = False
print(f"check_prime(10,000,019) = {check_prime(10_000_019)}")
# check_prime(10,000,019) = True
```

我們用抽象的計算模型來分析這段程式，再針對 Python 執行這段程式發生的事情進行比較。如同任何抽象，我們會忽略理想化的電腦與 Python 執行這段程式的方式之中的許多細微之處。但是，在解決問題之前，有一個很好的練習可以嘗試：想一下演算法的常見元素，以及讓計算元件一起找出解決方案的最佳方法可能是什麼。我們可以藉著了解這個理想的狀況，以及明白 Python 底層實際發生了什麼事，反覆地讓 Python 程式碼更接近最佳程式碼。

理想化計算

當程式開始時，我們在 RAM 儲存 number 的值。為了計算 sqrt_number，我們必須將 number 的值傳給 CPU。理想情況下，我們可以送一次值，它會被存放在 CPU 的 L1/L2 快取裡面，CPU 會進行計算，再將值傳回去給 RAM，將它儲存起來。這是理想化的情境，我們將「從 RAM 讀取 number 值」的次數降到最低，選擇從 L1/L2 快取讀取，因為這樣快很多。而且，藉著使用直接連接至 CPU 的 L1/L2 快取，我們也將透過前端匯流排傳遞的資料量最小化了。

將資料放在需要它的地方，並且盡量減少移動它的次數在進行優化時非常重要。「重資料（heavy data）」這個概念指的是移動資料所需的時間與勞力，它是應避免的東西。

至於程式中的迴圈，我們想要同時傳送 number 與一些 i 值給 CPU 來進行檢查，而不是一次傳送一個 i 值給 CPU。可以做到的原因是，CPU 不需要額外的時間成本就可以操作向量化，也就是說，它可以同時執行多個獨立的計算。所以我們想要將 number 傳至 CPU 快取，加上盡可能多的 i 值，只要快取可以保存即可。我們對著每一對 number/i 執行除法，檢查結果是不是整數，接下來，我們回傳一個訊號，指出是否有任何值是整數。如果有，函式結束。如果沒有，我們重複這項工作。如此一來，對於許多 i 值，我們只需要傳回一次結果，而不是透過緩慢的匯流排來傳遞每一個值。我們利用了 CPU 將計算向量化的功能，也就是在一次時脈週期之內，執行一個指令來處理多筆資料。

我用下面的程式來說明這種向量化的概念：

```python
import math

def check_prime(number):
    sqrt_number = math.sqrt(number)
    numbers = range(2, int(sqrt_number)+1)
    for i in range(0, len(numbers), 5):
      # 下面這行不是有效的 Python 程式碼
        result = (number / numbers[i:(i + 5)]).is_integer()
        if any(result):
            return False
    return True
```

在此，我們設定了程序，讓除法與整數的檢查都是用整組的五個 i 值一次完成。如果我們正確地進行向量化，CPU 就可以用一個步驟執行這一行，而不是分別為每一個 i 進行計算。在理想情況下，any(result) 操作也會在 CPU 裡面發生，而不需要將結果傳回去 RAM。我們將在第 6 章更詳細地介紹向量化、它如何工作，以及它何時可以為你的程式帶來好處。

Python 的虛擬機器

Python 解譯器會努力試著將底層的計算元素抽象化。程式員不需要關心如何為陣列分配記憶體、如何安排記憶體，或是以什麼順序將它送給 CPU。這是 Python 的優點，因為它可讓你把注意力放在你想要實作的演算法上。但是，它也會帶來巨大的性能損失。

重點在於，我們要認識到，Python 的核心確實運行一組非常優化的指令。但是，訣竅是讓 Python 以正確的順序執行它們，以獲得更好的性能。例如，在接下來的例子中，我們很容易就可以看出來，search_fast 跑得比 search_slow 快，原因是它跳過未提前終止迴圈而導致的無謂計算，雖然這兩種做法的執行時間都是 O(n)。然而，當你處理衍生型態、特殊 Python 方法或第三方模組時，事情就更麻煩了。例如，你可以立即看出 search_unknown1 或是 search_unknown2 哪一個函式比較快嗎？

```python
def search_fast(haystack, needle):
    for item in haystack:
        if item == needle:
            return True
    return False


def search_slow(haystack, needle):
    return_value = False
    for item in haystack:
        if item == needle:
            return_value = True
    return return_value


def search_unknown1(haystack, needle):
    return any((item == needle for item in haystack))


def search_unknown2(haystack, needle):
    return any([item == needle for item in haystack])
```

藉著分析來找出程式中緩慢的區域，並且尋找更高效的方式來進行同樣的計算，很像是在尋找這些無用的操作並移除它們；雖然最終結果是相同的，但計算次數與資料傳輸量將大幅減少。

這個抽象層會讓我們無法直接實現向量化。我們最初的質數程式會幫每一個 i 值執行一次迴圈迭代，而不是結合多次迭代。然而，從抽象向量化的例子中，我們可以看到它不是有效的 Python 程式，因為我們無法將一個浮點數除以一個串列。numpy 之類的外部程式庫可以藉著將數學運算向量化來協助處理這種情況。

此外，Python 的抽象機制，會讓我們難以藉著將接下來的計算所需的資料持續放在 L1/L2 快取裡面來進行優化。這有很多原因，首先，Python 的物件在記憶體裡面不是以最佳的方式安排的，原因是 Python 是一種資源回收（garbage-collected）語言，它會視需求自動配置與釋出記憶體。這些動作會造成記憶體碎片化，從而影響傳輸至 CPU 快取的動作。此外，我們根本無法直接在記憶體裡面改變資料結構的布局，這意味著在匯流排上面的單次傳輸可能不包含一次計算所需的所有資訊，即使匯流排寬度可以容納它們全部[4]。

第二，由於 Python 採用動態型態而且不會被編譯，導致更加根本性的問題。如同 C 程式員經年累月學來的教訓，編譯器通常比你聰明。當編譯器編譯靜態程式碼時，它可以用許多技巧來改變東西的布局方式，以及 CPU 執行某些指令的方式，從而優化它們。然而，Python 不會被編譯：更糟糕的是，它有動態型態，這意味著程式碼的功能可能會在執行期改變，所以很難用演算法來推斷任何優化機會。緩解這個問題的方法有很多種，最重要的是使用 Cython，它可讓 Python 程式碼被編譯，以及讓使用者建立「提示」，告訴編譯器程式碼的實際動態程度。

最後，如果你試著將這段程式碼平行化，上述的 GIL 可能會損害性能。舉例來說，假設我們修改程式碼，讓它使用多個 CPU 核心，因而各個核心都會取得從 2 到 sqrtN 的一段數字。每一個核心都可以為它的數字段落執行計算，當計算全部完成時，核心可以比較它們的計算結果。因為各個核心不知道是否找到解，所以我們無法提早終止迴圈，但我們可以降低各個核心執行的檢查次數（如果我們有 M 個核心，各個核心需要做 sqrtN / M 次檢查）。然而，因為 GIL，我們一次只能使用一個核心。這意味著我們運行的其實是與未平行化的版本一樣的程式碼，但我們無法提前終止了。要避免這個問題，我們可以將多執行緒換成多程序（使用 multiprocessing 模組），或使用 Cython 或跨語言函式（foreign function）。

那為什麼要使用 Python？

Python 具備高度的表達性，也容易學習，新程式員可以在很短的時間內完成很多工作。有許多 Python 程式庫包含以其他語言寫成的工具，來讓你可以輕鬆地呼叫其他系統；舉例來說，scikit-learn 機器學習系統包裝了 LIBLINEAR 與 LIBSVM（都是用 C 寫成的），而 numpy 程式庫包含 BLAS 與其他 C 和 Fortran 程式庫。因此，正確使用這些模組的 Python 程式可以跑得和 C 程式一樣快。

---

4   第 6 章會介紹如何取回這種控制權，並一路往下調整程式碼，直至記憶體使用模式。

Python 被稱為「內建電池（batteries included）」，因為它內建了許多重要的工具和穩定的程式庫，包括：

unicode 與 bytes

融入核心語言

array

高效地使用記憶體的基本型態陣列

math

基本數學運算，包含一些簡單的統計

sqlite3

以 SQL 檔案為主的流行引擎 SQLite3 的包裝

collections

各式各樣的物件，包括 deque、計數法與字典變體

asyncio

使用 async 與 await 語法來讓 I/O 綁定任務並行執行

在核心語言之外也有大量的程式庫，包括：

numpy

數值 Python 程式庫（用來處理任何矩陣相關工作的基本程式庫）

scipy

收集大量值得信賴的科學程式庫，它們通常包著德高望重的 C 與 Fortran 程式庫

pandas

用 scipy 與 numpy 來建構的資料分析程式庫，類似 R 的 data frames 或 Excel 試算表

scikit-learn

快速轉變為內定的機器學習程式庫，它是用 scipy 來建構的

tornado

可讓你輕鬆綁定來執行並行計算的程式庫

PyTorch 與 *TensorFlow*

> Facebook 和 Google 提供的深度學習框架，強力支援 Python 與 GPU

NLTK、SpaCy 與 Gensim

> 深度支援 Python 的自然語言處理程式庫

資料庫綁定

> 可以和幾乎所有資料庫溝通，包括 Redis、MongoDB、HDF5 與 SQL

web 開發框架

> 可讓你高效建立網站的系統，例如 aiohttp、django、pyramid、flask、tornado

OpenCV

> 電腦視覺程式庫

API 程式庫

> 可讓你輕鬆訪問流行的 web API，例如 Google、Twitter 與 LinkedIn

你也可以使用各式各樣的託管環境與 shell 來滿足各種部署情境，包括：

- 標準版本，位於 *http://python.org*
- 用於簡單、輕量、可移植 Python 環境的 pipenv、pyenv 與 virtualenv。
- Docker，用來建立容易啟動與重現的開發或生產環境
- Anaconda 公司的 Anaconda，以科學為重點的環境
- Sage，一種類 Matlab 環境，包含整合開發環境（IDE）
- IPython，科學家和開發人員重度使用的互動式 Python shell
- Jupyter Notebook，使用瀏覽器的 IPython 擴展版本，被廣泛用來教學與展示

Python 有一項重要的優點是它可以讓你快速地建立原型。因為有各式各樣的支援程式庫可用，所以很容易測試想法是否可行，即使最初的實作可能極不穩定。

如果你想要讓算術程式跑得更快，你可以研究一下 numpy。如果你想要嘗試機器學習，可試試 scikit-learn。如果你想要清理和處理資料，pandas 是很好的選擇。

「雖然系統跑得更快了,但長遠來看,團隊的速度會不會反而變慢了?」一般來說,這是一個合理的問題。只要投入足夠的時間,我們一定可以從系統擠出更多性能,但是這樣可能會造成脆弱且倉促進行的優化,最終造成團隊的崩潰。

加入 Cython(見第 162 頁的「Cython」)可能會造成這種結果,Cython 是一種以編譯器為主的方法,可將 Python 程式碼註記為類 C 型態,以便使用 C 編譯器來編譯轉換後的程式碼。雖然它提升的速度令人印象深刻(通常可以用相對較少的勞力取得接近 C 的速度),但支援這段程式碼的代價也會增加。更明確地說,團隊可能很難支援這種新模組,因為團隊成員的編程能力必須達到一定的成熟度,才可以理解不使用可提升性能的 Python 虛擬機器時,會失去什麼和得到什麼。

如何寫出高性能的程式?

編寫高性能的程式只是讓成功的專案長期維持高性能的一個因素。比起提高解決方案的速度並且讓它更複雜,團隊的整體速度重要多了。團隊的整體速度有一些關鍵因素——好的結構、製作文件、除錯能力,以及共用的標準。

假設你有一個原型,你沒有對它進行徹底的測試,而且你的團隊也沒有檢查它。它看起來已經「夠好」了,並且被送至生產環境。因為你們從來沒有用結構化的方式來編寫它,所以它缺乏測試程式與文件。突然之間,有一段引發慣性(inertia-causing)的程式碼需要別人支援,而管理層通常無法量化團隊的成本。

由於這個解決方案難以維護,大家往往避之唯恐不及——它的架構沒有被重新整理過,也沒有可以協助團隊重構它的測試程式,沒有人喜歡碰到它,所以讓它維持運作的重責大任落在一個開發者身上。這可能會在壓力到來的時刻導致可怕的瓶頸,並且帶來重大的風險——如果那一位開發者離開專案怎麼辦?

這種開發形式通常會在管理層不了解難以維護的程式碼所導致的持續性慣性時出現。用長期的測試和文件來展示它可以協助團隊保持高效率,以及說服管理層分配時間來「清理」這段原型程式碼。

在研究環境中,經常有人用很爛的寫法建構許多 Jupyter Notebook,並且用它來試驗許多想法以及各種資料組。他們總是想要在之後的階段再「把它寫好」,但是那個之後的階段從不會發生。最終,雖然他們得到可運作的成果,卻缺少可以重現結果和測試它的基礎設施,且大家對成果缺乏信心。這種情況的風險因素同樣很高,而且大家不太信任結果。

有一種通用的方法有很好的效果：

讓它可以工作

先建立夠好的解決方案。先建構「拋棄式」的原型解決方案，用它設計更好的結構在第二版使用。先做一些規劃再開始寫程式絕對錯不了，否則，你會「花了整個下午寫程式，只為了節省一個小時的思考時間」。在某些領域，這種情況稱為「Measure twice, cut once」。

讓它正確

接下來，你要加入一些穩健的測試程式，並且為它們編寫文件以及明確的重現指令，讓其他的團隊成員可以駕馭它。

讓它更快

最後，你可以把注意力放在分析、編譯或平行化上面，並使用既有的測試套件來確認這個新的、更快速的解決方案依然可以按預期工作。

優秀的工作實踐法

我們有一些「必備」的東西，其中文件、優良的結構與測試程式都是關鍵要素。

專案等級的文件將會協助你維持一個簡潔的結構。它也可以在未來協助你和你的同事。如果你跳過這個部分，沒有人會感謝你（包括你自己）。在資料結構頂層將它寫成 *README* 檔是很好的起點，之後，你隨時可以視需求，將它擴展成 *docs* 資料夾。

請解釋專案的意圖、資料夾裡面有什麼、資料來自哪裡、哪些檔案至關重要，以及如何執行它們全部，包括如何執行測試。

Micha 也建議使用 Docker。頂層的 Dockerfile 可以讓將來的你知道，你需要從作業系統得到哪些程式庫來讓這個專案成功運行。它也可以排除在其他機器上執行這個程式，或將它部署至雲端環境的障礙。

加入 *tests/* 資料夾並加入一些單元測試。我們喜歡使用現代測試執行器 pytest，因為它的基礎是 Python 內建模組 unittest。你可以先寫幾個測試，再慢慢建構它們。然後使用 coverage 工具，它可以回報有幾行程式碼被測試程式覆蓋，有助於避免令人討厭的意外。

如果你繼承了舊的程式碼，而且它缺乏測試程式，預先加入一些測試有很高的價值。加入一些「整合測試」來檢查專案的整體流程，並確認執行某些輸入資料可取得特定的輸出結果，可以協助你在隨後進行修改時保持頭腦的清醒。

每當程式出現問題，就加入一個測試。被同一個問題困擾兩次是毫無價值的。

在每一個函式、類別與模組裡面用 docstring 來解釋程式碼一定可以幫助你。請說明函式可以**實現**什麼事情，可以的話，加入一個簡短的例子，來展示預期的輸出。如果你需要靈感，可參考 numpy 與 scikit-learn。

當你的程式碼變得太長（例如函式的長度超過螢幕畫面），請對它進行重構來讓它更短。較短的程式碼比較容易測試與支援。

當你在開發測試程式時，可以考慮接下來介紹的測試驅動開發法。當你確切地知道你需要開發什麼，並且手邊有可測試的例子時，這種方法將非常有效。

採取這種方法時，你會編寫測試、執行它們、看著它們失敗，再加入函式與必要的最簡邏輯來支持你寫好的測試。當測試都通過時，你就完成工作了。你將會發現，藉著事先釐清函式期望的輸入與輸出，函式的邏輯寫起來比較簡單。

當你無法事先定義測試時，有個問題會自然浮現：你真的了解函式需要做什麼事嗎？如果不了解，你可以用有效的方式正確編寫它嗎？如果你正處於創造過程，並且正在研究你還不了解的資料，這種方法就不太有效。

務必使用原始碼控制系統，當你不小心覆寫重要的程式時，你會慶幸自己決定使用它。養成經常 commit 的習慣（每天，甚至每 10 分鐘），並且每天將程式碼 push 至 repository。

堅持使用 PEP8 編碼標準。最好在 pre-commit 原始碼控制 hook 使用 black（武斷的程式碼格式化器），讓它幫你將程式碼改成標準格式。使用 flake8 來 lint 程式碼，以避免其他錯誤。

建立一個與作業系統隔開的環境可以讓你的工作更輕鬆。Ian 喜歡 Anaconda，而 Micha 喜歡 pipenv 和 Docker 的搭配。它們都是可行的解決方案，而且顯然比使用作業系統的全域 Python 環境更好！

切記，自動化是你的好幫手。手工的事情越少代表錯誤的機會越少。將組建系統自動化、使用自動化的測試套件執行器來進行持續整合，以及將部署系統自動化，可以將繁瑣且容易出錯的工作轉變成任何人都可以運行與支援的標準流程。

最後，切記，易讀性遠比賣弄小聰明重要。簡短卻複雜且難讀的程式對你和同事而言都難以維護，所以大家都很怕遇到這種程式碼。相反地，你應該編寫較長、較易讀的函式，為它編寫實用的文件來說明它會回傳什麼，並且使用測試程式來確認它確實如你預期地做事。

關於 Notebook 的優良實踐法

如果你正使用 Jupyter Notebook，它們很適合用來進行視覺化溝通，但它們會讓你變懶。如果你發現自己在 Notebook 中寫了很長的函式，請將它們做成 Python 模組，並加入測試程式。

考慮將 IPython 或 QTConsole 裡面的程式碼做成原型；將 Notebook 裡面的程式寫成函式，再將它們從 Notebook 提升為模組，輔以測試程式。最後，如果進行封裝和資料隱藏有幫助，將程式包在類別裡面。

盡量在整個 Notebook 裡面使用 assert 陳述式來確定函式的行為是否符合預期。除非你將函式重構為獨立的模組，否則在 Notebook 內測試程式並不容易，使用 assert 是進行驗證的簡便手段。在你將程式碼提取為模組，並且為它編寫單元測試之前，你都不應該完全相信它。

不要使用 assert 陳述式來檢查程式碼裡面的資料，雖然用這種方法來斷言某個條件是否符合很簡單，但這不是典型的 Python。為了讓別的開發人員更容易閱讀你的程式碼，你可以檢查你預期的資料狀態，當檢查失敗時，發出正確的例外。當函式遇到意外的值時，ValueError 是常見的例外。Bulwark 程式庫（*https://oreil.ly/c6QbY*）是一種專注於 Pandas 的測試框架，可檢查資料是否符合特定限制。

或許你也可以在 Notebook 的結尾加入一些健全性檢查——檢查邏輯是否正確，並且在產生預期的結果時，印出並展示它。當你在 6 個月之後回來閱讀這段程式時，你會感謝自己讓它如此易讀，而且從頭到尾都是正確的！

Notebook 不容易和原始碼控制系統共享程式碼。nbdime（*https://oreil.ly/PfR-H*）是一組持續成長的新工具，可讓你對你的 Notebook 進行差異比對（diff）。它十分方便，而且可協助你和同事合作。

找回工作的樂趣

生活有時很複雜。在筆者編寫此書第一版的五年中，我們和親友共同經歷了許多生活情境，包括抑鬱症、癌症、搬家、成功的業務退出、失敗，以及改變職業方向。這些外在事件難免影響任何人的工作與生活觀。

你一定要在新活動中繼續尋找樂趣。一旦你開始探索，就一定會遇到一些有趣的細節或需求。你可能會問「他們為什麼做出那個決定？」以及「如何採取不同的做法？」，突然之間，你就會開始自問如何改變或改善事物了。把值得慶祝的事情記錄下來。人們很容易忘記自己的成就，陷入日常的工作中。不停地追逐目標會讓人筋疲力盡，忘記自己獲得多少進步。

建議你列出值得慶祝的事情，並寫下你是怎麼慶祝它們的。Ian 有一份這種清單——每當他更新清單時，他就會驚喜地發現去年發生多少很酷的事情（而且如果沒有這份清單可能會忘記！）。在清單內，不要只寫下工作的里程碑，你可以加入興趣和運動，並慶祝你取得的成就。Micha 會優先考慮他的個人生活，花幾天的時間遠離電腦，去進行非技術性的專案。持續發展技能非常重要，但沒必要耗盡精力！

寫程式，尤其是專注於性能時，我們必須保持好奇心，以及鑽研技術細節的意願。遺憾的是，當你精疲力竭時，這種好奇心會率先消失，所以花點時間，確保你享受這趟旅程，並且保持快樂與好奇的心態。

## 第二章

透過分析來找出瓶頸

看完這一章之後，你可以回答這些問題

- 如何找出程式碼的速度與 RAM 瓶頸？
- 如何分析 CPU 與記憶體的使用量？
- 我該分析得多深？
- 如何分析長期運行的 app？
- CPython 的底層是什麼情況？
- 如何在調整性能的同時，保持程式碼的正確？

分析可讓我們找出瓶頸，進而用最少的工作量，提升最多性能。雖然我們都希望不做任何事就可以提升大量的速度，並降低資源的使用量，但實際上，你的目標是讓程式碼跑得「夠快」而且「夠精簡」，來滿足需求。分析可讓你用最少的整體勞力做出最務實的決策。

所有的可衡量資源都可以分析（而不是只有 CPU！）。本章將探討 CPU 時間與記憶體的使用。你也可以用類似的技術來評估網路頻寬與磁碟 I/O。

如果程式跑得太慢，或使用太多 RAM，你就要修正肇事的部分。當然，你也可以跳過分析，修正你所認為的問題所在——但請小心，因為你經常會「修正」錯誤的東西。與其依靠直覺，比較明智的做法是在修改程式結構之前，先進行分析，定義一個假設。

有時懶惰是件好事。藉著先進行分析，你可以快速找出有待解決的瓶頸，接著解決其中足夠多的瓶頸，來達到你需要的性能。如果你懶得分析，直接進行優化，長遠來看，你很有可能會做更多工作。務必根據分析的結果採取行動。

有效率地分析

分析的首要目標是測試一個典型的系統，來找出慢的地方在哪裡（或使用太多 RAM，或造成太多磁碟 I/O 或網路 I/O）。雖然分析通常會帶來開銷（典型的情況是變慢 10 倍至 100 倍），但我們仍然希望程式碼盡量在類似真實情況的狀態下執行，所以要擷取測試案例，並隔離需要測試的部分，最好將它寫在它自己的模組裡面。

本章的第一部分介紹的基本技術包括 IPython 的 %timeit 魔法、time.time()，以及計時裝飾器。你可以用這些技術來了解陳述式與函式的行為。

接著我們會探討 cProfile（第 35 頁的「使用 cProfile 模組」），告訴你如何使用這種內建的工具來了解程式中的哪些函式花最長時間執行。它可以讓你用更高的視野看待問題，進而將注意力放在重要的函式上面。

接下來，我們要看 line_profiler（第 41 頁的「使用 line_profiler 來進行逐行評量」），它可以逐行分析你選擇的函式。它輸出的結果包含每一行被呼叫的次數，以及各行花掉的時間百分比。這正是協助了解哪個東西跑得慢及其原因的資訊。

取得 line_profiler 的結果之後，你就擁有使用編譯器所需的資訊了（第 7 章）。

第 6 章會教你如何使用 perf stat 來了解最終在 CPU 上執行的指令數量，以及 CPU 的快取的使用效率。它們可讓你用進階的方式調整矩陣運算。看完這一章之後，你應該看一下範例 6-8。

看完 line_profiler 之後，如果你正在處理長期運行的系統，你會對 py-spy 感興趣，它可用來了解已經在運行的 Python 程序。

為了協助你了解為何 RAM 的使用量很高，我們將介紹 memory_profiler（第 46 頁的「用 memory_profiler 來診斷記憶體的使用情況」）。它特別適合用來追蹤 RAM 隨著時間推移的使用量，使用帶標籤的圖表，如此一來，你就可以向同事解釋為何某些函式使用比預期還要多的 RAM。

無論你採取哪種分析法，你都要記得讓程式碼有足夠的單元測試覆蓋率。單元測試可協助你避免愚蠢的錯誤，並且讓結果是可重現的。沒有它們會讓你處於險境！

務必在編譯或改寫演算法之前分析你的程式碼。你需要證據來找出讓程式碼跑得更快、且最有效的方法是什麼。

接下來，我們要介紹 CPython 裡面的 Python bytecode（第 54 頁的「使用 dis 模組來檢查 CPython bytecode」），讓你了解「引擎蓋下」的事情。更明確地說，了解使用 Python 堆疊的虛擬機器如何運行，可以協助你了解為何某些寫法跑得比其他的更慢。

在本章結束前，我們要回顧如何在分析的同時整合單元測試（第 58 頁的「在優化期間進行單元測試，以保持正確性」），以便讓程式在更高效的運行的同時，保留它的正確性。

最後，我們要討論分析策略（第 61 頁的「成功分析程式碼的策略」），讓你可以可靠地分析程式碼，並收集正確的資料，來測試你的假設。你會在這裡學到動態縮放 CPU 頻率標定與 Turbo Boost 等功能會如何影響分析結果，以及如何停用它們。

為了進行以上所有的步驟，我們需要一個容易分析的函式。下一集將介紹 Julia set。它是一個 CPU-bound（受 CPU 限制的）^{譯註}型函式，且使用的 RAM 有點多，它也表現出非線性行為（所以我們無法輕鬆地預測結果），這意味著我們必須在執行期分析它，而不是離線分析它。

Julia set 介紹

Julia set（*https://oreil.ly/zJ1oB*）是一個有趣的 CPU-bound 問題，可讓我們開始上手。它是一個碎形序列，可產生複雜的輸出圖像，它的名稱來自 Gaston Julia。

接下來的程式可能會比你自己撰寫的版本長一些。它有一個 CPU-bound 元件與一個非常明確的輸入集合。這種配置可讓我們分析 CPU 的使用與 RAM 的使用，從而了解程式的哪些部分會消耗這兩種稀缺的計算資源。這個實作**故意**不採取最好的寫法，這樣才可以讓我們找出消耗記憶體的操作以及緩慢的陳述式。本章稍後會修正緩慢的邏輯陳述式以及消耗記憶體的陳述式，第 7 章會大幅提升這個函式的整體執行速度。

譯註 「-bound」指「受⋯限制的」，例如 CPU-bound、I/O-bound、memory-bound 分別是受 CPU 限制的、受 I/O 限制的，和受記憶體限制的，為方便閱讀，後續內容直接使用原文。

我們將分析產生 Julia set 的偽灰階圖（圖 2-1）與一個純灰階變體（圖 2-3）的一段程式，位於複數點 c=-0.62772-0.42193j。Julia set 是藉著獨立計算各個像素產生的，這是一種「尷尬平行問題」，因為在各點之間沒有共用的資料。

圖 2-1　Julia set 圖，用偽灰階來突顯細節

選擇不同的 c 會產生不同的圖像。我們選擇的位置有算起來很快的區域，以及算起來很慢的區域，這對我們的分析而言很實用。

這個問題有趣的地方在於，我們會用一個執行次數不一定的迴圈來計算各個像素。在每一次迭代中，我們會測試該座標的值究竟是往無限大逸出（escape），還是似乎被一個吸引子（attractor）吸住。在圖 2-1 中，造成少量迭代的座標是深色的，造成大量迭代的則是白色的。白色的區域算起來比較複雜，所以需要花更長時間產生。

我們定義一組將要測試的 z 座標。函數則是計算複數 z 的平方再加上 c：

$$f(z) = z^2 + c$$

我們在迭代這個函數的同時，使用 abs 來測試逸出條件是否滿足。如果逸出函數為 False，我們就跳出迴圈，並且記錄在這個座標執行的迭代次數。如果逸出函數永遠都不是 False，我們會在 maxiter 次迭代之後停止。稍後我們會將這個 z 的結果轉換成彩色的像素，代表這個複雜的位置。

它的虛擬碼是：

```
for z in coordinates:
    for iteration in range(maxiter):   # 逸出條件是否被打破？
        if abs(z) < 2.0:
            z = z*z + c
        else:
            break
    # 儲存各個 z 的迭代次數，稍後繪出
```

為了解釋這個函式，我們來嘗試兩個座標。

我們將使用我們在圖的左上角繪製的座標 **-1.8-1.8j**。我們必須先測試 abs(z) < 2，再試著更新規則：

```
z = -1.8-1.8j
print(abs(z))

2.54558441227
```

我們可以看到對這個左上角座標而言，abs(z) 測試在第零次迭代時為 False，即 2.54 >= 2.0，所以不執行更新規則。這個座標的輸出值是 0。

接著我們跳到圖的中心，位於 z = 0 + 0j，並且嘗試幾次迭代：

```
c = -0.62772-0.42193j
z = 0+0j
for n in range(9):
    z = z*z + c
    print(f"{n}: z={z: .5f}, abs(z)={abs(z):0.3f}, c={c: .5f}")

0: z=-0.62772-0.42193j, abs(z)=0.756, c=-0.62772-0.42193j
1: z=-0.41171+0.10778j, abs(z)=0.426, c=-0.62772-0.42193j
2: z=-0.46983-0.51068j, abs(z)=0.694, c=-0.62772-0.42193j
3: z=-0.66777+0.05793j, abs(z)=0.670, c=-0.62772-0.42193j
4: z=-0.18516-0.49930j, abs(z)=0.533, c=-0.62772-0.42193j
5: z=-0.84274-0.23703j, abs(z)=0.875, c=-0.62772-0.42193j
6: z= 0.02630-0.02242j, abs(z)=0.035, c=-0.62772-0.42193j
7: z=-0.62753-0.42311j, abs(z)=0.757, c=-0.62772-0.42193j
8: z=-0.41295+0.10910j, abs(z)=0.427, c=-0.62772-0.42193j
```

我們可以看到，在這些迭代計算中，每一次更新 z 都讓它有個讓 abs(z) < 2 為 True 的值。我們針對這個座標迭代 300 次之後，測試式仍然是 True。我們無法知道需要迭代多少次才能讓條件變成 False，而且它可能是個無窮的序列。測試最大迭代次數（maxiter）的 break 子句可以避免我們永無止盡地迭代。

圖 2-2 是上述程序的前 50 次迭代。對 `0+0j` 而言（有圓點的實線），每隔 8 次迭代就會重複一次，但是每 7 次的計算結果都與之前的差異不大，我們不知道這一個座標點會不會在邊界條件之內永遠迭代，或持續很長的時間，或只會再迭代幾次。虛線代表邊界 +2。

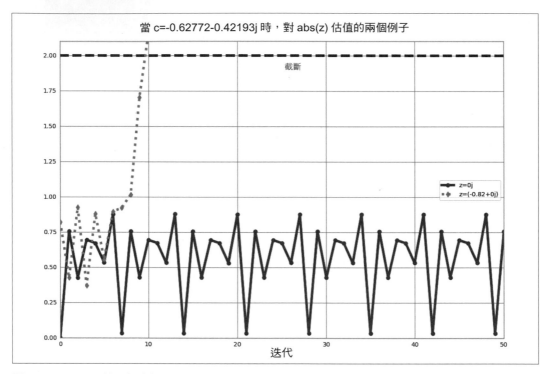

當 c=-0.62772-0.42193j 時，對 abs(z) 估值的兩個例子

圖 2-2　Julia set 的兩個座標範例

對 `-0.82+0j` 而言（含菱形點的虛線），我們可以看到經過九次更新之後，絕對結果超過 +2 截斷線，所以我們停止更新這個值。

計算全部的 Julia set

在這一節，我們要解說生成 Julia set 的程式碼。我們將在本章以各種方法分析它。如範例 2-1 所示，在模組的開頭，我們匯入 `time` 模組作為第一種分析方法，並定義一些座標常數。

範例 2-1　定義座標空間的全域常數

```
""" 無 PIL 繪圖的 Julia set 生成程式 """
import time

# 將要調查的複數空間區域
x1, x2, y1, y2 = -1.8, 1.8, -1.8, 1.8
c_real, c_imag = -0.62772, -.42193
```

為了生成圖表，我們建立兩個輸入資料串列。第一個是 zs（複數 z 座標），第二個是 cs（複數初始條件）。這兩個串列都不會改變，我們可以將 cs 優化為一個常數的 c 值。建構兩個輸入串列是為了在本章稍後分析 RAM 的使用情況時，對一些看起來合理的資料進行分析。

為了建構 zs 與 cs 串列，我們必須知道各個 z 的座標。在範例 2-2 中，我們使用 xcoord 和 ycoord，以及一個指定的 x_step 和 y_step 來建構這些座標。當你要將程式移植到其他的工具（例如 numpy）和其他的 Python 環境時，這個有點複雜的設定很有用，因為它可以幫助我們為除錯工作明確地定義所有東西。

範例 2-2　建構座標串列，當成計算函式的輸入

```
def calc_pure_python(desired_width, max_iterations):
    """ 建立一個複數座標（zs）與複數參數（cs）串列，建構 Julia set """
    x_step = (x2 - x1) / desired_width
    y_step = (y1 - y2) / desired_width
    x = []
    y = []
    ycoord = y2
    while ycoord > y1:
        y.append(ycoord)
        ycoord += y_step
    xcoord = x1
    while xcoord < x2:
        x.append(xcoord)
        xcoord += x_step
    # 建構座標串列與各個 cell 的初始條件。
    # 注意，初始條件是個常數，而且很容易移除，
    # 我們用它來模擬真實世界的情境，
    # 即函式有多個輸入。
    zs = []
    cs = []
    for ycoord in y:
        for xcoord in x:
            zs.append(complex(xcoord, ycoord))
            cs.append(complex(c_real, c_imag))
```

```
print("Length of x:", len(x))
print("Total elements:", len(zs))
start_time = time.time()
output = calculate_z_serial_purepython(max_iterations, zs, cs)
end_time = time.time()
secs = end_time - start_time
print(calculate_z_serial_purepython.__name__ + " took", secs, "seconds")

# 這個總和預期用 300 次迭代處理 1000^2 個網格
# 它確保程式完全按照我們預期地演進
assert sum(output) == 33219980
```

建構 zs 與 cs 串列之後,我們輸出一些關於串列大小的資訊,並使用 calculate_z_ serial_purepython 來計算 output 串列。最後,我們 sum(加總)output 的內容,並 assert 它符合預期的輸出值。Ian 在這裡使用它來確認書中沒有錯誤。

因為程式碼是必然性的(deterministic),我們可以藉著加總所有算出來的值來確認函式一如預期地運作。這是一種實用的健全性檢查——當我們修改算數程式時,應該確認我們沒有破壞演算法。理想情況下,我們會使用單元測試,並且測試問題的多個配置(configuration)。

接下來,在範例 2-3 中,我們定義 calculate_z_serial_purepython 函式,它是用之前討論過的演算法擴展的。值得注意的是,我們也在開頭定義一個 output 串列,並且讓它的長度與輸入的 zs 和 cs 串列一樣。

範例 2-3 我們的 CPU-bound 計算函式

```
def calculate_z_serial_purepython(maxiter, zs, cs):
    """ 使用 Julia 更新規則來計算 output 串列 """
    output = [0] * len(zs)
    for i in range(len(zs)):
        n = 0
        z = zs[i]
        c = cs[i]
        while abs(z) < 2 and n < maxiter:
            z = z * z + c
            n += 1
        output[i] = n
    return output
```

接下來,我們在範例 2-4 中呼叫計算程式。藉著將它包在 __main__ 檢查裡面,我們可以安全地匯入模組,而不需要啟動某些分析方法的計算。在此,我們不展示用來繪製輸出的方法。

範例 2-4 我們的程式的 __main__

```
if __name__ == "__main__":
    # 使用純 Python 解決方案來計算 Julia set,
    # 並且為筆電設定合理的預設值
    calc_pure_python(desired_width=1000, max_iterations=300)
```

執行程式之後,我們可以看到一些關於問題的複雜度的輸出:

```
# 執行上述程序:
Length of x: 1000
Total elements: 1000000
calculate_z_serial_purepython took 8.087012767791748 seconds
```

在偽灰階圖(圖 2-1)中,我們可以從高對比度顏色的改變知道函式的成本(cost)在緩慢變化還是快速變化。圖 2-3 是一張線性的色彩圖(color map):黑色代表計算速度很快,白色代表計算成本昂貴。

圖 2-3 純灰階的 Julia 圖

藉著展示同一筆資料的兩種表示法，我們可以看到許多細節在線性映射中遺失了。有時在研究一個函式的成本時，知道有哪些表示法可用是很有幫助的。

簡單的計時法──print 與 Decorator

我們在範例 2-4 之後，看到程式中的 print 陳述式產生的輸出。在 Ian 的筆電上，這段程式在使用 CPython 3.7 時，花了大約 8 秒鐘的執行時間。必須注意的是，執行時間會不斷改變。當你為程式碼計時時，你必須觀察正常的變化，否則你可能會將執行時間的隨機變化誤認為程式碼的改善。

電腦在執行你的程式碼的時候也會執行其他的工作，例如訪問網路、存取磁碟或RAM，這些因素可能會影響程式的執行時間。

Ian 的筆電是 Dell 9550，內含 Intel Core I7 6700HQ（2.6 GHz，6 MB 快取，Quad Core，有 Hyperthreading）與 32 GB 的 RAM，運行 Linux Mint 19.1（Ubuntu 18.04）。

在 calc_pure_python（範例 2-2）裡面有一些 print 陳述式。若要在函式內測量一段程式碼的執行時間，它們是最簡單的做法，這是一種基本的方法，雖然它快速且粗糙，但是當你第一次查看一段程式時，它也許很有用。

當我們對程式碼進行除錯與分析時，print 是常用的工具。雖然它很快就會變得難以管理，但它很適合用來做短暫的調查。請在用完 print 陳述式之後整理它們，否則它們會讓 stdout 變得混亂。

另一種比較簡潔的做法是使用裝飾器（decorator），在這裡，我們在關注的函式上面加入一行程式。我們的裝飾器非常簡單，它只是複製 print 陳述式的效果。稍後我們會讓它更先進。

在範例 2-5 中，我們定義新函式 timefn，它以引數接收一個函式：內部函式measure_time，內部函式接收 *args（數量可變的位置引數）與 **kwargs（數量可變的鍵值引數），並將它們傳給 fn 來執行。在 fn 的執行過程中，我們儲存 time.time() 並連同 fn.__name__ 一起印出其結果。使用這個裝飾器的開銷很少，但如果你呼叫 fn 上百萬次，開銷就會變得明顯。我們使用 @wraps(fn) 來讓被裝飾的函式的呼叫方知道函式名稱與 docstring（否則，我們就會看到裝飾器的函式名稱與 docstring，而不是它裝飾的函式）。

範例 2-5 定義裝飾器,將計時自動化

```
from functools import wraps

def timefn(fn):
    @wraps(fn)
    def measure_time(*args, **kwargs):
        t1 = time.time()
        result = fn(*args, **kwargs)
        t2 = time.time()
        print(f"@timefn: {fn.__name__} took {t2 - t1} seconds")
        return result
    return measure_time

@timefn
def calculate_z_serial_purepython(maxiter, zs, cs):
    ...
```

執行這個版本時(我們保留之前的 print 陳述式),我們可以看到裝飾版本的執行時間比 calc_pure_python 的呼叫稍微快一些。這是因為呼叫函式的開銷(差異非常小):

```
Length of x: 1000
Total elements: 1000000
@timefn:calculate_z_serial_purepython took 8.00485110282898 seconds
calculate_z_serial_purepython took 8.004898071289062 seconds
```

 添加分析資訊難免降低程式碼的速度,有些分析選項非常有用,但是會嚴重降低速度。「分析細節」與「速度」之間的取捨是你必須考慮的問題。

我們也可以使用 timeit 模組來粗略測量 CPU-bound 函式的執行速度。更典型的情況是,當你試驗某些問題解決方式時,可以在測量不同類型的運算式的時間時使用這種做法。

 timeit 模組會暫時停用資源回收器。如果你的操作經常呼叫資源回收器,它可能會影響你在真實世界的操作中看到的速度。詳情見 Python 文件(*https://oreil.ly/2Zvyk*)。

你可以在命令列執行 timeit 如下:

```
python -m timeit -n 5 -r 1 -s "import julia1" \
  "julia1.calc_pure_python(desired_width=1000, max_iterations=300)"
```

注意，你必須在設定階段使用 -s 來匯入模組，因為 calc_pure_python 在那個模組裡面。timeit 有一些供較短程式使用的預設值，但對於長時間運行的函式，合理的做法是指定實驗的迴圈數量（ -n 5 ）與重複次數（ -r 5 ）。它產生的答案是重複執行的所有結果之中的最好結果。加入 verbose 旗標（ -v ）可顯示每一次重複執行時，所有迴圈的累計時間，可讓結果更有變異性（variability）。

在內定情況下，當我們對這個函式執行 timeit 而不指定 -n 與 -r 時，它會執行 5 次重複的 10 個迴圈，花 6 分鐘完成。如果你想要讓結果快一些，你可以覆寫預設值。

我們只對最佳情況的結果感興趣，因為其他的結果可能會被其他程序影響：

```
5 loops, best of 1: 8.45 sec per loop
```

試著執行性能評測幾次，看看你會不會得到不一樣的結果，你可能需要重複更多次，才能得到穩定的最快結果時間。世上沒有「正確」的配置，所以如果計時結果有很大的變化，那就重複更多次，直到最終結果穩定下來為止。

我們的結果展示呼叫 calc_pure_python 的整體代價是 8.45 秒（最佳情況），而使用 @timefn 裝飾器來測量單次呼叫 calculate_z_serial_purepython 則是花了 8.0 秒。它們之間的差異主要是建立 zs 與 cs 串列花掉的時間。

在 IPython 裡面，我們可以用同一種方式使用 %timeit。如果你在 IPython 或是在 Jupyter Notebook 裡面，以互動的方式開發程式，你可以使用：

```
In [1]: import julia1
In [2]: %timeit julia1.calc_pure_python(desired_width=1000, max_iterations=300)
```

> 注意，timeit.py 法與 Jupyter 和 IPython 內的 %timeit 算出來的「最佳」結果是不同的。timeit.py 使用它看過的最小值。IPython 在 2016 年換成使用均值與標準差。這兩種方法各有其缺點，但一般來說，它們都「相當不錯」；不過，你不能拿它們來比較。請只使用其中一種，不要混合它們。

我們也要考慮從一般的電腦取得的負載變化。許多背景工作（例如 Dropbox、備份）可能會隨機影響 CPU 與磁碟資訊。網頁內的腳本也可能造成無法預測的資源使用。圖 2-4 是 100% 使用一顆 CPU 來處理剛才的計時步驟，同一台電腦上的其他核心則分別稍微處理其他任務的情況。

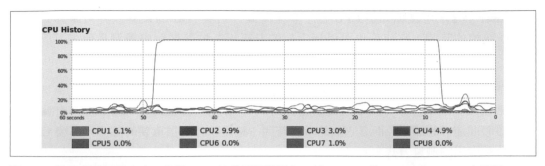

圖 2-4　對函式進行計時時，背景 CPU 的使用情況變化，以 Ubuntu 的 System Monitor 來展示

System Monitor 偶爾會出現活動峰值。請明智地查看 System Monitor，來確認沒有別的東西正在干擾你的關鍵資源（CPU、磁碟、網路）。

使用 Unix time 命令來進行簡單的計時

我們可以暫時離開 Python，使用類 Unix 系統上的標準系統工具。下面的命令會記錄程式執行時間的各種面向，它不在乎程式碼的內部結構：

```
$ /usr/bin/time -p python julia1_nopil.py
Length of x: 1000
Total elements: 1000000
calculate_z_serial_purepython took 8.279886722564697 seconds
real 8.84
user 8.73
sys 0.10
```

注意，我們特別使用 /usr/bin/time 而不是 time，如此一來，我們可以取得系統的 time，而不是 shell 內建的比較簡單（而且比較沒用）的版本。如果你嘗試 --verbose 並得到錯誤，你應該看一下 shell 的內建 time 命令，而不是系統命令。

使用 -p portability 旗標會得到三個結果：

- real 記錄掛鐘時間或流逝（elapsed）時間。
- user 記錄 CPU 花在 kernel 功能之外、你的任務上的時間量。
- sys 記錄花在 kernel 功能的時間。

加入 user 與 sys 可讓你知道 CPU 花了多少時間。它與 real 的差異或許可讓你知道等待 I/O 花掉的時間，它或許也可以指出你的系統正在忙著執行會讓測量值失真的其他任務。

time 的實用之處在於它不限於 Python。它包含啟動 python 可執行檔所花掉的時間，如果你啟動大量的新程序（而不是長期運行的單一程序），這個時間可能很長。如果經常使用短時間運行的腳本，而且它們的啟動時間占整體執行期很重要的部分，那麼 time 或許是比較實用的測量方式。

我們可以加入 --verbose 旗標來取得更多輸出：

```
$ /usr/bin/time --verbose python julia1_nopil.py
Length of x: 1000
Total elements: 1000000
calculate_z_serial_purepython took 8.477287530899048 seconds
 Command being timed: "python julia1_nopil.py"
 User time (seconds): 8.97
 System time (seconds): 0.05
 Percent of CPU this job got: 99%
 Elapsed (wall clock) time (h:mm:ss or m:ss): 0:09.03
 Average shared text size (kbytes): 0
 Average unshared data size (kbytes): 0
 Average stack size (kbytes): 0
 Average total size (kbytes): 0
 Maximum resident set size (kbytes): 98620
 Average resident set size (kbytes): 0
 Major (requiring I/O) page faults: 0
 Minor (reclaiming a frame) page faults: 26645
 Voluntary context switches: 1
 Involuntary context switches: 27
 Swaps: 0
 File system inputs: 0
 File system outputs: 0
 Socket messages sent: 0
 Socket messages received: 0
 Signals delivered: 0
 Page size (bytes): 4096
 Exit status: 0
```

這裡最實用的訊號或許是 Major (requiring I/O) page faults，因為它代表作業系統是否因為 RAM 裡面已經沒有資料了，而必須從磁碟載入多頁資料。這會導致速度的下降。

在我們的例子中，程式碼與資料需求很小，所以不會出現 page faults。如果你的程序受制於記憶體，或是你有幾個程式使用了變數與大量的 RAM，它或許可以提供線索，指出有哪些程式由於資料從 RAM 移到磁碟，造成作業系統層面的磁碟存取，因而變慢。

使用 cProfile 模組

cProfile 是標準程式庫內建的分析工具。它連接至 CPython 內的虛擬機器來測試它看到的每一個函式執行的時間。這會產生比較大的開銷，但你可以取得更多資訊。有時額外的資訊可讓你更深入地了解你的程式碼。

cProfile 是標準程式庫的兩種分析器之一，另一種是 profile。profile 是原本的且比較慢的純 Python 分析器；cProfile 的介面與 profile 相同，而且是用 C 寫成的，以產生較低的開銷。如果你想要知道這些程式庫的歷史，可參考 Armin Rigo 在 2005 年提出的請求（*http://bit.ly/cProfile_request*），他在裡面要求將 cProfile 納入標準程式庫。

在分析時，你應該在分析程式碼之前，先假設程式碼的某些部分的速度為何。Ian 喜歡印出問題的程式段落並註記（annotate）它。事先提出假設可讓你衡量你的錯誤程度（而且你不會是對的！）並改善你對於某些編程風格的直覺。

絕對不要只分析，而不發展直覺（我們已經警告你了 —— 你不會猜對的！）。事先提出假設絕對是有價值的，它可以協助你學會發現程式碼中可能拖慢速度的選擇，而且你應該用證據來支持你的選擇。

永遠根據你測量的結果採取行動，並且永遠從快速且粗糙的分析開始做起，以確保你處理的區域是正確的。最難堪的事情莫過於自作聰明地優化一段程式碼，卻在幾個小時或幾天之後，才發現你錯過最緩慢的程序，而且根本沒有解決底層的問題。

我們假設 calculate_z_serial_purepython 是最慢的部分。在那個函式裡面，我們做了很多反參考（dereferencing），並且使用許多基本算術運算子與 abs 函式。它們可能會被顯示為使用 CPU 資源的東西。

在此，我們使用 cProfile 模組來執行程式碼的變體。雖然它的輸出很簡單，但可以協助我們找到可進一步分析之處。

-s cumulative 旗標要求 cProfile 按照每個函式內部消耗的累計時間來排序，這可讓我們
知道一段程式最緩慢的部分。cProfile 的輸出會在我們 print 結果之後寫到螢幕上：

```
$ python -m cProfile -s cumulative julia1_nopil.py
...
Length of x: 1000
Total elements: 1000000
calculate_z_serial_purepython took 11.498265266418457 seconds
        36221995 function calls in 12.234 seconds

  Ordered by: cumulative time

   ncalls  tottime  percall  cumtime  percall filename:lineno(function)
        1    0.000    0.000   12.234   12.234 {built-in method builtins.exec}
        1    0.038    0.038   12.234   12.234 julia1_nopil.py:1(<module>)
        1    0.571    0.571   12.197   12.197 julia1_nopil.py:23
                                              (calc_pure_python)
        1    8.369    8.369   11.498   11.498 julia1_nopil.py:9
                                              (calculate_z_serial_purepython)
 34219980    3.129    0.000    3.129    0.000 {built-in method builtins.abs}
  2002000    0.121    0.000    0.121    0.000 {method 'append' of 'list' objects}
        1    0.006    0.006    0.006    0.006 {built-in method builtins.sum}
        3    0.000    0.000    0.000    0.000 {built-in method builtins.print}
        2    0.000    0.000    0.000    0.000 {built-in method time.time}
        4    0.000    0.000    0.000    0.000 {built-in method builtins.len}
        1    0.000    0.000    0.000    0.000 {method 'disable' of
                                              '_lsprof.Profiler' objects}
```

按照累計時間排序可讓你知道大部分的執行時間都花在哪裡。結果告訴我們，有
36,221,995 次函式呼叫在略多於 12 秒之內發生（這個時間包括使用 cProfile 的開銷）。
之前，我們的程式花了大約 8 秒來執行——測量每個函式的執行時間只增加了 4 秒的損
失。

我們可以看到，在 *julia1_nopil.py* 第 1 行的程式入口總共花了 12 秒，它只是 __main__ 呼
叫 calc_pure_python。ncalls 是 1，代表這一行只執行一次。

在 calc_pure_python 裡面，呼叫 calculate_z_serial_purepython 花了 11 秒。這兩個函式
都只被呼叫一次。我們可以推導出，在 calc_pure_python 裡面的程式花了大約 1 秒，獨
立於呼叫 CPU 密集的 calculate_z_serial_purepython 函式之外。但是，我們無法使用
cProfile 來推導函式裡面的哪幾行花掉時間。

在 calculate_z_serial_purepython 裡面,程式行花掉的時間是 8 秒(沒有呼叫其他函式)。這個函式呼叫 abs 34,219,980 次,總共花了 3 秒鐘,連同其他沒有花掉太多時間的呼叫。

那麼,{abs} 呼叫呢?這一行測量的是在 calculate_z_serial_purepython 裡面個別呼叫 abs 的時間。雖然每次呼叫的成本可以忽略不計(紀錄是 0.000 秒),但 34,219,980 次呼叫總共有 3 秒。我們無法事先準確地預測呼叫 abs 的次數,因為 Julia 函數有不可預測的動態(這就是它研究起來很有趣的原因)。

我們最多可以說它至少會被呼叫 100 萬次,因為我們在計算 **1000*1000** 個像素。它最多被呼叫 3 億次,因為我們用最多 300 次迭代來計算 1,000,000 個像素。所以 3,400 萬次呼叫大約是最壞情況的 10%。

看一下原始的灰階圖像(圖 2-3),並且在心中將白色的部分聚在一個角落,你可以估計昂貴的白色區域大約是圖像其餘部分的 10 %。

分析輸出的下一行,{method 'append' of 'list' objects},說明 2,002,000 個串列項目的建立。

 為什麼有 2,002,000 個項目?在你繼續看下去之前,想一下有多少個串列項目被建構出來。

這 2,002,000 個項目是在設定階段時,在 calc_pure_python 裡面建立的。

zs 與 cs 串列分別有 **1000*1000** 個項目(產生 1,000,000 * 2 次呼叫),而且它們是用包含 1,000 個 x 與 1,000 個 y 座標的串列建構的。總共需要追加 2,002,000 次呼叫。

要注意的是,這個 cProfile 輸出沒有按照上層函式排序,它歸納了被執行的程式段落中的所有函式的開銷。用 cProfile 來確認每一行發生什麼事很難,因為我們只取得函式呼叫它們自己的分析資訊,而不是在函式內的每一行。

在 calculate_z_serial_purepython 裡面,我們可以計算 {abs},這個函式總共花費大約 3.1 秒。我們可以知道 calculate_z_serial_purepython 總共花費 11.4 秒。

輸出的最後一行指出 lsprof;這是這個工具演進為 cProfile 之前的原始名稱,可以忽略不管。

為了進一步控制 cProfile 的結果，我們可以寫一個統計檔案，然後在 Python 分析它：

```
$ python -m cProfile -o profile.stats julia1.py
```

我們可以像下面這樣將它載入 Python，產生和以前一樣的累積時間報告：

```
In [1]: import pstats
In [2]: p = pstats.Stats("profile.stats")
In [3]: p.sort_stats("cumulative")
Out[3]: <pstats.Stats at 0x7f77088edf28>

In [4]: p.print_stats()
Fri Jun 14 17:59:28 2019    profile.stats

        36221995 function calls in 12.169 seconds

  Ordered by: cumulative time

  ncalls   tottime  percall  cumtime  percall filename:lineno(function)
       1     0.000    0.000   12.169   12.169 {built-in method builtins.exec}
       1     0.033    0.033   12.169   12.169 julia1_nopil.py:1(<module>)
       1     0.576    0.576   12.135   12.135 julia1_nopil.py:23
                                             (calc_pure_python)
       1     8.266    8.266   11.429   11.429 julia1_nopil.py:9
                                             (calculate_z_serial_purepython)
34219980     3.163    0.000    3.163    0.000 {built-in method builtins.abs}
 2002000     0.123    0.000    0.123    0.000 {method 'append' of 'list' objects}
       1     0.006    0.006    0.006    0.006 {built-in method builtins.sum}
       3     0.000    0.000    0.000    0.000 {built-in method builtins.print}
       4     0.000    0.000    0.000    0.000 {built-in method builtins.len}
       2     0.000    0.000    0.000    0.000 {built-in method time.time}
       1     0.000    0.000    0.000    0.000 {method 'disable' of
                                             '_lsprof.Profiler' objects}
```

為了追蹤我們正在分析哪些函式，我們可以印出呼叫方資訊。在下面的兩段列印中，我們可以看到 calculate_z_serial_purepython 是最昂貴的函式，而且它是在一個地方呼叫的。如果它在許多地方呼叫，這些印出來的資訊或許可以協助我們聚焦至最昂貴的上一層（parent）的位置：

```
In [5]: p.print_callers()
   Ordered by: cumulative time

Function                                        was called by...
                                          ncalls  tottime cumtime
{built-in method builtins.exec}       <-
julia1_nopil.py:1(<module>)           <-      1    0.033   12.169
                                          {built-in method builtins.exec}
```

```
julia1_nopil.py:23(calc_pure_python)   <-        1    0.576   12.135
                                                   :1(<module>)

julia1_nopil.py:9(...)                 <-        1    8.266   11.429
                                                   :23(calc_pure_python)

{built-in method builtins.abs}         <- 34219980   3.163    3.163
                                                   :9(calculate_z_serial_purepython)

{method 'append' of 'list' objects}    <- 2002000   0.123    0.123
                                                   :23(calc_pure_python)

{built-in method builtins.sum}         <-        1   0.006    0.006
                                                   :23(calc_pure_python)

{built-in method builtins.print}       <-        3   0.000    0.000
                                                   :23(calc_pure_python)

{built-in method builtins.len}         <-        2   0.000    0.000
                                                   :9(calculate_z_serial_purepython)
                                                 2   0.000    0.000
                                                   :23(calc_pure_python)

{built-in method time.time}            <-        2   0.000    0.000
                                                   :23(calc_pure_python)
```

我們可以用另一種方式顯示哪些函式呼叫其他函式：

```
In [6]: p.print_callees()
   Ordered by: cumulative time

Function                                       called...
                                       ncalls  tottime  cumtime
{built-in method builtins.exec}        ->        1    0.033   12.169
                                         julia1_nopil.py:1(<module>)

julia1_nopil.py:1(<module>)            ->        1    0.576   12.135
                                         julia1_nopil.py:23
                                           (calc_pure_python)

julia1_nopil.py:23(calc_pure_python) ->          1    8.266   11.429
                                         julia1_nopil.py:9
                                           (calculate_z_serial_purepython)
                                                 2    0.000    0.000
                                         {built-in method builtins.len}
                                                 3    0.000    0.000
                                         {built-in method builtins.print}
                                                 1    0.006    0.006
                                         {built-in method builtins.sum}
                                                 2    0.000    0.000
                                         {built-in method time.time}
                                           2002000   0.123    0.123
                                         {method 'append' of 'list' objects}
julia1_nopil.py:9(...)                 -> 34219980   3.163    3.163
                                         {built-in method builtins.abs}
                                                 2    0.000    0.000
                                         {built-in method builtins.len}
```

cProfile 相當冗長，你需要使用側螢幕（side screen）才可以在不必進行大量的文字換行的情況下查看它。然而，因為它是內建的，所以它很適合用來快速找出瓶頸。本章稍後介紹的 line_profiler 與 memory_profiler 等工具可以協助你深入查看你應該注意的具體幾行。

用 SnakeViz 將 cProfile 的輸出視覺化

snakeviz 是一種視覺化程式，它可以將 cProfile 的輸出畫成圖表，在裡面用較大的方塊代表運行時間較長的區域。它是較老舊的 runsnake 工具的替代方案。

請使用 snakeviz 來獲得針對 cProfile 統計檔案的高階見解，特別是當你在研究一個沒有太大直覺的新專案時。圖表可以幫助你將系統使用 CPU 的行為視覺化，有時可以突顯你原本不認為很昂貴的區域。

請用 $ pip install snakeviz 來安裝 SnakeViz。

圖 2-5 是我們剛才產生的 *profile.stats* 檔案的視覺化輸出。程式的入口在圖表的最上面。接下來的每一層都是從上面的函式呼叫的函式。

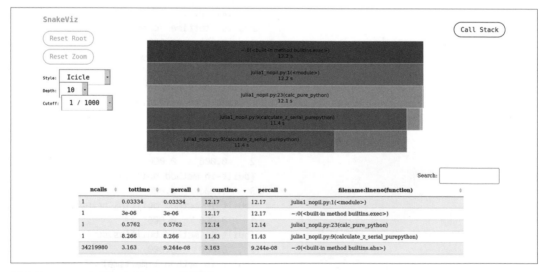

圖 2-5　snakeviz 將 profile.stats 視覺化

圖的寬度代表執行程式花掉的整個時間。第 4 層顯示大部分的時間都花在 calculate_z_serial_purepython 上面。第 5 層將它進一步分解，右邊那個占了該層 25% 且未註解的部分代表花在 abs 函式的時間。從這些比較大的區塊可以快速地了解程式內部花掉多少時間。

下一個部分是一張表格，它是上述的統計數據的列印版本，你可以用 cumtime（累積時間）、percall（每次呼叫的成本）或 ncalls（呼叫的總數）以及其他分類來排序它。先使用 cumtime 可讓你知道哪些函式整體而言花費最多。它們很適合在開始調查時使用。

如果你習慣觀看表格，cProfile 的主控台輸出或許已經足夠了。為了與別人溝通，我們強烈建議你使用圖表（例如 snakeviz 的輸出）來讓別人可以快速了解你的觀點。

使用 line_profiler 來進行逐行評量

Ian 認為，Robert Kern 的 line_profiler 是在 Python 程式中找出 CPU-bound 問題根源的最強工具。它的做法是逐行分析各個函式，因此你應該先使用 cProfile，再以高階角度，找出有哪些函式應該用 line_profiler 來分析。

你可以在修改程式的時候，用這個工具印出與註釋輸出的版本，如此一來，你就有許多修改紀錄（無論成功與否）可供快速參考。切勿單憑你的記憶進行逐行修改。

你可以發出 pip install line_profiler 命令來安裝 line_profiler。

裝飾器（@profile）的用途是標記所選的函式。kernprof 腳本的用途是執行你的程式碼，被選擇的函式的每一行的 CPU 時間與其他統計數據都會被記錄下來。

它的引數包括逐行（而不是函式級別的）分析的 -l，以及冗長（verbose）輸出的 -v。如果不使用 -v，你會收到一個 .lprof 輸出，可在稍後以 line_profiler 模組進行分析。在範例 2-6 中，我們完整地執行 CPU-bound 函式。

範例 2-6　對著一個被裝飾的函式執行 *kernprof* 產生逐行輸出，以記錄執行每一行的 *CPU* 成本

```
$ kernprof -l -v julia1_lineprofiler.py
...
Wrote profile results to julia1_lineprofiler.py.lprof
Timer unit: 1e-06 s

Total time: 49.2011 s
```

```
File: julia1_lineprofiler.py
Function: calculate_z_serial_purepython at line 9

Line #      Hits   Per Hit   % Time  Line Contents
==============================================================
    9                                @profile
   10                                def calculate_z_serial_purepython(maxiter,
                                                                       zs, cs):
   11                                    """ 使用 Julia 更新規則來計算 output 串列 """
   12         1    3298.0      0.0        output = [0] * len(zs)
   13   1000001       0.4      0.8        for i in range(len(zs)):
   14   1000000       0.4      0.7            n = 0
   15   1000000       0.4      0.9            z = zs[i]
   16   1000000       0.4      0.8            c = cs[i]
   17  34219980       0.5     38.0            while abs(z) < 2 and n < maxiter:
   18  33219980       0.5     30.8                z = z * z + c
   19  33219980       0.4     27.1                n += 1
   20   1000000       0.4      0.8            output[i] = n
   21         1       1.0      0.0        return output
```

加入 *kernprof.py* 會增加大量的執行時間。在這個例子中，calculate_z_serial_purepython 花了 49 秒，多於使用簡單的 print 陳述式的 8 秒，以及使用 cProfile 的 12 秒。換來的是，我們得到逐行的資訊，指出在函式裡面，時間都花在哪裡。

% Time 是最實用的欄位，我們可以看到 38% 的時間都花在 while 測試上。然而，我們不知道第一個陳述式（abs(z) < 2）會不會比第二個（n < maxiter）昂貴。在迴圈裡面，我們看到更新 z 也非常昂貴。即使是 n += 1 也很昂貴！Python 的動態查找機制會在每一個迴圈運作，即使我們在各個迴圈裡面讓各個變數使用同樣的型態——此時，編譯與型態專門化（第 7 章）可以給我們帶來巨大好處。建立以及更新輸出串列的第 20 行與 while 迴圈的代價相較之下相對便宜。

如果你從未考慮 Python 的動態機制，請想想在那個 n += 1 操作裡面發生了什麼事情。Python 必須確認 n 物件有個 __add__ 函式（而且如果沒有，它會到上幾代的類別，看看它們有沒有提供這個功能），接下來，當其他的物件被傳入時（在這個例子是 1），__add__ 函式可決定如何處理這項操作。切記，第二個引數可能是浮點數或相容或不相容的其他物件。這些事情都是動態發生的。

要進一步分析 while 陳述式，最直接的做法是將它分解。雖然在 Python 社群中有人討論是否改寫 *.pyc* 檔案，讓多部分、單行的陳述式使用比較詳細的資訊，但我們還沒有看到任何工具可以提供比 line_profiler 更細膩的分析。

在範例 2-7，我們將 while 邏輯拆成幾個陳述式。這個額外的複雜度會增加函式的執行時間，因為我們還有很多行程式碼需要執行，但它或許也可以協助我們了解這個部分的程式產生的成本。

> 在你看這段程式之前，你覺得我們可以藉著這種做法了解基本操作的成本嗎？有沒有其他的因素會讓分析更複雜？

範例 2-7　將複合的 while 陳述式拆成個別的陳述式，來記錄原始陳述式的各個部分的成本

```
$ kernprof -l -v julia1_lineprofiler2.py
...
Wrote profile results to julia1_lineprofiler2.py.lprof
Timer unit: 1e-06 s

Total time: 82.88 s
File: julia1_lineprofiler2.py
Function: calculate_z_serial_purepython at line 9
```

Line #	Hits	Per Hit	% Time	Line Contents
				===
9				@profile
10				def calculate_z_serial_purepython(maxiter,
				zs, cs):
11				""" 使用 Julia 更新規則來計算 output 串列 """
12	1	3309.0	0.0	output = [0] * len(zs)
13	1000001	0.4	0.5	for i in range(len(zs)):
14	1000000	0.4	0.5	n = 0
15	1000000	0.5	0.5	z = zs[i]
16	1000000	0.4	0.5	c = cs[i]
17	1000000	0.4	0.5	while True:
18	34219980	0.6	23.1	not_yet_escaped = abs(z) < 2
19	34219980	0.4	18.3	iterations_left = n < maxiter
20	34219980	0.4	17.3	if not_yet_escaped and iterations_left:
21	33219980	0.5	20.5	z = z * z + c
22	33219980	0.4	17.3	n += 1
23				else:
24	1000000	0.4	0.5	break
25	1000000	0.4	0.5	output[i] = n
26	1	0.0	0.0	return output

這個版本花了 82 秒的執行時間，而上一版花了 49 秒。其他的因素也會讓分析更複雜。這個例子有一些必須執行 34,219,980 次的額外陳述式，它們都會降低程式的速度。如果我們沒有使用 *kernprof.py* 來調查這項修改的逐行影響，我們可能會認為程式變慢是其他的原因，因為我們缺乏必要的證據。

此時，合理的做法是使用之前的 `timeit` 技術來測試個別運算式的成本：

```
Python 3.7.3 (default, Mar 27 2019, 22:11:17)
Type 'copyright', 'credits', or 'license' for more information
IPython 7.5.0 -- An enhanced Interactive Python. Type '?' for help.

In [1]: z = 0+0j
In [2]: %timeit abs(z) < 2
97.6 ns ± 0.138 ns per loop (mean ± std. dev. of 7 runs, 10000000 loops each)
In [3]: n = 1
In [4]: maxiter = 300
In [5]: %timeit n < maxiter
42.1 ns ± 0.0355 ns per loop (mean ± std. dev. of 7 runs, 10000000 loops each)
```

從這個簡單的分析看來，針對 n 進行的邏輯測試似乎比呼叫 abs 快兩倍。因為 Python 陳述式的估值順序既是從左到右的，也是視情況而定的，所以把最便宜的測試放在等式的左邊是合理的做法。在針對每一個座標的每 301 次測試的第 1 次中，n < maxiter 測試將會是 False，所以 Python 不需要對 and 運算子的另一邊進行估值。

除非我們對 abs(z) < 2 進行估值，否則無法知道它是不是 False，我們之前從這個複數平面區域看到，在所有 300 次迭代中，它大約有 10% 的情況是 True。如果我們想要深刻了解這個部分的程式碼的時間複雜度，合理的做法是繼續進行數值分析。然而，在這個情況下，我們想要做簡單的檢查，來看看可否快速解決問題。

我們可以提出一個新的假設：「藉著交換 while 陳述式裡面的運算子的順序，我們可以可靠地提升速度。」我們可以用 kernprof 來測試這個假設，但是這種分析的額外開銷可能會加入太多雜訊。相反地，我們可以使用這段程式碼的稍早版本，執行測試，比較 while abs(z) < 2 and n < maxiter: 與 while n < maxiter and abs(z) < 2:，見範例 2-8。

在 line_profiler 外面執行這兩個版本意味著它們以類似的速度執行。line_profiler 的開銷也會混淆結果，兩個版本的第 17 行的結果是相似的。我們不能假設在 Python 3.7 中，改變邏輯的順序會導致一致的速度提升，因為沒有明確的證據證明這一點。Ian 發現在 Python 2.7，我們可以這樣假設，但是在 Python 3.7 就不是如此了。

使用比較適當的方法來解決這個問題（例如使用 Cython 或 PyPy 來對調，第 7 章會說明）可以得到更大的好處。

我們可以信任結果，因為：

- 我們先提出一個容易測試的假設。

- 我們修改程式碼，只對假設進行測試（絕對不要一次測試兩件事！）。

- 我們收集足夠的證據來支持我們的結論。

為了完整起見，我們可以對兩個包含優化的主要函式執行最終的 kernprof，以確認我們對程式的整體複雜性有了全面的了解。

範例 2-8　調換複合的 *while* 陳述式的順序可讓函式快一些

```
$ kernprof -l -v julia1_lineprofiler3.py
...
Wrote profile results to julia1_lineprofiler3.py.lprof
Timer unit: 1e-06 s

Total time: 48.9154 s
File: julia1_lineprofiler3.py
Function: calculate_z_serial_purepython at line 9

Line #      Hits    Per Hit  % Time  Line Contents
==============================================================
     9                                @profile
    10                                def calculate_z_serial_purepython(maxiter,
                                                                        zs, cs):
    11                                    """使用 Julia 更新規則來計算 output 串列"""
    12         1     3312.0     0.0        output = [0] * len(zs)
    13   1000001        0.4     0.8        for i in range(len(zs)):
    14   1000000        0.4     0.7            n = 0
    15   1000000        0.4     0.8            z = zs[i]
    16   1000000        0.4     0.8            c = cs[i]
    17  34219980        0.5    38.2            while n < maxiter and abs(z) < 2:
    18  33219980        0.5    30.7                z = z * z + c
    19  33219980        0.4    27.1                n += 1
    20   1000000        0.4     0.8            output[i] = n
    21         1        1.0     0.0        return output
```

一如預期，我們可以從範例 2-9 的輸出看到，calculate_z_serial_purepython 占了它的父函式大部分的時間（97%）。相比之下，串列建立步驟顯得無足輕重。

範例 2-9　測試設定程式的逐行成本

```
Total time: 88.334 s
File: julia1_lineprofiler3.py
Function: calc_pure_python at line 24

Line #      Hits   Per Hit    % Time  Line Contents
==============================================================
    24                                @profile
    25                                def calc_pure_python(draw_output,
                                                          desired_width,
                                                          max_iterations):
    26                                    """ 建立一個複數…
...
    44         1       1.0       0.0    zs = []
    45         1       0.0       0.0    cs = []
    46      1001       0.7       0.0    for ycoord in y:
    47   1001000       0.6       0.7        for xcoord in x:
    48   1000000       0.9       1.0            zs.append(complex(xcoord, ycoord))
    49   1000000       0.9       1.0            cs.append(complex(c_real, c_imag))
    50
    51         1      40.0       0.0    print("Length of x:", len(x))
    52         1       7.0       0.0    print("Total elements:", len(zs))
    53         1       4.0       0.0    start_time = time.time()
    54         1 85969310.0      97.3  output = calculate_z_serial_purepython \
                                           (max_iterations, zs, cs)
    55         1       4.0       0.0    end_time = time.time()
    56         1       1.0       0.0    secs = end_time - start_time
    57         1      36.0       0.0    print(calculate_z_serial...
    58
    59         1    6345.0       0.0    assert sum(output) == 33219980
```

line_profiler 可以讓我們深入了解迴圈內的每一行的成本與昂貴的函式；雖然分析會降低速度，但它對科學開發人員來說是一大福音。記得使用有代表性的資料，以確保你關注的是能夠帶來最大好處的幾行程式。

用 memory_profiler 來診斷記憶體的使用情況

正如 Robert Kern 的 line_profiler 程式包可測試 CPU 的使用情況，Fabian Pedregosa 與 Philippe Gervais 的 memory_profiler 模組可逐行測量記憶體的使用情況。了解程式的記憶體使用特性可讓你自問兩個問題：

- 改寫這個函式可讓我使用更少 RAM 且更有效地工作嗎？

- 我可以使用更多 RAM，並藉著使用快取來節省 CPU 週期嗎？

memory_profiler 的運作方式很像 line_profiler，但跑起來慢多了。如果你安裝 psutil 程式包（非必須，但建議），memory_profiler 會跑得比較快。分析記憶體動輒會讓程式慢 10 到 100 倍。在實務上，你應該偶爾使用 memory_profiler，比較頻繁地使用 line_profiler（或 CPU 分析）。

請用 pip install memory_profiler 命令安裝 memory_profiler（並且可選擇執行 pip install psutil）。

如前所述，memory_profiler 的性能不如 line_profiler。因此，你應該對比較小的問題執行測試，並且在一段合理的時間之內完成它。雖然你也可以為了進行驗證而隔夜運行，但你必須快速且合理地反覆診斷問題與假設解決方案。範例 2-10 的程式使用完整的 1,000×1,000 網格，Ian 的筆電花了大約兩個小時收集統計數據。

修改原始碼有點麻煩。如同 line_profiler，你可以用裝飾器（@profile）來標記所選的函式。除非你製作虛擬（dummy）裝飾器，否則這會破壞你的單元測試，見第 59 頁的「無操作的 @profile 裝飾器」。

在處理記憶體配置時，你必須意識到，記憶體的使用情況不像 CPU 使用情況那麼明確。一般來說，配置多餘的記憶體以備不時之需通常比較有效率，因為配置記憶體這個動作的成本相對高昂。此外，資源回收不是即時運作的，所以可能有物件已經無法使用了，卻仍然待在資源回收池裡面一段時間。

如此一來，我們很難真正了解在 Python 程式中，記憶體的使用和釋出發生了什麼事，因為一行程式可能不會像從程序外部觀察到的那樣，配置肯定數量的記憶體。觀察一組線條的總體趨勢可以知道的事情可能會比只觀察一條線條的行為更深入。

我們來看一下範例 2-10 的 memory_profiler 的輸出。在第 12 行的 calculate_z_serial_purepython 裡面，我們看到配置 1,000,000 個項目造成這個程序增加了大約 7 MB 的 RAM[1]。這不代表輸出串列的大小絕對是 7 MB，而是這個程序在內部配置串列期間，成長了大約 7 MB。

---

[1] memory_profiler 會用 International Electrotechnical Commission 的 MiB（mebibyte），2^{20} bytes，來測量記憶體使用量。它與比較常見但也比較模糊的 MB 稍有不同（megabyte 有兩種常見的定義！）。1 MiB 等於 1.048576（或大約 1.05）MB。在我們的討論中，除非我們處理的是非常特定的數量，否則會將兩者視為相等。

在第 46 行的父函式，我們看到配置 zs 與 cs 串列改變了 Mem usage 欄位，讓它從 48 MB 變成 125 MB（+77 MB 的改變）。同樣值得注意的是，這不一定是陣列的真實大小，它只是程序在建立這些串列之後增長的大小。

在行文至此時，memory_usage 有一個 bug —— Increment 欄位不一定符合 Mem usage 欄位的變更。在本書的第一版期間，這些欄位已經被正確地追蹤了，你可以在 GitHub 查看這個 bug 的狀態（*https://oreil.ly/vuQPN*）。我們建議你使用 Mem usage 欄位，因為它可以在每一行程式碼正確地追蹤程序大小變化。

範例 *2-10*　*memory_profiler* 處理兩個主要函式的結果，顯示在 *calculate_z_serial_purepython* 裡面有意外的記憶體使用量

```
$ python -m memory_profiler julia1_memoryprofiler.py
...

Line #    Mem usage    Increment   Line Contents
================================================
     9   126.363 MiB  126.363 MiB   @profile
    10                              def calculate_z_serial_purepython(maxiter,
                                                                     zs, cs):
    11                                  """ 使用 Julia 更新規則來計算…
    12   133.973 MiB    7.609 MiB       output = [0] * len(zs)
    13   136.988 MiB    0.000 MiB       for i in range(len(zs)):
    14   136.988 MiB    0.000 MiB           n = 0
    15   136.988 MiB    0.000 MiB           z = zs[i]
    16   136.988 MiB    0.000 MiB           c = cs[i]
    17   136.988 MiB    0.258 MiB           while n < maxiter and abs(z) < 2:
    18   136.988 MiB    0.000 MiB               z = z * z + c
    19   136.988 MiB    0.000 MiB               n += 1
    20   136.988 MiB    0.000 MiB           output[i] = n
    21   136.988 MiB    0.000 MiB       return output

...

Line #    Mem usage    Increment   Line Contents
================================================
    24    48.113 MiB   48.113 MiB   @profile
    25                              def calc_pure_python(draw_output,
                                                        desired_width,
                                                        max_iterations):
    26                                  """ 建立一個複數…
    27    48.113 MiB    0.000 MiB       x_step = (x2 - x1) / desired_width
    28    48.113 MiB    0.000 MiB       y_step = (y1 - y2) / desired_width
    29    48.113 MiB    0.000 MiB       x = []
    30    48.113 MiB    0.000 MiB       y = []
```

```
31    48.113 MiB    0.000 MiB        ycoord = y2
32    48.113 MiB    0.000 MiB        while ycoord > y1:
33    48.113 MiB    0.000 MiB            y.append(ycoord)
34    48.113 MiB    0.000 MiB            ycoord += y_step
35    48.113 MiB    0.000 MiB        xcoord = x1
36    48.113 MiB    0.000 MiB        while xcoord < x2:
37    48.113 MiB    0.000 MiB            x.append(xcoord)
38    48.113 MiB    0.000 MiB            xcoord += x_step
44    48.113 MiB    0.000 MiB        zs = []
45    48.113 MiB    0.000 MiB        cs = []
46   125.961 MiB    0.000 MiB        for ycoord in y:
47   125.961 MiB    0.258 MiB            for xcoord in x:
48   125.961 MiB    0.512 MiB                zs.append(complex(xcoord, ycoord))
49   125.961 MiB    0.512 MiB                cs.append(complex(c_real, c_imag))
50
51   125.961 MiB    0.000 MiB        print("Length of x:", len(x))
52   125.961 MiB    0.000 MiB        print("Total elements:", len(zs))
53   125.961 MiB    0.000 MiB        start_time = time.time()
54   136.609 MiB   10.648 MiB        output = calculate_z_serial...
55   136.609 MiB    0.000 MiB        end_time = time.time()
56   136.609 MiB    0.000 MiB        secs = end_time - start_time
57   136.609 MiB    0.000 MiB        print(calculate_z_serial_purepython...
58
59   136.609 MiB    0.000 MiB        assert sum(output) == 33219980
```

要將記憶體使用情況的變化視覺化，另一種方式是每隔一段時間進行採樣，並繪出結果。memory_profiler 有一種稱為 mprof 的工具，在第一次使用時可收集記憶體的使用量，第二次時可將樣本視覺化。它是依時間採樣，而不是依程式行，所以幾乎不會影響程式碼的執行時間。

圖 2-6 是用 mprof run julia1_memoryprofiler.py 建立的。它會寫入一個統計檔案，接著用 mprof plot 來視覺化它。我們的兩個函式都被括號括起來，代表它們進入的時間，我們可以看到 RAM 在它們執行時的增長情況。在 calculate_z_serial_purepython 裡面，我們可以看到 RAM 的使用量在函式的執行期間穩定地增長，這是建立小物件（int 與 float 型態）造成的。

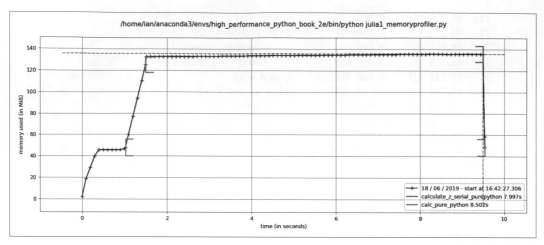

圖 2-6　使用 mprof 繪製 memory_profiler 報告

除了在函式層面上觀察行為之外,我們也可以使用 context manager 來加入標籤。範例 2-11 是產生圖 2-7 的圖表的程式段落。我們可以看到 create_output_list 標籤:它在 calculate_z_serial_purepython 之後大約 1.5 秒出現,導致程序配置更多 RAM。我們接著暫停幾秒;time.sleep(1) 是人工加入的,可讓圖表更容易了解。

範例 2-11　使用 context manager 在 mprof 圖表加入標籤

```
@profile
def calculate_z_serial_purepython(maxiter, zs, cs):
    """ 使用 Julia 更新規則來計算 output 串列 """
    with profile.timestamp("create_output_list"):
        output = [0] * len(zs)
    time.sleep(1)
    with profile.timestamp("calculate_output"):
        for i in range(len(zs)):
            n = 0
            z = zs[i]
            c = cs[i]
            while n < maxiter and abs(z) < 2:
                z = z * z + c
                n += 1
            output[i] = n
    return output
```

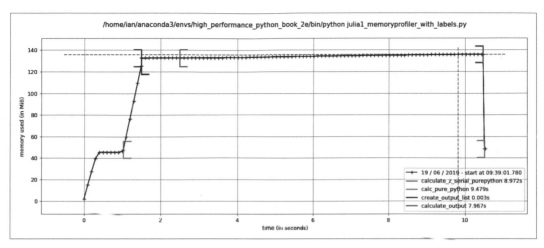

圖 2-7　memory_profiler 報告，使用 mprof 與標籤

在占了大部分的圖表的 calculate_output 段落裡面，我們看到非常緩慢、線性的 RAM 使用量增長。它來自內部迴圈使用的所有臨時數字。使用標籤確實可以協助我們更細膩地了解記憶體在哪裡被使用。有意思的是，我們可以在程式終止前看到「峰值 RAM 使用量」線條（在第 10 秒之前的垂直虛線）。這可能是因為資源回收器將 calculate_output 使用的臨時物件回收，取回一些 RAM。

如果我們簡化程式，移除 zs 與 cs 串列的建立呢？這樣我們就必須在 calculate_z_serial_purepython 裡面計算這些座標（因此執行相同的工作），但是我們可以將它們存入串列來節省 RAM。見範例 2-12 的程式。

在圖 2-8 中，我們可以看到行為有很大的改變 —— RAM 使用量從 140 MB 下降至 60 MB，整整減少了一半！

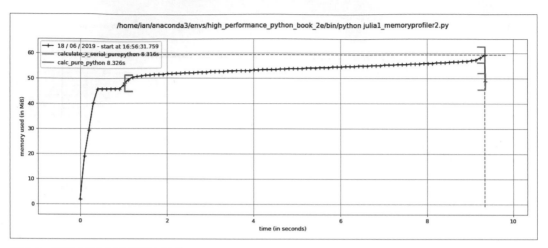

圖 2-8　移除兩個大型串列之後的 memory_profiler

範例 *2-12*　動態建立複數座標，以節省 *RAM*

```
@profile
def calculate_z_serial_purepython(maxiter, x, y):
    """ 使用 Julia 更新規則來計算 output 串列 """
    output = []
    for ycoord in y:
        for xcoord in x:
            z = complex(xcoord, ycoord)
            c = complex(c_real, c_imag)
            n = 0
            while n < maxiter and abs(z) < 2:
                z = z * z + c
                n += 1
            output.append(n)
    return output
```

如果我們想要測試多個陳述式使用的 RAM，我們可以使用 IPython 的魔術函式 %memit，它的運作方式很像 %timeit。在第 11 章，我們會使用 %memit 來測試串列的記憶體成本，並討論高效使用 RAM 的各種方式。

memory_profiler 提供一種有趣的工具，可藉著使用 --pdb-mmem=*XXX* 旗標來對大型的程序進行除錯。當程序超過 *XXX* MB 之後，pdb 除錯器就會啟動。如果你處於空間受限的環境中，它會讓你直接到達配置次數太多的地點。

用 PySpy 來自檢既有的程序

py-spy 是一種有趣的採樣分析器 —— 使用它時不需要修改任何程式碼，它會自檢（introspect）已經在運行的 Python 程序，並且在主控台使用類 **top** 的畫面回報結果。作為一種採樣分析器，它幾乎不會影響你的程式碼的運行。它是用 Rust 寫的，需要比較高的權限才能檢查別的程序。

這個工具很適合在生產環境中，與長時間運行的程序或複雜的安裝需求一起使用。它支援 Windows、Mac 與 Linux。安裝它的指令是 `pip install py-spy`（注意名稱中的短線 —— pyspy 是另一種與它無關的專案）。如果你的程序已經在運行了，你就要使用 ps 來取得它的程序編號（PID），再將它傳給 py-spy，如範例 2-13 所示。

範例 2-13　在命令列執行 PySpy

```
$ ps -A -o pid,rss,cmd | ack python
...
15953 96156 python julia1_nopil.py
...
$ sudo env "PATH=$PATH" py-spy --pid 15953
```

你會在主控台看到類似 **top** 的靜態圖片，如圖 2-9 所示，它會每秒更新一次，以顯示目前哪個函式花最多時間。

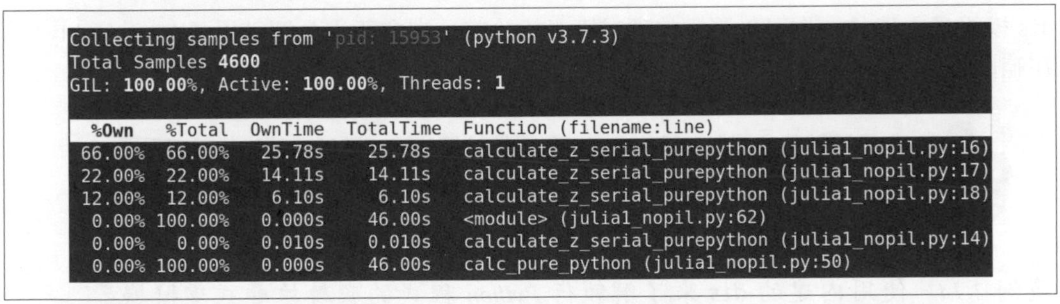

```
Collecting samples from 'pid: 15953' (python v3.7.3)
Total Samples 4600
GIL: 100.00%, Active: 100.00%, Threads: 1

 %Own   %Total  OwnTime  TotalTime  Function (filename:line)
66.00%  66.00%  25.78s   25.78s     calculate_z_serial_purepython (julia1_nopil.py:16)
22.00%  22.00%  14.11s   14.11s     calculate_z_serial_purepython (julia1_nopil.py:17)
12.00%  12.00%   6.10s    6.10s     calculate_z_serial_purepython (julia1_nopil.py:18)
 0.00% 100.00%   0.000s  46.00s     <module> (julia1_nopil.py:62)
 0.00%   0.00%   0.010s   0.010s     calculate_z_serial_purepython (julia1_nopil.py:14)
 0.00% 100.00%   0.000s  46.00s     calc_pure_python (julia1_nopil.py:50)
```

圖 2-9　使用 PySpy 來自檢 Python 程序

PySpy 也可以匯出火焰圖。在此，我們使用 `$ py-spy --flame profile.svg -- python julia1_nopil.py`，執行該選項，同時要求 PySpy 直接執行我們的程式，而不需要 PID。見圖 2-10，畫面的寬度代表整個程式執行時間，往下看的每一層都是從上面呼叫的函式。

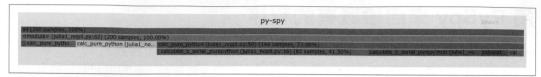

圖 2-10　PySpy 畫出的部分火焰圖

Bytecode：引擎蓋的下面

到目前為止，我們已經回顧了各種測量 Python 程式碼成本的方式（包括 CPU 與 RAM 的使用量）。但我們還沒有了解虛擬機器使用的底層 bytecode。了解「引擎蓋的下面」發生的事情有助於建構關於「緩慢的函式發生了什麼事」的心智模型，當你要編譯程式碼的時候也很有幫助。所以，我們來認識一些 bytecode。

使用 dis 模組來檢查 CPython bytecode

我們可以用 dis 模組來檢查在堆疊式 CPython 虛擬機器裡面運行的底層 bytecode。了解運行高階 Python 程式的虛擬機器裡面的事情，可以協助你了解為何有些編程風格比其他的更快。當你使用 Cython 之類的工具時，它也可以提供幫助，Cython 可在 Python 之外產生 C 程式碼。

dis 模組是內建的。你可以將程式碼或模組傳給它，它會印出分解結果（disassembly）。在範例 2-14 中，我們分解 CPU-bound 函式的外部迴圈。

 你應該試著分解你自己的函式，看看被分解的程式碼與分解後的輸出之間有多麼符合。你可以看出下列 dis 輸出與原始函式之間的關係嗎？

範例 *2-14*　使用內建的 *dis* 來了解執行 *Python* 程式的底層堆疊式虛擬機器

```
In [1]: import dis
In [2]: import julia1_nopil
In [3]: dis.dis(julia1_nopil.calculate_z_serial_purepython)
    11              0 LOAD_CONST            1 (0)
                    2 BUILD_LIST           1
                    4 LOAD_GLOBAL          0 (len)
                    6 LOAD_FAST            1 (zs)
                    8 CALL_FUNCTION        1
                   10 BINARY_MULTIPLY
```

```
              12 STORE_FAST              3 (output)

  12          14 SETUP_LOOP             94 (to 110)
              16 LOAD_GLOBAL            1 (range)
              18 LOAD_GLOBAL            0 (len)
              20 LOAD_FAST              1 (zs)
              22 CALL_FUNCTION          1
              24 CALL_FUNCTION          1
              26 GET_ITER
         >>   28 FOR_ITER              78 (to 108)
              30 STORE_FAST             4 (i)

  13          32 LOAD_CONST             1 (0)
              34 STORE_FAST             5 (n)
 ...
  19     >>   98 LOAD_FAST              5 (n)
             100 LOAD_FAST              3 (output)
             102 LOAD_FAST              4 (i)
             104 STORE_SUBSCR
             106 JUMP_ABSOLUTE         28
         >>  108 POP_BLOCK

  20     >>  110 LOAD_FAST              3 (output)
             112 RETURN_VALUE
```

雖然輸出很簡單，但它相當直觀。第一欄是原始檔案的行數，第二欄有一些 >> 符號，它們是跳點的目的地，第三欄是操作的位址，第四欄是操作的名稱，第五欄是操作的參數。第六欄是用來將 bytecode 與原始的 Python 參數對齊的註記。

請參考範例 2-3，比較 bytecode 與相應的 Python 程式碼。bytecode 從 Python 第 11 行開始，將常數值 0 放入堆疊，接著建立一個單元素串列。然後，它在名稱空間中尋找 len 函式，將它放入堆疊，再次在名稱空間中尋找 zs，再將它放入堆疊。在 Python 第 12 行，它呼叫堆疊的 len 函式，它接收堆疊的 zs 參考；接著它對最後兩個引數（zs 的長度與單元素串列）執行二進制乘法，並將結果存入 output。這是 Python 函式的第一行目前處理的事情。你可以繼續查看 bytecode 的下一個段落，來了解 Python 程式碼的第二行（外部的 for 迴圈）的行為。

跳點（>>）對應的是 JUMP_ABSOLUTE 與 POP_JUMP_IF_FALSE 等指令。請瀏覽你自己的被分解的函式，並比對跳點與跳躍指令。

了解 bytecode 之後，你現在可能會問：明確地編寫一個函式時的 bytecode 與時間成本 vs. 使用內建的函式來執行相同的工作時的 bytecode 與時間成本是怎樣？

不同的做法，不同的複雜度

> 用一目瞭然的方法來解決事情，而且最好只有一種。當然這是無法一蹴可幾的，除非你是那位荷蘭人[2]。
>
> —Tim Peters, *The Zen of Python*

用 Python 來表達想法的做法五花八門。一般來說，最明智的選擇應該是一目瞭然的，但如果你主要使用舊版的 Python，或其他程式語言，你可能會想到其他方法。有些表達想法的方式可能跑得比其他的更慢。

對大部分的程式碼而言，你應該比較在乎易讀性，而不是速度，如此一來，你的團隊才可以高效地寫程式，而不會被高性能但是難懂的程式碼迷惑。

不過，有時你想要性能（而且不犧牲易讀性），此時你可能需要進行一些速度測試。

看一下範例 2-15 的兩段程式。它們都做相同的工作，但第一個產生許多額外的 Python bytecode，這會造成更多開銷。

範例 2-15 解決同一個求和問題的兩種方式，一種是不成熟的，另一種是比較高效的

```python
def fn_expressive(upper=1_000_000):
    total = 0
    for n in range(upper):
        total += n
    return total

def fn_terse(upper=1_000_000):
    return sum(range(upper))

assert fn_expressive() == fn_terse(), "Expect identical results from both functions"
```

---

2 這個語言的創造者 Guido van Rossum 是荷蘭人，並非所有人都認同他的「一目瞭然」的選擇，但整體而言，我們喜歡 Guido 的選擇！

這兩個函式都計算一個範圍的整數的總和。有一條簡單的經驗法則（但你必須用分析來支持它！）是「行數較多的 bytecode」的執行速度比「使用內建函式且行數較少的等效 bytecode」更慢。在範例 2-16 中，我們使用 IPython 的 %timeit 魔術函式來測試多個執行回合的最佳執行時間。fn_terse 的速度比 fn_expressive 快兩倍！

範例 2-16　使用 %timeit 來測試我們的假設，即使用內建函式應該比寫自己的函式更快

```
In [2]: %timeit fn_expressive()
52.4 ms ± 86.4 µs per loop (mean ± std. dev. of 7 runs, 10 loops each)

In [3]: %timeit fn_terse()
18.1 ms ± 1.38 ms per loop (mean ± std. dev. of 7 runs, 100 loops each)
```

如果我們使用 dis 模組來檢查各個函式的程式碼，如範例 2-17 所示，我們可以看到虛擬機器在處理比較有表達性（expressive）的函式時有 17 行需要執行，處理易讀性很強但比較簡潔的第二個函式時，只需要執行 6 行。

範例 2-17　使用 dis 來查看兩個函式的 bytecode 指令數量

```
In [4]: import dis
In [5]: dis.dis(fn_expressive)
  2           0 LOAD_CONST               1 (0)
              2 STORE_FAST               1 (total)

  3           4 SETUP_LOOP              24 (to 30)
              6 LOAD_GLOBAL              0 (range)
              8 LOAD_FAST                0 (upper)
             10 CALL_FUNCTION            1
             12 GET_ITER
        >>   14 FOR_ITER                12 (to 28)
             16 STORE_FAST               2 (n)

  4          18 LOAD_FAST                1 (total)
             20 LOAD_FAST                2 (n)
             22 INPLACE_ADD
             24 STORE_FAST               1 (total)
             26 JUMP_ABSOLUTE           14
        >>   28 POP_BLOCK

  5     >>   30 LOAD_FAST                1 (total)
             32 RETURN_VALUE
```

```
In [6]: dis.dis(fn_terse)
  8           0 LOAD_GLOBAL              0 (sum)
              2 LOAD_GLOBAL              1 (range)
              4 LOAD_FAST                0 (upper)
              6 CALL_FUNCTION            1
              8 CALL_FUNCTION            1
             10 RETURN_VALUE
```

這兩段程式之間的差異令人驚訝。在 fn_expressive() 裡面,我們使用兩個區域變數,並使用 for 陳述式來迭代一個串列。每個 for 迴圈都會檢查有沒有 StopIteration 例外被發出。每一次迭代都會執行 total.__add__ 函式,它會檢查第二個變數(n)的型態。這些檢查動作都會加上一些成本。

在 fn_terse() 裡面,我們呼叫一個優化的 C 串列生成式,它知道如何產生最終的結果而不必建立 Python 中間物件。它快多了,儘管每一次迭代仍然必須檢查要相加的物件的型態(在第 4 章,我們會看各種修正型態的方式,這樣就不需要在每一次迭代時檢查它了)。

如前所述,你必須分析你的程式碼——如果你只根據經驗來寫程式,總有一天你會寫出跑很慢的程式。你絕對要了解 Python 有沒有能夠以更簡短且具備易讀性的內建工具可以解決你的問題。如果有,別的程式員應該更容易看得懂它,而且它可能會跑得更快。

在優化期間進行單元測試,以保持正確性

如果你還沒有單元測試你的程式,你的長期工作效率可能會出問題。Ian(臉紅)尷尬地指出,他曾經花一天的時間優化程式,並且停用單元測試,因為它們很不方便,後來發現速度獲得明顯提升的原因是他破壞了他正在改善的演算法。你一次都不需要犯下這種錯誤。

請在程式中加入單元測試來保持平靜的生活。你會讓現在的自己和同事相信你的程式碼是正確的,你也會讓將來維護它的自己受益。長遠來看,在程式中加入測試確實可以節省大量時間。

除了單元測試之外，你也要強烈考慮使用 *coverage.py*。它會檢查哪幾行程式會被你的測試程式檢查，並找出沒有被覆蓋的段落。它可以讓你快速判斷你要優化的程式有沒有被測試，如此一來，在優化過程中可能出現的任何錯誤都會被快速發現。

無操作的 @profile 裝飾器

如果你的程式碼使用 line_profiler 或 memory_profiler 的 @profile，單元測試就會因為 NameError 例外而失敗。原因在於，單元測試框架不會將 @profile 裝飾器注入區域名稱空間。這裡的 no-op（無操作）裝飾器可以解決這個問題。將它加入你要測試的段落以及在完成時移除它都很簡單。

使用 no-op 裝飾器時，你可以執行測試而不必修改被測試的程式碼。這意味著你可以在每次根據分析的結果進行優化之後執行測試，因而絕對不會被錯誤的優化步驟困擾。

假如我們有一個範例 2-18 的 *ex.py* 模組。它有一個測試（pytest），以及一個我們已經用 line_profiler 或 memory_profiler 分析過的函式。

範例 *2-18*　會讓我們想要使用 *@profile* 的簡單函式與測試案例

```
import time

def test_some_fn():
    """ 檢查函式的基本行為 """
    assert some_fn(2) == 4
    assert some_fn(1) == 1
    assert some_fn(-1) == 1


@profile
def some_fn(useful_input):
    """ 我們想要測試與分析的昂貴函式 """
    # 代表「我們在做一些巧妙且昂貴的事情」的人工延遲
    time.sleep(1)
    return useful_input ** 2


if __name__ == "__main__":
    print(f"Example call `some_fn(2)` == {some_fn(2)}")
```

當我們對程式執行 pytest 時，我們會得到 NameError，如範例 2-19 所示。

範例 2-19　在測試期間缺少裝飾器會以沒有幫助的方式跳出測試！

```
$ pytest utility.py
=============== test session starts ===============
platform linux -- Python 3.7.3, pytest-4.6.2, py-1.8.0, pluggy-0.12.0
rootdir: noop_profile_decorator
plugins: cov-2.7.1
collected 0 items / 1 errors

===================== ERRORS =====================
_____ ERROR collecting utility.py _____
utility.py:20: in <module>
    @profile
E   NameError: name 'profile' is not defined
```

解決的辦法是在模組的開頭加入一個 no-op 裝飾器（你可以在完成分析之後移除它）。
如果 @profile 裝飾器無法在名稱空間之一找到（因為沒有使用 line_profiler 或 memory_
profiler），我們寫的 no-op 版本就會被加入。如果 line_profiler 或 memory_profiler 已
經將新函式注入名稱空間，我們的 no-op 版本就會被忽略。

對於 line_profiler 與 memory_profiler，我們可以加入範例 2-20 的程式。

範例 2-20　在單元測試時，將 no-op @profile 裝飾器加入名稱空間

```
# 在本地空間檢查 line_profiler 或 memory_profiler，
# 它們都會被它們各自的工具注入，或者，
# 如果沒有使用這些工具，它們就不存在
# （此時我們要替換虛擬的 @profile 裝飾器）
if 'line_profiler' not in dir() and 'profile' not in dir():
    def profile(func):
        return func
```

加入 no-op 裝飾器之後，我們就可以成功執行 pytest 了，見範例 2-21，以及分析器——
不需要額外更改程式碼。

範例 2-21　使用 no-op 裝飾器，我們有可運作的測試，而且兩個分析器都正確
　　　　　運作

```
$ pytest utility.py
=============== test session starts ===============
platform linux -- Python 3.7.3, pytest-4.6.2, py-1.8.0, pluggy-0.12.0
rootdir: /home/ian/workspace/personal_projects/high_performance_python_book_2e/
        high-performance-python-2e/examples_ian/ian/ch02/noop_profile_decorator
plugins: cov-2.7.1
collected 1 item
```

```
utility.py .

============= 1 passed in 3.04 seconds ============

$ kernprof -l -v utility.py
Example call `some_fn(2)` == 4
...
Line #      Hits         Time  Per Hit   % Time  Line Contents
==============================================================
    20                                           @profile
    21                                           def some_fn(useful_input):
    22                                               """ 我們想要測試與分析的…
    23                                               # 代表「我們」在做一些…
    24          1    1001345.0 1001345.0    100.0    time.sleep(1)
    25          1          7.0      7.0      0.0    return useful_input ** 2

$ python -m memory_profiler utility.py
Example call `some_fn(2)` == 4
Filename: utility.py

Line #    Mem usage    Increment   Line Contents
================================================
    20   48.277 MiB   48.277 MiB   @profile
    21                             def some_fn(useful_input):
    22                                 """ 我們想要測試與分析的…
    23                                 # 代表「我們」在做一些…
    24   48.277 MiB    0.000 MiB    time.sleep(1)
    25   48.277 MiB    0.000 MiB    return useful_input ** 2
```

不使用這些裝飾器可以幫你節省幾分鐘，但是萬一你花了好幾個小時做了破壞程式的錯誤優化，你就會後悔沒將它整合到工作流程裡面。

成功分析程式碼的策略

進行分析需要一些時間與精力。如果你將想要測試的程式段落與主體分開，你就會有更多機會可以了解你的程式碼。接下來，你可以對程式碼進行單元測試，以保持正確性，並且傳入實際的捏造資料，以驗證你想要處理的低效率問題。

記得停用任何 BIOS 加速器，因為它們只會混淆你的結果。在 Ian 的筆電上，如果 CPU 夠冷，Intel Turbo Boost 功能會暫時加速 CPU，讓它的速度高於正常的最大速度。這代表冷的 CPU 在執行同一段程式時，可能會比熱的 CPU 執行它更快。你的作業系統可能也會控制時脈速度——比起使用 AC 電力，使用電池電力的筆電應該會更積極地控制 CPU 速度。我們會做這些事情來建立更穩定的性能評測組態：

- 停用 BIOS 內的 Turbo Boost。

- 停用作業系統覆寫 SpeedStep 的功能（如果你可以控制 BIOS，你可以在 BIOS 裡面找到它）。

- 只使用 AC 電力（永遠不使用電池電力）。

- 在進行實驗時停用背景工具，例如備份與 Dropbox。

- 執行多次實驗來取得穩定的數值。

- 可能會降為運行 level 1（Unix），如此一來，就沒有其他任務在運行。

- 重新開機並重新執行實驗來再次確認結果。

試著假設程式的預期行為，再用分析步驟的結果來驗證假設（或證明它是錯的！）。雖然你的選擇不會改變（你只能使用分析結果來決定你的選擇），但你對於程式碼的直覺將會改善，這會在未來的專案產生回報，因為你更有可能做出提升性能的決策。當然，你也要藉由分析來驗證這些決策。

不要吝於進行準備工作。如果你試圖在大型專案的深處進行性能測試，但沒有將它從大型的專案分開，你很可能會看到副作用，讓你的工作偏離正軌。當你在進行較細膩的修改時，對大型專案進行單元測試可能比較困難，這可能會進一步妨礙你的工作。副作用可能包括其他的執行緒與程序，它們會影響 CPU 與記憶體的使用，以及網路與磁碟的活動，進而影響你的結果。

當然，你已經在使用原始碼控制系統了（例如 Git 或 Mercurial），所以你能夠在不同的分支執行多個實驗，絕不會失去「正確運作的版本」。如果你**沒有**使用原始碼控制系統，幫自己一個大忙，開始這樣做！

對於 web 伺服器，使用 dowser 與 dozer，你可以用它們來將名稱空間內的物件的行為即時視覺化。務必考慮將你要測試的程式從主 web app 分出來，因為這會大大地簡化分析工作。

確保單元測試有檢查你要分析的程式中的所有程式路徑。在性能評測中，有使用卻沒有被測試的任何東西都可能造成不易察覺的錯誤，進而減緩你的進度。使用 coverage.py 來確認你的測試覆蓋了所有程式路徑。

對產生大量輸出的程式段落進行單元測試或許比較困難，此時你可以輸出結果的文字檔來執行 diff，或使用 pickled 物件。對於數值優化問題，Ian 喜歡建立浮點數的長文字檔，並使用 diff —— 這可以立刻顯示微小的四捨五入錯誤，即使它們在輸出中很少出現。

如果你的程式可能因為細微的變化而出現數字的四捨五入問題，最好製作可以用來進行前後比對的大型輸出。捨入誤差有一個原因是 CPU 暫存器與主記憶體之間的浮點精度差異。用不同的程式路徑執行程式可能造成不易察覺的捨入誤差，並造成你的困擾 ——最好可以在它們發生時就發現它們。

顯然在進行分析與優化時使用原始碼控制工具是明智的做法。建立分支很便宜，而且可以維持你的理智。

結語

了解這些分析技術之後，你已經具備了識別 CPU 與 RAM 的使用瓶頸的所有工具了。接下來，我們要看 Python 如何實作最常見的容器，如此一來，當你要表達更大型的資料集合時，你就可以做出明智的決定。

## 第三章

串列與 tuple

看完這一章之後，你可以回答這些問題

- 串列（list）與 tuple 的好處是什麼？

- 在串列 / tuple 中進行查詢的複雜度為何？

- 為何是那種複雜度？

- 串列與 tuple 有什麼不同？

- 附加串列是如何運作的？

- 我該如何使用串列與 tuple？

若要寫出高效率的程式，最重要的事情之一是了解你使用的資料結構的保障。事實上，高性能編程有很大一部分是在了解你想要根據資料問什麼問題，並且選出可以快速回答這些問題的資料結構。本章將探討串列與 tuple 可以快速回答的問題種類，以及它們如何做到。

串列與 tuple 都是一種稱為**陣列**（*array*）的資料結構的類別。陣列是具備某種內在順序的平面資料列。通常在這種資料結構裡面，元素的相對順序與元素本身一樣重要！此外，這種關於順序的**先驗**知識非常寶貴：藉著知道資料在陣列內的位置，我們可以用 0(1) 取出它[1]！實作陣列的方法有很多種，每一種解決方案都有它自己的實用功能與保

---

[1]　0(1) 是用 *Big-Oh Notation* 來表示演算法的效率。關於這個主題，你可以參考 Sarah Chima 寫的這篇很好的 *dev.to* 簡介文章（*https://oreil.ly/qKUwZ*），或 Thomas H. Cormen 等人合著的 *Introduction to Algorithm*（MIT Press）中的介紹性章節。

障。這就是 Python 提供兩種陣列（串列與 tuple）的原因。**串列**是動態的陣列，可讓我們修改我們儲存的資料與改變它的大小，而 *tuple* 是靜態陣列，它的內容是固定且不可變的。

我們來稍微拆解一下上面的說明。我們可以將電腦的系統記憶體視為一系列帶編號的貯體，每一個貯體都可以容納一個數字。Python 使用**參考**在這些貯體裡面儲存資料，也就是說，數字本身是指向或參考我們實際在乎的資料。因此，這些貯體可以儲存我們想要的任何資料型態（相較之下，numpy 陣列有靜態型態，而且只能儲存那一種型態的資料）[2]。

當我們想要建立陣列（也就是串列或 tuple）時，我們要先配置一塊系統記憶體（這一塊記憶體的每一個區段都會被當成指向實際資料的整數大小（integer-sized）的指標）。這需要進入系統的 kernel，並請求使用 N 個**連續**的貯體。圖 3-1 是大小為 6 的陣列（這個例子是個串列）的系統記憶體布局。

 在 Python，串列也會儲存它們的大小，所以當電腦配置 6 個區塊時，其中只有 5 個是有用的，第 0 個元素是長度。

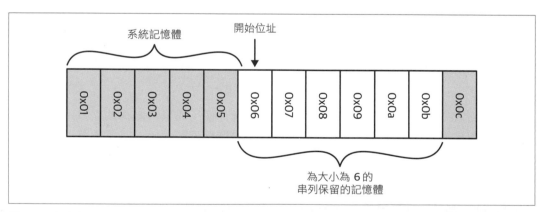

圖 3-1　大小為 6 的陣列的系統記憶體布局

若要查詢串列中的特定元素，我們只要知道我們想要哪個元素，並記得資料從哪個貯體開始即可。因為所有的資料都占用同樣數量的空間（一個「貯體」，或更具體地說，一個整數大小，指向實際資料的指標），我們不需要知道放在裡面的資料型態就可以做這種計算。

2　在 64-bit 電腦，12 KB 的記憶體會給你 725 個貯體，52 GB 的記憶體會給你 3,250,000,000 個貯體！

如果你已經知道有 N 個元素的串列在記憶體的開始位址了，如何在串列中
找出任意的元素？

舉例，如果我們需要取出陣列的第 0 個元素，我們會直接前往序列 M 的第一個貯體，
並讀取它裡面的值。如果我們需要陣列的第五個元素，我們會前往位置 M + 5 的貯體並
讀取它的內容。一般來說，如果我們想要從陣列取出元素 i，我們就會前往 M + i。所
以，將資料儲存在連續的貯體，並且知道資料的順序之後，我們就可以用一個步驟（或
O(1)）知道應該查看哪個貯體來找出資料，無論陣列的大小如何（範例 3-1）。

範例 3-1　在不同大小的串列裡面查看的時間

```
>>> %%timeit l = list(range(10))
      ...: l[5]
      ...:
30.1 ns ± 0.996 ns per loop (mean ± std. dev. of 7 runs, 10000000 loops each)

>>> %%timeit l = list(range(10_000_000))
      ...: l[100_000]
      ...:
28.9 ns ± 0.894 ns per loop (mean ± std. dev. of 7 runs, 10000000 loops each)
```

如果我們有一個順序不明的陣列，並且想要取出特定的元素呢？如果知道順序，我們只
要尋找那個特定值就可以了。但是，在這個例子中，我們必須做 search 操作。這個問題
最基本的做法稱為**線性搜尋**，也就是遍歷陣列內的每一個元素，並檢查它的值是不是我
們想要的，見範例 3-2。

範例 3-2　對串列進行線性搜尋

```
def linear_search(needle, array):
    for i, item in enumerate(array):
        if item == needle:
            return i
    return -1
```

這個演算法的效率是最糟糕的 O(n)，最糟的情況會在我們搜尋的東西不在陣列裡面時發
生。為了知道元素不在陣列裡面，我們必須對每一個元素進行檢查，最後，我們會到達
最終的 return -1 陳述式。事實上，這個演算法就是 list.index() 使用的演算法。

提升速度的唯一辦法是對於「資料如何放在記憶體裡面」或「資料貯體的排列方式」有一些其他的認識。例如，雜湊表（第 83 頁的「字典與集合如何運作？」）是第 4 章使用的基本資料結構，它可以藉著為插入 / 取出加入額外的開銷，並且對項目實施嚴格且特殊的排序來以 O(1) 解決這個問題。或者，如果你在儲存資料時，讓每一個項目都比它的左邊（或右邊）那一個更大（或更小），那麼專用的搜尋演算法可以讓查詢時間降為 O(log n)，與上述的固定時間的查詢方式相比，這或許是不可能採用的步驟，但有時它是最佳選項（特別是因為搜尋演算法更靈活了，而且可讓你用創造性的方式定義搜尋）。

習題

寫一個演算法來找出下列資料中，61 這個值的索引：

    [9, 18, 18, 19, 29, 42, 56, 61, 88, 95]

你已經知道資料如何排序了，如何更快速地工作？

提示：將陣列拆成一半的話，左邊的值都小於右邊的最小元素的值。你可以利用這個概念！

比較快速的搜尋方式

如前所述，如果我們可以先排序資料，讓特定項目的左邊的所有元素都小於（或大於）該項目，我們就可以得到更好的搜尋性能。這個比較是用物件的 __eq__ 和 __lt__ 魔術函式來完成的，如果你使用自訂物件，你也可以自訂它。

> 如果沒有 __eq__ 和 __lt__ 方法，自訂物件只會比較相同型態的物件，這個比較是用實例在記憶體內的位置來完成的。定義這兩個魔術函式可讓你使用標準程式庫的 functools.total_ordering 裝飾器來自動定義所有其他排序函式，儘管會有很小的性能損失。

排序演算法與搜尋演算法是必備的要素。Python 串列有內建的排序演算法，它使用 Tim 排序。Tim 排序在最佳情況下可以用 O(n) 的效率排序一個串列（在最壞情況下是 O(n log n)）。它有這種效率是因為它會利用多種類型的排序演算法，並且使用經驗法則，用資料來猜測哪一種演算法有最好的表現（更具體地說，它會混合插入與合併排序演算法）。

排序串列之後，我們可以用二分搜尋法來尋找想要的元素（範例 3-3），它的平均複雜度是 O(log n)。之所以有這種複雜度是因為它會先找到串列的中間點，再拿它的值與想要的值做比較。如果中間點的值小於想要的值，我們就考慮串列的右半部，繼續用這種方法切半，直到找到值，或確定值不在串列裡面為止。因此，我們不需要像線性搜尋那樣讀取串列的所有值，相反地，我們只要讀取它們的一個小的子集合即可。

範例 3-3　快速搜尋已排序的串列——二分搜尋法

```
def binary_search(needle, haystack):
    imin, imax = 0, len(haystack)
    while True:
        if imin > imax:
            return -1
        midpoint = (imin + imax) // 2
        if haystack[midpoint] > needle:
            imax = midpoint
        elif haystack[midpoint] < needle:
            imin = midpoint+1
        else:
            return midpoint
```

使用這種方法來尋找串列元素可以避免使用字典這種重量級的解決方案。當想要處理的資料串列本質上已經排序好了時更是如此。比起將資料轉換成字典再對它進行搜尋，對串列使用二分搜尋法來找出物件更有效率。雖然字典查詢只需要 O(1)，但是將資料轉換成字典需要 O(n)（而且字典的鍵是不可重複的，這項限制可能讓你無法使用它）。另一方面，二分搜尋法需要 O(log n)。

此外，Python 標準程式庫的 **bisect** 模組可以簡化許多地方，它提供一些簡單的方法，可讓你在加入元素的同時，維持串列的順序，也可以使用高度優化的二分搜尋法尋找元素。它的做法是提供另一組函式來將元素加入正確排序好的位置。因為串列永遠都是排序好的，我們可以輕鬆地找出元素（你可以在 **bisect** 模組的文件找到範例（*https://oreil.ly/5ZSb7*））。此外，使用 **bisect**，我們可以非常快速地找出離目標最近的元素（範例 3-4）。當我們想要比較兩個相似但是不同的資料組時，這個功能非常實用。

範例 3-4　使用 *bisect* 模組在串列中找到最接近的值

```python
import bisect
import random

def find_closest(haystack, needle):
    # bisect.bisect_left 會回傳在 haystack 裡面
    # 大於 needle 的第一個值
    i = bisect.bisect_left(haystack, needle)
    if i == len(haystack):
        return i - 1
    elif haystack[i] == needle:
        return i
    elif i > 0:
        j = i - 1
        # 因為我們知道值大於 needle（對 j 處的值也是如此），
        # 所以在此不需要使用絕對值
        if haystack[i] - needle > needle - haystack[j]:
            return j
    return i

important_numbers = []
for i in range(10):
    new_number = random.randint(0, 1000)
    bisect.insort(important_numbers, new_number)

# important_numbers 會在順序正確的位置，
# 因為我們用 bisect.insort 插入新元素
print(important_numbers)
# > [14, 265, 496, 661, 683, 734, 881, 892, 973, 992]

closest_index = find_closest(important_numbers, -250)
print(f"Closest value to -250: {important_numbers[closest_index]}")
# > Closest value to -250: 14

closest_index = find_closest(important_numbers, 500)
print(f"Closest value to 500: {important_numbers[closest_index]}")
# > Closest value to 500: 496

closest_index = find_closest(important_numbers, 1100)
print(f"Closest value to 1100: {important_numbers[closest_index]}")
# > Closest value to 1100: 992
```

一般來說，這涉及編寫高效程式的一條基本原則：選擇正確的資料結構並持續使用它！雖然對特定的操作而言可能有更高效的資料結構，但轉換成那些資料結構可能會抵消任何效率的提升。

串列 vs. tuple

既然串列與 tuple 都使用同樣的底層資料結構,它們之前有什麼差異?它們主要差異可以歸結如下:

- 串列是**動態陣列**;它們是可變的,也可以改變大小(改變它保存的元素數量)。

- tuple 是**靜態陣列**;它們是不可變的,在它們裡面的資料被建立之後就不可以改變了。

- tuple 是由 Python runtime 快取的,也就是說,我們不需要在每一次想要使用它時,要求 kernel 保留記憶體。

這些差異說明兩者在哲學上的區別:tuple 的用途是描述一個不變的東西的多個屬性,串列的用途是儲存關於完全不同的物件資料組合。例如,電話號碼的各個部分很適合用 tuple 來儲存,它們不會改變,如果它們改變了,它們就代表一個新物件或不同的電話號碼。類似的情況,多項式的係數適合用 tuple 來儲存,因為不同的係數代表不同的多項式。另一方面,本書讀者的名字比較適合串列,這種資料的內容與大小經常改變,但仍然都代表同一個概念。

值得注意的是,串列與 tuple 都可以接收混合的型態。你將看到,這可能會加入許多開銷,以及降低一些潛在的優化。強迫所有資料都是同一個型態可以移除這個開銷。在第 6 章,我們將討論如何使用 numpy 來降低記憶體的使用量與計算開銷。此外,對於其他非數值的情況,標準程式庫模組 array 等工具也可以降低這些開銷。這暗示了接下來的章節將探討的性能編程的一個要點:泛用的程式碼比專門設計來解決特定問題的程式碼慢很多。

此外,相對於可以改變大小與修改的串列,tuple 的不變性讓它成為一種輕量的資料結構。這意味著儲存 tuple 時沒有太多記憶體開銷,而且用它們來操作相當簡單。使用串列時,你將會看到,它們的可變性是用儲存它們時的額外記憶體,以及使用它們時的額外計算換來的。

習題

你會使用 tuple 還是串列來儲存下面的資料組?為什麼?

1. 前 20 個質數

2. 程式語言的名稱

3. 一個人的年齡、體重與身高

4. 一個人的生日與出生地

5. 特定撞球比賽的結果

6. 一系列撞球比賽的結果

答案：

1. tuple，因為資料是靜態的，而且不會改變。

2. 串列，因為這個資料組會不斷增長。

3. 串列，因為這些值將需要更新。

4. tuple，因為那個資訊是靜態的，而且不會改變。

5. tuple，因為資料是靜態的。

6. 串列，因為還會有更多比賽（事實上，我們可以使用 tuple 組成的串列，因為每一場比賽的結果不會改變，但我們需要隨著更多比賽的進行加入更多結果）。

串列，當成動態陣列

當我們建立串列之後，我們可以任意改變它的內容：

```
>>> numbers = [5, 8, 1, 3, 2, 6]
>>> numbers[2] = 2 * numbers[0]   ❶
>>> numbers
[5, 8, 10, 3, 2, 6]
```

❶ 如前所述，這項操作是 O(1)，因為我們可以立刻找到第 0 個與第 2 個元素儲存的資料。

此外，我們可以附加新資料至串列，並增加串列的大小：

```
>>> len(numbers)
6
>>> numbers.append(42)
>>> numbers
[5, 8, 10, 3, 2, 6, 42]
>>> len(numbers)
7
```

可以做到這一點是因為動態陣列支援 resize 操作，它可以增加陣列的容量。當你對一個大小為 N 的串列附加資料時，Python 必須建立一個新串列，讓它大到足以容納原本的 N 個項目以及附加的額外項目。但是，Python 不是配置 N + 1 個項目，而是配置 M 個項目，M > N，以提供額外的空間來應付未來的附加。接著將舊串列的資料複製到新串列，再將舊串列銷毀。

這種設計的想法是，一次附加可能是多次附加的開始，藉著請求額外的空間，我們可以減少這種分配工作發生的次數，從而減少記憶體複製總數。這件事很重要，因為記憶體複製可能相當昂貴，尤其是當串列大小開始成長時。圖 3-2 是 Python 3.7 的這種超額配置的情況。範例 3-5 是說明這種增長的公式 [3]。

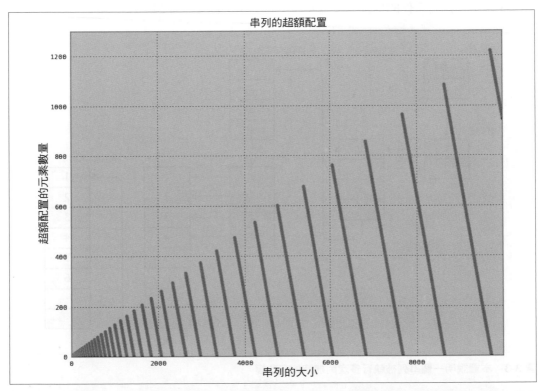

圖 3-2　本圖說明有多少額外的元素被分配給特定大小的串列，舉例來說，如果你使用 appends 建立一個有 8,000 個元素的串列，Python 會幫大約 8,600 個元素分配空間，超額分配 600 個元素！

3　導致這種超額分配的程式碼可在 Objects/listobject.c:list_resize（*https://bit.ly/3bFR5hd*）找到。

範例 *3-5* *Python 3.7 的串列分配公式*

```
M = (N >> 3) + (3 if N < 9 else 6)

N   0  1-4  5-8  9-16  17-25  26-35  36-46  …   991-1120
M   0  4    8    16    25     35     46     …   1120
```

當我們附加資料時，我們會使用額外的空間，並增加串列的有效大小，N。因此，N 會隨著新資料的附加而成長，直到 N == M 為止。此時，Python 沒有額外的空間可以插入新資料，我們必須建立有更多額外空間的新串列。這個新串列有範例 3-5 的公式提供的額外空間，我們將舊資料複製到新空間裡面。

圖 3-3 是這一系列事件的情況。這張圖展示範例 3-6 處理串列 1 時的各個操作。

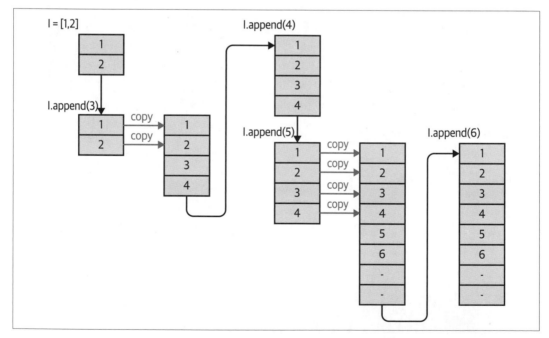

圖 3-3　本圖說明一個串列被執行多次附加時如何改變

範例 *3-6*　*改變串列大小*

```
l = [1, 2]
for i in range(3, 7):
    l.append(i)
```

這個額外的分配會在第一次 append 時發生。當串列被直接建立時，就像上面的範例那樣，Python 只會配置所需的元素數量。

雖然額外空間通常很小，但它會累加。在範例 3-7 中，就算有 100,000 個元素，使用 append 來建構串列所使用的記憶體，也是使用串列生成式時的 2.7 倍：

範例 3-7　使用 *append* vs. 使用串列生成式造成的記憶體和時間後果

```
>>> %memit [i*i for i in range(100_000)]
peak memory: 70.50 MiB, increment: 3.02 MiB

>>> %%memit l = []
... for i in range(100_000):
...     l.append(i * 2)
...
peak memory: 67.47 MiB, increment: 8.17 MiB

>>> %timeit [i*i for i in range(100_000)]
7.99 ms ± 219 µs per loop (mean ± std. dev. of 7 runs, 100 loops each)

>>> %%timeit l = []
... for i in range(100_000):
...     l.append(i * 2)
...
12.2 ms ± 184 µs per loop (mean ± std. dev. of 7 runs, 100 loops each)
```

它的執行時間也比較慢，因為有額外的 Python 陳述式，以及重新配置記憶體的成本。如果你要維護許多小串列，或維護一個特別大的串列時，這個效應會特別明顯。如果我們要儲存 1,000,000 個串列，每一個串列都有 10 個元素，我們可能認為 Python 會使用 10,000,000 個元素的記憶體。但是，事實上，如果你用 append 運算子來建構串列，你就會配置多達 16,000,000 個元素。類似的情況，對於包含 100,000,000 個元素的大串列，我們其實配置了 112,500,007 個元素！

tuple，靜態陣列

tuple 是固定且不可變的。這意味著，一旦一個 tuple 被做出來，它就無法被修改或改變大小了，這一點與串列不同：

```
>>> t = (1, 2, 3, 4)
>>> t[0] = 5
Traceback (most recent call last):
  File "<stdin>", line 1, in <module>
TypeError: 'tuple' object does not support item assignment
```

然而，雖然它們不支援改變大小，但我們可以將兩個 tuple 串在一起，形成一個新 tuple。這項操作類似串列的 resize 操作，但我們沒有為產生的 tuple 配置任何額外的空間：

```
>>> t1 = (1, 2, 3, 4)
>>> t2 = (5, 6, 7, 8)
>>> t1 + t2
(1, 2, 3, 4, 5, 6, 7, 8)
```

如果我們認為這項操作可以和串列的 append 操作相比，我們可以看到，它的執行速度是 O(n)，而不是串列的 O(1)。這是因為每次有東西被加到 tuple 時，我們就必須配置與複製 tuple，但是串列是額外的空間用光時才會這樣做。因此，tuple 沒有類似 append 的就地運算，將兩個 tuple 相加一定會回傳一個新 tuple，它在新的記憶體位置。

不需要為了應付大小的改變而儲存額外的空間的好處是使用的資源較少。用 append 建立大小為 100,000,000 的串列其實使用了 112,500,007 個元素的記憶體，保存同樣資料的 tuple 只需要使用 100,000,000 個元素的記憶體。所以當資料變成靜態時，tuple 是輕量且更好的選項。

此外，即使我們不使用 append 建立串列（因此沒有 append 加入的額外空間），它占用的記憶體仍然比保存相同資料的 tuple 的更多。原因是為了快速地改變大小，串列必須追蹤關於它們目前狀態的資訊。雖然這個額外的資訊很小（相當於一個額外元素），但如果你使用的串列有好幾百萬個，它仍然會累加。

tuple 的靜態性質的另一個好處來自 Python 在幕後做的事情：資源快取。Python 會進行資源回收，也就是說，當一個變數再也用不到時，Python 會釋出該變數使用的記憶體，把它還給作業系統，讓別的 app 使用（或是讓別的變數使用）。但是，當尺寸為 1–20 的 tuple 再也用不到時，它們的空間不會立刻還給系統：每一種尺寸最多保留 20,000 個以備將來使用。這意味著如果有一個該大小的新 tuple 在未來需要使用，我們不需要和作業系統溝通來找出一個可放入資料的區域，因為我們已經保留可用的記憶體了。但是，這也代表 Python 程序有一些額外的記憶體開銷。

雖然看起來沒有什麼太大的好處，但它是 tuple 奇妙的地方之一：你可以輕鬆地創造它們，因為它們可以避免和作業系統溝通，而這種溝通可能會耗費程式相當多的時間。從範例 3-8 可以看到，實例化一個串列比實例化一個 tuple 慢 5.1 倍，如果在一個快速迴圈裡面做這件事，變慢的速度還會快速提高。

範例 3-8　串列與 *tuple* 的實例化時間

```
>>> %timeit l = [0, 1, 2, 3, 4, 5, 6, 7, 8, 9]
95 ns ± 1.87 ns per loop (mean ± std. dev. of 7 runs, 10000000 loops each)

>>> %timeit t = (0, 1, 2, 3, 4, 5, 6, 7, 8, 9)
12.5 ns ± 0.199 ns per loop (mean ± std. dev. of 7 runs, 100000000 loops each)
```

結語

當你的資料已經有內在的順序時，串列與 tuple 都是快速與低開銷的物件，這個內在的順序讓你不會在這些結構裡面碰到搜尋問題：如果順序已經事先知道了，查詢速度是 O(1)，可避免昂貴的 O(n) 線性搜尋。雖然串列可以改變大小，但你必須謹慎地正確了解超額分配的數量，以確保資料組仍然可放在記憶體裡面。另一方面，tuple 可以快速地建立，沒有串列的開銷，但這是用無法修改換來的。在第 113 頁的「Python 串列不夠好嗎？」，我們會討論如何預先配置串列，以緩解頻繁對著 Python 串列進行附加造成的負擔，並且看一下協助管理這些問題的其他優化方法。

在下一章，我們要討論字典的計算屬性，字典可以解決無序資料的搜尋 / 查找問題，但是有額外的開銷。

## 第四章

字典與集合

看完這一章之後，你可以回答這些問題

- 字典與集合的優點是什麼？

- 字典與集合有哪些相似處？

- 使用字典有什麼開銷？

- 如何優化字典的性能？

- Python 如何使用字典來追蹤名稱空間？

當你的資料沒有內在順序，但是有專屬的物件可用來參考它時（參考物件通常是字串，但它可以是任何可雜湊化的型態），集合（set）與字典（dictionary）是很理想的資料結構。這個參考物件稱為鍵（*key*），資料是值（*value*）。字典與集合幾乎一模一樣，不過集合實際上沒有儲存值，它只是獨一無二的鍵的集合。顧名思義，集合非常適合用來進行集合操作。

可雜湊化型態是實作了 __hash__ 魔數函式與 __eq__ 或 __cmp__ 的型態。Python 的所有原生型態都已經實作它們了，而且任何使用者類別都有預設值。詳情見第 88 頁的「雜湊函式與熵」。

上一章說過,沒有內在順序的串列 / tuple 的查找時間最快是 O(log n)(透過搜尋演算法),但是包含任意索引的字典與集合可以提供 O(1) 查找速度。此外,字典與集合的插入時間與串列 / tuple 一樣,是 O(1)[1]。我們將在第 83 頁的「字典與集合如何運作?」看到,這個速度是藉著使用開放位址的雜湊表作為底層資料結構來實現的。

然而,使用字典與集合是有代價的。首先,它們通常占用更大的記憶體。此外,雖然插入 / 查找的複雜度是 O(1),但實際的速度在很大程度上取決於所使用的雜湊函式。如果雜湊函式的估值速度很慢,針對字典或集合的任何操作都會同樣緩慢。

我們來看一個例子。假如我們想要儲存電話簿裡面的每一個人的聯絡資訊。我們想要將它存為特定的形式,方便將來可以簡單地回答「John Doe 的電話號碼是什麼?」這種問題。使用串列的話,我們會依序儲存電話號碼與姓名,並掃描整個串列來尋找所需的電話號碼,如範例 4-1 所示。

範例 *4-1* 在串列中查找電話簿

```python
def find_phonenumber(phonebook, name):
    for n, p in phonebook:
        if n == name:
            return p
    return None

phonebook = [
    ("John Doe", "555-555-5555"),
    ("Albert Einstein", "212-555-5555"),
]
print(f"John Doe's phone number is {find_phonenumber(phonebook, 'John Doe')}")
```

我們也可以排序串列,並使用 bisect 模組(範例 3-4)來獲得 O(log n)
性能。

但是,使用字典時,我們可以將姓名當成「索引」,將電話號碼當成「值」,如範例 4-2 所示。這可讓我們簡單地查找所需的值,並取得它的直接參考,而不需要讀取資料組裡面的每一個值。

---

1 第 88 頁的「雜湊函式與熵」會談到,字典與集合非常依賴它們的雜湊函式。如果處理特定資料型態的雜湊函式不是 O(1),包含該型態的任何字典或集合都再也無法保證有 O(1) 了。

範例 *4-2*　用字典來進行電話簿查找

```
phonebook = {
    "John Doe": "555-555-5555",
    "Albert Einstein" : "212-555-5555",
}
print(f"John Doe's phone number is {phonebook['John Doe']}")
```

對大型的電話簿而言，字典的 O(1) 查找時間與串列的線性搜尋的 O(n) 時間（或者，最好的複雜度，使用 bisect 模組的 O(log n)）之間的差異非常大。

寫一個腳本來測量使用串列的 bisect 方法與使用字典來尋找電話簿中的電話號碼的效率。當電話簿變大時，搜尋時間將如何變化？

另一方面，如果我們想要回答「在電話簿裡面有多少獨一無二的名字？」這種問題，我們可以利用集合的功能。之前提過，集合只是一群唯一鍵的集合，這正是我們想要對資料施加的屬性。這與串列形成鮮明的對比，使用串列時，那個屬性必須與資料結構分開施加，你必須拿每一個名字與所有其他姓名做比較。見範例 4-3。

範例 *4-3*　用串列與集合尋找獨一無二的名字

```
def list_unique_names(phonebook):
    unique_names = []
    for name, phonenumber in phonebook:        ❶
        first_name, last_name = name.split(" ", 1)
        for unique in unique_names:            ❷
            if unique == first_name:
                break
        else:
            unique_names.append(first_name)
    return len(unique_names)

def set_unique_names(phonebook):
    unique_names = set()
    for name, phonenumber in phonebook:        ❸
        first_name, last_name = name.split(" ", 1)
        unique_names.add(first_name)           ❹
    return len(unique_names)

phonebook = [
    ("John Doe", "555-555-5555"),
    ("Albert Einstein", "212-555-5555"),
    ("John Murphey", "202-555-5555"),
```

```
        ("Albert Rutherford", "647-555-5555"),
        ("Guido van Rossum", "301-555-5555"),
    ]

    print("Number of unique names from set method:", set_unique_names(phonebook))
    print("Number of unique names from list method:", list_unique_names(phonebook))
```

❶、❸ 我們必須遍歷電話簿的所有項目，因此這個迴圈的成本是 O(n)。

❷ 在這裡，我們必須拿當前的名字與看過的不重複的名字（unique names）進行比較。如果它是新的不重複的名字，將它加入不重複的名字串列。接著繼續遍歷串列，對電話簿內的每一個項目執行這個步驟。

❹ 使用 set 方法時，我們不需要像之前一樣迭代所有的不重複的名字，只要將目前的名字加入不重複的名字集合即可。集合會保證它裡面的鍵的獨特性，所以當你試著加入一個集合中已經有的項目時，那個項目不會被加入。此外，這項操作的成本是 O(1)。

串列演算法的內部迴圈迭代 unique_names，它最初是空的，接著開始成長，在最壞的情況下，當所有名字都是不重複時，它的大小和電話簿的一樣。這可以視為在一個不斷增長的串列裡面，對電話簿的每個名字執行線性搜尋。因此，完整的演算法性能是 O(n^2)。

另一方面，集合演算法沒有內部迴圈，set.add 是一個 O(1) 程序，無論電話簿多大，它都會以固定的操作次數完成（對此有一些需要注意的小地方，我們將在討論字典與集合的實作時介紹）。因此，在這個演算法的複雜度式子中，只有處理電話簿的迴圈不是常數，所以這個演算法的表現是 O(n)。

當我們計時這兩個演算法，使用包含 10,000 個項目與 7,412 個不重複的名字的電話簿時，我們可以看出 O(n) 與 O(n^2) 有多大的差異：

```
>>> %timeit list_unique_names(large_phonebook)
1.13 s ± 26.8 ms per loop (mean ± std. dev. of 7 runs, 1 loop each)

>>> %timeit set_unique_names(large_phonebook)
4.48 ms ± 177 µs per loop (mean ± std. dev. of 7 runs, 100 loops each)
```

換句話說，集合演算法提高 252 倍的速度。此外，隨著電話簿的大小日漸增加，速度的增益也會提升（對於包含 100,000 個項目與 15,574 個不重複的名字的電話簿，速度提高 557 倍）。

字典與集合如何運作？

字典與集合都使用**雜湊表**來讓它們可以用 O(1) 的效率進行查找與插入，這是巧妙地利用雜湊函式來將任意的鍵（即字串或物件）轉換成串列索引的結果。之後，Python 可以用雜湊函式與串列來找出任何特定的資料在哪裡，而不需要進行搜尋。藉著將資料的鍵轉換成可以當成串列索引來使用的東西，我們可以取得與串列一樣的性能。此外，我們可以用任意的鍵來引用資料，而不需要用數值索引來引用資料（這意味著對資料進行某種排序）。

插入與取回

要從頭開始建立雜湊表，我們要先取得一些配置好的記憶體，類似開始使用陣列時的情況。使用陣列時，如果我們想要插入資料，我們只要找出最小的未使用的貯體，並且在那裡插入資料即可（或是在必要時改變大小）。使用雜湊表時，我們必須先確定資料在這塊連續的記憶體裡面的位置。

新資料的位置取決於將要插入的資料的兩個屬性：鍵被雜湊化的值，以及值與其他物件的比較結果。原因是當我們插入資料時，鍵會先被雜湊化，並且被套用遮罩，將它轉換成有效的陣列索引 [2]。遮罩可確保雜湊值（可能是任何整數值）在已配置的貯體數量之內。所以如果我們已經配置 8 塊記憶體，而且雜湊值是 `28975`，該貯體就是在索引 `28975 & 0b111 = 7`。但是，如果字典成長到需要 512 塊記憶體，遮罩會變成 `0b111111111`（而且在這個例子中，我們會認為貯體在索引 `28975 & 0b11111111`）。

現在我們必須檢查這個貯體有沒有被使用。如果它是空的，我們可以將鍵與值插入這塊記憶體。儲存鍵是為了確保我們在查找時取回正確的值。如果它已經被使用了，而且貯體的值等於我們想要插入的值（用 `cmp` 進行比較），代表這對鍵 / 值已經在雜湊表裡面了，我們可以回到上一步。但是，如果值不一樣，我們必須找一個新地方來放置資料。

此外還有一項優化是，Python 會先將鍵 / 值資料附加到一個標準陣列，然後只在雜湊表儲存這個陣列的索引。這種做法可以降低 30~95% 的記憶體使用量 [3]。此外，這可以提供一個有意思的屬性——我們記錄了新項目被加入字典的順序（從 Python 3.7 開始，所有字典都保證提供）。

---

[2] 遮罩是用來截斷數字值的二進制數字。`0b1111101 & 0b111 = 0b101 = 5` 就是用 `0b111` 來遮罩 `0b1111101`。你也可以將這項操作想成「取出一個數字的幾個最低有效位數」。

[3] 導致這項改善的討論見 *https://oreil.ly/Pq7Lm*。

我們用一個簡單的線性函數來計算新索引,一種稱為 *probing*(探測法)的做法。Python 的 probing 機制會加入原始雜湊的較高位元的貢獻(複習一下,如果表的長度是 8,我們只將雜湊的最後三個位元當成初始索引,藉著使用 mask = 0b111 = bin(8 - 1) 的遮罩值)。使用這些較高的位元可讓各個雜湊有不同下一個雜湊序列,有助於避免未來的衝突。

雖然我們可以自由地選擇用來產生新索引的演算法,但是,我們最好可以造訪每一個可能的索引,來將資料均勻地分配給資料表。資料在雜湊表分布的好壞程度稱為 *load factor*(載荷因子),它與雜湊函數的熵有關。範例 4-4 的虛擬碼是 CPython 3.7 計算雜湊索引的方法。這個範例也展示雜湊表的一個有趣的事實:它的儲存空間大部分都是空的!

範例 *4-4* 字典查找程序

```
def index_sequence(key, mask=0b111, PERTURB_SHIFT=5):
    perturb = hash(key) ❶
    i = perturb & mask
    yield i
    while True:
        perturb >>= PERTURB_SHIFT
        i = (i * 5 + perturb + 1) & mask
        yield i
```

❶ hash 回傳一個整數,在 CPython 裡面的實際 C 程式使用 unsigned integer。因此,這段虛擬碼並未完全重現 CPython 的行為,不過已經很接近了。

這個 probing 修改了 *linear probing*(線性探測)原生方法。在 linear probing 中,我們只會 yield i = (i * 5 + perturb + 1) & mask 值,其中的 i 在一開始已經被設為鍵的雜湊值[4]。重點在於,這個 linear probing 只處理雜湊的最後幾個位元,並忽略其他位元(即,對於一個有 8 個元素的字典,我們只查看最後三個位元,因為此時遮罩是 0x111)。這意味著,如果將兩個項目雜湊化之後,它們的最後三個二進制數字是相同的,它們不但會發生衝突,探測出來的索引序列也會相同。Python 採取的方案會考慮雜湊的更多位元來解決這個問題。

當我們用特定鍵來查找時,也會執行類似的流程:先將特定鍵轉換成索引,再檢查該索引。如果在那個索引的鍵符合(回想一下,當我們執行插入時,也儲存原始的鍵),我們就回傳那個值。如果不符合,我們繼續使用同一種方案建立新的索引,直到找到資料,或遇到空貯體為止。如果我們遇到空貯體,我們就認為該資料不在表中。

---

[4] 5 這個值來自線性同餘方法(LCG)的屬性,LCG 的用途是產生亂數。

圖 4-1 是將資料加入雜湊表的流程。在此,我們建立一個只使用輸入的第一個字母的雜湊函數。做法是使用 Python 的 ord 函式來處理輸入的第一個字母來取得該字母的整數表示法(雜湊函式必須回傳整數)。第 88 頁的「雜湊函式與熵」會談到,Python 的多數型態都有雜湊函式,所以你應該不需要自行提供它們,除非你遇到罕見的情況。

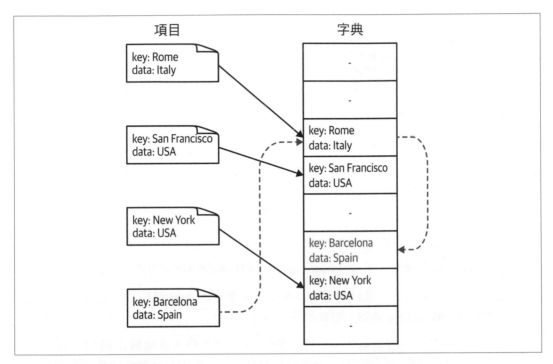

圖 4-1　有插入衝突的雜湊表

插入 Barcelona 鍵會造成衝突,並使用範例 4-4 的做法來計算新索引。這個字典也可以用範例 4-5 的 Python 程式建立。

範例 4-5　自訂雜湊化函式

```python
class City(str):
    def __hash__(self):
        return ord(self[0])

# 建立一個字典,在裡面,我們將 City 設為任意值
data = {
    City("Rome"): 'Italy',
    City("San Francisco"): 'USA',
    City("New York"): 'USA',
```

```
    City("Barcelona"): 'Spain',
}
```

在這個例子中，Barcelona 與 Rome 會造成雜湊衝突（圖 4-1 是這項插入的結果）。會這樣是因為有四個元素的字典的遮罩值是 0b111。因此，Barcelona 與 Rome 會試著使用同一個索引：

```
hash("Barcelona") = ord("B") & 0b111
                  = 66 & 0b111
                  = 0b1000010 & 0b111
                  = 0b010 = 2

hash("Rome") = ord("R") & 0b111
             = 82 & 0b111
             = 0b1010010 & 0b111
             = 0b010 = 2
```

習題

解決下列問題。以下討論雜湊衝突：

1. **找出一個元素**——用鍵 Johannesburg 來尋找範例 4-5 建立的字典會如何？

2. **刪除一個元素**——如何將範例 4-5 建立的字典的 Rome 鍵刪除？之後在尋找 Rome 與 Barcelona 鍵時，將會如何處理？

3. **雜湊衝突**——考慮範例 4-5 建立的字典，如果有 500 個城市被加入雜湊表，而且它們的名稱的開頭全部都是大寫字母，你認為會有多少雜湊衝突？1,000 個城市呢？有沒有降低衝突數量的方法？

對 500 個城市而言，大約有 474 個字典元素會與之前的值發生衝突（500 – 26），與每一個雜湊相關的城市有 500 / 26 = 19.2 個。對 1,000 個城市而言，有 974 個元素會衝突，與每一個雜湊相關的城市有 1,000 / 26 = 38.4 個。原因是雜湊只是用第一個字母的數值算出來的，那個字母的值只會是 A-Z，只有 26 個獨立的雜湊值。這意味著查找這張表需要多達 38 次後續查找才能找到正確值。為了修正這種情況，我們必須考慮雜湊中的城市的其他層面，來增加可能的雜湊值。字串的預設雜湊函式會考慮每一個字元，來將可能的值的數量最大化。詳情見第 88 頁的「雜湊函式與熵」。

刪除

從雜湊表刪除一個值之後，我們不能直接在那個記憶體貯體寫入 NULL。因為我們在探測（probing）雜湊衝突時，使用 NULL 作為哨（sentinel）值。因此，我們必須寫入一個特殊值來表示貯體是空的，但是在解決雜湊衝突時，在它之後可能還有其他值要考慮。所以如果你將字典內的「Rome」刪除，後續針對「Barcelona」的查找會先看到曾經是「Rome」的哨值，然後不會停下來，而是繼續檢查 index_sequence 提供的下一個索引。這些空槽可在未來寫入，當雜湊表被改變大小時，也可被移除。

改變大小

隨著更多項目被插入雜湊表，表本身必須改變大小來容納它們。事實證明，一個不超過三分之二滿的表最節省空間，同時有很好的預期最多衝突數量。因為，當表到達這個臨界點時，它會增長。對此，我們要配置一個更大的表（即，在記憶體裡面保留更多貯體），並且調整遮罩來配合新表，以及將舊表的所有元素重新插入新表。這需要重新計算索引，因為使用改變過的遮罩產生的索引會不同。因此，更改大型雜湊表可能非常昂貴！但是，因為我們只會在表太小時改變大小，而不是在每一次插入時做這件事，所以插入的攤銷成本仍然是 O(1)[5]。

在預設情況下，字典或集合的最小大小是 8（也就是說，如果你只儲存 3 個值，Python 會配置 8 個元素），而且如果字典超過三分之二滿，它會將大小變成 3 倍。所以當第 6 個項目被插入原本是空的的字典時，它會改變大小來保存 18 個元素。此外，當第 13 個元素被插入該物件時，它的大小會變成 39，接著 81，以此類推，每次都增加 3 倍（第 88 頁的「雜湊函式與熵」會解釋如何計算字典的大小）。所以它的大小可能是：

    8; 18; 39; 81; 165; 333; 669; 1,341; 2,685; 5,373; 10,749; 21,501; 43,005; ...

需要注意的是改變大小可能會讓雜湊表更大或更小。也就是說，如果一個雜湊表被刪除夠多的元素，那個表就會縮小。但是，**改變大小只會在插入期間發生**。

5　攤銷分析著眼於演算法的平均複雜度。它的意思是有些插入會昂貴很多，但平均來看，插入是 O(1)。

雜湊函式與熵

Python 的物件通常是可雜湊化的，因為它們已經內建了 __hash__ 和 __cmp__ 函式。數值型態（int 與 float）的雜湊值純粹來自它們所代表的數字的位元值，tuple 與字串的雜湊值則來自它們的內容。另一方面，串列不支援雜湊化，因為它們的值可能改變。因為串列的值可以改變，所以串列的雜湊也會改變，這會改變鍵在雜湊表裡面的相對位置[6]。

用戶定義的類別也有預設的雜湊與比較函式。預設的 __hash__ 函式只會回傳物件在記憶體裡面的位置，它是內建的 id 函式提供的。類似的情況，__cmp__ 運算子會比較物件在記憶體內的位置的數值。

這種做法通常是可行的，因為一個類別的兩個實例通常是不同的，應該不會在雜湊表裡面發生衝突。但是有時我們想要使用 set 或 dict 物件來表明項目間的差異。例如這個類別定義：

```
class Point(object):
    def __init__(self, x, y):
        self.x, self.y = x, y
```

如果我們用相同的 x 與 y 值來實例化多個 Point 物件，它們在記憶體內都是獨立的物件，因為在記憶體內有不同的位置，所以都有不同的雜湊值。這意味著將它們全部放入 set 會讓它們都有單獨的項目：

```
>>> p1 = Point(1,1)
>>> p2 = Point(1,1)
>>> set([p1, p2])
set([<__main__.Point at 0x1099bfc90>, <__main__.Point at 0x1099bfbd0>])
>>> Point(1,1) in set([p1, p2])
False
```

我們可以根據物件的實際內容而不是物件在記憶體中的位置來編寫自訂的雜湊函式，藉以解決這個問題。這個雜湊函式可以是任何函式，只要它能夠持續為同一個物件提供相同的結果即可（此外也有一些關於雜湊函式的熵的考量，接下來會討論）。這個重新定義的 Point 類別會 yield 我們期望的結果：

```
class Point(object):
    def __init__(self, x, y):
        self.x, self.y = x, y

    def __hash__(self):
```

---

6   *https://oreil.ly/g4I5-* 有更多資訊。

```
        return hash((self.x, self.y))

    def __eq__(self, other):
        return self.x == other.x and self.y == other.y
```

它可讓我們在集合或字典裡面建立使用 Point 物件的屬性來檢索的項目，而不是使用實例化之後的物件的記憶體位址來檢索：

```
>>> p1 = Point(1,1)
>>> p2 = Point(1,1)
>>> set([p1, p2])
set([<__main__.Point at 0x109b95910>])
>>> Point(1, 1) in set([p1, p2])
True
```

正如我們在討論雜湊衝突時談到的，自訂的雜湊函式應該小心地均勻分布雜湊值，以避免衝突。衝突太多會降低雜湊表的性能：如果大部分的鍵都有衝突，我們就必須經常「探測（probe）」其他的值，可能要遍歷極大部分的字典來找出鍵。在最糟的情況下，當字典的所有鍵都有衝突時，查找字典的性能是 O(n)，跟搜尋串列一樣。

如果我們知道字典儲存了 5,000 個值，並且要幫想要當成鍵來使用的物件建立雜湊函式，我們必須注意字典會被存入一個大小為 16,384[7] 的雜湊表，因此只有雜湊的最後 14 個位元會被用來建立索引（對於這個大小的雜湊表，遮罩是 bin(16_384 - 1) = 0b11111111111111）。

「雜湊函式分布得多均勻」這個概念稱為雜湊函式的熵（entropy）。熵的定義是

$$S = -\sum_i p(i) \cdot \log(p(i))$$

其中，p(i) 是雜湊函式提供雜湊 i 的機率。如果每一個雜湊值被選中的機率都一樣，它會有最大值。將熵最大化的雜湊函式稱為理想雜湊函式，因為它可以保證最少的衝突。

對無限大的字典而言，處理整數的雜湊函式是理想的。原因是整數的雜湊值就是整數本身！對無限大的字典而言，遮罩值是無限大，因為我們讓雜湊值使用所有位元。因此，我們可以保證任何兩個數字的雜湊值不會相同。

但是，如果我們讓這個字典是有限的，我們就無法保證了。例如，對一個有四個元素的字典而言，我們使用的遮罩是 0b111。因此數字 5 的雜湊值是 5 & 0b111 = 5，且 501 的雜湊值是 501 & 0b111 = 5，所以它們的項目會衝突。

---

[7] 5,000 個值需要至少有 8,333 個貯體的字典，第一個可以容納這麼多元素的可用大小是 16,384。

為了幫一個有任意數量（ N ）元素的字典找出遮罩，我們要先找出讓字典仍然有三分之一滿的最小貯體數（ N * (2 / 3 + 1) ）。接著找出可以保存這個數量的元素的最小字典大小（ 8; 32; 128; 512; 2,048; 等），並找出保存這個數字所需的位元數。例如，如果 N=1039，我們至少要有 1,731 個貯體，也就是我們需要一個有 2,048 個貯體的字典。因此遮罩是 bin(2048 - 1) = 0b11111111111。

有限大的字典沒有「唯一的最佳雜湊函式」這種東西，但是事先知道將要使用的值的範圍和字典的大小有助於做出好的選擇。例如，如果我們在字典裡面儲存兩個小寫字母的全部 676 個組合（ aa、ab、ac 等），範例 4-6 就是一個好的雜湊函式。

範例 4-6　最好的雙字母雜湊化函式

```python
def twoletter_hash(key):
    offset = ord('a')
    k1, k2 = key
    return (ord(k2) - offset) + 26 * (ord(k1) - offset)
```

當遮罩是 0b1111111111 時，它會讓任何雙小寫字母的組合都不會發生雜湊衝突（有 676 個值的字典會被放在一個長度為 2,048 的雜湊表裡面，其遮罩為 bin(2048 - 1) = 0b11111111111）。

範例 4-7 清楚地展示自訂的類別使用不良雜湊函式的後果——在此，不良雜湊函式（事實上，它是最糟糕的雜湊函式！）的代價是讓查找速度變慢 41.8 倍。

範例 4-7　優良的與糟糕的雜湊函式的時間差異

```python
import string
import timeit

class BadHash(str):
    def __hash__(self):
        return 42

class GoodHash(str):
    def __hash__(self):
        """
        這是 twoletter_hash 的稍微優化版本
        """
        return ord(self[1]) + 26 * ord(self[0]) - 2619

baddict = set()
```

```
gooddict = set()
for i in string.ascii_lowercase:
    for j in string.ascii_lowercase:
        key = i + j
        baddict.add(BadHash(key))
        gooddict.add(GoodHash(key))

badtime = timeit.repeat(
    "key in baddict",
    setup = "from __main__ import baddict, BadHash; key = BadHash('zz')",
    repeat = 3,
    number = 1_000_000,
)
goodtime = timeit.repeat(
    "key in gooddict",
    setup = "from __main__ import gooddict, GoodHash; key = GoodHash('zz')",
    repeat = 3,
    number = 1_000_000,
)

print(f"Min lookup time for baddict: {min(badtime)}")
print(f"Min lookup time for gooddict: {min(goodtime)}")

# 結果：
#   baddict 的最小查找時間：17.719061855008476
#   gooddict 的最小查找時間：0.42408075400453527
```

習題

1. 展示對一個無限字典（以及一個無限遮罩）而言，把整數值當成它的雜湊不會產生衝突。

2. 展示範例 4-6 的雜湊函式對大小為 1,024 的雜湊表而言是理想的。為什麼它對比較小的雜湊表而言不理想？

字典與名稱空間

查找字典很快，但是無謂地做這件事會減緩你的程式，如同任何多餘的程式行。這種情況可能在 Python 的名稱空間管理中發生，名稱空間管理重度使用字典來執行它的查找。

當 Python 使用變數、函式或模組時，它都會用一個分層結構來確定它要在哪裡尋找那些物件。首先，Python 會查看 locals() 陣列，這個陣列有所有區域變數。Python 會盡可能快速地尋找區域變數，這是整個流程唯一不需要查找字典的部分。如果區域變數不在那裡，它會搜尋 globals() 字典。最後，如果在那裡找不到物件，它會搜尋 __builtin__ 物件。重點是，雖然 locals() 與 globals() 顯然是字典，且 __builtin__ 在技術上是個模組物件，當 Python 在 __builtin__ 搜尋特定屬性時，我們只是在它的 locals() map 裡面執行字典查找（對所有模組物件與類別物件而言都是如此！）。

為了清楚說明這一點，我們來看一個簡單的範例，這個範例會呼叫在不同的作用域定義的函式（範例 4-8）。我們可以使用 dis 模組來分解這些函式（範例 4-9），來更了解這些名稱空間查找的情況（見第 54 頁的「使用 dis 模組來檢查 CPython bytecode」）。

範例 4-8　名稱空間查找

```python
import math
from math import sin

def test1(x):
    """
    >>> %timeit test1(123_456)
    162 µs ± 3.82 µs per loop (mean ± std. dev. of 7 runs, 10000 loops each)
    """
    res = 1
    for _ in range(1000):
        res += math.sin(x)
    return res

def test2(x):
    """
    >>> %timeit test2(123_456)
    124 µs ± 6.77 µs per loop (mean ± std. dev. of 7 runs, 10000 loops each)
    """
    res = 1
    for _ in range(1000):
        res += sin(x)
    return res

def test3(x, sin=math.sin):
    """
    >>> %timeit test3(123_456)
    105 µs ± 3.35 µs per loop (mean ± std. dev. of 7 runs, 10000 loops each)
    """
    res = 1
    for _ in range(1000):
```

```
        res += sin(x)
    return res
```

範例 4-9　分解名稱空間查找

```
>>> dis.dis(test1)
    ...cut..
              20 LOAD_GLOBAL          1 (math)
              22 LOAD_METHOD          2 (sin)
              24 LOAD_FAST            0 (x)
              26 CALL_METHOD          1
    ...cut..

>>> dis.dis(test2)
    ...cut...
              20 LOAD_GLOBAL          1 (sin)
              22 LOAD_FAST            0 (x)
              24 CALL_FUNCTION        1
    ...cut...

>>> dis.dis(test3)
    ...cut...
              20 LOAD_FAST            1 (sin)
              22 LOAD_FAST            0 (x)
              24 CALL_FUNCTION        1
    ...cut...
```

第一個函式 test1 藉著明確地查看 math 程式庫來呼叫 sin。這一點在 bytecode 裡面也很明顯：首先我們必須載入 math 模組的參考，接著在這個模組尋找屬性，直到終於取得 sin 函式的參考為止。這是用兩次字典查詢完成的：一次找出 math 模組，另一次找出模組內的 sin 函式。

另一方面，test2 明確地從 math 模組匯入 sin 函式，然後 Python 就可以在全域名稱空間裡面直接使用這個函式了，這意味著我們可以避免尋找 math 模組與後續的屬性尋找。然而，我們仍然必須在全域名稱空間裡面尋找 sin 函式，這就是你要明確地表達希望從模組中匯入哪些函式的原因之一，這種做法不但可讓程式碼更容易閱讀，因為讀者可以知道有哪些功能是從外部資源要來的，也可以讓你更容易更改特定函式的實作，並且廣泛地加速程式碼！

最後，test3 將 sin 函式定義為關鍵字引數，它的預設值是 math 模組內的 sin 函式的參考。雖然我們仍然需要在模組內尋找這個函式的參考，但這項工作只需要在第一次定義 test3 函式時執行。之後，sin 函式的參考會被當成區域變數，以預設關鍵字引數的形式儲存在函式定義裡面。如前所述,區域變數不需要用字典查詢來尋找,它們被儲存在一個非常小而且查詢速度很快的陣列裡面。因此,尋找這個函式非常快!

雖然這些效果是 Python 管理名稱空間的風格造成的結果,但 test3 絕對不符合「Python 風格」。幸好,這些額外的字典查詢除非被使用多次(即,在非常快速的迴圈內,最裡面的區塊之中,像 Julia set 範例那樣),否則不會降低性能。考慮到這一點,比較容易閱讀的解決方案是在迴圈開始之前用全域參考設定一個區域變數,雖然這一樣要在函式被呼叫時執行一次全域查詢,但是在迴圈裡面每次呼叫該函式都會更快。這說明了一個事實:當程式碼運行數百萬次時,即使是微小的減速都會被放大。雖然一次字典查詢只需要幾百奈秒,但是在跑幾百萬次的迴圈中執行這個查詢時,這些奈秒會迅速地累加。

 這是關於微性能評測(microbenchmark)的資訊:你可能會覺得在範例 4-8 的 for 迴圈裡面修改 res 變數很奇怪。原本這些函式都只有相關的 return sin(x),沒有別的東西,但如此一來,我們會得到奈秒級的執行時間,導致結果沒有任何意義!

我們必須在各個函式裡面加入更大的工作負擔,也就是使用迴圈並修改 res 變數,才能看到期望的結果。藉著在函式裡面放入更大的工作負擔,我們更可以確保測到的東西不是性能評測或計時程序造成的開銷。一般來說,如果你要進行性能評測,而且各種結果的差異只有幾奈秒的時間,你應該先想一下你正要進行的實驗是否有效,是否只是測到雜訊,或儀器所產生的無關的時間。

結語

字典與集合用巧妙的方式儲存可用鍵來檢索的資料。雜湊函式產生鍵的方式對這種資料結構的性能有很大的影響。此外,了解字典的工作方式不僅可以讓你更理解如何組織資料,也能讓你了解如何組織程式碼,因為字典是 Python 內部功能的內在成分。

下一章將探討產生器(generator),它可讓我們更具控制力地用程式碼提供資料,而不必事先在記憶體儲存完整的資料組。當我們使用 Python 的任何一種內在資料結構時,它可以讓我們避開許多可能遇到的障礙。

## 第五章

迭代器與產生器

看完這一章之後，你可以回答這些問題

- 產生器如何節省記憶體？

- 使用產生器的最佳時機是什麼？

- 如何使用 itertools 來建立複雜的產生器工作流程？

- 何時使用惰性求值有益？何時無益？

許多用過其他語言的人在學習 Python 時，都會被 for 迴圈表示法的差異嚇一跳。也就是說，Python 不是這樣寫的

```
# 其他語言
for (i=0; i<N; i++) {
    do_work(i);
}
```

而是使用稱為 range 的新函式：

```
# Python
for i in range(N):
    do_work(i)
```

看起來，我們在 Python 程式裡面呼叫一個函式 range，而且該函式會建立可讓 for 迴圈持續執行的所有資料。直觀地說，這是相當耗時的程序——如果我們試著迭代數字 1 到 100,000,000，我們就要花很多時間建立那個陣列！但是，這就是產生器發揮作用的時刻了：它們實質上可讓我們惰性估值這種函式，讓我們可以在不影響性能的情況下，使用這些易讀的特殊函式。

為了了解這個概念，我們來寫兩個計算 Fibonacci 數字的函式，一個填充串列，另一個使用產生器：

```
def fibonacci_list(num_items):
    numbers = []
    a, b = 0, 1
    while len(numbers) < num_items:
        numbers.append(a)
        a, b = b, a+b
    return numbers

def fibonacci_gen(num_items):
    a, b = 0, 1
    while num_items:
        yield a      ❶
        a, b = b, a+b
        num_items -= 1
```

❶ 這個函式會 yield 許多值，而不是回傳一個值。它將一般外觀的函式轉換成產生器，讓你可以重複輪詢它來取得下一個可用的值。

第一個注意事項是，`fibonacci_list` 必須建立所有相關 Fibonacci 數字的串列與儲存它。所以如果我們想要得到一個有 10,000 個數字的序列，這個函式就要對 `numbers` 串列做 10,000 次 append（第 3 章說過，這個動作有其成本），再回傳它。

另一方面，產生器能夠「回傳」任何值。每次程式執行到 yield 時，這個函式就會送出它的值，當你請求另一個值時，函式會恢復執行（保有它之前的狀態），並輸出新值。當函式到達終點時，它會丟到 StopIteration 例外，代表這個產生器沒有其他值了。因此，雖然這兩個函式執行計算的次數最終是相同的，但 `fibonacci_list` 版本的迴圈多使用了 10,000 倍的記憶體（或 `num_items` 倍的記憶體）。

知道這段程式之後，我們可以分解 `fibonacci_list` 與 `fibonacci_gen` 的 for 迴圈了。在 Python，for 迴圈要求被迭代的物件必須支援迭代，也就是說，被迭代的物件必須能夠做成迭代器（iterator）。我們可以利用 Python 內建的 iter 函式來為幾乎所有物件建立迭代器。對於串列、tuple、字典與集合，這個函式會回傳一個迭代該物件的項目或鍵的迭代器。對於比較複雜的物件，iter 會回傳該物件的 `__iter__` 屬性的結果。因為 `fibonacci_gen` 已經回傳一個迭代器了，對它呼叫 iter 是非常簡單的動作，它會回傳原始的物件（所以 type(fibonacci_gen(10)) == type(iter(fibonacci_gen(10)))）。但是，因為 `fibonacci_list` 回傳串列，我們必須建立新物件，即串列迭代器，用它來迭代串列內的所有值。一般來說，建立迭代器之後，我們會用它來呼叫 next() 函式以取出新值，直到 StopIteration 例外出現為止。所以我們可以很好地分解 for 迴圈，見範例 5-1。

範例 5-1 分解 Python 的 for 迴圈

```
# Python 迴圈
for i in object:
    do_work(i)

# 相當於
object_iterator = iter(object)
while True:
    try:
        i = next(object_iterator)
    except StopIteration:
        break
    else:
        do_work(i)
```

這段 for 迴圈程式顯示在使用 fibonacci_list 而非 fibonacci_gen 時，我們要做額外的工作呼叫 iter。使用 fibonacci_gen 時，我們會建立一個產生器，它會被輕鬆地轉換成迭代器（因為它已經是個迭代器了！）；但是，對於 fibonacci_list，我們必須配置新的串列，並預先計算它的值，接下來我們仍然必須建立迭代器。

更重要的是，預先計算 fibonacci_list 串列需要為完整的資料組配置足夠的空間，並將各個元素設成正確的值，即使我們一次都只需要一個值。這也讓串列配置無用。事實上，它可能會讓迴圈無法執行，因為它可能會試著配置超出剩餘容量的記憶體（fibonacci_list(100_000_000) 會建立 3.1 GB 的巨型串列！）。從計時結果可以非常清楚地看到這一點：

```
def test_fibonacci_list():
    """
    >>> %timeit test_fibonacci_list()
    332 ms ± 13.1 ms per loop (mean ± std. dev. of 7 runs, 1 loop each)

    >>> %memit test_fibonacci_list()
    peak memory: 492.82 MiB, increment: 441.75 MiB
    """
    for i in fibonacci_list(100_000):
        pass


def test_fibonacci_gen():
```

```
"""
>>> %timeit test_fibonacci_gen()
126 ms ± 905 µs per loop (mean ± std. dev. of 7 runs, 10 loops each)

>>> %memit test_fibonacci_gen()
peak memory: 51.13 MiB, increment: 0.00 MiB
"""
for i in fibonacci_gen(100_000):
    pass
```

我們看到，產生器版本超過 2 倍快，而且與 fibonacci_list 的 441 MB 相比，它需要的記憶體無法測量出來。此時，或許你已經決定以後在需要建立串列的地方都使用產生器了，但是這會帶來很多麻煩。

舉例來說，如果你需要多次參考 Fibonacci 數字串列呢？此時，fibonacci_list 可以提供已經算好的串列，但 fibonacci_gen 需要重複計算它們。一般來說，將預先計算的陣列換成產生器需要修改演算法，這不是一件容易理解的事情[1]。

 在架構程式時，你必須做出一個重大的決定：你要不要優化 CPU 速度或記憶體效率？有時使用額外的記憶體來儲存算好的值以備將來使用可以節省整體速度。有時記憶體十分有限，唯一的做法就是重新計算值，而不是將它們存入記憶體。每一個問題都有關於這種 CPU / 記憶體取捨的考量。

我們經常在原始碼裡面看到一種情況——使用產生器來建立一系列的數字，只為了使用串列生成式來計算結果的長度：

```
divisible_by_three = len([n for n in fibonacci_gen(100_000) if n % 3 == 0])
```

雖然我們仍然使用 fibonacci_gen 來產生 Fibonacci 序列的產生器，但接下來我們將除以 3 的值都保存在一個陣列裡面，只為了取得那個陣列的長度，然後丟掉那些資料。在這個程序中，我們沒來由地使用了 86 MB 的資料[2]。事實上，如果我們對一個夠長的 Fibonacci 序列做這件事，上面的程式會因為記憶體問題而無法執行，即使算法本身非常簡單！

---

1   一般來說，*online* 或 *single pass* 演算法很適合使用產生器。但是，在進行修改時，你必須確保演算法在無法多次引用資料的情況下仍然可以運行。

2   用 %memit len([n for n in fibonacci_gen(100_000) if n % 3 == 0]) 計算。

之前提過，我們可以使用這種形式的陳述式來建立串列生成式 [*<value>* for *<item>* in *<sequence>* if *<condition>*]。這會建立包含所有 *<value>* 項目的串列。或者，我們可以使用類似的語法，(*<value>* for *<item>* in *<sequence>* if *<condition>*)，來建立 *<value>* 項目的產生器，而不是串列。

藉著使用串列生成式與產生器生成式的微妙差異，我們可以優化上述的 divisible_by_three 程式。但是，產生器沒有 length 屬性，因此必須採取聰明的做法：

```
divisible_by_three = sum(1 for n in fibonacci_gen(100_000) if n % 3 == 0)
```

我們的產生器會在它遇到可被 3 整除的數字時輸出 1 這個值，遇到其他數字不輸出任何東西。藉著加總這個產生器裡面的所有元素，我們實質上做了與串列生成式版本相同的事情，並且不消耗大量記憶體。

 許多處理序列的 Python 內建函式本身都是產生器（雖然有時是一種特殊類型的產生器）。例如，range 會回傳值的產生器，而不是特定範圍內的實際數字串列。同樣地，map、zip、filter、reversed 與 enumerate 都會視需求執行計算，並且不會儲存完整的結果。這意味著在 zip(range(100_000) 這項操作裡面，range(100_000)) 都只會在記憶體裡面放兩個數字來回傳它對應的值，而不是事先計算整個範圍的結果。

這段程式的兩個版本在處理比較小的序列長度時有幾乎相同的性能，但是產生器版本對記憶體的影響遠小於串列生成式的。此外，我們將串列版本轉換成產生器，因為對於串列中的每一個元素來說，最重要的是它當下的值——這個數字可以被 3 整除還是不行；它在數字串列裡面的位置或它的上一個／下一個值是什麼都不重要。更複雜的函式也可以轉換成產生器，但這件事可能相當困難，取決於它對狀態的依賴程度。

處理無限序列的迭代器

如果我們想要算的不是已知數量的 Fibonacci 數字，而是要計算它們全部呢？

```python
def fibonacci():
    i, j = 0, 1
    while True:
        yield j
        i, j = j, i + j
```

在這段程式裡面，我們做了之前的 `fibonacci_list` 程式做不到的事情：我們將無限的數字序列封裝在一個函式裡面。這可讓我們從這個串流中取得任意數量的值，並且在程式認為足夠的時候終止。

未能充分利用產生器的原因之一是，產生器裡面的許多邏輯都可以封裝在你的邏輯程式中。產生器實際上是一種組織程式碼並寫出更聰明的迴圈的做法。例如，我們可以用幾種方式回答「有多少小於 5,000 的 Fibonacci 數字是奇數？」這個問題：

```python
def fibonacci_naive():
    i, j = 0, 1
    count = 0
    while j <= 5000:
        if j % 2:
            count += 1
        i, j = j, i + j
    return count

def fibonacci_transform():
    count = 0
    for f in fibonacci():
        if f > 5000:
            break
        if f % 2:
            count += 1
    return count

from itertools import takewhile
def fibonacci_succinct():
    first_5000 = takewhile(lambda x: x <= 5000,
                           fibonacci())
    return sum(1 for x in first_5000
               if x % 2)
```

這些方法都有相似的執行期屬性（指它們占用的記憶體與執行期性能），但 `fibonacci_transform` 函式有幾項好處。首先，它比 `fibonacci_succinct` 更詳細，這意味著它可讓別的開發者更容易除錯與了解。後者是下一節想要警告的重點，下一節會介紹一些使用 `itertools` 的常見工作流程——雖然這個模組可以用迭代器大幅減化許多簡單的動作，但它也會輕易地將 Python 程式變成不符合 Python 風格。相反地，`fibonacci_naive` 一次做很多件事情，這會隱藏它所做的實際計算！雖然我們可以在產生器函式裡面清楚地看到我們在迭代 Fibonacci 數字，但實際的計算並沒有帶來負擔。

最後，`fibonacci_transform` 比較通用。你可以將這個函式改名成 num_odd_under_5000，並且用引數接收產生器，進而處理任何序列。

fibonacci_transform 與 fibonacci_succinct 函式還有一個額外的好處是它們支持「在計算中有兩個階段：產生資料與轉換資料」這個概念。這些函式都明確地轉換資料，fibonacci 函式則是產生它。分成不同的階段可以提升清晰度與功能性：我們可以讓轉換函式處理新的資料組，或是對既有的資料執行多次轉換。這種模式在建立複雜的程式的時候很重要，但是，產生器明確地促進這一點——透過讓產生器負責產生資料，讓一般的函式負責處理生成的資料。

惰性產生器估值

如前所述，使用產生器來獲得記憶體效益的方法是只處理當下感興趣的值，在使用產生器進行計算的時候，我們都只處理當下的值，無法參考序列中的任何其他項目（用這種方式來執行的演算法通常稱為 *single pass* 或 *online*）。有時這會讓產生器更難使用，但是有許多模組與函式可以提供幫助。

我們感興趣的程式庫是在標準程式庫裡面的 itertools。它提供許多其他實用的函式，包括：

islice

　　將切片（slicing）變成無限產生器

chain

　　連接多個產生器

takewhile

　　加入終止產生器的條件

cycle

　　藉著不斷地重複一個有限的產生器來將它變成無限的

我們來製作一個範例，用產生器分析大型的資料組。假如我們要分析過去 20 年來的時間性資料，每秒一個資料，總共有 631,152,000 個資料點！那些資料被存在一個檔案裡面，每秒一行，我們無法將整個資料組載入記憶體。因此，如果我們想要做一些簡單的異常檢測，我們就必須使用產生器來節省記憶體！

我們有一個格式為「時戳，值」的資料檔案，想要找出值與常態分布不一樣的時間。我們先編寫逐行讀取檔案的程式，並且用 Python 物件來輸出每一行的值。我們也建立一個 read_fake_data 產生器來產生偽資料，用來測試演算法。在這個函式，我們仍然接收引數 filename，這是為了讓這個函式的簽章與 read_data 一樣，但是我們將完全無視它。如範例 5-2 所示，這兩個函式事實上是惰性求值（lazily evaluated）的——每當 next() 函式被呼叫時才會讀取檔案中的下一行，或產生新的偽資料。

範例 5-2　惰性讀取資料

```python
from random import normalvariate, randint
from itertools import count
from datetime import datetime

def read_data(filename):
    with open(filename) as fd:
        for line in fd:
            data = line.strip().split(',')
            timestamp, value = map(int, data)
            yield datetime.fromtimestamp(timestamp), value

def read_fake_data(filename):
    for timestamp in count():
        # 我們大約每週插入一個異常資料點
        if randint(0, 7 * 60 * 60 * 24 - 1) == 1:
            value = normalvariate(0, 1)
        else:
            value = 100
        yield datetime.fromtimestamp(timestamp), value
```

現在我們要寫一個函式來輸出出現在同一天的資料組。對此，我們可以使用 itertools 的 groupby 函式（範例 5-3）。這個函式會接收一系列的項目以及一個用來對這些項目進行分組的鍵，它的輸出是一個產生 tuple 的產生器，tuple 包含組的鍵，以及組內的項目的產生器。作為關鍵功能，我們將輸出資料被記錄時的日曆日期。這個「關鍵」功能可以是任何事情——我們可以用小時、年或實際值裡面的某個屬性來對資料進行分組。只有循序的資料才會被分組。所以如果輸入是 A A A A B B A A，而且用 groupby 以字母分組，我們會得到三組：(A, [A, A, A, A])、(B, [B, B]) 與 (A, [A, A])。

範例 5-3　將資料分組

```
from itertools import groupby

def groupby_day(iterable):
    key = lambda row: row[0].day
    for day, data_group in groupby(iterable, key):
        yield list(data_group)
```

接下來要實際進行異常檢測了。在範例 5-4，我們建立一個函式，當你將一群資料傳給它時，它會回傳它是否符合常態分布（使用 **scipy.stats.normaltest**）。我們可以用這項檢查與 **itertools.filterfalse** 來過濾整個資料組，只輸出沒有通過檢查的輸入。這些輸入就是被視為異常的。

 在範例 5-3 中，我們將 data_group 強制轉型為串列，即使它是個迭代器，原因是 normaltest 要求類陣列（array-like）的物件。但是，我們也可以自己寫一個「單程（one-pass）」的、針對資料的單一視角進行處理的 normaltest 函式。我們輕鬆地使用 Welford 的線上平均演算法（*https://oreil.ly/p2g8Q*）來計算數字的偏斜與峰值。這種做法可以藉著一次只在記憶體中儲存資料組的一個值，而不是一次儲存一整天，來省下更多記憶體。但是，你也要考慮性能時間回歸（performance time regression）與開發時間：一次在記憶體儲存一天的資料是否可以處理這個問題？或者，它還需要做進一步的優化？

範例 5-4　使用產生器的異常檢測

```
from scipy.stats import normaltest
from itertools import filterfalse

def is_normal(data, threshold=1e-3):
    _, values = zip(*data)
    k2, p_value = normaltest(values)
    if p_value < threshold:
        return False
    return True

def filter_anomalous_groups(data):
    yield from filterfalse(is_normal, data)
```

最後，我們可以將產生器接起來，產生資料異常的日期（範例 5-5）。

範例 5-5　將產生器接起來

```
from itertools import islice


def filter_anomalous_data(data):
    data_group = groupby_day(data)
    yield from filter_anomalous_groups(data_group)

data = read_data(filename)
anomaly_generator = filter_anomalous_data(data)
first_five_anomalies = islice(anomaly_generator, 5)

for data_anomaly in first_five_anomalies:
    start_date = data_anomaly[0][0]
    end_date = data_anomaly[-1][0]
    print(f"Anomaly from {start_date} - {end_date}")

# 使用 "read_fake_data" 的輸出
Anomaly from 1970-01-10 00:00:00 - 1970-01-10 23:59:59
Anomaly from 1970-01-17 00:00:00 - 1970-01-17 23:59:59
Anomaly from 1970-01-18 00:00:00 - 1970-01-18 23:59:59
Anomaly from 1970-01-23 00:00:00 - 1970-01-23 23:59:59
Anomaly from 1970-01-29 00:00:00 - 1970-01-29 23:59:59
```

這個方法讓我們不需要載入整個資料組即可取得異常的日期清單。我們只讀取足夠的資料來產生前五個異常。此外,我們可以進一步讀取 anomaly_generator 物件來繼續取得異常資料。只執行被明確請求的計算稱為**惰性求值**,如果有提前終止條件,這種做法可以大幅降低整體執行時間。

以這種方式組織分析的另一個好處是,它可讓我們不需要改寫大量的程式碼即可輕鬆地進行更廣泛的計算。例如,如果我們想要使用一日移動窗口,而不是按天分組,我們可以將範例 5-3 的 **groupby_day** 換成這種程式:

```
from datetime import datetime

def groupby_window(data, window_size=3600):
    window = tuple(islice(data, window_size))
    for item in data:
        yield window
        window = window[1:] + (item,)
```

在這個版本中，我們也可以很清楚地看到這一種方法與上一種方法的記憶體保障——它只會儲存窗口的資料量作為狀態（在這兩種方法中，就是一天，或是 3,600 個資料點）。注意，for 迴圈取得的第一個項目是第 window_size 個值。因為資料是個迭代器，而且上一行已經使用第一個 window_size 值了。

最後注意：在 groupby_window 函式裡面，我們不斷地建立新 tuple，在裡面加入資料，並將它們 yield 給呼叫方。我們可以使用 collections 模組的 deque 物件來大幅改善這個程序。這個物件可讓我們以 O(1) 的速度附加或刪除到串列的開頭或結尾，或是從開頭或結尾開始附加或刪除（對一般的串列而言，附加或刪除到串列的結尾是 O(1)（或從結尾開始），在串列的開頭做同樣的操作是 O(n)）。我們可以使用 deque 物件將新資料附加至串列的右邊（或結尾），使用 deque.popleft() 刪除串列的左邊的資料（或開頭），而不需要配置更多空間，或執行冗長的 O(n) 操作。但是，我們必須就地處理 deque 物件，並銷毀之前的視野（view）來捲動窗口（關於就地運算的詳情，見第 129 頁的「記憶體配置與就地運算」）。處理這種情況的方法只有將資料複製到 tuple 裡面，再將它 yield 回去呼叫方，這會抵消修改帶來的任何好處！

結語

藉著使用迭代器來建構異常檢測演算法，我們可以處理比記憶體能容納的資料更多的資料。更重要的是，與使用串列相比，我們可以更快完成工作，因為我們避免了所有昂貴的 append 操作。

因為迭代器是 Python 的基本型態，當你試著降低 app 的記憶體使用量時，它是首選的做法。這種做法的好處是，結果是惰性求值的，所以你只會處理需要的資料，而且因為我們不會在未明確要求的情況下儲存之前的結果，所以可以節省記憶體。在第 11 章，我們會討論可以用來處理更具體的問題的其他方法，並介紹當 RAM 出問題時，檢查問題的新方法。

使用迭代器來解決問題的另一個好處是，它會幫你的程式碼做好在多 CPU 或多台電腦上使用的準備，第 9 章與第 10 章將會介紹。如同第 99 頁的「處理無限序列的迭代器」所討論的，當你使用迭代器時，你必須時刻考慮運行演算法所需的各種狀態。一旦你弄清楚如何包裝運行演算法所需的狀態，在哪裡運行就無關緊要了。我們可以從 multiprocessing 與 ipython 模組看到這種模式，它們都使用類 map 函式來啟動平行工作。

## 第六章

矩陣與向量計算

看完這一章之後，你可以回答這些問題

- 向量計算的瓶頸是什麼？
- 我可以使用什麼工具來查看 CPU 執行計算的效率？
- 為什麼 numpy 進行數字計算的能力比純 Python 更好？
- cache-miss 與 page-fault 是什麼？
- 如何追蹤程式中的記憶體配置？

無論你想在電腦中解決哪一種問題，你總會遇到向量計算。對電腦運作以及在晶片層面上加快程式的運行速度而言，向量計算是必不可少的要素——電腦只知道如何對數字進行操作，以及知道如何同時執行多個這類的計算來提升速度。

在這一章，我們要把焦點放在一個相對簡單的數學問題（求解擴散方程），來解開這個問題的一些複雜性並了解在 CPU 層面上發生的事情。藉著了解不同的 Python 程式如何影響 CPU，以及如何快速地探測這些問題，我們也可以知道如何了解其他的問題。

我們會先介紹問題，並找出單純使用 Python 的快速解決方案。在找出一些記憶體問題並試著單純使用 Python 來解決它們之後，我們會介紹 numpy，並且看看它如何以及為何可以提升程式的速度。接著我們會開始修改演算法，並將程式碼專門化，來解決眼前的問題。藉著排除程式庫的通用性，我們會再次獲得更多速度。接下來，我們要介紹一些額外的模組，它們可以協助簡化這種程序，我們也會介紹一個沒有先做分析就進行優化的警世故事。

最後，我們要來看 Pandas 程式庫，它建構在 numpy 之上，可以接收幾行同構（homogeneous）資料並將它們存放在異構型態（heterogeneous types）的表中。Pandas 已經不再使用純 numpy 型態了，現在可以混合它自己的「missing-data-aware（可意識缺漏資料的）」型態以及 numpy 資料型態。雖然科學開發者與資料科學家很喜歡使用 Pandas，但是外界有很多關於如何讓它跑得更快的錯誤資訊；我們將解決其中一些問題，並告訴你編寫高性能且易支援的分析程式的技巧。

問題介紹

為了在這一章探索矩陣與向量計算，我們將重複使用流體擴散的例子。擴散是造成流體流動和均勻混合的機制之一。

 本節的目的是讓你更深入地了解本章將要解決的方程式。你不一定要充分了解這一節就可以完成本章其餘的部分。如果你想要跳過這一節，至少要看一下範例 6-1 與 6-2 的演算法，來了解我們將要優化的程式碼。

另一方面，如果你決定看這一節，並且想要知道更多解釋，可閱讀 William Press 等人著作的《*Numerical Recipes*》（*https://oreil.ly/sSz8s*）第 3 版（Cambridge University Press）的第 17 章。

在這一節，我們將探索擴散方程背後的數學原理。雖然這看起來很複雜，但不用擔心！我會簡化它，並且讓它更容易了解。另一個重點是，雖然初步了解我們想要解決的最終公式可以協助你閱讀這一章，但這不是完全必要的；後續的章節會把焦點放在程式碼的各種規劃，而不是方程式上。但是，了解這些方程式可以協助你掌握如何進行優化程式碼的直覺。整體來說，了解程式碼背後的動機和演算法的複雜性可讓你更深入地知道可使用的優化法。

染料在水中擴散是一個簡單的擴散案例：在室溫的水中滴下幾滴染料之後，染料會逐漸往外移動，直到完全與水混合。因為我們沒有攪拌水，溫度也不足以產生對流，擴散是混合兩種液體的主要程序。要用數值求解這些方程式，我們要選擇初始條件，並且隨著時間的進展而推演初始條件，看看它在之後會是什麼樣子（見圖 6-2）。

說了這麼多，對我們而言，最重要的事情是知道擴散的表達方式。用一維（1D）偏微分方程式來描述，擴散方程寫成：

$$\frac{\partial}{\partial t} u(x, t) = D \cdot \frac{\partial^2}{\partial x^2} u(x, t)$$

在這個方程式裡面，u 向量代表擴散量。例如一個值為 0 的向量，裡面只有水，或值為 1 的向量，裡面只有染料（介於兩者之間的值是兩者混合）。一般來說，它是一個 2D 或 3D 矩陣，代表流體的實際面積或體積。我們可能用 3D 矩陣形式的 u 來代表玻璃容器裡面的流體，並且沿著每一軸計算二階導數，而不是只沿著 x 方向。此外，D 是物理值，代表我們想要模擬的流體的屬性。大的 D 值代表很容易擴散的流體。為了簡化，我們設定 D = 1，但仍然在計算中納入它。

 擴散方程也稱為**熱方程**。此時 u 代表一個區域的溫度，D 代表材料的導熱能力有多好。求解這個方程式可告訴我們熱是如何傳遞的。此時，我們可能變成解決 CPU 產生的熱如何擴散到散熱器的問題，而不是解決幾滴染料如何在水中擴散的問題。

我們要做的事情是取得擴散方程（它在空間與時間之中是連續的），並且使用離散的體積與離散的時間來近似它。我們將使用 *Euler 法*。Euler 法簡單地將導數寫成差分形式，因此

$$\frac{\partial}{\partial t} u(x, t) \approx \frac{u(x, t + dt) - u(x, t)}{dt}$$

其中，dt 是固定數字。這個固定數字代表時步（time step），或我們想要用來求解這個方程式的時間解析度。你可以將它想成電影的畫面更新率（frame rate）。隨著畫面更新率的提升（或 dt 下降），我們可以更清晰地了解事情。事實上，當 dt 接近零時，Euler 近似法會變成精確的（但是，請注意，這個精確性只能在理論上做到，因為電腦的精度有限，而且數值誤差很快就會掌控任何結果）。因為我們可以改寫這個公式來算出得到 u(x,t) 時，u(x, t + dt) 是什麼。對我們來說，這意味著我們可以從一些初始狀態（u(x,0)，代表剛滴入染料時的一杯水）開始，使用剛才介紹的機制來「演進」初始狀態，看看它未來（u(x,dt)）會是什麼樣子。這種問題稱為*初始值問題*或 *Cauchy* 問題。用有限差分近似法來對 x 的導數做類似的處理之後，我們得到最終的方程式：

$$u(x, t + dt) = u(x, t) + dt * D * \frac{u(x + dx, t) + u(x - dx, t) - 2 \cdot u(x, t)}{dx^2}$$

在此，正如同 dt 代表畫面更新率，dx 代表影像的解析度——dx 越小，矩陣中每個單元代表的區域越小。為了簡化，我們設定 D = 1 且 dx = 1。在進行真正的物理模擬時，這兩個值非常重要，但是因為我們的擴散方程是用來解釋其他主題的，所以它們在此並不重要。

我們可以使用這個公式來求解幾乎任何擴散問題。但是，這個公式有一些需要考慮的事情。首先，我們之前說過，在 u 裡面的空間索引（即 x 參數）代表矩陣的索引。當我們試著在 x 位於矩陣開頭時，找出 x - dx 的值會怎樣？這個問題稱為邊界條件。你可以使用固定的邊界條件，說「超出矩陣邊界的任何值都設為 0」（或任何其他值）。或者，你可以使用週期性條件，說那些值會繞回去。（也就是說，如果矩陣有一個維度的長度是 N，在那個維度的索引 -1 的值與在 N − 1 的值一樣，在 N 的值與在索引 0 的值一樣。換句話說，如果你試著讀取在索引 i 的值，你會得到在索引 (i%N) 的值。）

另一個需要考慮的事情是如何儲存 u 的多個時間元件。我們可以用矩陣來代表想要計算的每一個時間值。現在看起來我們至少需要兩個矩陣：一個代表流體的當前狀態，一個代表流體的下一個狀態。我們將會看到，這個問題有非常嚴重的性能問題。

那麼，在實務上如何解決這個問題？範例 6-1 用一些虛擬碼描述使用公式來解決問題的方法。

範例 6-1 1D 擴散的虛擬碼

```
# 建立初始條件
u = vector of length N
for i in range(N):
    u = 0 if there is water, 1 if there is dye

# 演進初始條件
D = 1
t = 0
dt = 0.0001
while True:
    print(f"Current time is: {t}")
    unew = vector of size N

    # 更新每一個矩陣元素
    for i in range(N):
        unew[i] = u[i] + D * dt * (u[(i+1)%N] + u[(i-1)%N] - 2 * u[i])
    # 將更新後的解答移入 u
    u = unew

    visualize(u)
```

這段程式會接收染料在水中的初始條件，並指出系統將來每隔 0.0001 秒的樣子。圖 6-1 是它的結果，在這裡，我們展示極濃的染料（用高頂帽函數來表示）將來的演進情況。我們可以看到，在遙遠的未來，染料會被均勻地混合，此時，每個地方的染料濃度都差不多。

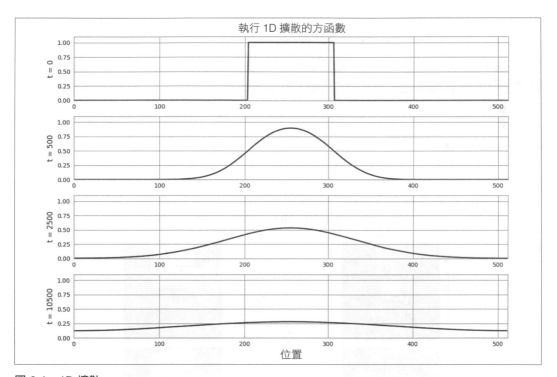

圖 6-1　1D 擴散

就本章的目的而言，我們要求解上述公式的 2D 版本。這一切意味著，我們不是在操作一個向量（或只有一個索引的矩陣），而是操作一個 2D 矩陣。方程式唯一的改變（以及後續的程式）在於，我們現在必須算出 y 方向的二階導數。這代表原始的公式變成：

$$\frac{\partial}{\partial t}u(x,\,y,\,t) = D \cdot \left(\frac{\partial^2}{\partial x^2}u(x,\,y,\,t) + \frac{\partial^2}{\partial y^2}u(x,\,y,\,t) \right)$$

我們將這個數值的 2D 擴散方程轉換成範例 6-2 的虛擬碼，使用之前用過的方法：

範例 6-2 計算 2D 擴散的演算法

```
for i in range(N):
    for j in range(M):
        unew[i][j] = u[i][j] + dt * (
            (u[(i + 1) % N][j] + u[(i - 1) % N][j] - 2 * u[i][j]) + # d^2 u / dx^2
            (u[i][(j + 1) % M] + u[i][(j - 1) % M] - 2 * u[i][j])   # d^2 u / dy^2
        )
```

現在我們可以將一切整合起來，編寫完整的 Python 2D 擴散程式，在本章的其餘部分，我們把它當成評測性能的基準。雖然這段程式看起來很複雜，但它的結果類似 1D 擴散的（見圖 6-2）。

如果你想要進一步閱讀本節的主題，你可以參考維基百科的擴散方程網頁（*http://bit.ly/diffusion_eq*）與 S. V. Gurevich 著作的 *Numerical Methods for Complex Systems* 的第 7 章（*http://bit.ly/Gurevich*）。

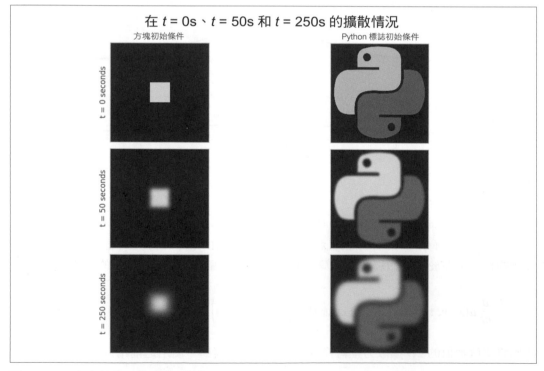

圖 6-2 用兩組初始條件產生的 2D 擴散

Python 串列不夠好嗎？

我們將範例 6-1 的虛擬碼正式化，以便分析它的執行時間性能。第一步是寫出接收矩陣與回傳它的演進狀態的演進函式。見範例 6-3。

範例 6-3　純 Python 2D 擴散

```python
grid_shape = (640, 640)


def evolve(grid, dt, D=1.0):
    xmax, ymax = grid_shape
    new_grid = [[0.0] * ymax for x in range(xmax)]
    for i in range(xmax):
        for j in range(ymax):
            grid_xx = (
                grid[(i + 1) % xmax][j] + grid[(i - 1) % xmax][j] - 2.0 * grid[i][j]
            )
            grid_yy = (
                grid[i][(j + 1) % ymax] + grid[i][(j - 1) % ymax] - 2.0 * grid[i][j]
            )
            new_grid[i][j] = grid[i][j] + D * (grid_xx + grid_yy) * dt
    return new_grid
```

 我們可以在迴圈內使用 append 建構 new_grid 串列，而不是預先配置它。
雖然這種做法比我們的寫法快很多，但我們得到的結論仍然是有效的。我
們選擇這種做法是因為它更容易說明。

全域變數 grid_shape 代表我們要模擬的區域有多大；正如第 108 頁的「問題介紹」所述，我們使用週期邊界條件（這就是我們用模數來計算索引的原因）。為了實際使用這段程式，我們必須初始化一個網格，並對它使用 evolve。範例 6-4 的程式是通用的初始化程序，本章會一再重複使用它（我們不分析它的性能特性，因為它只需要執行一次，不像被重複呼叫的 evolve 函式）。

範例 6-4　純 Python 2D 擴散初始化

```python
def run_experiment(num_iterations):
    # 設定初始條件 ❶
    xmax, ymax = grid_shape
    grid = [[0.0] * ymax for x in range(xmax)]

    # 這些初始條件模擬在我們所模擬的
```

```
# 區域中間滴入一滴染料
block_low = int(grid_shape[0] * 0.4)
block_high = int(grid_shape[0] * 0.5)
for i in range(block_low, block_high):
    for j in range(block_low, block_high):
        grid[i][j] = 0.005

# 演進初始條件
start = time.time()
for i in range(num_iterations):
    grid = evolve(grid, 0.1)
return time.time() - start
```

❶ 在此使用的初始條件與圖 6-2 的方塊案例一樣。

我們讓 dt 與網格元素使用夠小的值,來讓演算法穩定。請參考 *Numerical Recipes*(*https://oreil.ly/O8Seo*)來了解如何更深入處理這個演算法的收斂特性。

配置太多的問題

我們可以藉著對純 Python 求值函式使用 `line_profiler` 來釐清哪些因素可能造成緩慢的執行時間。在範例 6-5 的分析器輸出中,我們可以看到函式將大多數的時間花在計算導數與更新網格上面 [1]。這是我們要的結果,因為是一個單純的 CPU-bound 問題——顯然地,沒有用來處理 CPU-bound 問題的時間都是可優化之處。

範例 *6-5*　純 *Python 2D* 擴散分析

```
$ kernprof -lv diffusion_python.py
Wrote profile results to diffusion_python.py.lprof
Timer unit: 1e-06 s

Total time: 787.161 s
File: diffusion_python.py
Function: evolve at line 12

Line #      Hits         Time  Per Hit   % Time  Line Contents
==============================================================
    12                                           @profile
    13                                           def evolve(grid, dt, D=1.0):
    14         500        843.0      1.7      0.0      xmax, ymax = grid_shape    ❶
    15         500   24764794.0  49529.6      3.1      new_grid = [[0.0 for x in ...
    16      320500     208683.0      0.7      0.0      for i in range(xmax):      ❷
```

1　這是範例 6-3 的程式碼,經過調整來放入書頁。之前說過,kernprof 需要用 @profile 來裝飾函式才能進行分析(見第 41 頁的「使用 line_profiler 來進行逐行評量」)。

```
17 205120000 128928913.0    0.6    16.4       for j in range(ymax):
18 204800000 222422192.0    1.1    28.3           grid_xx = ...
19 204800000 228660607.0    1.1    29.0           grid_yy = ...
20 204800000 182174957.0    0.9    23.1           new_grid[i][j] = ...
21       500       331.0    0.7     0.0   return new_grid  ❸
```

❶ 這個陳述式的每一個 hit 都要花這麼長的時間執行，是因為 grid_shape 必須從區域名稱空間取得（詳情見第 91 頁的「字典與名稱空間」）。

❷ 這一行有 320,500 hits，因為我們處理的網格有 xmax = 640，而且我們執行函式 500 次，總數是 (640 + 1) * 500，額外的一次計算來自迴圈的終止。

❸ 這一行有 500 hits，提醒我們這個函式已經被分析 500 次了。

有意思的是，第 15 行的 Per Hit 與 % Time 欄位有很大的不同，我們在那一行配置新網格。有這個差異的原因是，雖然這一行本身很慢（Per Hit 欄位指出它每一次執行花 0.0495 秒，比其他的每一行都慢很多），但它被調用的次數不像迴圈內的其他幾行那麼多次。如果我們把網格縮小並且執行更多次迭代（也就是降低迴圈的迭代次數，但增加呼叫函式的次數），我們會看到這一行的 % Time 增加，並快速主導執行時間。

這是很浪費資源的做法，因為 new_grid 的屬性沒有改變 —— 無論我們將什麼值傳給 evolve，new_grid 串列總是有相同的外形與大小，並且容納相同的值。有一種簡單的優化法是只配置這個串列一次，並直接重複使用它。如此一來，我們就只會執行這段程式一次，無論網格的大小或迭代的次數如何。這一種優化類似將重複的程式碼移出快速的迴圈：

```python
from math import sin

def loop_slow(num_iterations):
    """
    >>> %timeit loop_slow(int(1e4))
    1.68 ms ± 61.3 µs per loop (mean ± std. dev. of 7 runs, 1000 loops each)
    """
    result = 0
    for i in range(num_iterations):
        result += i * sin(num_iterations)  ❶
    return result

def loop_fast(num_iterations):
    """
    >>> %timeit loop_fast(int(1e4))
    551 µs ± 23.5 µs per loop (mean ± std. dev. of 7 runs, 1000 loops each)
    """
    result = 0
```

```
factor = sin(num_iterations)
for i in range(num_iterations):
    result += i
return result * factor
```

❶ sin(num_iterations) 的值不會在迴圈中改變,所以沒必要每次都重新計算它。

我們可以對擴散程式進行類似的轉換,見範例 6-6。在這個例子中,我們實例化範例 6-4 的 new_grid,並將它傳給 evolve 函式。那個函式會做跟之前一樣的事情:讀取 grid 串列,並寫至 new_grid 串列。接著我們可以將 new_grid 換成 grid 並繼續工作。

範例 6-6　減少記憶體配置之後的純 Python 2D 擴散

```
def evolve(grid, dt, out, D=1.0):
    xmax, ymax = grid_shape
    for i in range(xmax):
        for j in range(ymax):
            grid_xx = (
                grid[(i + 1) % xmax][j] + grid[(i - 1) % xmax][j] - 2.0 * grid[i][j]
            )
            grid_yy = (
                grid[i][(j + 1) % ymax] + grid[i][(j - 1) % ymax] - 2.0 * grid[i][j]
            )
            out[i][j] = grid[i][j] + D * (grid_xx + grid_yy) * dt


def run_experiment(num_iterations):
    # 設定初始條件
    xmax, ymax = grid_shape
    next_grid = [[0.0] * ymax for x in range(xmax)]
    grid = [[0.0] * ymax for x in range(xmax)]

    block_low = int(grid_shape[0] * 0.4)
    block_high = int(grid_shape[0] * 0.5)
    for i in range(block_low, block_high):
        for j in range(block_low, block_high):
            grid[i][j] = 0.005

    start = time.time()
    for i in range(num_iterations):
        # evolve 就地修改 grid 與 next_grid
        evolve(grid, 0.1, next_grid)
        grid, next_grid = next_grid, grid
    return time.time() - start
```

我們可以從範例 6-7 的修改版的分析中看到，這個小修改造成 31.25% 的加速[2]。所以我們可以得到一個類似之前討論串列的 append 操作時得到的結論（見第 72 頁的「串列，當成動態陣列」）：記憶體配置並不便宜。每當我們要求一塊記憶體來儲存變數或串列時，Python 就必須花時間與作業系統溝通，來配置新位置，然後我們必須迭代新配置的空間，來對它填入一些初始值。

可以的話，重複使用已經配置的空間可以加快速度。但是，在進行這些變更時要很小心。雖然加速很重要，但你同樣要進行分析來確保得到想要的結果，而不是只汙染你的碼庫（code base）。

範例 6-7　在減少配置之後逐行分析 Python 擴散

```
$ kernprof -lv diffusion_python_memory.py
Wrote profile results to diffusion_python_memory.py.lprof
Timer unit: 1e-06 s

Total time: 541.138 s
File: diffusion_python_memory.py
Function: evolve at line 12

Line #      Hits         Time  Per Hit   % Time  Line Contents
==============================================================
    12                                           @profile
    13                                           def evolve(grid, dt, out, D=1.0):
    14       500        503.0      1.0      0.0       xmax, ymax = grid_shape
    15    320500     131498.0      0.4      0.0       for i in range(xmax):
    16 205120000   81105090.0      0.4     15.0           for j in range(ymax):
    17 204800000  166271837.0      0.8     30.7               grid_xx = ...
    18 204800000  169216352.0      0.8     31.3               grid_yy = ...
    19 204800000  124412452.0      0.6     23.0               out[i][j] = ...
```

記憶體碎片化

我們在範例 6-6 寫的 Python 程式仍然有個問題，這也是使用 Python 進行這些向量化操作的核心問題：Python 並未原生支援向量化，這個決定有兩個理由：Python 串列儲存的是指向實際資料的指標，而 Python bytecode 並沒有針對向量化進行優化，所以 for 迴圈無法預測何時使用向量化是有益的。

2　範例 6-7 分析的程式來自範例 6-6，為了放入書頁，經過一些修剪。

「Python 串列儲存指標」這件事意味著串列並未實際儲存我們關心的資料，而是儲存可以找到該資料的位置。對大多數的使用情況而言，這是件好事，因為如此一來，我們就可以在串列中隨意儲存任何資料型態，但是當我們需要進行向量與矩陣運算時，它是降低性能的根源。

會發生這種情況是因為每當我們想要從網格矩陣取出一個元素時，我們就必須進行多次查找。例如，執行 grid[5][2] 時，我們要先在串列網格中尋找索引 5，Python 會回傳指標，指向在那個位置的資料被儲存在哪裡。然後我們還要對這個回傳的物件做一次串列查找，找到在索引 2 的元素。取得這個參考之後，我們才得到儲存實際資料的位置。

如何建立一個用 tuple 來檢索的網格（grid[(x, y)]），而不是「串列的串列」的網格（grid[x][y]）？它會對程式碼的性能造成什麼影響？

這種查找的開銷不大，在多數情況下可忽略不計。但是，如果我們想要找的資料位於記憶體的一個連續區塊中，我們就可以用一次操作移動所有資料，而不需要為每一個元素進行兩次操作。這是資料碎片化的重點之一：當你的資料碎片化時，你必須逐段移動，而不是移動整個區塊。這意味著你會產生更多記憶體轉移開銷，並且強迫 CPU 在轉移資料時等待。我們在討論快取遺漏時，會透過 perf 來了解這件事有多重要。

「在正確的時間將正確的資料送到 CPU」這個主題與 *von Neumann* 瓶頸有關，這個瓶頸是指在記憶體與 CPU 之間的頻寬是有限的，所以現在電腦的 CPU 使用分層記憶體結構。如果我們可以無限快地移動資料，我們就不需要任何快取，因為 CPU 可以立刻取得它需要的任何資料。這是在沒有瓶頸時的狀態。

因為我們無法無限快地移動資料，我們必須先從 RAM 取出資料，並將它放在比較小但比較快的 CPU 快取，如此一來，當 CPU 需要一段資料時，資料就有機會在一個可以快速讀取的位置上。雖然用這種觀點來看待這種架構非常理想化，但我們仍然可以看到它的一些問題——我們怎麼知道將來會用到哪筆資料？CPU 可以使用一些機制來做好這件事，這些機制稱為**分支預測**（*branch prediction*）與**管線化**（*pipelining*），它會試著預測下一個指令，並且在處理當前指令的同時，將與下個指令有關的記憶體部分載入快取。但是，將瓶頸的影響降到最低的最佳方法是明智地配置記憶體，以及對資料進行計算。

了解資料被移到 CPU 的好壞程度相當困難，但是在 Linux，我們可以使用 perf 工具來深入了解 CPU 如何處理正在運行的程式[3]。例如，我們可以對範例 6-6 的純 Python 程式執行 perf，看看 CPU 執行程式的效率多高。

範例 6-8 是執行結果。注意，為了放入書頁，筆者裁剪了這個範例與接下來的 perf 的輸出。被移除的資料包括每次測量的變異度，它代表在多次性能評定之間，值的改變幅度有多少。這種資料可以幫助你了解一個被測量出來的值在多大程度上取決於程式的實際性能特徵 vs. 其他的系統屬性（例如同時在運行且使用系統資源的其他程式）。

範例 6-8　純 2D 擴散的性能計數，減少記憶體配置（網格大小：640×640，500 次迭代）

```
$ perf stat -e cycles,instructions,\
    cache-references,cache-misses,branches,branch-misses,task-clock,faults,\
    minor-faults,cs,migrations python diffusion_python_memory.py


    Performance counter stats for 'python diffusion_python_memory.py':

      415,864,974,126      cycles                    #    2.889 GHz
    1,210,522,769,388      instructions              #    2.91  insn per cycle
          656,345,027      cache-references          #    4.560 M/sec
          349,562,390      cache-misses              #   53.259 % of all cache refs
      251,537,944,600      branches                  # 1747.583 M/sec
        1,970,031,461      branch-misses             #    0.78% of all branches
         143934.730837      task-clock (msec)        #    1.000 CPUs utilized
               12,791      faults                    #    0.089 K/sec
               12,791      minor-faults              #    0.089 K/sec
                  117      cs                        #    0.001 K/sec
                    6      migrations                #    0.000 K/sec


    143.935522122 seconds time elapsed
```

了解 perf

我們花一點時間來了解 perf 提供的各種性能指標，以及它們與程式的連結。task-clock 指標代表我們的任務花了多少時脈週期。它與總執行時間不同，因為當我們的程式花一秒鐘來執行，但使用兩顆 CPU 時，task-clock 是 2000（task-clock 的單位通常是毫秒）。在這個指標旁邊，perf 方便地幫我們進行計算並顯示程式用了多少

---

[3]　在 macOS，你可以用 Google 的 gperftools（*https://oreil.ly/MCCVv*）與所提供的 Instruments app 取得類似的數據。在 Windows，據說 Visual Studio Profiler 有不錯的表現，但是我們還沒有用過它。

CPU（它會說「XXXX CPUs utilized」）。但是，即使程式用了兩個 CPU，這個數字也不會正好是 2，因為程序有時會依靠其他的子系統來為它執行指令（例如，在配置記憶體時）。

另一方面，instructions 告訴我們程式用了多少 CPU 指令，cycles 告訴我們它花了多少 CPU 週期來執行全部的這些指令。這兩個數字的差別告訴我們程式的向量化與管線化做得多好。使用管線化時，CPU 能夠在執行當前操作的同時，抓取與準備下一個操作。

cs（代表「context switches」），而 CPU-migrations 告訴我們程式停頓，以等待 kernel 操作完成（例如 I/O）、讓其他 app 執行，或將執行程序移到別的 CPU 核心的情況。當 context-switch 發生時，程式會暫停執行，改讓別的程式執行。這是非常耗時的任務，也是我們想要盡量減少的事情，但是我們不太能夠控制它何時發生。kernel 會在程式可被切換出去時進行委託，但是我們可以做一些事情來阻止 kernel 移動我們的程式。一般來說，kernel 會在進行 I/O 時暫停程式（例如從記憶體、磁碟或網路進行讀取）。你將在稍後的章節看到，我們可以使用非同步程序來確保程式即使在等待 I/O 仍然使用 CPU，這可讓我們持續運行，而不會被 context-switch。此外，我們可以設定程式的 nice 值，來賦予程式優先權，並防止 kernel 將它 context-switch[4]。類似地，CPU-migrations 會在程式暫停並且在與之前不同的 CPU 上恢復執行時發生，這是為了讓所有的 CPU 都有相同的使用率。我們可以將它視為一種特別糟糕的 context switch，因為它不僅會讓程式暫停，也會讓我們失去 L1 快取裡面的資料（每一個 CPU 都有它自己的 L1 快取）。

page-fault（或 fault）是現代 Unix 記憶體配置法的一部分。當記憶體被配置時，kernel 除了讓程式有一個記憶體的參考之外不會做太多事情。但是，稍後，當記憶體第一次被使用時，作業系統會丟出一個次要分頁錯誤（minor page fault）中斷，它會暫停正在運行的程式，並妥善地配置記憶體。這種做法稱為惰性配置系統（lazy allocation system）。雖然這種做法改善了之前的記憶體配置系統，但次要分頁錯誤是非常昂貴的操作，因為大部分的操作都是在你正在運行的程式的作用域之外完成的。此外還有一種主要分頁錯誤（major page fault），它會在程式向尚未被讀取的設備（磁碟、網路等）請求資料時發生。它是更昂貴的操作：它不僅會中斷你的程式，也會對儲存該資料的設備進行讀取。這種分頁錯誤通常不影響 CPU-bound 工作；但是，它是所有需要執行磁碟或網路讀取／寫入的程式的痛苦來源[5]。

4　你可以用 nice 工具程式執行 Python 程序來完成它（nice -n -20 python program.py）。將 nice 值設為 -20 可確保它產生盡可能少的執行。

5　*https://oreil.ly/12Beq* 有關於各種錯誤的詳細說明。

當我們將資料放入記憶體，並且參考它之後，資料會前往各層記憶體（L1/L2/L3 記憶體——見第 8 頁的「通訊層」的說明）。當我們參考在快取裡面的資料時，cache-references 指標會增加。如果快取裡面還沒有這筆資料，因而需要從 RAM 讀取它時，這種情況是 cache-miss。如果我們讀取一筆最近讀過的資料（那筆資料仍然在快取內）或資料靠近我們最近讀過的資料（成塊的資料從 RAM 被送到快取）時，我們不會得到 cache miss。在 CPU-bound 任務中，cache miss 可能是降低速度的根源，因為我們必須等待從 RAM 讀取資料，而且會中斷執行管線的流程（稍後會再詳述這一點）。因此，按順序讀取陣列會得到許多 cache-references，但不會有許多 cache-misses，因為當我們讀取元素 i 時，元素 i + 1 將會在快取內。然而，如果我們隨機讀取陣列，或是沒有在記憶體裡面妥善地安排資料，每一次讀取都需要找出不可能在快取內的資料。在本章稍後，我們要討論如何優化記憶體內的資料布局來減少這種影響。

branch 是在程式中執行流程改變的時間。想一下 if...then 陳述式——我們根據條件，而執行某一段程式或另一段程式。這實質上是程式碼的執行分支——程式的下一條指令可能是兩種指令之一。為了優化這種情況，尤其是與管線有關時，CPU 會試著猜測分支的方向，並且預先載入相關的指令。如果預測錯誤，我們就會得到 branch-miss。branch miss 可能會讓人難以理解，導致許多奇怪的效應（例如，有些迴圈處理已排序的串列比處理未排序的串列快得多，原因只是前者的 branch miss 較少）[6]。

perf 還可以追蹤許多指標，其中許多指標都是執行程式碼的 CPU 專屬的。你可以執行 perf list 來取得目前你的系統支援的指標清單。例如，在本書的上一版，我們使用一台也支援 stalled-cycles-frontend 與 stalled-cycles-backend 的電腦，它可以告訴我們，程式花了多少週期等待管線的前端與後端被填充。原因可能是 cache miss、猜錯分支，或資源衝突。管線的前端負責從記憶體讀取下一個指令，並將它解碼成有效的操作，而後端負責實際執行操作。這種指標可以協助我們根據特定 CPU 的優化與架構調整程式的性能，但是，除非你永遠都在同一組晶片上執行，否則不需要過度關心它們。

如果你想要用各種性能指標在 CPU 級別上更全面地了解發生了什麼事，可參考 Gurpur M. Prabhu 出色的著作「Computer Architecture Tutorial」（*http://bit.ly/ca_tutorial*）。它在非常低的級別上處理問題，可讓你很好地了解在執行程式碼時，引擎蓋下發生的事情。

6　這篇 Stack Overflow 回文漂亮地解釋這個效應（*https://stackoverflow.com/a/11227902*）。

用 perf 的輸出進行決策

知道這些事情之後，範例 6-8 的性能指標告訴我們，在執行我們的程式時，CPU 必須參考 L1/L2 快取 656,345,027 次。在這些參考中，有 349,562,390 次（或 53.3%）請求當時不在記憶體的資料，並且必須讀取它們。此外，我們可以看到，我們在每一個 CPU 週期平均能夠執行 2.91 個指令，這告訴我們透過管線化、無序執行以及超執行緒（或可以讓你在每個時脈週期執行多個指令的任何其他 CPU 功能）提升的總速度。

碎片化會增加記憶體傳輸至 CPU 的次數。此外，因為在需要進行計算時，CPU 的快取裡面沒有多塊就緒的資料塊，所以這些計算將無法向量化。第 8 頁的「通訊層」說過，除非我們可以將所有相關資料放入 CPU 快取，否則就無法將計算向量化（或讓 CPU 一次做多項計算）。因為匯流排只能移動連續的記憶體區塊，所以我們必須將網格資料按順序儲存在 RAM 裡面才能做到。因為串列儲存的是指向資料的指標，而不是實際的資料，網格內的實際資料會分散到記憶體各處，無法被一次全部複製。

為了解決這個問題，我們可以用 array 模組取代串列。這些物件會在記憶體裡面依序儲存資料，所以一個陣列切片實際上也代表記憶體裡面的連續範圍。但是，這無法完全修正問題——雖然我們將資料依序存入記憶體了，但 Python 仍然不知道如何將迴圈向量化。我們希望讓任何一個會「一次對陣列的一個元素進行算術運算」的迴圈處理成塊的資料，但如前所述，Python 沒有這種 bytecode 優化（部分的原因是這種語言極度動態的性質）。

 為什麼將資料依序儲存在記憶體裡面無法產生自動向量化？看一下 CPU 正在執行的原始機器碼，向量化的操作（例如將兩個陣列相乘）會使用與非向量化的操作不同的 CPU 部分與指令。為了讓 Python 使用這些特殊指令，我們必須使用為它們創作的模組。我們很快就會看到 numpy 如何讓我們使用這些專用的指令。

此外，因為一些實作細節，使用 array 型態來建立迭代用的資料序列其實比直接建立 list 更慢。這是因為 array 物件儲存的是數字的極低階表示法，在將它回傳給使用者之前，必須先將它轉換成與 Python 相容的版本。這個額外的開銷會在每次檢索 array 型態時發生。這個實作決策讓 array 物件比較不適合用在數學上，比較適合用來在記憶體更高效地儲存固定型態的資料。

進入 numpy

為了處理我們用 perf 發現的碎片化,我們必須找到可以高效地向量化操作的程式碼。幸運的是,numpy 具備我們需要的所有功能——它會在連續的記憶體段落中儲存資料,並且可對資料進行向量化操作。如此一來,我們對 numpy 陣列做的任何算術運算都會在成塊的記憶體上操作,不需要明確地遍歷各個元素[7]。用這種方式進行矩陣算術運算不但更簡單,也更快速。我們來看一個例子:

```python
from array import array
import numpy


def norm_square_list(vector):
    """
    >>> vector = list(range(1_000_000))
    >>> %timeit norm_square_list(vector)
    85.5 ms ± 1.65 ms per loop (mean ± std. dev. of 7 runs, 10 loops each)
    """
    norm = 0
    for v in vector:
        norm += v * v
    return norm


def norm_square_list_comprehension(vector):
    """
    >>> vector = list(range(1_000_000))
    >>> %timeit norm_square_list_comprehension(vector)
    80.3 ms ± 1.37 ms per loop (mean ± std. dev. of 7 runs, 10 loops each)
    """
    return sum([v * v for v in vector])


def norm_square_array(vector):
    """
    >>> vector_array = array('l', range(1_000_000))
    >>> %timeit norm_square_array(vector_array)
    101 ms ± 4.69 ms per loop (mean ± std. dev. of 7 runs, 10 loops each)
    """
    norm = 0
    for v in vector:
        norm += v * v
    return norm
```

---

[7] 要更深入了解 numpy 處理各種問題的情況,可參考 Nicolas P. Rougier 寫的《*From Python to NumPy*》(*https://oreil.ly/KHdg_*)。

```
def norm_square_numpy(vector):
    """
    >>> vector_np = numpy.arange(1_000_000)
    >>> %timeit norm_square_numpy(vector_np)
    3.22 ms ± 136 µs per loop (mean ± std. dev. of 7 runs, 100 loops each)
    """
    return numpy.sum(vector * vector)    ❶


def norm_square_numpy_dot(vector):
    """
    >>> vector_np = numpy.arange(1_000_000)
    >>> %timeit norm_square_numpy_dot(vector_np)
    960 µs ± 41.1 µs per loop (mean ± std. dev. of 7 runs, 1000 loops each)
    """
    return numpy.dot(vector, vector)    ❷
```

❶ 這會在 vector 之上建立兩個隱性的迴圈,一個進行乘法,一個進行加總。這些迴圈類似 norm_square_list_comprehension 的迴圈,但它們是用 numpy 優化的數值程式碼來執行的。

❷ 這是使用向量化的 numpy.dot op 來計算向量範數的首選方法。較沒效率的 norm_square_numpy 程式是用來說明的。

比較簡單的 numpy 程式跑得比 norm_square_list 快 89 倍,比「優化」的 Python 串列生成式快 83.65 倍。純 Python 迴圈方法與串列生成式方法之間的速度差異說明了在幕後進行更多計算,而不是在 Python 中明確做這件事的好處。藉著使用 Python 內建的機制來執行計算,我們可以獲得 Python 底層的原生 C 程式碼的速度。這在一定程度上也是 numpy 程式的速度提高這麼多的原因所在:不同於使用通用的串列結構,我們使用仔細調校過,並特別為了處理數字陣列而建構的物件。

numpy 物件除了更輕量並採用專用的機制之外,也提供記憶體集中化及向量化操作,這在處理數值計算時非常重要。CPU 的速度非常快,多數情況下,以更快的速度提供它需要的資料是快速優化程式的最佳手段。使用之前的 perf 工具來執行各個函式可以看到,array 與純 Python 函式執行 10^{12} 個指令,而 numpy 版本只執行大約 10^9 個指令。此外,array 與純 Python 版本有大約 53% 的 cache miss,而 numpy 大約是 20%。

在 norm_square_numpy 程式裡面，當我們執行 vector * vector 時，numpy 會處理一個隱性的迴圈。這個隱性的迴圈與我們在其他範例中明確寫出來的迴圈一樣：迭代向量的所有項目，將各個項目乘以它自己。但是，因為我們要求 numpy 做這件事，而不是用 Python 程式明確地將它寫出來，所以 numpy 可以利用它想要的所有優化。在幕後，numpy 有非常優化的 C 程式，這些 C 程式可利用 CPU 已啟用的任何向量化。此外，numpy 陣列在記憶體裡面會被依序表示成低階數值型態，所以它們的空間需求與 array 物件（來自 array 模組）一樣。

另外還有一個額外的好處：我們可以將問題表示成內積，numpy 支援這種功能。內積可以用一次操作來計算我們想要的值，而不是先算出兩個向量的積，再求它們的和。如圖 6-3 所示，norm_numpy_dot 這項操作的性能比所有其他的都要好得多——這是因為函式的專門化，而且我們不需要像 norm_numpy 那樣儲存 vector * vector 的中間值。

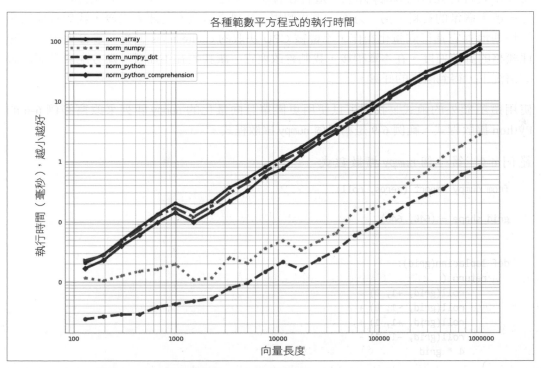

圖 6-3　使用各種向量長度的各種範數平方程式的執行時間

用 numpy 來處理擴散問題

我們可以運用剛才學到的 numpy 知識來將純 Python 程式輕鬆地向量化。我們需要使用的新功能只有 numpy 的 roll 函式。這個函式做的事情與使用模數來計算索引的做法一樣，但它是對整個 numpy 陣列做這件事。實質上，它將重新建立索引的過程向量化了：

```
>>> import numpy as np
>>> np.roll([1,2,3,4], 1)
array([4, 1, 2, 3])

>>> np.roll([[1,2,3],[4,5,6]], 1, axis=1)
array([[3, 1, 2],
       [6, 4, 5]])
```

roll 函式會建立新的 numpy 陣列，這有好有壞，壞處是，我們要花時間配置新的空間，然後填入適當的資料。另一方面，當我們用 roll 建立這個新的陣列之後，我們就能夠非常快速地對它進行向量化操作，不會被 CPU 快取的 cache miss 影響。這會大幅影響處理網格的計算速度。在本章稍後，我們會改寫它，讓我們在不需要不斷分配更多記憶體的情況下，得到同樣的好處。

使用這項額外的函式，我們可以使用更簡單且向量化的 numpy 陣列來改寫範例 6-6 的 Python 擴散程式。範例 6-9 是第一個 numpy 擴散程式。

範例 6-9　第一個 *numpy* 擴散程式

```
from numpy import (zeros, roll)

grid_shape = (640, 640)


def laplacian(grid):
    return (
        roll(grid, +1, 0) +
        roll(grid, -1, 0) +
        roll(grid, +1, 1) +
        roll(grid, -1, 1) -
        4 * grid
    )


def evolve(grid, dt, D=1):
    return grid + dt * D * laplacian(grid)
```

```
def run_experiment(num_iterations):
    grid = zeros(grid_shape)

    block_low = int(grid_shape[0] * 0.4)
    block_high = int(grid_shape[0] * 0.5)
    grid[block_low:block_high, block_low:block_high] = 0.005

    start = time.time()
    for i in range(num_iterations):
        grid = evolve(grid, 0.1)
    return time.time() - start
```

我們可以立刻看到這段程式短很多。有時這是性能提升的好兆頭,這代表我們在 Python 解譯器之外做了很多繁重的工作,最好是在專門為了提高性能與解決特定問題而建構的模組裡面(但是,你一定要測試它!)。在此有一個假設是 numpy 使用更好的記憶體管理機制,可以更快速地提供資料給 CPU。但是,因為這件事取決於 numpy 的實作,所以我們要分析程式碼,看看假設是否正確。範例 6-10 是結果。

範例 *6-10* *numpy 2D 擴散的 Performance counter*(網格大小:*640×640,500 次迭代*)

```
$ perf stat -e cycles,instructions,\
    cache-references,cache-misses,branches,branch-misses,task-clock,faults,\
    minor-faults,cs,migrations python diffusion_numpy.py


Performance counter stats for 'python diffusion_numpy.py':

    8,432,416,866    cycles                    #    2.886 GHz
    7,114,758,602    instructions              #    0.84  insn per cycle
    1,040,831,469    cache-references          #  356.176 M/sec
      216,490,683    cache-misses              #   20.800 % of all cache refs
    1,252,928,847    branches                  #  428.756 M/sec
        8,174,531    branch-misses             #    0.65% of all branches
     2922.239426     task-clock (msec)         #    1.285 CPUs utilized
          403,282    faults                    #    0.138 M/sec
          403,282    minor-faults              #    0.138 M/sec
               96    cs                        #    0.033 K/sec
                5    migrations                #    0.002 K/sec

    2.274377105 seconds time elapsed
```

從數據看來,簡單地改用 numpy 可使用較少的記憶體配置,讓速度比純 Python 實作快了 63.3 倍(範例 6-8)。這是如何實現的?

首先，我們要感謝 numpy 提供的向量化。雖然乍看之下 numpy 版本每個週期執行較少的指令，但每一個指令需要做多很多的工作。也就是說，用一個向量化指令就可以將陣列內的四個（或更多）數字相乘，不需要使用四個獨立的乘法指令。整體而言，這會讓解決同一個問題所需的指令總數更少。

numpy 版本可以使用較少的絕對指令數量來解決擴散問題還有一些其他的因素。其中一個因素是，執行純 Python 版本時可以使用完整的 Python API，但 numpy 版本不一定可以 —— 例如，在純 Python 中，純 Python 網格可以附加（append），但是在 numpy 中不行。雖然我們沒有明確地使用這個（或其他）功能，但提供一個可以使用這種功能的系統是需要成本的。因為 numpy 可以假設被儲存起來的資料一定是數字，與陣列有關的任何事情都可以優化為針對數字進行操作。當我們討論 Cython 時，我們會繼續刪除必要的功能來提高性能（見第 162 頁的「Cython」），我們甚至可以刪除串列邊界檢查來提升串列查找速度。

一般來說，指令的數量不一定與性能有關 —— 有較少指令的程式可能無法有效率地發出它們，或者，它們可能是緩慢的指令。但是，我們看到，除了減少指令的數量之外，numpy 版本也大大減少效率低下的情況：cache miss（20.8% 的 cache miss，而非 53.3%）。第 117 頁的「記憶體碎片化」說過，cache miss 會降低計算速度，因為 CPU 必須等待資料從比較慢的記憶體拿出來，而不是將資料放在它的快取裡面，可以立刻使用。事實上，記憶體碎片化是影響性能的主要因素，所以如果我們停用 numpy 的向量化但維持其他事情不變 [8]，與純 Python 版本相比，我們仍然可以看到可觀的速度提升（範例 6-11）。

範例 6-11 *numpy 2D 擴散未使用向量化時的 performance counter*
（網格大小：640×640，500 次迭代）

```
$ perf stat -e cycles,instructions,\
    cache-references,cache-misses,branches,branch-misses,task-clock,faults,\
    minor-faults,cs,migrations python diffusion_numpy.py

 Performance counter stats for 'python diffusion_numpy.py':

    50,086,999,350      cycles                    #    2.888 GHz
    53,611,608,977      instructions              #    1.07  insn per cycle
     1,131,742,674      cache-references          #   65.266 M/sec
       322,483,897      cache-misses              #   28.494 % of all cache refs
```

---

8 我們的做法是用 -fno-tree-vectorize 旗標來編譯 numpy。在這個實驗中，我們用這個指令來組建 numpy
   1.17.3：$ OPT='-fno-tree-vectorize' FOPT='-fno-tree-vectorize' BLAS=None LAPACK=None ATLAS=None
   python setup.py build。

```
 4,001,923,035      branches            #   230.785 M/sec
     6,211,101      branch-misses       #     0.16% of all branches
 17340.464580      task-clock (msec)    #     1.000 CPUs utilized
       403,193      faults              #     0.023 M/sec
       403,193      minor-faults        #     0.023 M/sec
            74      cs                  #     0.004 K/sec
             6      migrations          #     0.000 K/sec

      17.339656586 seconds time elapsed
```

這說明，在使用 numpy 時加速 63.3 倍的主因不是向量化的指令集，而是記憶體集中化，以及減少記憶體碎片化。事實上，我們可以從上述的實驗看到，在 63.3 倍加速中，向量化只占了大約 13%[9]。

「記憶體問題不是降低程式速度的主因」並不讓人意外。電腦在設計上可以精確地完成處理問題所需的計算，也就是將數字相乘並相加。瓶頸在於如何快速地將這些數字送到 CPU，讓它能夠盡可能快地進行計算。

記憶體配置與就地運算

為了優化記憶體為主的效應，我們試著使用範例 6-6 用過的方法來降低在 numpy 程式內的記憶體配置次數。配置記憶體比之前討論的 cache miss 糟糕得多。當正確的資料無法在快取中找到時，記憶體配置除了必須在 RAM 中尋找它之外，也要向作業系統要求取得一塊可用的資料，再保存它。「向作業系統提出要求」的開銷遠比「填寫快取」多得多——雖然填補 cache miss 是在主機板上優化的硬體程序，但配置記憶體需要與其他程序（kernel）溝通才能完成。

為了移除範例 6-9 的記憶體配置，我們要在程式的開頭預先配置一些空白空間，接著只使用就地運算。就地運算（例如 +=、*= 等）會重複使用其中一個輸入作為它的輸出。這意味著我們不需要配置空間來儲存計算的結果。

為了清楚地展示，我們來看 numpy 陣列的 id 將如何隨著我們對它執行的操作而改變（範例 6-12）。使用 id 是追蹤 numpy 陣列的好辦法，因為 id 可以指出哪一段記憶體被參考了。

如果有兩個 numpy 陣列有相同的 id，代表它們都參考同一段記憶體[10]。

9　這取決於所使用的 CPU。

10　但這不是絕對正確，因為兩個 numpy 陣列可能參考同一段記憶體，但使用不同的跨步（striding）資訊，以不同的方式代表同一筆資料。這兩個 numpy 陣列的 id 會不相同。numpy 陣列的 id 結構有許多超出本書討論範圍的微妙之處。

範例 *6-12*　就地運算可減少記憶體配置

```
>>> import numpy as np
>>> array1 = np.random.random((10,10))
>>> array2 = np.random.random((10,10))
>>> id(array1)
140199765947424   ❶
>>> array1 += array2
>>> id(array1)
140199765947424   ❷
>>> array1 = array1 + array2
>>> id(array1)
140199765969792   ❸
```

❶、❷　這兩個 id 是相同的，因為我們執行就地運算。這意味著 array1 的記憶體位址沒有改變；我們只改變它裡面的資料。

❸　記憶體位址改變了。在執行 array1 + array2 時，Python 會配置新的記憶體位址，並填入計算的結果。但是當你需要保留原始資料時，這種做法有好處（即，array3 = array1 + array2 可讓你繼續使用 array1 與 array2，而就地運算會銷毀一些原始資料）。

此外，我們可以從非就地運算看到預期的降速。在範例 6-13 中，我們看到對 100×100 元素的陣列使用就地運算造成 27% 的加速。這種加速會隨著陣列的成長而擴大，因為記憶體配置會變得越來越費力。不過請注意，這個效果只會在陣列大小大於 CPU 快取時發生。當陣列比較小，而且兩個輸入與輸出都可以放入快取時，非就地運算比較快，因為它可以受益於向量化。

範例 *6-13*　就地與非就地運算的執行時間差異

```
>>> import numpy as np

>>> %%timeit array1, array2 = np.random.random((2, 100, 100))   ❶ ❸
... array1 = array1 + array2
6.45 µs ± 53.3 ns per loop (mean ± std. dev. of 7 runs, 100000 loops each)

>>> %%timeit array1, array2 = np.random.random((2, 100, 100))   ❶
... array1 += array2
5.06 µs ± 78.7 ns per loop (mean ± std. dev. of 7 runs, 100000 loops each)

>>> %%timeit array1, array2 = np.random.random((2, 5, 5))   ❷
... array1 = array1 + array2
518 ns ± 4.88 ns per loop (mean ± std. dev. of 7 runs, 1000000 loops each)
```

```
>>> %%timeit array1, array2 = np.random.random((2, 5, 5))    ❷
... array1 += array2
1.18 µs ± 6 ns per loop (mean ± std. dev. of 7 runs, 1000000 loops each)
```

❶ 這些陣列都太大了，無法放入 CPU 快取，就地運算比較快，因為記憶體配置次數
與 cache miss 較少。

❷ 這些陣列可放入快取，我們可以看到非就地運算比較快。

❸ 注意，我們使用 `%%timeit` 而非 `%timeit`，它可讓我們指定程式碼，來設置不計時的
實驗。

雖然改寫範例 6-9 的程式來使用就地運算不太複雜，但是這種做法的缺點是讓程式碼有
點難以閱讀。在範例 6-14，我們可以看到這種重構的結果。我們將 grid 與 next_grid 向
量實例化，並不斷相互交換它們。grid 是目前我們知道的系統資訊，在執行 evolve 之
後，next_grid 存有更新後的資訊。

範例 6-14 讓大部分的 numpy 運算是就地的

```python
def laplacian(grid, out):
    np.copyto(out, grid)
    out *= -4
    out += np.roll(grid, +1, 0)
    out += np.roll(grid, -1, 0)
    out += np.roll(grid, +1, 1)
    out += np.roll(grid, -1, 1)


def evolve(grid, dt, out, D=1):
    laplacian(grid, out)
    out *= D * dt
    out += grid


def run_experiment(num_iterations):
    next_grid = np.zeros(grid_shape)
    grid = np.zeros(grid_shape)

    block_low = int(grid_shape[0] * 0.4)
    block_high = int(grid_shape[0] * 0.5)
    grid[block_low:block_high, block_low:block_high] = 0.005

    start = time.time()
    for i in range(num_iterations):
        evolve(grid, 0.1, next_grid)
```

```
        grid, next_grid = next_grid, grid ❶
    return time.time() - start
```

❶ 因為 evolve 的輸出被儲存在輸出向量 next_grid 裡面，我們必須交換這兩個變數，如此一來，在迴圈的下一次迭代，grid 就有最新資訊。這個對調操作非常便宜，因為它只改變資料的參考，不是資料本身。

 務必記得，因為我們希望每一項操作都是就地的，當我們進行向量操作時，我們必須把它放在它自己的一行。這會讓 A = A * B + C 這種簡單的東西變成相當複雜。因為 Python 特別強調易讀性，所以若要做這種改變，我們就要確保它可以提升足夠的速度。

與範例 6-15 和 6-10 的性能指標相比，我們可以看到移除虛假的記憶體配置可提升 30.9% 的速度。這個提速部分來自 cache miss 數量的減少，但大部分來自 minor fault 的減少。這是藉著重複使用已經配置的空間來降低記憶體配置次數造成的。

當程式存取新配置的記憶體空間時會導致 minor fault。因為記憶體位址是 kernel 惰性配置的，當你第一次存取新配置的資料時，kernel 會暫停你的執行，同時確保所需的空間存在，並建立它的參考，讓程式使用。這個新增的機制執行起來很昂貴，會讓程式的運行速度大大降低。除了這些需要執行的額外操作之外，我們也失去快取中的任何狀態，以及進行指令管線化的任何可能性。實質上，為了配置記憶體，我們必須放棄正在做的所有事情，包括所有相關的優化。

範例 6-15 使用就地記憶體操作的 numpy 性能指標
      （網格大小：640×640，500 次迭代）

```
$ perf stat -e cycles,instructions,\
    cache-references,cache-misses,branches,branch-misses,task-clock,faults,\
    minor-faults,cs,migrations python diffusion_numpy_memory.py


    Performance counter stats for 'python diffusion_numpy_memory.py':

    6,880,906,446      cycles                    #    2.886 GHz
    5,848,134,537      instructions              #    0.85  insn per cycle
    1,077,550,720      cache-references          #  452.000 M/sec
      217,974,413      cache-misses              #   20.229 % of all cache refs
    1,028,769,315      branches                  #  431.538 M/sec
        7,492,245      branch-misses             #    0.73% of all branches
    2383.962679        task-clock (msec)         #    1.373 CPUs utilized
           13,521      faults                    #    0.006 M/sec
```

```
   13,521      minor-faults              #   0.006 M/sec
      100      cs                        #   0.042 K/sec
        8      migrations                #   0.003 K/sec

1.736322099 seconds time elapsed
```

選擇性優化：找出需要修正的地方

看看範例 6-14 的程式，我們似乎已經解決大部分的問題了：我們已經藉著使用 numpy 來減輕 CPU 的負擔，並且減少解決問題所需的記憶體配置量。但是，我們還要進行更多調查。對程式進行逐行分析（範例 6-16）可以看到，大部分的工作都是在 laplacian 函式內完成的。事實上，evolve 有 84% 的執行時間都花在 laplacian 上。

範例 6-16　逐行分析顯示 laplacian 花了太多時間

```
Wrote profile results to diffusion_numpy_memory.py.lprof
Timer unit: 1e-06 s


Total time: 1.58502 s
File: diffusion_numpy_memory.py
Function: evolve at line 21

Line #      Hits         Time  Per Hit   % Time  Line Contents
==============================================================
    21                                           @profile
    22                                           def evolve(grid, dt, out, D=1):
    23       500    1327910.0   2655.8     83.8       laplacian(grid, out)
    24       500     100733.0    201.5      6.4       out *= D * dt
    25       500     156377.0    312.8      9.9       out += grid
```

laplacian 如此緩慢有很多原因。但是，我們需要考慮兩個主要的高階問題。首先，呼叫 np.roll 似乎配置了新向量（我們可以藉著查看函式的文件來確認這一點）。這意味著，雖然我們在之前的重構中移除了 7 個記憶體配置，但現在還有 4 個未處理的配置。此外，np.roll 是非常通用的函式，它有許多處理特殊案例的程式碼。因為我們知道我們想要做什麼（將資料的第一欄移到每個維度的最後一欄），我們可以改寫這個函式，移除大部分的不相關程式。我們甚至可以將 np.roll 邏輯和處理捲動的資料的加法運算合併，製作非常專用的 roll_add 函式，用最少的記憶體配置數量與最少的額外邏輯來做我們想做的事情。

範例 6-17 是這個重構的樣子。我們只要建立新的 `roll_add` 函式,並讓 `laplacian` 使用它即可。因為 numpy 支援酷炫的索引機制,在實作這種函式時,只要不弄亂索引即可。但是如前所述,雖然這段程式可能有更好的性能,但它的易讀性卻差很多。

 注意,我們的額外工作除了寫出完整的測試之外,還要為函式提供資訊豐富的 docstring。當你採取類似這樣的做法時,保持程式碼的易讀性很重要,這些步驟有助於確保你的程式始終執行它想要做的事情,以及讓未來的程式員可以修改你的程式碼,並知道哪些事情可行,哪些不可行。

範例 6-17 建立自己的 roll 函式

```python
import numpy as np


def roll_add(rollee, shift, axis, out):
    """
    Given a matrix, a rollee, and an output matrix, out, this function will
    perform the calculation:

        >>> out += np.roll(rollee, shift, axis=axis)

    This is done with the following assumptions:
        * rollee is 2D
        * shift will only ever be +1 or -1
        * axis will only ever be 0 or 1 (also implied by the first assumption)

    Using these assumptions, we are able to speed up this function by avoiding
    extra machinery that numpy uses to generalize the roll function and also
    by making this operation intrinsically in-place.
    """
    if shift == 1 and axis == 0:
        out[1:, :] += rollee[:-1, :]
        out[0, :] += rollee[-1, :]
    elif shift == -1 and axis == 0:
        out[:-1, :] += rollee[1:, :]
        out[-1, :] += rollee[0, :]
    elif shift == 1 and axis == 1:
        out[:, 1:] += rollee[:, :-1]
        out[:, 0] += rollee[:, -1]
    elif shift == -1 and axis == 1:
        out[:, :-1] += rollee[:, 1:]
        out[:, -1] += rollee[:, 0]
```

```
def test_roll_add():
    rollee = np.asarray([[1, 2], [3, 4]])
    for shift in (-1, +1):
        for axis in (0, 1):
            out = np.asarray([[6, 3], [9, 2]])
            expected_result = np.roll(rollee, shift, axis=axis) + out
            roll_add(rollee, shift, axis, out)
            assert np.all(expected_result == out)


def laplacian(grid, out):
    np.copyto(out, grid)
    out *= -4
    roll_add(grid, +1, 0, out)
    roll_add(grid, -1, 0, out)
    roll_add(grid, +1, 1, out)
    roll_add(grid, -1, 1, out)
```

從範例 6-18 的 performance counter 可以看到，雖然這次的改寫比範例 6-14 快 22%，但大部分的 counter 都幾乎相同。主要的差異同樣是 cache-misses，它下降 7 倍。這種改變似乎也影響了 CPU 指令的傳輸量，每週期的指令數從 0.85 增至 0.99（增加 14%）。類似地，faults 下降 12.85%。原因似乎是我們先就地執行捲動，並且減少必須就地執行的 numpy 機制數量。不同於先捲動陣列，然後執行 numpy 需要的其他計算來進行邊界檢查與錯誤處理再將結果相加，我們一次性完成所有操作，讓電腦不需要每次都重新填寫快取。第 162 頁的「Cython」會繼續討論「移除 numpy 與 Python 之中不必要的機制」這個主題。

範例 6-18　就地記憶體操作與自訂 *Laplacian* 函式的 *numpy* 性能數據
　　　　　（網格大小：*640×640，500 次迭代*）

```
$ perf stat -e cycles,instructions,\
    cache-references,cache-misses,branches,branch-misses,task-clock,faults,\
    minor-faults,cs,migrations python diffusion_numpy_memory2.py


 Performance counter stats for 'python diffusion_numpy_memory2.py':

     5,971,464,515      cycles                    #    2.888 GHz
     5,893,131,049      instructions              #    0.99  insn per cycle
     1,001,582,133      cache-references          #  484.398 M/sec
        30,840,612      cache-misses              #    3.079 % of all cache refs
     1,038,649,694      branches                  #  502.325 M/sec
         7,562,009      branch-misses             #    0.73% of all branches
     2067.685884        task-clock (msec)         #    1.456 CPUs utilized
```

```
      11,981      faults              #     0.006 M/sec
      11,981      minor-faults        #     0.006 M/sec
          95      cs                  #     0.046 K/sec
           3      migrations          #     0.001 K/sec


      1.419869071 seconds time elapsed
```

numexpr：讓就地操作更快速且更簡單

numpy 對向量運算進行的優化有一個缺點是，它一次只對一項運算執行此事。也就是說，當我們用 numpy 向量進行 A ＊ B ＋ C 運算時，numpy 會先完成整個 A ＊ B 運算，將資料存放在一個暫時向量，再將新向量與 C 相加。範例 6-14 的就地版擴散程式很明確地展示這件事。

但是有許多模組可以在這方面提供幫助。numexpr 模組可接收整個向量運算式，並將它編譯成非常高效的優化程式，可將 cache miss 的次數與暫時空間的使用量最小化。此外，運算式可以使用多顆 CPU 核心（詳情見第 9 章），並利用 CPU 可能支援的專用指令來提升更多速度。它甚至支援 OpenMP，OpenMP 可將運算分給多個核心進行平行計算。

將程式改為使用 numexpr 非常簡單：你只要將運算式改寫成字串，以及使用區域變數參考即可。這些運算式可在幕後編譯（以及快取，如此一來，使用同一個運算式就不會造成相同的編譯成本），並使用優化的程式碼來執行。範例 6-19 展示修改 evolve 函式來使用 numexpr 有多麼簡單。在這個例子中，我們使用 evaluate 函式的 out 參數，這樣 numexpr 就不會配置一個新向量來回傳計算結果。

範例 6-19　使用 numexpr 來進一步優化大型矩陣計算

```python
from numexpr import evaluate

def evolve(grid, dt, next_grid, D=1):
    laplacian(grid, next_grid)
    evaluate("next_grid * D * dt + grid", out=next_grid)
```

numexpr 有個很重要的特徵在於它使用 CPU 快取的方式。為了將 cache miss 最小化，它會特意移動資料，讓各個 CPU 快取都有正確的資料。對修改後的程式執行 perf 時（範例 6-20）可看到速度的提升。然而，在處理比較小的 256×256 網格時，我們可以看到速度變慢了（見表 6-2）。為何如此？

範例 6-20　使用就地記憶體運算、自訂 *laplacian* 函式與 *numexpr* 的 *numpy* 性能
數據（網格大小：*640×640*，*500* 次迭代）

```
$ perf stat -e cycles,instructions,\
    cache-references,cache-misses,branches,branch-misses,task-clock,faults,\
    minor-faults,cs,migrations python diffusion_numpy_memory2_numexpr.py


    Performance counter stats for 'python diffusion_numpy_memory2_numexpr.py':

    8,856,947,179      cycles                    #    2.872 GHz
    9,354,357,453      instructions              #    1.06  insn per cycle
    1,077,518,384      cache-references          #  349.423 M/sec
       59,407,830      cache-misses              #    5.513 % of all cache refs
    1,018,525,317      branches                  #  330.292 M/sec
       11,941,430      branch-misses             #    1.17% of all branches
     3083.709890      task-clock (msec)          #    1.991 CPUs utilized
           15,820      faults                    #    0.005 M/sec
           15,820      minor-faults              #    0.005 M/sec
            8,671      cs                        #    0.003 M/sec
            2,096      migrations                #    0.680 K/sec

      1.548924090 seconds time elapsed
```

numexpr 帶來的額外機制大都在處理快取問題。當網格很小，而且計算所需的所有資料
都可放入快取時，額外的機制只會加入更多指令，對性能沒有任何幫助。此外，編譯被
寫為字串的向量操作會加入很大的開銷。當程式的總執行時間很短時，這項開銷將非
常明顯。然而，一旦網格的大小增加，我們可望看到 numexpr 比原生的 numpy 更妥善地
利用快取。此外，numexpr 使用多個核心來進行這項計算，並試圖填滿每一個核心的快
取。當網格很小時，這個管理多個核心的額外開銷會抵消任何可能的加速。

我們執行程式的電腦有 8,192 KB 快取（Intel Core i7-7820HQ）。因為我們用兩個陣列
來進行運算，一個用於輸入，一個用於輸出，所以很容易算出填滿快取所需的網格大
小。我們可以儲存的網格元素數量總共是 8,192 KB / 64 bit = 1,024,000。因為有兩個網
格，這個數字要分成兩個物件（所以每一個最多有 1,024,000 / 2 = 512,000 個元素）。最
後，這個數字的平方根就是使用那麼多網格元素的網格大小。總之，這意味著兩個大小
為 715×715 的 2D 陣列會填滿快取（$\sqrt{8192KB / 64bit / 2}$ = 715.5）。然而，在實務上，
我們不會自行填滿快取（其他的程式也會填入部分的快取），所以實際上，我們應該可
以放入兩個 640×640 陣列。從表 6-1 與 6-2 可以看到，當網格的大小從 512×512 跳到
1,024×1,024 時，numexpr 程式開始勝過純 numpy。

警世故事：驗證「優化」（scipy）

我們每一次進行優化時採取的做法是本章的重點：分析程式碼來了解發生了什麼事情，提出一個可行的方案來修改緩慢的部分，再進行分析，來確保那個修改確實生效。雖然這種做法聽起來很簡單，但事情可能快速複雜化，正如我們所看到的，numexpr 的性能與網格大小有很大的關係。

當然，我們提出的方案不一定都像想像中那麼有效。在編寫本章的程式時，我們看到 laplacian 函式是最慢的程式，並假設 scipy 程式快得多。這種想法來自 Laplacians 是進行圖像分析時常見的操作，應該有非常優化的程式庫可提升調用速度。scipy 有個圖像子模組，我們走運了！

用它寫程式非常簡單（範例 6-21），幾乎不需要考慮實作週期性邊界條件（或稱為「wrap」條件，scipy 是這樣稱呼它的）時的複雜細節。

範例 6-21　使用 scipy 的 laplace 過濾器

```
from scipy.ndimage.filters import laplace

def laplacian(grid, out):
    laplace(grid, out, mode="wrap")
```

實作的容易程度非常重要，在考慮性能之前，它無疑為這個方法贏得一些優勢。然而，對 scipy 程式進行性能評測時（範例 6-22），我們發現這個方法與它底層的程式相較之下沒有提供任何實質性的加速（範例 6-14）。事實上，隨著網格大小的增加，這個方法的性能開始變差（見本章結束的圖 6-4）。

範例 6-22　使用 scipy 的 laplace 函式來計算擴散時的性能數據（網格大小：
640×640，500 次迭代）

```
$ perf stat -e cycles,instructions,\
    cache-references,cache-misses,branches,branch-misses,task-clock,faults,\
    minor-faults,cs,migrations python diffusion_scipy.py


    Performance counter stats for 'python diffusion_scipy.py':

    10,051,801,725      cycles                    #    2.886 GHz
    16,536,981,020      instructions              #    1.65  insn per cycle
     1,554,557,564      cache-references          #  446.405 M/sec
       126,627,735      cache-misses              #    8.146 % of all cache refs
     2,673,416,633      branches                  #  767.696 M/sec
```

```
    9,626,762      branch-misses          #    0.36% of all branches
3482.391211        task-clock (msec)      #    1.228 CPUs utilized
      14,013       faults                 #    0.004 M/sec
      14,013       minor-faults           #    0.004 M/sec
          95       cs                     #    0.027 K/sec
           5       migrations             #    0.001 K/sec

  2.835263796 seconds time elapsed
```

比較這段程式的 scipy 版本及自訂的 laplacian 函式版本（範例 6-18）之後，我們可以從蛛絲馬跡知道速度為何無法如預期地提升。

最突出的數據是 instructions。它指出 scipy 程式碼要求 CPU 執行的工作量是自訂 laplacian 程式碼的一倍多。雖然這些指令是針對數值進行優化的（我們可以從較高的 insn per cycle 量看到這件事，這個數據代表 CPU 在一次時脈週期中可以執行多少指令），但是這項額外的優化不足以彌補指令絕對數量變多的事實。

部分的原因可能是 scipy 程式被寫得非常通用，如此一來，它才可以處理具備不同邊界條件的各種輸入（這需要額外的程式碼，因為需要更多指令）。事實上，我們可以從 scipy 程式的高 branches 數看到這件事。程式有許多分支代表我們要根據條件來執行指令（例如在 if 陳述式裡面的程式碼）。問題是，我們必須在檢查條件之後，才可以知道是否可以對運算式進行求值，所以無法進行向量化或管線化。雖然分支預測機制有助於解決這個問題，但它並不完美。這補充說明專門化的程式為何有那種速度：如果你不需要經常檢查自己需要做什麼，只要知道手頭的問題就可以了，你就可以用快很多的速度解決它。

矩陣優化的教訓

回顧之前優化，我們採取兩種主要途徑：減少將資料送到 CPU 的時間，以及減少 CPU 必須完成的工作量。表 6-1 與 6-2 比較了我們針對不同資料組大小所做的各種優化與原始的純 Python 實作的結果。

圖 6-4 以圖表來比較這些方法。我們可以看到這兩種方法有三個性能區域：最下面的區域代表我們首次藉著減少記憶體配置來對純 Python 實作進行小改善；中間區域代表使用 numpy 並且進一步降低記憶體配置時的情況；上面的區域代表減少程序完成的工作取得的結果。

表 6-1　用所有方法處理各種網格大小並迭代 evolve 函式 500 次的總執行時間

方法	256 x 256	512 x 512	1024 x 1024	2048 x 2048	4096 x 4096
Python	2.40s	10.43s	41.75s	168.82s	679.16s
Python + 記憶體	2.26s	9.76s	38.85s	157.25s	632.76s
numpy	0.01s	0.09s	0.69s	3.77s	14.83s
numpy + 記憶體	0.01s	0.07s	0.60s	3.80s	14.97s
numpy + 記憶體 + laplacian	0.01s	0.05s	0.48s	1.86s	7.50s
numpy + 記憶體 + laplacian + numexpr	0.02s	0.06s	0.41s	1.60s	6.45s
numpy + 記憶體 + scipy	0.05s	0.25s	1.15s	6.83s	91.43s

表 6-2　不成熟的 Python（範例 6-3）使用所有方法與各種網格大小迭代 evolve 函式 500 次時的加速狀況

方法	256 x 256	512 x 512	1024 x 1024	2048 x 2048	4096 x 4096
Python	1.00x	1.00x	1.00x	1.00x	1.00x
Python + 記憶體	1.06x	1.07x	1.07x	1.07x	1.07x
numpy	170.59x	116.16x	60.49x	44.80x	45.80x
numpy + 記憶體	185.97x	140.10x	69.67x	44.43x	45.36x
numpy + 記憶體 + laplacian	203.66x	208.15x	86.41x	90.91x	90.53x
numpy + 記憶體 + laplacian + numexpr	97.41x	167.49x	102.38x	105.69x	105.25x
numpy + 記憶體 + scipy	52.27x	42.00x	36.44x	24.70x	7.43x

這個結果告訴我們一個重要的教訓：你一定要注意程式碼在初始化期間必須執行的任何管理（administrative）操作。這些操作可能包括配置記憶體，或從檔案讀取組態，甚至在整個程式生命週期中預先計算以後需要的值。這件事很重要有兩個原因。第一，藉著一次性提前完成這些工作，你可以減少它們必須完成的總次數，你也可以知道，未來你可以在不用太多代價的情況下使用這些資源。第二，你沒有擾亂程式的流程，這可讓它更有效地管線化，並且讓快取持續充滿更直接相關的資料。

你也可以從中知道資料集中化的重要性，以及將資料送到 CPU 有多麼重要。CPU 快取有時相當複雜，使用各種專門處理這種問題的機制通常是最好的做法。然而，了解正在發生的事情，並且盡一切可能優化記憶體的處理方式可以改變一切。例如，藉著了解快取如何運作，我們可以知道在圖 6-4 中，無論網格的尺寸是多少，速度都無法繼續上升，應該是 L3 快取被網格塞滿造成的。發生這種情況時，為了解決 von Neumann 瓶頸而設計的記憶體分層法就無法帶來好處了。

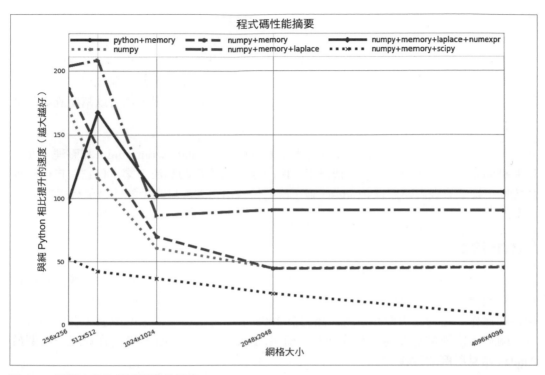

圖 6-4　總結本章的做法提升的速度

另一個重要的教訓與外部程式庫的使用有關。雖然 Python 的易用性和易讀性很棒，可讓你快速編寫與除錯程式碼，但是運用外部程式庫來調整性能是必要的做法。有時這些外部程式庫非常快，因為它們可能是用比較低階的語言寫成的，但是因為它們與 Python 連接，你仍然要寫出可快速使用它們的程式碼。

最後，我們認識對所有事情進行性能評測，以及在執行實驗之前對性能提出假設的重要性。在進行性能評測之前做出假設之後，我們就可以設定一些狀態來了解優化是否真正有效，例如修改能不能加快執行時間？它能不能減少配置次數？ cache miss 次數有沒有減少？由於電腦系統的巨大複雜性，優化有時是一門藝術，對實際發生的事情進行定量探測有很大的幫助。

關於優化的最後一項重點是，你必須非常小心地確保你做的優化適用於不同的電腦（你所做的假設與性能評測的結果可能與電腦的架構、你使用的模組如何編譯等有很大的關係）。此外，在進行這些優化時，你一定要考慮別的開發人員，以及這些修改如何影響程式的易讀性。例如，我們發現，在範例 6-17 中實作的解決方案應該難以理解，所以要確保程式有很好的文件紀錄與測試，這樣不但可以幫助我們自己，也可以幫助團隊的其他人員。

然而，有時你的數值演算法也需要進行大量的資料角力（data wrangling）和整理，而不僅僅是明確的數學運算。在這些情況下，Pandas 是很流行的解決方案，但它有自己的性能特性。接下來我們要探討 Pandas，並了解如何善用它來編寫高性能的數值程式碼。

Pandas

Pandas 在 Python 科學生態系統中，是事實上的表格式資料整理工具。它可讓你輕鬆地整理存有異質資料型態的類 Excel 表格，這種表格稱為 DataFrames，並且強力支援時間序列操作。它的公用介面與內部機制自 2008 年以來已經有很大的改變，在公共論壇上，關於「快速解決問題」有許多互相衝突的資訊。在這一節，我們將糾正一些關於 Pandas 常見用例的誤解。

我們將回顧 Pandas 的內部模型，了解如何有效地用函式來處理 DataFrame，看看為何對一個 DataFrame 不斷串接來取得結果是很不好的做法，並了解更快速的字串處理方式。

Pandas 的內部模型

Pandas 在記憶體中使用 2D，類表格的資料結構，如果你想到 Excel 試算表，你就有一個很棒的初始思維模型了。最初，Pandas 專注於 NumPy 的 dtype 物件，例如在各行使用 signed 與 unsigned 數字。隨著這個程式庫的演進，它擴展到 NumPy 型態之外，現在可以處理 Python 字串與擴展型態（包括 nullable Int64 型態——留意大寫的「I」——及 IP 位址）。

對 DataFrame 進行的操作會套用到一行的每一格（或使用 axis=1 參數時，一列的每一格），所有操作都是急切（eager）執行的，而且不支援查詢規劃（query planning）。針對多行執行操作通常會產生暫時性的中間陣列，這會消耗 RAM。一般的建議是，當你操作 DataFrame 時，臨時記憶體的使用量應該會高達當前使用量的三至五倍。通常 Pandas 在處理小於 10 GB 的資料組時有很好的表現，前提是你有足夠的 RAM 來儲存暫時性結果。

你的操作可以是單執行緒的，而且可能受到 Python 的全域解譯器鎖（global interpreter lock，GIL）的限制。不過改善過的內部實作漸漸允許自動停用 GIL，進而支援平行化操作。我們將在第 317 頁的「使用 Dask 來將 Pandas 平行化」討論使用 Dask 來進行平行化的做法。

在幕後，dtype 相同的行會被 BlockManager 分成同一組。這個隱性的機制可以讓 Pandas 更快速地針對資料型態相同的行（column）進行逐列（row）操作，這個隱性的技術細節會讓 Pandas 碼庫更複雜，也會讓使用者接觸的高階操作更快速[11]。

對單一公共區塊的資料子集合執行操作通常會產生一個 view，從多個不同 dtypes 的區塊取出列的切片（slice）會導致複製，複製的速度可能比較慢。其中一個結果是，數值行會直接參考它們的 NumPy 資料，字串行會參考 Python 字串串列，這些個別的字串會分散在記憶體裡面，這種情況導致數字與字串操作有意外的速度差異。

在幕後，Pandas 混合使用 NumPy 資料型態與它自己的擴展資料型態。NumPy 的例子包括 int8（1 byte），int64（8 bytes ── 注意是小寫的「i」，float16（2 bytes），float64（8 bytes）與 bool（1 byte）。Pandas 提供的額外型態包括 categorical 與 datetimetz。在外部，它們的工作方式看起來相似，但是在幕後，在 Pandas 碼庫中，它們會造成許多型態專屬的 Pandas 程式碼與重複。

> 雖然最初 Python 只使用 numpy 資料型態，但它已經演化出自己的 Pandas 資料型態，可用三值邏輯來處理缺漏資料（NaN）行為。你必須區分 numpy int64（沒有 NaN）與 Pandas Int64（在幕後使用兩行資料來處理整數與 NaN 位元遮罩）兩者。注意，numpy float64 自然是有 NaN 狀態的。

使用 NumPy 的資料型態有一個副作用在於，雖然 float 有 NaN（缺漏值）狀態，但 int 與 bool 物件並非如此。如果你在 Pandas 的 int 或 bool 序列（Series）中使用 NaN 值，你的序列將會被提升為 float。將 int 型態提升為 float 可能降低同一組位元可表示的數字的準確度，而最小的 float 是 float16，它的 bytes 數量是 bool 的兩倍。

---

11 詳情見 DataQuest 部落格文章「Tutorial: Using Pandas with Large Data Sets in Python」（*https://oreil.ly/frZrr*）。

nullable 的 Int64（注意「I」是大寫的）是 Pandas 在 0.24 版加入的延伸型態。在內部，它使用 NumPy int64 與作為 NaN 遮罩的第二個 Boolean 陣列。Int32 與 Int8 也一樣。Pandas 1.0 版沒有等效的 nullable Boolean（有 dtype boolean，沒有 numpy bool，前者無 NaN）。Pandas 已經加入 StringDType，與標準的 Python str（儲存在一行 object dtype 內）相比，它將來或許可以提供更高的性能與更少的記憶體使用量。

對多列資料套用函式

在 Pandas 中，對多列資料套用函式很常見。這件事有很多種做法，最符合 Python 風格的做法是使用迴圈，通常它是最慢的一種。我們將討論一個真實世界的案例，展示可解決這個問題的各種做法，最後討論速度與易維護性之間的取捨。

在資料科學中，普通最小平方法（OLS）是用一條線來擬合資料的基本方法。它可以根據一些資料解出 m * x + c 公式內的斜率與截距。它很適合用來了解資料的趨勢——趨勢整體而言是上升還是下降？

我們曾經在一個電信公司的研究專案裡面用它來分析一組潛在的用戶行為訊號（例如，行銷活動、人口統計與地理行為）。這家公司有每個人每天花在手機上的時數，它的問題是：這個人的使用量究竟是上升還是下降？它如何隨著時間而改變？

解決這種問題的方法之一，就是將該公司多年來數百萬個用戶的資料組拆成比較小的資料窗口（例如，每個窗口代表一年資料中的 14 天）。我們在各個窗口用 OLS 來建立用戶使用情況的模型，並記錄使用量究竟是增加還是減少。

最後，我們會幫每位用戶做出一個序列，展示在特定的 14 日週期中，他們使用量整體上是增加還是減少。然而，為了得到這個結果，我們必須運行 OLS 大量的時間！

當有 100 萬位用戶，且資料為期兩年時，我們有 730 個窗口 [12]，因此要使用 OLS 730,000,000 次！為了實際解決這個問題，我們得要好好地調整 OLS 實作。

為了了解各種 OLS 實作的性能，我們製作一些比較小，但有代表性的人造資料，用來了解在處理更大型的資料組時的性能。我們製作 100,000 列資料，每一列代表一位人造用戶，每一列有 14 行，代表 14 日的「每日使用小時數」，作為連續變數（continuous variable）。

12　如果我們要使用滑動窗口，或許可以使用滑動窗口優化函式，例如 statsmodels 的 RollingOLS。

我們從 Poisson 分布（lambda==60，代表分鐘）抽樣，並除以 60，來模擬連續的使用小時數。隨機資料的性質對這個實驗而言無關緊要，使用最小值為 0 的分布很方便，因為它代表真實世界的最小值。見範例 6-23。

範例 *6-23*　一段資料

```
            0          1          2   ...        12         13
0    1.016667   0.883333   1.033333   ...  1.016667   0.833333
1    1.033333   1.016667   0.833333   ...  1.133333   0.883333
2    0.966667   1.083333   1.183333   ...  1.000000   0.950000
```

圖 6-5 是三列 14 日人造資料。

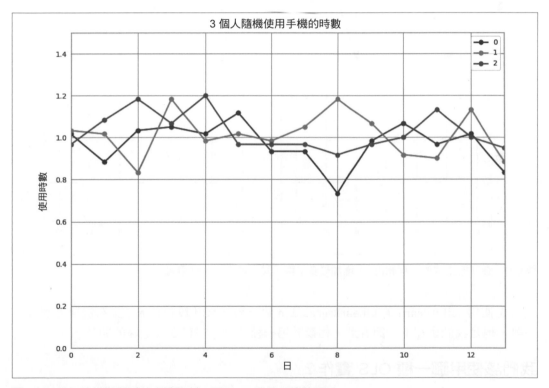

圖 6-5　前三位模擬用戶的人造資料，展示 14 日的手機使用量

產生 100,000 列資料的額外好處是，僅藉著隨機變化，有些列會呈現「遞增量」，有些則是「遞減量」。注意，在人造資料的這項變化的背後沒有任何訊號，因為資料點是獨立繪製的；因為我們產生多列資料，所以將會看到算出來的線條最終斜率的變異度。

這很方便,因為我們可以確認「增長最多」與「下降最多」的線條,並將它們畫出來,藉以確認我們已經找出希望在實際的問題中匯出的訊號。圖 6-6 是有最大與最小斜率(m)的隨機軌跡。

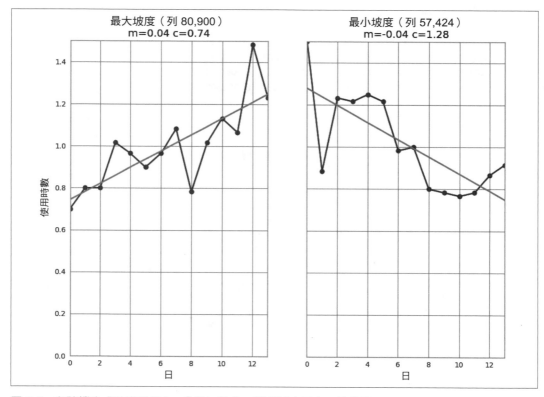

圖 6-6　在隨機生成的資料組內,「增加最多」與「減少最多」的使用量

我們先使用 scikit-learn 的 LinearRegression 估計函式來計算每個 m。雖然這種方法沒有不對,但是我們會在下一節看到,相較於另一種方法,它有令人吃驚的開銷。

我們該使用哪一種 OLS 實作?

範例 6-24 是我們想要嘗試的三種做法。我們會拿 scikit-learn 程式來與 NumPy 的線性代數程式相比。這兩種方法最終都執行相同的任務,使用遞增的 x 範圍(值為 [0, 1, ..., 13])計算各個 Pandas 列的目標資料的斜率(m)與截距(c)。

很多機器學習從業者都內定選擇 scikit-learn,而來自其他學科的人士可能比較喜歡線性代數解決方案。

範例 *6-24* 用 *NumPy* 與 *scikit-learn* 求解 *OLS*

```python
def ols_sklearn(row):
    """ 用 scikit-learn 的 LinearRegression 求解 OLS"""
    est = LinearRegression()
    X = np.arange(row.shape[0]).reshape(-1, 1) # shape (14, 1)
    # 注意，截距是 LinearRegression 內建的
    est.fit(X, row.values)
    m = est.coef_[0] # c 在 est.intercept_ 裡面
    return m

def ols_lstsq(row):
    """ 用 numpy.linalg.lstsq 求解 OLS"""
    # 建立 [0, 13] 的 X 值
    X = np.arange(row.shape[0]) # shape (14,)
    ones = np.ones(row.shape[0]) # 用來建立截距的常數
    A = np.vstack((X, ones)).T # shape(14, 2)
    # lstsq 回傳的第一個結果是係數與截距
    # 接下來回傳殘差與其他項目
    m, c = np.linalg.lstsq(A, row.values, rcond=-1)[0]
    return m

def ols_lstsq_raw(row):
    """ `ols_lstsq` 的變體，裡面的列是 numpy 陣列（不是 Series）"""
    X = np.arange(row.shape[0])
    ones = np.ones(row.shape[0])
    A = np.vstack((X, ones)).T
    m, c = np.linalg.lstsq(A, row, rcond=-1)[0]
    return m
```

另人驚訝的是，當我們用 `timeit` 模組呼叫 `ols_sklearn` 10,000 次時，它花了至少 0.483 微秒的時間來執行，而使用 `ols_lstsq` 處理同樣的資料花了 0.182 微秒。流行的 scikit-learn 方案花掉的時間是簡潔的 NumPy 版本的兩倍！

根據第 41 頁的「使用 line_profiler 來進行逐行評量」的分析，我們可以使用物件介面（而非命令列或 Jupyter 魔術介面）來了解為何使用 scikit-learn 比較慢。在範例 6-25 中，我們要求 LineProfiler 分析 `est.fit`（它是在 LinearRegression 估計式的 scikit-learn `fit` 方法），再根據之前用過的 DataFrame，使用引數來呼叫 run。

我們發現幾件奇怪的事情。`fit` 的最後一行呼叫我們在 `ols_lstsq` 裡面呼叫過的同一個 `linalg.lstsq`，導致減速的原因還有哪些呢？LineProfiler 揭露 scikit-learn 也呼叫另外兩個昂貴的方法，即 check_X_y 與 _preprocess_data。

那兩種方法的設計都是為了幫助我們避免犯錯——它確實不斷協助筆者Ian對scikit-learn
估計式傳入不合適的資料，例如外形錯誤的陣列，或包含NaN的陣列。這種檢查會花
很多時間——為了讓程式更安全，執行速度就會更慢！我們用執行時間來換取開發時間
（與理智）。

範例 6-25　探究 *scikit-learn* 的 *LinearRegression.fit* 呼叫

```
...
lp = LineProfiler(est.fit)
print("Run on a single row")
lp.run("est.fit(X, row.values)")
lp.print_stats()


Line #   % Time  Line Contents
==============================
  438             def fit(self, X, y, sample_weight=None):
...
  462     0.3         X, y = check_X_y(X, y,
                                 accept_sparse=['csr', 'csc', 'coo'],
  463     35.0                   y_numeric=True, multi_output=True)
...
  468     0.3         X, y, X_offset, y_offset, X_scale = \
                          self._preprocess_data(
  469     0.3               X, y,
                            fit_intercept=self.fit_intercept,
                            normalize=self.normalize,
  470     0.2               copy=self.copy_X,
                            sample_weight=sample_weight,
  471     29.3              return_mean=True)
...
  502                 self.coef_, self._residues,
                          self.rank_, self.singular_ = \
  503     29.2            linalg.lstsq(X, y)
```

在幕後，這兩個方法都執行各種檢查，包括：

• 檢查 NumPy 稀疏陣列是否適當（雖然這個例子使用稠密陣列）

• 將輸入陣列調整為平均值 0，在更大的資料範圍內提供數值穩定性。

• 確認我們提供 2D X 陣列

• 確認我們沒有提供 NaN 或 Inf 值

• 確認我們提供非空資料陣列

一般來說,我們希望啟用以上所有檢查——它們的存在,是為了協助我們避免痛苦的除錯過程,這會降低開發者的生產力,但是如果我們已經知道資料對演算法而言具備正確的形式,這些檢查反而帶來懲罰。

你要自行判斷這些方法的安全性何時會損害整體的生產力。

一般來說,除非你相信你的資料有正確的形式,而且你要優化性能,否則就繼續使用比較安全的做法(在這個例子是 scikit-learn)。我們想要提高性能,所以使用 ols_lstsq。

將 lstsq 應用在資料列

我們先採用一種來自其他程式語言的 Python 開發者可能使用的做法。這不是典型風格的 Python,對 Pandas 來說也不常見且沒效率,但它的優點是非常容易了解。在範例 6-26 中,我們迭代 DataFrame 的索引,從第 0 列到第 99,999 列,在每次迭代,我們使用 iloc 來取出一列,並且用那列計算 OLS。

接下來的方法都採取相同的計算方式,不同的是迭代資料列的方式。這個方法花了 18.6 秒,在我們評估的選項中,它是迄今為止最慢的做法(慢了 3 倍)。

在幕後,每一次的解參考(dereference)都很昂貴 —— iloc 費很大的工夫使用新的 row_idx 來取得列,再將它轉換成新的 Series 物件,再將它回傳並指派給 row。

範例 6-26 最糟糕的做法——使用 iloc 一次計數與讀取一列

```
ms = []
for row_idx in range(df.shape[0]):
    row = df.iloc[row_idx]
    m = ols_lstsq(row)
    ms.append(m)
results = pd.Series(ms)
```

接下來,我們採取比較典型的 Python 做法:在範例 6-27 中,我們用 iterrows 來迭代列,像使用 for 迴圈來迭代 Python iterable(例如 list 或 set)。這種做法看起來比較合理,也快一些——它花了 12.4 秒。

它比較快速,因為我們不需要做那麼多次的查找—— iterrows 可以遍歷列而不需要做太多循序查找。在迴圈的每一次迭代,我們仍然將 row 做成新的 Series。

範例 6-27　用 *iterrows* 來進行比較快速且「符合 *Python* 風格」的列操作

```
ms = []
for row_idx, row in df.iterrows():
    m = ols_lstsq(row)
    ms.append(m)
results = pd.Series(ms)
```

範例 6-28 跳過許多 Pandas 機制，所以避免了許多開銷。apply 直接將一列新資料傳給 ols_lstsq 函式（同樣地，在幕後為每一列建立一個新的 Series），沒有建立 Python 中間參考。這耗時 6.8 秒，是個很大的改善，而且程式碼更紮實且易讀！

範例 6-28　符合風格地使用 *Pandas* 函式 *apply*

```
ms = df.apply(ols_lstsq, axis=1)
results = pd.Series(ms)
```

範例 6-29 的最後一個版本使用額外的 raw=True 引數來呼叫同一個 apply。使用 raw=True 會停止建立中間 Series 物件。因為我們沒有 Series 物件，所以必須使用第三個 OLS 函式，ols_lstsq_raw；這個版本直接使用底層的 NumPy 陣列。

藉著避免建立中間的 Series 物件與反參考它，我們將執行時間進一步降為 5.3 秒。

範例 6-29　使用 *raw=True* 來避免建立中間的 *Series*

```
ms = df.apply(ols_lstsq_raw, axis=1, raw=True)
results = pd.Series(ms)
```

使用 raw=True 可讓我們選擇使用 Numba（見第 178 頁的「用 Numba 來為 Pandas 編譯 NumPy」）或使用 Cython 來編譯，因為它排除了編譯當前不支援的 Pandas 層造成的複雜性。

我們在表 6-3 整理用一個包含 14 行模擬資料的窗口來處理 100,000 列資料的執行時間。Pandas 新用戶通常會在應該使用 apply 時，使用 iloc 與 iterrows（或類似的 itertuples）。

藉著執行分析，考慮對 1,000,000 行，多達 730 個窗口的資料執行 OLS 的潛在需求，我們可以看到，結合 iloc 與 ols_sklearn 的第一種做法可能消耗 10（比較大的資料組倍數）* 730 * 18 秒 * 2（相對於 ols_lstsq 的緩慢倍數）== 73 小時。

如果我們使用 `ols_lstsq_raw` 與最快的做法，同樣的計算可能花費 10 * 730 * 5.3 秒 == 10 小時。對一組類似的運算來說，它節省了可觀的工作量。我們還會看到更快的解決方案，也就是進行編譯，並且在多顆核心上運行。

表 6-3　使用 lstsq 及各種 Pandas 逐列方法的成本

方法	秒數
iloc	18.6
iterrows	12.4
apply	6.8
apply raw=True	5.3

我們在稍早發現，scikit-learn 方法用檢查安全網覆蓋資料，因此加入大量的執行時間。雖然我們可以移除這個安全網，但是這可能會增加開發者的除錯時間。筆者強烈敦促你考慮在程式中加入單元測試，以確認是否使用著名的、經過妥善除錯的方法來測試你所使用的每一個優化方法。加入單元測試來比較 scikit-learn `LinearRegression` 與 `ols_lstsq` 可以提醒未來的自己和同事，為何要用比較不直接的手段來處理一個看起來很標準的問題。

透過實驗或許也可以得到一個結論：已被大量測試的 scikit-learn 方法對你的 app 來說已經夠快了，而且對你來說，使用別人開發的知名程式庫比較舒服。這可能是一個非常理智的結論。

在第 317 頁的「使用 Dask 來將 Pandas 平行化」中，我們將討論如何使用 Dask 與 Swifter 將資料分成多列資料組成的群組，在多個核心上執行 Pandas 運算。在第 178 頁的「用 Numba 來為 Pandas 編譯 NumPy」中，我們將編譯 raw=True 版的 `apply` 來實現一個數量級的加速。將編譯與平行化結合起來可以顯著提升最終速度，將預期的執行時間從 10 小時減少至只有 30 分鐘。

不同於進行串接，改用部分結果建構 DataFrame 與 Series

你可能會問，在範例 6-26 中，我們為何用部分結果建立串列，再將它轉換成 Series，而不是在過程中逐漸建構 Series？稍早的做法需要建構串列（有記憶體開銷），再為 Series 建立第二個結構，所以在記憶體裡面有兩個物件。這是在使用 Pandas 與 NumPy 時，常見的另一種錯誤。

一般來說，請避免在 Pandas 中重複呼叫 concat（以及在 NumPy 中等效的 concatenate）。範例 6-30 是與上述做法類似的解決方案，但不使用中間的 ms 串列。相較於使用串列的 18.6 秒，這個方案花了 56 秒！

範例 6-30　串接每個結果會帶來很大的開銷──別這樣做！

```
results = None
for row_idx in range(df.shape[0]):
    row = df.iloc[row_idx]
    m = ols_lstsq(row)
    if results is None:
        results = pd.Series([m])
    else:
        results = pd.concat((results, pd.Series([m])))
```

每一次串接都會在一塊新的記憶體裡面建立一個全新的 Series 物件，而且它都會比上一個項目長一列。此外，在每一次迭代中，我們必須為每一個新 m 製作一個臨時的 Series 物件。我們建烈建議你先建構中間結果串列，再用這個串列串接一個 Series 或 DataFrame，而不是串接既有的物件。

完成任務的方式不只一種（而且可能更快）

由於 Pandas 的演進，處理同一個工作的做法通常有很多種，有些做法的成本比其他的更多。我們來將 OLS DataFrame 的一行轉換成一個字串，再加上一些字串操作。當行的內容是姓名、產品 ID 或代碼的字串時，我們往往必須預先處理資料，將它轉換成可以分析的東西。

假設我們想要在一行（column）數字中找到 9 的位置，如果它存在的話。雖然這項操作沒有真正的目的，但它很像在一個 ID 序列裡面確認某個代碼符號是否存在，或檢查名字裡面的尊稱。在進行這種操作時，我們通常使用 strip 來刪除多餘的空格，使用 lower 與 replace 來將字串正規化，以及使用 find 來找出感興趣的東西。

在範例 6-31 中，我們先建立一個名為 0_as_str 的新 Series，它是第 0 個 Series，裡面有轉換成可列印的字串形式的隨機數字。接著我們執行兩個字串操作程式的版本──它們都會移除開頭的數字與小數點，再使用 Python 的 find 來找出第一個 9，如果它存在的話，否則回傳 −1。

範例 6-31　在處理字串時使用 *str Series* 操作 *vs. apply*

```
In [10]: df['0_as_str'] = df[0].apply(lambda v: str(v))
Out[10]:
               0              0_as_str
0       1.016667    1.0166666666666666
1       1.033333    1.0333333333333334
2       0.966667    0.9666666666666667
...


def find_9(s):
    """ 如果找不到 '9'，回傳 -1，否則回傳它在 >= 0 處的位置 """
    return s.split('.')[1].find('9')


In [11]: df['0_as_str'].str.split('.', expand=True)[1].str.find('9')
Out[11]:
0       -1
1       -1
2        0


In [12]: %timeit df['0_as_str'].str.split('.', expand=True)[1].str.find('9')
Out[12]: 183 ms ± 4.62 ms per loop (mean ± std. dev. of 7 runs, 10 loops each)

In [13]: %timeit df['0_as_str'].apply(find_9)
Out[13]: 51 ms ± 987 µs per loop (mean ± std. dev. of 7 runs, 10 loops each)
```

單行的做法使用 Pandas 的 `str` 來讓 Series 使用 Python 的字串方法。在使用 `split` 時，我們將回傳的結果擴展為兩行（第一行存有開頭的數字，第二行含有小數點後面的所有數字），我們選擇第 1 行，然後使用 `find` 來尋找數字 9 的位置。第二種做法使用 `apply` 與函式 `find_9`，它看起來很像常規的 Python 字串處理函式。

我們可以使用 `%timeit` 來檢查執行時間——它告訴我們，這兩種方法的速度相差 3.5 倍，即使它們產生相同的結果！在第一個單行案例中，Pandas 必須製作幾個新的中間 Series 物件，這會增加開銷；在 `find_9` 案例中，所有的字串處理工作都是一次一行處理，不需要建立新的中間 Pandas 物件。

`apply` 方法的其他好處包含我們可將這項操作平行化（第 317 頁的「使用 Dask 來將 Pandas 平行化」有個使用 Dask 與 Swifter 的範例），以及編寫單元測試來確認 `find_9` 執行的操作，以協助閱讀與維護。

高效進行 Pandas 開發的建議

請安裝選用的依賴項目 numexpr 與 bottleneck 來進一步改善性能。它們不是預設安裝的，所以你不知道它們是否存在。bottleneck 在碼庫中很少用；但是 numexpr 可在你使用 exec 的某些情況下明顯提升速度。你可以在你的環境中使用 import bottleneck 與 import numexpr 來檢查它們是否存在。

不要把程式寫得太簡潔；切記，讓程式容易閱讀與除錯可以幫助將來的自己。雖然你可以使用「方法鏈」風格，但筆者想警告你，不要串接太多行 Pandas 操作。因為如此一來，在除錯時，通常很難找出哪一行有問題，然後你必須將好幾行程式拆開——為了簡化維護工作，最好只串接幾個操作就好。

不要做沒必要的工作：可能的話，先過濾資料，再用其餘的列來計算，而不是先計算再過濾。一般來說，為了得到高性能，我們希望電腦執行的計算越少越好；當你可以過濾或遮罩部分的資料時，你就是最後的贏家。如果你接收 SQL 來源的資料，並在稍後用 Pandas 進行連接或過濾，或許你可以試著先在 SQL 層過濾，以避免將沒必要的資料拉入 Pandas。如果你要調查資料品質，先**不要**做這件事或許比較好，因為簡單地了解資料型態的類型可能更有益。

請隨著 DataFrames 的演變，檢查其結構（schema），你可以使用 bulwark 等工具在執行期確保符合結構，在檢查程式時，你可以直觀地確認結果符合期望。當你產生新的結果時，請更改行（column）的名稱，來讓你可以知道 DataFrame 的內容是什麼；有時 groupby 與其他操作會產生愚蠢的預設名稱，造成以後的困擾。使用 .drop() 來移除不需要的行，以減少累贅與記憶體使用量。

在處理包含低基數（cardinality）字串（例如「yes」與「no」，或「type_a」、「type_b」與「type_c」）的大型 Series 時，試著使用 df['series_of_strings'].astype('category') 將 Series 轉換成 Category dtype；你可能會發現 value_counts 與 groupby 等操作跑得更快，而且 Series 可能消耗更少 RAM。

類似地，你或許可以將 8-byte float64 與 int64 行轉換成比較小的資料型態——或許是 2-byte float16 或 1-byte int8，假如你想要用更小的範圍來節省 RAM 的話。

當你演進 DataFrames 與製作新的副本時，切記，你可以使用 del 關鍵字來刪除稍早的參考，並且在記憶體內清除它們，如果它們很大且浪費空間。你也可以使用 Pandas drop 方法來刪除用不到的行。

如果你在準備資料來進行事前處理時需要操作大型的 DataFrames，合理的做法應該是在一個函式或一個單獨的腳本裡面一次進行這些操作，再用 `to_pickle` 將準備好的版本存入磁碟。隨後你可以使用準備好的 DataFrame，而不必每次都處理它。

避免使用 `inplace=True` 運算子——就地操作將會被陸續移出程式庫。

最後，務必為每一段處理程式（processing code）加入單元測試，因為它很快就會變得更複雜且難以除錯。預先開發測試程式可保證你的程式符合期望，也可以協助避免將來出現愚蠢的錯誤，浪費開發人員的時間進行除錯。

讓 Pandas 跑得更快的工具包括 Modin（*https://pypi.org/project/modin*）與以 GPU 為中心的 cuDF（*https://pypi.org/project/cudf*）。Modin 與 cuDF 採用不同的做法來將針對類 Pandas DataFrame 物件的常見資料操作平行化。

我們也想要隆重地介紹一下新的 Vaex 程式庫（*https://github.com/vaexio/vaex*）。Vaex 設計上是為了處理超出 RAM 容量的大型資料組，它使用惰性估值，同時保留與 Pandas 類似的介面。此外，Vaex 提供了一系列內建的視覺化函式。它的其中一個設計目標是盡量使用多個 CPU，盡量免費提供平行化。

Vaex 擅長處理大型的資料組與大量處理字串的操作；作者們已經改寫許多字串操作，以避免標準的 Python 函式，改用更快速的 C++ 來實作 Vaex。注意，Vaex 的工作方式不一定與 Pandas 相同，所以你可能會發現行為不同的極端案例——如果你試著使用 Pandas 與 Vaex 來處理相同的資料，與之前一樣，回去你的程式碼，使用單元測試來增加信心。

結語

在下一章，我們將討論如何建立自己的外部模組，並且讓它們可以經過微調，以更快的速度解決特定的問題。這可讓我們以快速的原型法編寫程式，也就是先用緩慢的程式解決問題，再找出緩慢的元素，最後設法讓這些元素更快。藉著頻繁地進行分析，以及試著只優化已知緩慢的程式部分，我們可以為自己節省時間，並且讓程式盡可能快速地運行。

## 第七章

編譯為 C

看完這一章之後，你可以回答這些問題

- 如何讓 Python 程式碼以低階程式碼的形式運行？

- JIT 編譯器與 AOT 編譯器有什麼不同？

- 編譯過的 Python 程式處理哪些任務的速度比原生 Python 更快？

- 為什麼型態註記可讓編譯過的 Python 程式碼更快？

- 如何使用 C 或 Fortran 為 Python 編寫模組？

- 如何在 Python 中使用 C 或 Fortran 的程式庫？

要讓程式跑得更快，最簡單的方法就是讓它做更少工作。假如你已經選擇很好的演算法，並且減少需要處理的資料量了，執行較少指令最簡單的方法是將程式編譯成機器碼。

Python 提供一些選項來完成這件事，包括純 C 編譯法，例如 Cython、使用 Numba 以執行基於 LLVM 的編譯，以及虛擬機器 PyPy，它內建了即時（JIT）編譯器。當你決定手段時，你必須平衡程式碼的適用性以及團隊速度的需求。

這些工具都會在工具鏈裡面加入新的依賴關係，Cython 需要用新語言來編寫（Python 與 C 的混合），這意味著你必須學習新技術。Cython 的新語言可能會降低團隊速度，因為不認識 C 的成員可能難以支援這種程式；然而，在實務上，這可能是個小問題，因為你只會在選定的小區域裡面使用 Cython。

值得注意的是，對程式執行 CPU 與記憶體分析之後，你可能會考慮用更高階的演算法來優化。修改這些演算法（例如加入額外的邏輯來避免計算，或使用快取來避免重新計算）或許可以協助你避免在程式中做沒必要的工作，Python 的表現力可協助你發現這些機會。Radim Řehůřek 在第 408 頁的「利用 RadimRehurek.com 來讓深度學習展翅高飛（2014）」說明 Python 程式如何打敗純 C 程式。

在這一章，我們將介紹這些主題：

- Cython，最常被用來編譯為 C 的工具，涵蓋 numpy 與一般 Python 程式碼（需要稍微認識 C）
- Numba，一種專門處理 numpy 程式的新編譯器
- PyPy，處理非 numpy 程式的即時編譯器，可取代一般的 Python 可執行檔

本章稍後將介紹外部函式介面，它們可將 C 程式編譯成擴展模組供 Python 使用。Python 的 原 生 API 是 與 ctypes 與 cffi（來 自 PyPy 的 作 者）， 以 及 f2py Fortran 至 Python 轉換器搭配使用的。

能增加多少速度？

如果編譯法可以處理你的問題，速度很有可能會提升一個數量級或更高。接下來要介紹在單一核心上加速一至兩個數量級的各種方法，以及透過 OpenMP 來使用多核心的方法。

這種 Python 程式在編譯之後往往會跑得更快：與數學有關，而且有很多會重複執行相同操作的迴圈，在這些迴圈裡面，可能會製作許多臨時物件。

呼叫外部程式庫的程式碼（例如正規表達式、字串操作，以及呼叫資料庫程式庫）不太可能在編譯後提升任何速度。受制於 I/O 的程式也不太可能有明顯的加速。

類似地，如果 Python 程式的重心是呼叫向量化的 numpy 程式，在編譯之後應該不會執行得更快，除非被編譯的程式碼主要是 Python（而且主要是迴圈）才會跑得更快。我們已經在第 6 章看過 numpy 操作了，編譯其實沒有幫助，因為它沒有許多中間物件。

整體而言，編譯過的程式碼極不可能比手寫的 C 程式更快，但它也極不可能跑得更慢。用 Python 產生的 C 程式碼很有可能跑得與手寫的 C 程式一樣快，除非 C 程式員特別精通如何針對電腦的架構微調 C 程式碼。

針對以數學為主的程式，手寫的 Fortran 或許可以勝過等效的 C 程式，但同樣地，這可能需要專家等級的知識。整體而言，編譯後的結果（可能使用 Cython）將接近大多數程式員所需的 C 手寫程式結果。

當你要分析與處理演算法時，請記住圖 7-1。用少量的工作，藉由分析來了解程式碼應該可以讓你在演算法等級做出更明智的選擇。接下來，把重心稍微放在編譯器上應該可以帶來額外的加速。或許你可以不斷調整演算法，但是當你發現越來越多工作量卻換來越來越小的改善時，也不必感到驚訝。你要知道從什麼時候開始，額外的工作就是在白費工了。

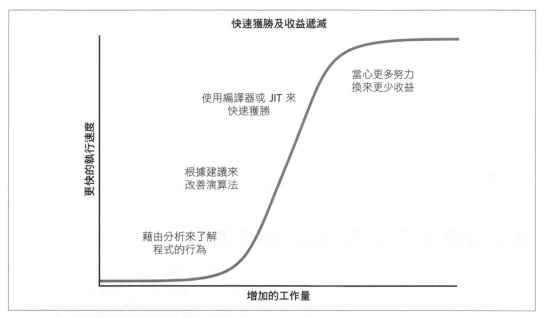

圖 7-1　做一些性能分析與編譯可帶來許多回報，但繼續努力換來的收獲往往越來越少

如果你在處理 Python 程式碼與內建的程式庫，而且不使用 numpy，Cython 與 PyPy 是你的主要選項。如果你要處理 numpy，Cython 與 Numba 是正確的選擇。這些工具都支援 Python 3.6+。

接下來的一些範例需要稍微了解 C 編譯器與 C 程式碼。如果你缺乏這方面的知識，在深入探究之前，你要先學一些 C，與編譯一個可動作的 C 程式。

JIT vs. AOT 編譯器

我們接下來要看的工具大致上分成兩組：進行事先編譯的工具，或 AOT（Cython）與進行「即時（JIT）」編譯的工具（Numba、PyPy）。

AOT 編譯會專門為你的電腦建立一個靜態程式庫。如果你下載 numpy、scipy 或 scikit-learn，它會在你的電腦使用 Cython 來編譯部分的程式庫（或使用預先組建編譯過的程式庫，如果你使用 Continuum 的 Anaconda 之類的版本）。在正式使用之前先進行編譯，可讓你擁有一個可以立刻用來解決問題的程式庫。

JIT 編譯可讓你不需要做太多事前工作（或完全不需要）；你可以在使用某部分的程式時，讓編譯器介入，只編譯那個部分。這意味著你會面臨一個「冷啟動」問題——如果你的大部分程式都可以編譯，而且當下還沒有已編譯過的，當你開始執行程式時，它會跑得很慢，因為它正在進行編譯。如果你每次執行某個腳本時都會發生這種情況，而且你需要多次執行那個腳本，這個成本可能會非常高。PyPy 有這種問題，所以不要把它用在簡短但經常執行的腳本上。

從目前的情況看來，事先編譯可產生最好的加速效果，但是這件事通常需要最多人工干預。即時編譯幾乎不需要人工干預就可以提供令人印象深刻的加速效果，但它可能遇到剛才提到的問題。當你為問題選擇正確的技術時，你必須考慮這些優缺點。

為何型態資訊可協助程式跑得更快？

Python 是動態型態的——同一個變數可以參考任何型態的物件，而且每一行程式都可以改變物件參考的型態。所以虛擬機器很難在機器碼等級上優化程式的執行方式，因為它不知道將來的操作會使用哪一種基本資料型態。維持程式碼的通用性會讓它跑得更慢。

在接下來的例子中，v 不是一個浮點數，就是一對代表複數的浮點數。這兩種情況都有可能在同一個迴圈的不同時間點發生，或是在相關的程式段落中發生：

```
v = -1.0
print(type(v), abs(v))

<class 'float'> 1.0

v = 1-1j
print(type(v), abs(v))

<class 'complex'> 1.4142135623730951
```

abs 函式的工作方式會因底下的資料型態而異。用 abs 來處理整數或浮點數會將負值轉換為正值。用 abs 來處理複數會計算元素的平方和的平方根：

$$abs(c) = \sqrt{c.real^2 + c.imag^2}$$

複數案例的機器碼涉及更多指令，以及更長的執行時間。在對變數呼叫 abs 之前，Python 必須先查看變數的型態，並決定要呼叫哪一版函式——當你發出許多重複的呼叫時，這個開銷會持續累加。

在 Python 裡面，每一個基本物件，例如整數，都會被包在更高階的 Python 物件裡面（例如整數的 int）。這種更高階的物件有一些額外的函式，例如協助儲存的 __hash__ 與列印用的 __str__。

在 CPU-bound 的程式段落裡，通常變數的型態不會改變。所以我們有機會進行靜態編譯並且更快速地執行程式。

如果我們只想做大量的中間數學運算，不需要更高階的函式，我們應該不需要參考計數（reference counting）機制。我們可以降到機器碼等級，使用機器碼與 bytes 快速進行計算，不需要操作更高階且涉及更大開銷的 Python 物件。因此，我們要事先確定物件的型態，這樣才可以產生正確的 C 程式碼。

使用 C 編譯器

在接下來的範例中，我們將使用 GNU C Compiler 工具組的 gcc 與 g++。如果你已經正確地設置環境，你也可以使用別的編譯器（例如 Intel 的 icc 或 Microsoft 的 cl）。Cython 使用 gcc。

對大多數的平台而言，gcc 都是很好的選項，它受到很好的支援，而且相當先進。使用微調過的編譯器通常可以榨取更多性能（例如 Intel 的 icc 在 Intel 設備上可能產生比 gcc 更快速的程式碼），但代價是，你必須具備更多領域知識，以及了解調整替代編譯器的旗標。

與 Fortran 等其他語言不同的是，C 與 C++ 通常被用來進行靜態編譯，這是因為它們的普遍性與廣泛的支援程式庫。編譯器與轉換器（例如 Cython）可以藉由查看加上註記的程式碼來確定可否採用靜態優化步驟（例如將函式內嵌，或展開迴圈）。

對中間抽象語法樹進行主動分析（用 Numba 與 PyPy）可讓你結合關於 Python 的表達方式的知識，來通知底層的編譯器如何充分利用觀察到的模式。

回顧 Julia set 範例

我們曾經在第 2 章分析 Julia set 產生器。這段程式使用整數與複數來輸出一張圖像。計算圖像是 CPU-bound 的。

程式的主要成本是負責計算輸出串列的 CPU-bound 內部迴圈。我們可以將這個串列畫成一個正方形的像素陣列，其中的各個值分別代表產生該像素的成本。

範例 7-1 是內部函式的程式碼。

範例 7-1 回應 Julia 函式的 CPU-bound 程式碼

```
def calculate_z_serial_purepython(maxiter, zs, cs):
    """ 使用 Julia 更新規則來計算 output 串列 """
    output = [0] * len(zs)
    for i in range(len(zs)):
        n = 0
        z = zs[i]
        c = cs[i]
        while n < maxiter and abs(z) < 2:
            z = z * z + c
            n += 1
        output[i] = n
    return output
```

在 Ian 的筆電上，使用在 CPython 3.7 運行的純 Python 實作，對 1,000×1,000 網格使用 `maxiter=300` 來計算 Julia set 花了大約 8 秒。

Cython

Cython（*http://cython.org*）是一種可將具有型態註記的 Python 編譯成擴展模組的編譯器。型態註記類似 C。你可以用 `import` 將這個擴展模組當成一般的 Python 模組匯入。它很容易上手，但是學習曲線會隨著每一層額外的複雜度與優化程度而上升。對 Ian 而言，因為它的泛用程度、它的成熟度，以及它支援 OpenMP，它是將需要進行大量計算的函式轉換成更快速的程式碼的首選工具。

藉由 OpenMP 標準，你可以將平行問題轉換成可感知多處理（multiprocessing）的模組，可在一台電腦的多顆 CPU 上執行。你無法從 Python 程式看到執行緒，它們是透過生成的 C 程式來操作的。

Cython（在 2007 年發表）是 Pyrex（在 2002 年發表）的分支，它擴展的功能超出 Pyrex 的最初目標。使用 Cython 的程式庫包括 SciPy、scikit-learn、lxml 與 ZeroMQ。

你可以用 *setup.py* 腳本編譯模組來使用 Cython。你也可以在 IPython 裡面透過「魔術」指令，以互動的方式使用它。一般來說，型態是由開發者註記的，不過你也可以使用一些自動註記。

使用 Cython 來編譯純 Python 版本

要編寫編譯過的擴展模組，最簡單的方式涉及三個檔案。以 Julia set 為例，它們是：

- 呼叫方 Python 程式碼（之前的大部分 Julia 程式）
- 要編譯成 *.pyx* 新檔案的函式
- *setup.py*，裡面有呼叫 Cython 來製作擴展模組的指令

使用這種做法，我們會呼叫 *setup.py* 腳本來使用 Cython 來將 *.pyx* 檔編譯成模組。在類 Unix 系統上，編譯過的模組應是個 *.so* 檔，在 Windows 上，它應該是 *.pyd*（類似 DLL 的 Python 程式庫）。

對 Julia 範例而言，我們將使用這些檔案：

- 用 *julia1.py* 來組建輸入串列與呼叫計算函式
- *cythonfn.pyx*，裡面有我們可以註記的 CPU-bound 函式
- *setup.py*，裡面有組建指令

執行 *setup.py* 會產生一個可以匯入的模組。在範例 7-2 的 *julia1.py* 腳本中，我們只需要做一些小改變來匯入新模組並呼叫函式即可。

範例 7-2　將新編譯的模組匯入主程式

```
...
import cythonfn  # 如同在 setup.py 的定義
...
def calc_pure_python(desired_width, max_iterations):
    # ...
```

```
    start_time = time.time()
    output = cythonfn.calculate_z(max_iterations, zs, cs)
    end_time = time.time()
    secs = end_time - start_time
    print(f"Took {secs:0.2f} seconds")
...
```

在範例 7-3 中,我們先使用沒有型態註記的純 Python 版本。

範例 7-3   在 cythonfn.pyx *(從* .py *改名)內未修改的純* Python *程式碼,供* Cython *的* setup.py *使用*

```
# cythonfn.pyx
def calculate_z(maxiter, zs, cs):
    """ 使用 Julia 更新規則來計算 output 串列 """
    output = [0] * len(zs)
    for i in range(len(zs)):
        n = 0
        z = zs[i]
        c = cs[i]
        while n < maxiter and abs(z) < 2:
            z = z * z + c
            n += 1
        output[i] = n
    return output
```

範例 7-4 的 *setup.py* 腳本很短,它定義如何將 *cythonfn.pyx* 轉換成 *calculate.so*。

範例 7-4   setup.py,它將 cythonfn.pyx *轉換成* C,*來讓* Cython *編譯*

```
from distutils.core import setup
from Cython.Build import cythonize

setup(ext_modules=cythonize("cythonfn.pyx",
                            compiler_directives={"language_level": "3"}))
```

當我們使用引數 build_ext 來執行範例 7-5 的 *setup.py* 腳本時,Cython 會尋找 *cythonfn.pyx* 並組建 *cythonfn[...].so*。我們將 language_level 寫死為 3 來支援 Python 3.*x*。

 切記,這是手動步驟,如果你修改你的 *.pyx* 或 *setup.py*,並且忘記重新執行組建指令,你就無法得到新的 *.so* 模組可供匯入。如果你不確定是否已編譯程式,你可以查看 *.so* 檔的時戳。如果你不確定,刪除生成的 C 檔與 *.so* 檔,並重新組建它們。

範例 7-5 執行 *setup.py* 來組建新的已編譯模組

```
$ python setup.py build_ext --inplace
Compiling cythonfn.pyx because it changed.
[1/1] Cythonizing cythonfn.pyx
running build_ext
building 'cythonfn' extension
gcc -pthread -B /home/ian/miniconda3/envs/high_performance_python_book_2e/...
gcc -pthread -shared -B /home/ian/miniconda3/envs/high_performance_python_...
```

--inplace 引數要求 Cython 在目前的目錄內組建已編譯模組，而不是在個別的 *build* 目錄內。在組建完成之後，我們將得到過渡的、不易看懂的 *cythonfn.c*，以及 *cythonfn[...].so*。

接下來，當你執行 *julia1.py* 程式時，就會匯入編譯好的模組，在 Ian 的筆電上計算 Julia set 花了 4.7 秒，而不是平常的 8.3 秒。對如此少量的工作而言，這是很大的改善。

pyximport

pyximport 加入一種簡化的組建系統。如果你的程式很簡單，而且不需要第三方模組，或許可以不使用 *setup.py*。

像範例 7-6 那樣匯入 pyximport 並呼叫 install 將會自動編譯任何後續匯入的 *.pyx*。這個 *.pyx* 檔案可以加入註記，或是在這個案例中，它可以是未註記的程式碼。與之前一樣，結果的執行時間是 4.7 秒，唯一的差異是我們不需要寫一個 *setup.py* 檔。

範例 7-6 使用 *pyximport* 來取代 *setup.py*

```
import pyximport
pyximport.install(language_level=3)
import cythonfn
# 接下來的程式一樣
```

用 Cython 註記來分析一段程式

之前的範例展示我們可以快速組建一個已編譯的模組。對緊密的迴圈與數學運算而言，這項工作本身通常可以提升速度。不過，顯然我們不應該盲目地進行優化——我們必須知道哪幾行程式花了許多時間，以便專心處理它們。

Cython 有一個註記（annotation）選項，它會輸出可以在瀏覽器查看的 HTML 檔。使用 cython -a cythonfn.pyx 指令會產生 *cythonfn.html* 檔案。在瀏覽器中，它看起來像圖 7-2。你也可以在 Cython 文件中找到類似的圖像（*http://bit.ly/cythonize*）。

```
Generated by Cython 0.29.13

Yellow lines hint at Python interaction.
Click on a line that starts with a "+" to see the C code that Cython generated for it.

Raw output: cythonfn.c

+01: def calculate_z(maxiter, zs, cs):
 02:     """Calculate output list using Julia update rule"""
+03:     output = [0] * len(zs)
+04:     for i in range(len(zs)):
+05:         n = 0
+06:         z = zs[i]
+07:         c = cs[i]
+08:         while n < maxiter and abs(z) < 2:
+09:             z = z * z + c
+10:             n += 1
+11:         output[i] = n
+12:     return output
```

圖 7-2　Cython 輸出的未註記函式

你可以雙按每一行來查看生成的 C 程式碼。越黃代表「呼叫 Python 虛擬機器的次數越多」，越白代表「非 Python 的 C 程式碼越多」。我們的目標是盡量移除黃色行，讓最終的白色行越多越好。

雖然「越多黃色行」代表呼叫 Python 虛擬機器的次數越多，但它不一定會讓程式跑得更慢。每一次呼叫虛擬機器都有成本，但除非這些呼叫是在大型迴圈裡面發生的，否則它們的成本並不大。與在內部進行計算的迴圈相比，在大型迴圈外面執行的呼叫（例如，在函式開頭建立輸出的程式行）並不昂貴。不要浪費時間在不會造成降速的程式碼上面。

在我們的例子中，呼叫 Python 虛擬機器最多次的行數（最黃的）是第 4 行與第 8 行。從之前的分析工作知道，第 8 行很有可能被呼叫超過 3,000 萬次，所以它是值得關注的地方。

第 9、10 與 11 行幾乎一樣黃，我們也知道它們在緊密的內部迴圈內。整體而言，它們占了這個函式的大多數執行時間，所以我們必須先關注它們。如果你需要複習這個段落花了多少時間，可回去看第 41 頁的「使用 line_profiler 來進行逐行評量」。

第 6 與第 7 行比較不黃，因為它們只被呼叫 100 萬次，它們對最終速度造成的影響小多了，所以我們以後再關注它們。事實上，因為它們是 list 物件，我們其實無法加快它們的存取，除非將 list 物件換成 numpy 陣列，這會提升一些速度，見第 172 頁的「Cython 與 numpy」。

你可以展開每一行來進一步了解黃色區域。在圖 7-3，我們可以看到，為了建立 output 串列，我們迭代 zs 的長度，建構新的 Python 物件，Python 虛擬機器會記錄它們的參考數量。雖然這些呼叫很昂貴，但它們其實不會影響這個函式的執行時間。

為了改善函式的執行時間，我們必須宣告與昂貴的內部迴圈有關的物件的型態。這樣可以降低這些迴圈對 Python 虛擬機器發出相對昂貴的呼叫的次數，節省我們的時間。

一般來說，可能消耗大部分 CPU 時間的程式有：

- 在緊密內部迴圈內的
- 反參考 list、array 或 np.array 項目
- 執行數學運算

```
Generated by Cython 0.29.13

Yellow lines hint at Python interaction.
Click on a line that starts with a "+" to see the C code that Cython generated for it.

Raw output: cythonfn.c

+01: def calculate_z(maxiter, zs, cs):
 02:     """Calculate output list using Julia update rule"""
+03:     output = [0] * len(zs)
    __pyx_t_1 = PyObject_Length(__pyx_v_zs); if (unlikely(__pyx_t_1 == ((Py_ssize_t)-1))) __PYX_ERR(0, 3, __pyx_L1_error)
    __pyx_t_2 = PyList_New(1 * ((__pyx_t_1<0) ? 0:__pyx_t_1)); if (unlikely(!__pyx_t_2)) __PYX_ERR(0, 3, __pyx_L1_error)
    __Pyx_GOTREF(__pyx_t_2);
    { Py_ssize_t __pyx_temp;
      for (__pyx_temp=0; __pyx_temp < __pyx_t_1; __pyx_temp++) {
        __Pyx_INCREF(__pyx_int_0);
        __Pyx_GIVEREF(__pyx_int_0);
        PyList_SET_ITEM(__pyx_t_2, __pyx_temp, __pyx_int_0);
      }
    }
    __pyx_v_output = ((PyObject*)__pyx_t_2);
    __pyx_t_2 = 0;
+04:     for i in range(len(zs)):
+05:         n = 0
+06:         z = zs[i]
+07:         c = cs[i]
+08:         while n < maxiter and abs(z) < 2:
+09:             z = z * z + c
+10:             n += 1
+11:         output[i] = n
+12:     return output
```

圖 7-3　在 Python 程式行背後的 C 程式碼

如果你不知道哪幾行最常執行，使用分析工具（第 41 頁的「使用 line_profiler 來進行逐行評量」介紹的 line_profiler）是最適當的做法。你將知道哪幾行程式最常被執行，以及哪幾行在 Python 虛擬機器裡面最昂貴，如此一來，你可以清楚地知道需要關注哪幾行來提升最多速度。

加入型態註記

從圖 7-2 可以看到，函式的幾乎每一行都會呼叫 Python 虛擬機器。因為我們使用比較高階的 Python 物件，所以所有的數值工作也會呼叫 Python。我們必須將它們轉換成本地的 C 物件，接下來，在完成數值編碼（numerical coding）之後，我們必須將結果轉換回去 Python 物件。

在範例 7-7 中，我們可以看到如何使用 cdef 語法加入一些基本型態。

 注意，這些型態只有 Cython 認識，Python 並不認識它們。Cython 使用這些型態來將 Python 程式轉換成 C 物件，這種物件不需要呼叫 Python 堆疊，所以運算的執行速度更快，但它們會降低靈活度與開發速度。

我們加入的型態有：

- signed 整數，int

- 只能是正數的整數，unsigned int

- 雙精度複數，double complex

我們可以在函式內文使用 cdef 關鍵字來宣告變數。你必須在函式的最上面宣告它們，因為這是 C 語言規格的要求。

範例 7-7　*加入 C 基本型態，藉著用 C 進行更多工作，並減少透過 Python 虛擬機器進行的工作，來讓編譯好的函式跑得更快*

```
def calculate_z(int maxiter, zs, cs):
    """ 使用 Julia 更新規則來計算 output 串列 """
    cdef unsigned int i, n
    cdef double complex z, c
    output = [0] * len(zs)
    for i in range(len(zs)):
        n = 0
        z = zs[i]
        c = cs[i]
        while n < maxiter and abs(z) < 2:
            z = z * z + c
            n += 1
        output[i] = n
    return output
```

加入 Cython 註記就是將非 Python 程式碼加入 .pyx 檔。這代表你會失去在解譯器裡面開發 Python 的互動性質。如果你知道怎麼用 C 寫程式，這個動作代表我們將回到編寫、編譯、執行、除錯循環程序。

你可能會問，我們能不能在想要傳入的串列中加入型態註記？雖然我們可以使用 list 關鍵字，但是對這個範例而言，它沒有實際的效果。我們仍然必須在 Python 級別上查看 list 物件，來拉出它們的內容，這項工作非常緩慢。

在圖 7-4 中，有註記的輸出反映了「為基本型態物件指定型態」的行為。重要的是第 11 行與第 12 行（最常被呼叫的程式行之中的兩行）已經從黃色變成白色了，代表它們不再呼叫 Python 虛擬機器了。我們預計它的速度會比之前的版本快很多。

```
Generated by Cython 0.29.13

Yellow lines hint at Python interaction.
Click on a line that starts with a "+" to see the C code that Cython generated for it.

Raw output: cythonfn.c

+01: def calculate_z(int maxiter, zs, cs):
 02:     """Calculate output list using Julia update rule"""
 03:     cdef unsigned int i, n
 04:     cdef double complex z, c
+05:     output = [0] * len(zs)
+06:     for i in range(len(zs)):
+07:         n = 0
+08:         z = zs[i]
+09:         c = cs[i]
+10:         while n < maxiter and abs(z) < 2:
+11:             z = z * z + c
+12:             n += 1
+13:         output[i] = n
+14:     return output
```

圖 7-4　第一個型態註記

在編譯之後，這個版本花了 0.49 秒來完成。只要稍微修改函式，我們就跑得比原本的 Python 版本快 15 倍。

切記，我們能加速的原因是將頻繁執行的操作下推至 C 層級，在這個例子中，那些操作是對於 z 與 n 的更新。這意味著，C 編譯器可以優化低階函式處理代表這些變數的 bytes 的工作，而不需要呼叫相對緩慢的 Python 虛擬機器。

本章稍早談過，處理複數的 abs 會計算實數與虛數部分的平方和的平方根。在我們的測試中，我們想要看看結果的平方根是否小於 2。與其取平方根，我們可以計算比較式的另一邊的平方，因此將 < 2 變成 < 4。這可以避免在 abs 函式的最後一個部分計算平方根。

本質上，最初是

$$\sqrt{c.real^2 + c.imag^2} < \sqrt{4}$$

我們將運算簡化成

$$c.real^2 + c.imag^2 < 4$$

如果我們在下面的程式中保留 sqrt 操作，我們仍然可以看到執行速度的提升。優化程式碼的祕訣是讓程式的工作越少越好。藉著考慮函式的最終目標來移除相對昂貴的操作，可讓 C 編譯器專注於它擅長的事情，而不是試圖憑直覺了解程式員的最終需求。

編寫等效但更專用的程式碼來解決同樣的問題稱為**強度折減**（*strength reduction*）。我們是用更低的靈活度（可能還有更糟的易讀性）來換取更快的執行速度。

這個數學式引出範例 7-8，我們在裡面將相對昂貴的 abs 函式換成簡化且展開的算法。

範例 *7-8　使用 Cython 來展開 abs 函式*

```
def calculate_z(int maxiter, zs, cs):
    """ 使用 Julia 更新規則來計算 output 串列 """
    cdef unsigned int i, n
    cdef double complex z, c
    output = [0] * len(zs)
    for i in range(len(zs)):
        n = 0
        z = zs[i]
        c = cs[i]
        while n < maxiter and (z.real * z.real + z.imag * z.imag) < 4:
            z = z * z + c
            n += 1
        output[i] = n
    return output
```

藉著註記程式碼，我們可以看到第 10 行（圖 7-5）的 while 變得比較黃一些——看起來它做更多工作，而不是更少。目前還不清楚我們可以提高多少速度，但我們知道這一行被呼叫超過 3,000 萬次，所以我們預期有很棒的改善。

這個修改產生很大的效果，藉著減少在最裡面的迴圈呼叫 Python 的次數，我們大幅減少函式的計算時間。這個新的版本只需要 0.19 秒，速度比原來的版本快 40 倍。與之前一樣，根據你看到的東西採取行動，但也要測量並測試你的所有修改！

```
Generated by Cython 0.29.13

Yellow lines hint at Python interaction.
Click on a line that starts with a "+" to see the C code that Cython generated for it.

Raw output: cythonfn.c

+01: def calculate_z(int maxiter, zs, cs):
 02:     """Calculate output list using Julia update rule"""
 03:     cdef unsigned int i, n
 04:     cdef double complex z, c
+05:     output = [0] * len(zs)
+06:     for i in range(len(zs)):
+07:         n = 0
+08:         z = zs[i]
+09:         c = cs[i]
+10:         while n < maxiter and (z.real * z.real + z.imag * z.imag) < 4:
+11:             z = z * z + c
+12:             n += 1
+13:         output[i] = n
+14:     return output
```

圖 7-5　用展開的數學來獲得最終勝利

> Cython 支援多個編譯為 C 的方法，有些比這裡介紹的全型態註記更簡單。如果你想要更輕鬆地上手 Cython，你應該熟悉純 Python 模式（*https://oreil.ly/5y9_a*），並查看 pyximport，來讓你更容易向同事介紹 Cython。

我們可以停用針對串列內的每一個反參考進行的邊界檢查，來對這段程式進行最後的改善。邊界檢查的目的是確保程式不會存取不在已配置的陣列裡面的資料——在 C，我們很容易不小心存取陣列之外的記憶體，這會導致意外的結果（可能是個分割錯誤！）。

在預設情況下，Cython 會保護開發人員，避免他們不小心定址超出串列限制的位置。這個保護機制會消耗一些 CPU 時間，但是它出現在函式的外部迴圈，所以整體而言，它不會占太多時間。停用邊界檢查通常是安全的做法，除非你要執行自己的陣列定址計算，此時，你必須小心地待在串列的邊界之內。

Cython 有一組可以用各種方式表達的旗標。要加入它們，最簡單的做法是在 *.pyx* 檔的開頭使用單行指令。你也可以使用裝飾器或編譯期旗標來改變這些設定。為了停用邊界檢查，我們在 *.pyx* 檔案的開頭的註釋裡面，為 Cython 加入一個指令：

```
#cython: boundscheck=False
def calculate_z(int maxiter, zs, cs):
```

如前所述，停用邊界檢查只能節省少量的時間，因為它發生在外部迴圈內，不是在比較昂貴的內部迴圈內。在這個範例中，它不會再節省任何時間。

如果 CPU-bound 程式碼在一個頻繁反參考項目的迴圈裡面，試著停用邊界檢查與環繞（wraparound）檢查。

Cython 與 numpy

list 物件（背景介紹見第 3 章）的每一個反參考都有開銷，因為它們參考的物件可能出現在記憶體的任何地方。相較之下，array 物件在 RAM 的一塊連續區域儲存基本型態，所以定址比較快。

Python 有個 array 模組，它提供基本型態的 1D 儲存機制（包括整數、浮點數、字元，與 Unicode 字串）。NumPy 的 numpy.array 模組可儲存多維元素與更廣泛的基本型態，包括複數。

如果你用可預測的方式迭代 array 物件，你可以指示編譯器避免要求 Python 計算位址，而是直接移到下一個基本型態項目的記憶體位址，來依序移至下一個項目。因為資料被放在連續的區塊裡面，在 C 裡面使用偏移值（offset）來計算下一個項目的位址很簡單，以避免要求 CPython 計算同一個結果，因為後者涉及針對虛擬機器的緩慢呼叫。

切記，當你執行接下來的 numpy 版本而**沒有**任何 Cython 註記時（也就是，當你將它當成一般的 Python 腳本來執行時），它需要花 21 秒來執行——遠遠超過一般的 Python list 版本，後者只需要大約 8 秒鐘。降速的原因是反參考 numpy 串列內的個別元素造成的開銷——它不是為了這樣使用而設計的，雖然初學者會直覺認為這是處理操作的方式。我們可以藉著編譯程式碼來移除這項開銷。

Cython 有兩個特殊的語法形式。舊版的 Cython 為 numpy 陣列提供特殊的存取類型，但最近，memoryview 提供通用的緩衝區介面（buffer interface）協定，可讓你用同樣低階的方式存取實作了緩衝區介面的任何物件，包括 numpy 陣列與 Python 陣列。

緩衝區介面有一個額外的好處在於，你可以輕鬆地和其他 C 程式庫共享記憶體區塊，不需要將它們從 Python 物件轉換成另一種形式。

範例 7-9 的程式有點像原本的實作，不過我們加入了 memoryview 註記。函式的第二個引數是 double complex[:] zs，代表我們有一個雙精度 complex 物件，它用 [] 來指明使用緩衝區協定，[] 裡面有一個用單冒號 : 指定的一維資料區塊：

範例 7-9 *Julia* 計算函式，有註記的 *numpy* 版本

```
# cythonfn.pyx
import numpy as np
cimport numpy as np

def calculate_z(int maxiter, double complex[:] zs, double complex[:] cs):
    """ 使用 Julia 更新規則來計算 output 串列 """
    cdef unsigned int i, n
    cdef double complex z, c
    cdef int[:] output = np.empty(len(zs), dtype=np.int32)
    for i in range(len(zs)):
        n = 0
        z = zs[i]
        c = cs[i]
        while n < maxiter and (z.real * z.real + z.imag * z.imag) < 4:
            z = z * z + c
            n += 1
        output[i] = n
    return output
```

除了使用緩衝區註記語法來指定輸入引數之外，我們也註記輸出變數，用 empty 將一個 1D numpy 陣列指派給它。呼叫 empty 會配置一塊記憶體，但不會將初始值設為合理的值，所以它可能是任何東西。我們會在內部迴圈覆寫這個陣列的內容，所以不需要重新指派初始值給它。這種做法比配置陣列，並將內容設為預設值快一些。

我們也使用更快、更明確的數學版本來展開對於 abs 的呼叫。這個版本的執行時間是 0.18 秒，比範例 7-8 的純 Python Julia 原始 Cython 版本快一些。純 Python 版本每次反參考 Python complex 物件時都有開銷，但這些反參考出現在外部迴圈，所以不會消耗太多執行時間。處理外部迴圈之後，我們製作這些變數的原生版本，它們以「C 速度」運行。這個 numpy 範例與之前的純 Python 範例的內部迴圈都對同樣的資料進行同樣的工作，所以時間差異是由外部迴圈的反參考與建立輸出陣列造成的。

給你參考一下，如果我們使用上述的程式，但沒有展開 abs 數學，Cython 化的結果會花 0.49 秒。這個結果與之前等效的純 Python 版的執行時間完全相同。

在一台電腦上，使用 OpenMP 來將解決方案平行化

在演進這個程式版本的最後，我們使用 OpenMP C++ 擴展程式，將尷尬平行問題平行化。如果你的問題符合這種模式，你就可以快速利用電腦的多核心。

Open Multi-Processing（OpenMP）是一種定義良好的跨平台 API，為 C、C++ 與 Fortran 支援平行執行與記憶體共享。它是最現代的 C 編譯器內建的，所以如果你正確地編寫 C 程式，平行化就會在編譯器層發生，對使用 Cython 的開發者而言，使用它的負擔相對較少。

使用 Cython 的話，你可以使用 prange（parallel range）運算子，並且在 *setup.py* 裡面加入 -fopenmp 編譯器指令來加入 OpenMP。因為我們停用 GIL，所以在 prange 迴圈裡面的工作可以平行化執行。GIL 保護針對 Python 物件的訪問，防止多個執行緒或程序同時存取同樣的記憶體，因為這種情況可能導致毀損。藉著手動停用 GIL，我們可以確定不會毀損自己的記憶體。做這件事的時候請小心，並且讓程式盡量簡單，以避免不易察覺的 bug。

範例 7-10 是使用 prange 的修改版程式。我們用 with nogil: 來指定停用 GIL 的段落；在這個段落內，我們使用 prange 來啟用 OpenMP 平行 for 迴圈，來獨立計算每一個 i。

 在停用 GIL 時，我們絕對不能操作常規的 Python 物件（例如串列），我們只能操作基本型態物件，以及支援 memoryview 介面的物件。如果我們平行操作一般的 Python 物件，我們就必須解決相關的記憶體管理問題，而它們是 GIL 刻意避免的。Cython 無法阻止我們操作 Python 物件，這樣做得到的只有痛苦與困惑。

範例 7-10　加入 *prange* 來啟用 OpenMP 平行化

```
# cythonfn.pyx
from cython.parallel import prange
import numpy as np
cimport numpy as np

def calculate_z(int maxiter, double complex[:] zs, double complex[:] cs):
    """ 使用 Julia 更新規則來計算 output 串列 """
    cdef unsigned int i, length
    cdef double complex z, c
    cdef int[:] output = np.empty(len(zs), dtype=np.int32)
    length = len(zs)
    with nogil:
        for i in prange(length, schedule="guided"):
            z = zs[i]
            c = cs[i]
            output[i] = 0
            while output[i] < maxiter and (z.real * z.real + z.imag * z.imag) < 4:
                z = z * z + c
```

```
            output[i] += 1
    return output
```

要編譯 *cythonfn.pyx*，我們必須修改 *setup.py* 腳本，見範例 7-11。我們要求它通知 C 編譯器在編譯期間使用 -fopenmp 引數，來啟用 OpenMP，以及和 OpenMP 程式庫連結。

範例 7-11　在 *setup.py* 裡面為 *Cython* 加入 *OpenMP* 編譯器與連結器旗標

```
#setup.py
from distutils.core import setup
from distutils.extension import Extension
import numpy as np

ext_modules = [Extension("cythonfn",
                         ["cythonfn.pyx"],
                         extra_compile_args=['-fopenmp'],
                         extra_link_args=['-fopenmp'])]

from Cython.Build import cythonize
setup(ext_modules=cythonize(ext_modules,
                            compiler_directives={"language_level": "3"},),
      include_dirs=[np.get_include()])
```

使用 Cython 的 prange 時可以選擇不同的排程（scheduling）方法。使用 static 時，工作負載會平均分配給可用的 CPU。在我們的程式中，有些計算區域的時間成本很昂貴，有些則很便宜，如果我們使用 static 要求 Cython 將工作區塊平均分配給 CPU，有些區域將比其他的更快完成，然後那些執行緒會閒置。

dynamic 與 guided 排程選項都會在執行期試著動態分配更小塊的工作來緩解這個問題，如此一來，當工作負載的計算時間不固定時，CPU 就可以更平均地分布。正確的選擇依你的工作負載的性質而定。

藉著加入 OpenMP 並使用 schedule="guided"，我們將執行時間降低至大約 0.05 秒，guided 排程會動態指派工作，所以等待新工作的執行緒比較少。

在這個例子，我們也可以使用 #cython: boundscheck=False 來停用邊界檢查，但它不會改善執行時間。

Numba

Continuum Analytics 的 Numba（*http://numba.pydata.org*）是一種專門處理 numpy 程式碼的即時編譯器，它在執行期透過 LLVM 編譯器（*不是之前範例的 g++ 或 gcc++*）來進行編譯。它不需要預先編譯，所以當你用它處理新程式碼時，它會為你的硬體編譯每一個加上註記的函式。它的美妙之處在於，你要提供一個裝飾器來告訴它應該關注那些函式，然後讓 Numba 接手。它的目標是能夠在所有的標準 numpy 程式碼之上運行。

Numba 在本書的第一版之後快速地演進。現在它相當穩定，所以如果你使用 numpy 陣列，而且有迭代許多項目的非向量化程式碼，Numba 應該可以讓你快速且無痛地勝出。Numba 不綁定外部 C 程式庫（Cython 可以），但它可以幫 GPU 自動產生程式碼（Cython 不行）。

使用 Numba 有一個缺點在於工具鏈——它使用 LLVM，而 LLVM 有很多依賴項目。我們建議你使用 Continuum 的 Anaconda 版本，因為它提供所有東西；否則，在新環境安裝 Numba 可能是很耗時的工作。

範例 7-12 在我們的核心 Julia 函式加入 @jit 裝飾器。只要這樣就可以了；匯入 numba 意味著 LLVM 機制會在執行期啟動，在幕後編譯這個函式。

範例 7-12　對函式使用 @jit 裝飾器

```
from numba import jit
...
@jit()
def calculate_z_serial_purepython(maxiter, zs, cs, output):
```

如果你將 @jit 裝飾器移除，它只是用 Python 3.7 執行的 Julia numpy 示範版本，需要花 21 秒。加入 @jit 裝飾器可將執行時間降至 0.75 秒。這非常接近使用 Cython 但不使用所有註記得到的結果。

如果我們在同一個 Python session 第二次執行同樣的函式，它會跑得更快，0.47 秒——如果引數型態都一樣，目標函式就不需要編譯第二次，所以整體執行速度比較快。在第二次執行時，Numba 的結果相當於我們之前得到的 Cython 加上 numpy 的結果（所以它和 Cython 一樣快，但工作量更少！）。PyPy 同樣有暖機的需求。

如果你想要從另一個觀點了解 Numba 提供的東西，可參考第 396 頁的「Numba」，核心開發人員 Valentin Haenel 在那裡談到 @jit 裝飾器、查看 Python 原始碼，並進一步討論平行選項，以及使用 typed List 與 typed Dict 來互通性地編譯純 Python。

如同 Cython，我們可以使用 prange 來加入 OpenMP 平行化支援。範例 7-13 擴展裝飾器
來使用 nopython 與 parallel。nopython 代表如果 Numba 無法編譯所有程式碼，它將失
敗。如果不使用它，Numba 可能默默地退回去比較慢的 Python 模式，雖然你的程式可
以正確執行，但無法看到任何加速。加入 parallel 會啟用針對 prange 的支援。這個版
本會將常規執行時間從 0.47 秒降為 0.06 秒。目前 Numba 不支援 OpenMP 排程選項（而
且使用 Cython 處理這個問題時，guided 選項跑得快一些），但我們期待未來的版本可以
支援。

範例 7-13　使用 *prange* 來加入平行化

```
@jit(nopython=False, parallel=True)
def calculate_z(maxiter, zs, cs, output):
    """ 使用 Julia 更新規則來計算 output 串列 """
    for i in prange(len(zs)):
        n = 0
        z = zs[i]
        c = cs[i]
        while n < maxiter and (z.real*z.real + z.imag*z.imag) < 4:
            z = z * z + c
            n += 1
        output[i] = n
```

使用 Numba 來除錯時，有一個好用的功能是你可以要求 Numba 展示函式呼叫的中間表
示法與型態。在範例 7-14 中，我們可以看到 calculate_z 接收一個 int64 與三個 array
型態。

範例 7-14　對推斷出來的型態進行除錯

```
print(calculate_z.inspect_types())
# calculate_z (int64, array(complex128, 1d, C),
#              array(complex128, 1d, C), array(int32, 1d, C))
```

範例 7-15 是呼叫 inspect_types() 的連續輸出，裡面的每一行編譯後的程式碼都有型態
資訊。如果 nopython=True 無法運作，這種輸出是很寶貴的，你可以從這裡知道哪些程
式碼是 Numba 不認識的。

範例 7-15　查看 *Numba* 提供的中間表示法

```
...
def calculate_z(maxiter, zs, cs, output):

    # --- LINE 14 ---
```

```
""" 使用 Julia 更新規則來計算輸出串列 """

# --- LINE 15 ---
#   maxiter = arg(0, name=maxiter)  :: int64
#   zs = arg(1, name=zs)  :: array(complex128, 1d, C)
#   cs = arg(2, name=cs)  :: array(complex128, 1d, C)
#   output = arg(3, name=output)  :: array(int32, 1d, C)
#   jump 2
# label 2
#   $2.1 = global(range: <class 'range'>)  :: Function(<class 'range'>)
...
```

Numba 是一種日漸成熟且強大的 JIT 編譯器。不要期待你的第一次嘗試就能出現奇蹟──你可能要自檢生成的程式碼,找出如何用 nopython 模式來編譯程式碼。解決這個問題就有可能看到好的結果。你的最佳做法是將目前的程式拆成小的(<10 行)且分散的函式,並且一次處理它們。不要試著將大型的函式丟入 Numba;如果你只有小的、分散的段落可分別複審,你就可以更快速地針對程序進行除錯。

用 Numba 來為 Pandas 編譯 NumPy

在第 142 頁的「Pandas」中,我們看過如何使用普通最小平方,以 Pandas DataFrame 計算 100,000 列資料的斜率。我們可以使用 Numba 來讓那種方法的速度提升一個數量級。

我們可以使用之前用過的 ols_lstsq_raw 函式,並且用範例 7-16 的 numba.jit 來裝飾它,產生編譯過的版本。注意 nopython=True 引數──它會強迫 Numba 在收到不了解的資料型態時發出例外,不使用這個引數時,它會悄悄地退回純 Python 模式。我們不希望在傳入 Pandas Series 時,它用錯誤的資料型態正確但緩慢地執行;在這裡,我們想要知道傳入的資料是錯的。在這個版本中,Numba 只能編譯 NumPy 資料型態,不能編譯 Series 等 Pandas 型態。

範例 7-16 使用 numpy 和 Pandas DataFrame 解決最小平方

```
def ols_lstsq_raw(row):
    """ `ols_lstsq` 的變體,裡面的列是 numpy 陣列(不是 Series)"""
    X = np.arange(row.shape[0])
    ones = np.ones(row.shape[0])
    A = np.vstack((X, ones)).T
    m, c = np.linalg.lstsq(A, row, rcond=-1)[0]
    return m
```

```
# 產生以 Numba 編譯的版本
ols_lstsq_raw_values_numba = jit(ols_lstsq_raw, nopython=True)

results = df.apply(ols_lstsq_raw_values_numba, axis=1, raw=True)
```

第一次呼叫這個函式時，可以看到編譯造成的短延遲；處理 100,000 列需要 2.3 秒，包括編譯時間。後續呼叫它來處理 100,000 列非常快——未編譯的 **ols_lstsq_raw** 花 5.3 秒處理 100,000 列，但使用 Numba 之後，它花 0.58 秒。速度幾乎提升十倍！

PyPy

PyPy（*http://pypy.org*）是 Python 語言的另一種實作，它有個追蹤 JIT 編譯器（tracing just-in-time compiler），與 Python 3.5+ 相容。它通常會落後最新的 Python 版本；在撰稿時，Python 3.7 是標準的版本，而 PyPy 支援至 Python 3.6。

PyPy 是 CPython 的臨時替代品，它提供了所有內建模組。這個專案包含 RPython Translation Toolchain，它的用途是組建 PyPy（也可以用來組建其他解譯器）。PyPy 的 JIT 編譯器很高效，只要做少量的工作就可以產生很好的加速效果，甚至不需要任何工作。第 419 頁的「用 PyPy 來製作成功的 web 與資料處理系統（2014）」有一篇部署 PyPy 的長篇成功故事。

我們不需要做任何修改就可以用 PyPy 執行純 Python Julia demo 了。使用 CPython 時，它花了 8 秒，使用 PyPy 時，它花 0.9 秒。這代表 PyPy 產生的結果非常接近範例 7-8 的 Cython 案例，而且完全不需要任何工作，真令人印象深刻！如同我們在討論 Numba 時看到的，如果我們在同一個工作階段中再次執行計算，第二次之後的計算將會比第一次快，因為它們已經被編譯了。

藉著展開算式並移除針對 **abs** 的呼叫，PyPy 執行時間降為 0.2 秒。這相當於使用純 Python 與 numpy 的 Cython 版，且不需要任何工作！注意，這個結果只會在你沒有同時使用 numpy 與 PyPy 時出現。

「PyPy 支援所有內建模組」這件事很有意思——這代表 **multiprocessing** 的工作方式與它在 CPython 裡面一樣。如果你在使用內建模組時遇到問題，且可以用 **multiprocessing** 來平行執行，你就可望獲得你希望得到的所有提速。

PyPy 的速度隨著時間而不斷提升。圖 7-6 這張舊圖表（來自 *speed.pypy.org*）可讓你了解 PyPy 的成熟度。這些速度測試反映了廣泛的用例，而不是只有數學運算。顯然 PyPy 提供比 CPython 更快的體驗。

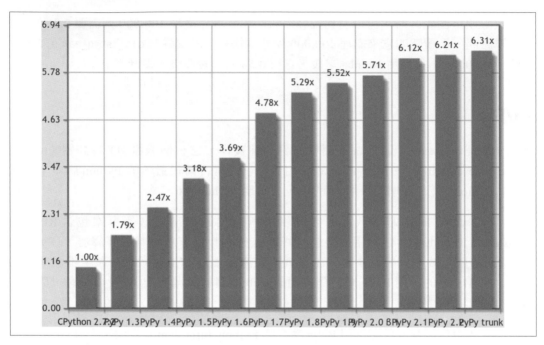

圖 7-6　每一個新的 PyPy 版本都提供速度改善

資源回收差異

PyPy 使用與 CPython 不同類型的資源回收機制，可能會讓你的程式的行為有一些不明顯的變化。雖然 CPython 使用參考計數，但 PyPy 使用修改過的標記清除法（mark-and-sweep approach），可能在更久之後才會清除用不到的物件。它們都是符合 Python 規格的做法，你只要注意，在切換使用它們時，可能要修改程式。

CPython 的一些寫法與參考計數器（reference counter）的行為有關，尤其是檔案的更新，也就是打開檔案並進行寫入，卻沒有明確地關閉檔案時。使用 PyPy 時，雖然同一段程式也可以執行，但是更新後的檔案可能稍後才會寫入磁碟，當資源回收器下次執行時。PyPy 與 Python 都支援的另一種形式是使用 context manager 與 `with` 來打開和自動關閉檔案。詳情見 PyPy 網站的 Differences Between PyPy and CPython 網頁（*http://bit.ly/PyPy_CPy_diff*）。

執行 PyPy 與安裝模組

如果你從來沒有執行別的 Python 解譯器，這個簡短的例子或許可以幫助你。當你下載並解壓縮 PyPy 之後，你將有一個包含 *bin* 目錄的資料夾結構。按照範例 7-17 的方法執行它來啟動 PyPy。

範例 7-17　執行 PyPy 來查看它實作了 Python 3.6

```
...
$ pypy3
Python 3.6.1 (784b254d6699, Apr 14 2019, 10:22:42)
[PyPy 7.1.1-beta0 with GCC 6.2.0 20160901] on linux
Type "help", "copyright", "credits", or "license" for more information.
And now for something completely different
...
```

注意，PyPy 7.1 是以 Python 3.6 執行的。現在我們要設定 pip，並安裝 IPython。如果你曾經在不借助既有的發布版本或程式包管理器的情況下安裝 pip，範例 7-18 的步驟與使用 CPython 來執行時一樣。注意，在執行 IPython 時，我們得到的版本號碼與在之前的範例執行 pypy3 時一樣。

你可以看到，用 PyPy 來執行 IPython 與使用 CPython 一樣，我們使用 **%run** 語法在 IPython 裡面執行 Julia 腳本，得到 0.2 秒的執行時間。

範例 7-18　為 PyPy 安裝 pip 來安裝 IPython 等第三方模組

```
...
$ pypy3 -m ensurepip
Collecting setuptools
Collecting pip
Installing collected packages: setuptools, pip
Successfully installed pip-9.0.1 setuptools-28.8.0

$ pip3 install ipython
Collecting ipython

$ ipython
Python 3.6.1 (784b254d6699, Apr 14 2019, 10:22:42)
Type 'copyright', 'credits', or 'license' for more information
IPython 7.8.0 -- An enhanced Interactive Python. Type '?' for help.

In [1]: %run julia1_nopil_expanded_math.py
Length of x: 1000
Total elements: 1000000
```

```
calculate_z_serial_purepython took 0.2143106460571289 seconds
Length of x: 1000
Total elements: 1000000
calculate_z_serial_purepython took 0.1965022087097168 seconds
...
```

注意，PyPy 支援像 numpy 這種需要透過 CPython 擴展相容層 cpyext（*http://bit.ly/PyPy_
compatibility*）綁定 C 的專案，但它有 4–6 倍的開銷，通常會讓 numpy 過慢。如果你的程
式大部分都是純 Python，只有少量使用 numpy，或許你仍然會看到明顯的整體增益。如
果你的程式像 Julia 範例那樣，多次呼叫 numpy，它會跑得慢很多。在此，使用 numpy 陣
列的 Julia 跑得比使用 CPython 時慢 6 倍。

如果你需要其他程式包，多虧 cpyext 相容模組，應該可以安裝它們，cpyext 實質上是
PyPy 版的 *python.h*。它會處理 PyPy 與 CPython 的各種記憶體管理需求，但是這種管理
在每次託管的呼叫產生 4–6 倍成本，可能抵消 numpy 的速度優勢。有一種名為 HPy（之
前稱為 PyHandle）的新專案可藉由提供高階物件處理（沒有綁定 CPython 的實作）來移
除這種開銷，它可以和 Cython 等其他專案共享。

如果你想要了解 PyPy 的性能特性，可查看 vmprof 輕量採樣分析器。它是執行緒安全
的，並且支援 web 用戶介面。

PyPy 的另一個缺點是它可能會使用大量的 RAM，雖然新的版本已逐漸改善這個問題，
但是在實務上，它使用的 RAM 可能比 CPython 更多。但是 RAM 很便宜，所以用它來
換取性能的改善應該是合理的策略。也有使用者回報使用 PyPy 時，RAM 使用量更少。
與之前一樣，如果這件事對你很重要，請用具代表性的資料來進行實驗。

速度改善總結

為了總結之前的結果，從表 7-1 可以看到，對純 Python 數學程式使用 PyPy 比不改變程
式並使用 CPython 快大約 9 倍，如果簡化 abs 行，它甚至更快。Cython 在這兩種情況下
都跑得比 PyPy 快，但需要註記程式，這會增加開發與支援的工作量。

表 7-1　Julia（無 numpy）結果

	Speed：速度
CPython	8.00s
Cython	0.49s
Cython 與展開的計算	0.19s
PyPy	0.90s
PyPy 與展開的計算	0.20s

使用 numpy 的 Julia 解決方案可以使用 OpenMP 來進行調查。在表 7-2 中，我們看到 Cython 與 Numba 都跑得比「無 numpy 並使用展開的計算」更快。當我們加入 OpenMP 時，Cython 與 Numba 都可以在編寫少量額外程式的情況下提供進一步加速。

表 7-2　Julia（使用 numpy 與展開的計算）結果

	Speed：速度
CPython	21.00s
Cython	0.18s
Cython 與 OpenMP「guided」	0.05s
Numba（第 2 次之後的執行）	0.17s
Numba 與 OpenMP	0.06s

對純 Python 程式而言，PyPy 顯然是首選。對 numpy 程式而言，Numba 是很棒的第一選擇。

使用各項技術的時機

如果你正在進行數值專案，這些技術對你來說應該都很好用。表 7-3 整理了主要的選項。

表 7-3　編譯器選項

	Cython	Numba	PyPy
成熟度	Y	Y	Y
普遍性	Y	–	–
支援 numpy	Y	Y	Y
不間斷修改程式	–	Y	Y
需要知道 C	Y	–	–
支援 OpenMP	Y	Y	–

Numba 可以用很少的工作量完成工作，但它有一些限制，或許無法在你的程式中良好運作。它也是相對年輕的專案。

Cython 應該可以為廣泛的問題提供最好的結果，但它需要更多工作，而且因為混合 Python 與 C 註記，它有額外的「支援稅」。

如果你沒有使用 numpy 或其他難以移植的 C 擴展，PyPy 是很好的選擇。如果你要部署生產工具，或許你要使用熟悉的工具——Cython 應該是你主要的選擇，你也可以看看第 408 頁的「利用 RadimRehurek.com 來讓深度學習展翅高飛（2014）」。PyPy 也被用在生產設定內（見第 419 頁的「用 PyPy 來製作成功的 web 與資料處理系統（2014）」）。

如果你要處理輕量級的數值，Cython 的緩衝區介面接收 array.array 矩陣——它可以輕鬆地傳遞一塊資料給 Cython 來快速處理數值，且不需要為專案加入 numpy 依賴項目。

整體來說，Numba 是日漸成熟且有前途的專案，而 Cython 已經成熟了。PyPy 被視為相當成熟了，在處理長期執行的程序時，絕對要評估它。

在 Ian 的一堂課程上，有一位有才華的學生實作了 C 版本的 Julia 演算法，但他失望地發現它的執行速度比 Cython 版本更慢。後來發現，他在 64-bit 電腦上使用 32-bit 浮點數，這些浮點數在 64-bit 電腦上跑得比 64-bit doubles 更慢。雖然那位學生是一位優秀的 C 程式員，但他不知道這會帶來速度上的損失。他修改了程式，儘管 C 版本比自動生成的 Cython 版本短得多，但它們的執行速度基本相同。編寫原始 C 版本、比較它的速度，以及找出如何修改它花掉的時間比在一開始就使用 Cython 來得長。

這只是一件軼事，我們並不是說 Cython 會產生最棒的程式碼，何況有能力的 C 程式員或許可以找出如何讓他們的程式跑得比 Cython 生成的版本更快。不過，值得注意的是，「手寫的 C 比轉換過的 Python 更快」這個假設不一定是對的，你一定要進行性能評測，並根據證據做出決定。C 編譯器非常擅長將程式碼轉換成相當高效的機器碼，Python 則非常擅長讓你用容易了解的語言表達問題，請明智地結合兩者的能力。

其他即將到來的專案

PyData 編譯器網頁（*http://compilers.pydata.org*）列出一組高性能編譯器工具。

Pythran（*https://oreil.ly/Zi4r5*）是一種 AOT 編譯器，它的目標族群是使用 numpy 的科學家。它可以使用少量的註記將 Python 數值程式編譯成更快的二進制檔——它提升的速度很像 Cython，但需要的工作量少很多。它提供許多功能，包括它一定會釋出 GIL，而且可以同時使用 SIMD 指令與 OpenMP。與 Numba 相同的是,它不支援類別。如果你的 NumPy 有緊密的、具有局部邊界的迴圈,Pythran 當然值得評估。與它相關的 FluidPython 專案旨在讓 Pythran 更容易編寫,並提供 JIT 功能。

Transonic(*https://oreil.ly/tT4Sf*)試圖統一 Cython、Pythran、Numba 及其他潛在編譯器,它用一個介面來讓你可以快速評估多種編譯器而不需要改寫程式。

ShedSkin(*https://oreil.ly/BePH-*)是一種 AOT 編譯器,它針對非科學的純 Python 程式碼。它不支援 numpy,但如果你的程式是純 Python,ShedSkin 產生的提速類似 PyPy 提供的(不使用 numpy)。它支援 Python 2.7,部分支援 Python 3.*x*。

PyCUDA(*https://oreil.ly/Lg4H3*)與 PyOpenCL(*https://oreil.ly/8e3OA*)在 Python 內連接 CUDA 與 OpenCL 來直接訪問 GPU。這兩種程式庫都很成熟,並支援 Python 3.4+。

Nuitka(*https://oreil.ly/dLPEw*)是一種 Python 編譯器,其目標是成為一般的 CPython 解譯器的替代方案,它可讓你選擇建立「編譯好的可執行檔」。它支援所有 Python 3.7,不過根據我們的測試,它無法為普通的 Python 數值測試提供任何明顯的提速。

我們的社群非常幸運,擁有各式各樣的編譯工具。雖然它們都各有優缺點,但它們也提供許多功能,讓複雜的專案可以充分利用 CPU 的功能與多核心架構。

圖形處理單元(GPU)

越來越多人使用圖形處理單元(GPU)來提升需要大量運算的工作的速度。GPU 的最初設計是為了處理 3D 圖形的重度線性代數需求,但它特別適合解決容易平行化的問題。

有意思的是,只看時脈速度的話,GPU 本身比大部分的 CPU 慢。這似乎有點違反直覺,但正如我們在第 2 頁的「計算單元」所討論的,時脈速度只是評量硬體計算能力的一個指標。GPU 擅長處理大規模平行任務的原因是它們有驚人數量的計算核心。CPU 的核心通常有 12 個數量級,但現代的 GPU 有上千個。例如,在我們用來執行本節的性能評測的電腦上,AMD Ryzen 7 1700 CPU 有 8 核心,每一個都是 3.2 GHz,而 NVIDIA RTX 2080 TI GPU 有 4,352 核心,每一個都是 1.35 GHz[1]。

這種難以置信的平行性可以大幅提高許多數值工作的速度。但是,在這些設備上寫程式相當困難。由於它大量地平行化,資料局部性是必須考慮的因素,而且它可能決定提速的成敗。坊間有許多工具可以用 Python 編寫原始的 GPU 程式碼(也稱為 kernels),例

---

1 RTX 2080 TI 也有 544 個專門協助執行數學運算的張量核心,它們對深度學習特別有用。

如 CuPy（*https://cupy.chainer.org*）。然而，現代深度學習演算法帶來的需求讓 GPU 擁有新的介面，這些介面都很容易使用，而且很直觀。

TensorFlow 與 PyTorch 是易用的 GPU 數學程式庫的領先者。因為 PyTorch 容易使用並且有很棒的速度，所以我們將介紹它 [2]。

動態圖：PyTorch

PyTorch（*https://pytorch.org*）是一種靜態計算圖張量程式庫，它用起來特別輕鬆，而且對每一位熟悉 numpy 的人來說，它有非常直觀的 API。此外，因為它是個張量程式庫，所以它具備 numpy 的所有功能，它也可以用它的靜態計算圖建立函數，以及使用一種稱為 autograd 的機制來計算這些函數的導數。

 因為 PyTorch 的 autograd 功能與我們討論的主題無關，所以我們忽略它。但是，這個模組非常出色，可以算出以 PyTorch 操作製作的任何函數的導數。它可以即時執行這個計算，並且使用任何值。長期以來，求出複變函數的導數可以當成博士論文的題材，然而，現在我們可以非常簡單且有效地計算它。雖然這個主題與你的工作無關，但我們建議你大致學習 autograd 與自動微分，因為它確實是數值計算領域的一項不可思議的進步。

靜態計算圖的意思是：針對 PyTorch 物件執行的操作會被做成程式的動態定義，當它被執行時，會在幕後編譯成 GPU 程式碼（就像第 160 頁的「JIT vs. AOT 編譯器」中的 JIT 那樣）。因為它是動態的，在 Python 程式中的修改會自動反映至 GPU 程式碼內的修改，不需要明確的編譯步驟。與 TensorFlow 等靜態圖程式庫相比，它大幅提升除錯的容易性與互動性。

在 TensorFlow 等靜態圖中，我們要先設置計算方法再編譯它，從此之後，計算方法就是固定的，只能藉由編譯整個東西來修改。使用 PyTorch 的動態圖，我們可以有條件地修改計算圖，或反覆建構它。所以我們可以在程式中進行條件式除錯，或是在 IPython 的互動式對話中，與 GPU 互動。在處理以 GPU 為主的複雜工作負載時，能夠靈活地控制 GPU 會徹底翻轉局面。

2　關於 TensorFlow 與 PyTorch 的性能比較，請參考 *https://oreil.ly/8NOJW* 與 *https://oreil.ly/4BKM5*。

為了展示這種程式庫的易用度與速度,在範例 7-19 中,我們移植範例 6-9 的 numpy 程式碼,用 PyTorch 來使用 GPU。

範例 7-19　*PyTorch 2D 擴散*

```python
import torch
from torch import (roll, zeros)  ❶

grid_shape = (640, 640)

def laplacian(grid):
    return (
        roll(grid, +1, 0)
        + roll(grid, -1, 0)
        + roll(grid, +1, 1)
        + roll(grid, -1, 1)
        - 4 * grid
    )

def evolve(grid, dt, D=1):
    return grid + dt * D * laplacian(grid)

def run_experiment(num_iterations):
    grid = zeros(grid_shape)

    block_low = int(grid_shape[0] * 0.4)
    block_high = int(grid_shape[0] * 0.5)
    grid[block_low:block_high, block_low:block_high] = 0.005

    grid = grid.cuda()  ❷
    for i in range(num_iterations):
        grid = evolve(grid, 0.1)
    return grid
```

❶、❷　只需要修改這裡。

我們只要修改 import 就可以完成大部分的工作了,我們在那裡將 numpy 改成 torch。事實上,如果我們只想要在 CPU 執行優化的程式,我們可以在這裡停止工作[3]。若要使用 GPU,我們只要將資料移至 GPU,torch 就會將我們對那些資料進行的計算自動編譯成 GPU 程式碼。

3　除非你從 source 安裝,否則 PyTorch CPU 性能不會太好。當你從 source 安裝時,它會使用優化的線性代數程式庫來提供與 NumPy 相當的速度。

如圖 7-7 所示，稍微修改程式即可帶來可觀的提速[4]。對於 512×512 網格，速度提高 5.3 倍，對於 4,096×4,096 網格，速度提高 102 倍！有意思的是，GPU 程式碼似乎不會像 numpy 程式碼那樣被網格變大影響。

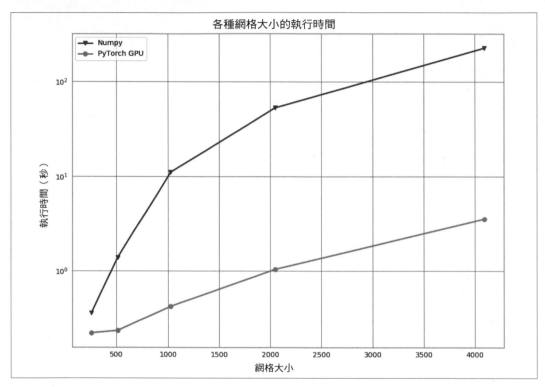

圖 7-7　PyTorch vs. numpy 性能

這種提速是將擴散問題平行化造成的。如前所述，我們使用的 GPU 有 4,362 個獨立的計算核心。看起來，當擴散問題被平行化之後，這些 GPU 核心就都不會被充分使用了。

 在測量 GPU 程式碼的性能時，務必設定環境旗標 CUDA_LAUNCH_ BLOCKING=1。在預設情況下，GPU 操作是非同步運行的，這是為了用管線 將更多操作接在一起，從而將 GPU 的總使用量最小化，並增加平行性。 啟用非同步行為時，我們可以保證計算只會在資料被複製到另一個設備， 或 torch.cuda.synchronize() 指令被發出時完成。啟用上述的環境變數可 以確保計算被發出時可以完成，並且確實測量到計算時間。

4　如同任何 JIT，當函式第一次被呼叫時，它有編譯程式碼的開銷。在範例 7-19 中，為了測量執行期速 度，我們分析函式多次，並忽略第一次。

基本 GPU 分析

要確認我們使用多少 GPU，有一種方法是使用 nvidia-smi 命令來檢查 GPU 的資源使用情況。我們最想知道的兩個值是功耗與 GPU 使用率：

```
$ nvidia-smi
+-----------------------------------------------------------------------------+
| NVIDIA-SMI 440.44       Driver Version: 440.44       CUDA Version: 10.2      |
|-------------------------------+----------------------+----------------------+
| GPU  Name        Persistence-M| Bus-Id        Disp.A | Volatile Uncorr. ECC |
| Fan  Temp  Perf  Pwr:Usage/Cap|         Memory-Usage | GPU-Util  Compute M. |
|===============================+======================+======================|
|   0  GeForce RTX 208...  Off  | 00000000:06:00.0 Off |                  N/A |
| 30%   58C    P2   96W / 260W  |   1200MiB / 11018MiB |     95%      Default |
+-------------------------------+----------------------+----------------------+

+-----------------------------------------------------------------------------+
| Processes:                                                       GPU Memory |
|  GPU       PID   Type   Process name                             Usage      |
|=============================================================================|
|    0     26329      C   .../.pyenv/versions/3.7.2/bin/python         1189MiB |
+-----------------------------------------------------------------------------+
```

GPU-Util（在此是 95%）有點用詞不當，它其實是上一秒用了多少百分比在至少一個 kernel 上執行，所以它的意思不是用了 GPU 總計算能力的多少百分比，而是非閒置的時間有多少。當我們在處理記憶體傳輸問題，以及確保 CPU 提供足夠的工作給 GPU 時，這是非常實用的數據。

另一方面，功耗（Pwr:Usage）是解讀用了多少 GPU 計算功率的好指標。根據經驗，GPU 用越多電，它正在進行的計算就越多。如果 GPU 正在等待 CPU 送資料過來，或只使用一半的核心，功耗會從最大值下降。

gpustat（*https://oreil.ly/3Sa1r*）是另一種好用的工具。這個專案使用比 nvidia-smi 友善許多的介面，提供很棒的畫面，讓你了解 NVIDIA 的許多數據。

為了協助了解有哪些因素導致 PyTorch 程式碼的降速，這個專案提供了特殊的分析工具。用 python -m torch.utils.bottleneck 執行你的程式會顯示 CPU 與 GPU 執行期數據，可協助你找出程式中的可優化部分。

GPU 的性能注意事項

因為 GPU 是電腦的輔助性硬體，與 CPU 相比，它有獨特的架構，因此你要知道許多 GPU 特有的性能關注點。

GPU 最大的速度關注點就是從系統記憶體到 GPU 記憶體的資料傳輸時間。當我們使用 tensor.to(*DEVICE*) 時，我們會觸發耗時的資料傳輸，花掉的時間取決於 GPU 匯流排的速度，以及傳輸的資料量。

其他的操作也有可能觸發傳輸。尤其是使用 tensor.items() 與 tensor.tolist() 來除錯時通常會帶來一些問題。事實上，執行 tensor.numpy() 來將 PyTorch 張量轉換成 numpy 陣列時，特別需要明確地從 GPU 複製副本，才能確實了解潛在的代價。

例如，我們在擴散程式的 solver 迴圈裡面加入一個 grid.cpu()：

```
grid = grid.to(device)
for i in range(num_iterations):
    grid = evolve(grid, 0.1)
    grid.cpu()
```

為了確保我們進行公平的比較，我們也在控制程式中加入 torch.cuda.synchronize()，以便只檢測從 CPU 複製出資料的時間。你的程式碼除了會因為 GPU 傳送資料到系統記憶體而變慢之外，也會因為 GPU 在傳輸完成之前暫停程式碼的執行而變慢，這個暫停一直到傳輸完成才會在幕後繼續執行。

對於 2,048×2,048 網格，這個修改減緩程式 2.54 倍！雖然我們的 GPU 有進階的頻寬 616.0 GB/s，但這項開銷會快速累加。此外，我們還有與記憶體複製有關的其他成本。首先，我們為任何潛在的程式執行管線化（pipelining）創造硬停止（hard stop）。接著，因為沒有管線化了，在 GPU 裡面的資料都必須從個別的 CUDA 核心的記憶體同步出來。最後，為了接收來自 GPU 的新資料，你必須準備好系統記憶體的空間。

雖然這看起來像是在程式中加入荒唐的東西，但這種事情一直都在發生。事實上，在進行深度學習時，讓 PyTorch 程式變慢的頭號兇手就是將主機上的訓練資料複製到 GPU 裡面。訓練資料通常大到無法放入 GPU，進行這種常態的資料傳輸是不可避免的代價。

當問題從 CPU 跑到 GPU 時，有一些方法可以減輕這種不可避免的資料傳輸開銷。第一種是呼叫 Tensor.pin_memory() 方法來將記憶體區域標為 pinned，它會回傳一個被複製到記憶體的「page locked」區域的 CPU 張量複本。這個 page-locked 區域可以用快很多的速度複製到 GPU，而且可以非同步複製，所以不會干擾 GPU 正在進行的任何計算。

在訓練深度學習模型時，資料通常會用 DataLoader 類別來載入，它有一個方便的 pin_memory 參數，可以為你的所有訓練資料自動做這件事[5]。

最重要的步驟是使用第 189 頁的「基本 GPU 分析」介紹的工具來分析你的程式碼。當你的程式碼花大部分的時間傳輸資料時，你會看到低功耗、較少的 GPU 使用率（nvidia-smi 回報的），而且大部分的時間都花在 to 函式上（bottleneck 回報的）。理想情況下，你會使用 GPU 能夠提供的最大功耗，以及 100% 利用率，即使需要傳輸大量資料也有可能如此──甚至在使用大量圖像訓練深度學習模型時！

 GPU 不太擅長同時執行多個工作。當你啟動一個需要大量使用 GPU 的工作時，請執行 nvidia-smi 來確保沒有其他工作正在使用它。但是，如果你在運行圖形環境，你可能只能讓桌機程式與 GPU 程式同時使用 GPU。

何時使用 GPU？

我們已經知道 GPU 的速度可以很快，但是，記憶體問題可能會對執行時間造成毀滅性的破壞。這似乎指出，如果你的工作主要使用線性代數與矩陣操作（例如乘法、加法與傅立葉變換），那麼 GPU 就是個很棒的工具。如果這些計算可以在一段不受中斷的時間之內在 GPU 上執行，後來再複製回系統記憶體，情況更是如此。

舉一個有大量分支的工作案例，想像有一段程式，裡面的每一個計算步驟都需要之前的結果。使用 PyTorch vs. NumPy 來執行範例 7-20，並且比較它們的數據時，我們可以看到 NumPy 都比較快（快 98%！）。從 GPU 的架構來看，這個結果很合理。雖然 GPU 可以同時執行的工作比 CPU 多，但每一個工作在 GPU 上的執行速度比在 CPU 上慢。範例的工作一次只能執行一次計算，所以使用多個計算核心一點都沒有幫助，直接使用一個很快的核心比較好。

範例 7-20　高度分支的工作

```
import torch

def task(A, target):
    """
    我們有一個長度為 N 且值為 (0, N] 的 int 陣列，以及一個目標值。
    迭代陣列，使用目前的值來尋找下一個要查看的陣列項目，
    直到看到總值為 `target` 以上為止。
    回傳到達該值經歷的迭代次數。
```

5　DataLoader 物件也支援使用多個 worker 來執行。如果資料是從磁碟載入的，建議使用幾個 worker 來將 I/O 時間最小化。

```
    """
    result = 0
    i = 0
    N = 0
    while result < target:
        r = A[i]
        result += r
        i = A[i]
        N += 1
    return N

if __name__ == "__main__":
    N = 1000

    A_py = (torch.rand(N) * N).type(torch.int).to('cuda:0')
    A_np = A_py.cpu().numpy()

    task(A_py, 500)
    task(A_np, 500)
```

此外，因為 GPU 的記憶體有限，它不適合需要大量資料、對資料進行許多條件操作，或修改資料的工作。大部分用於計算工作的 GPU 有大約 12 GB 的記憶體，這對「大量資料」來說是個明顯的限制。但是，隨著科技的改善，GPU 記憶體的大小也會日漸增加，希望這種限制以後不會那麼嚴重。

評估是否使用 GPU 的步驟如下：

1. 確保問題使用的記憶體小於 GPU 的（我們已經在第 46 頁的「用 memory_profiler 來診斷記憶體的使用情況」探討記憶體使用量的分析）。

2. 評估演算法是否需要大量的分支條件 vs. 向量化操作。根據經驗，numpy 函式通常可以非常好地向量化，所以如果你的演算法可以寫成 numpy 呼叫式，你的程式應該可以很好地向量化！你也可以在執行 perf 時檢查分支結果（見第 119 頁的「了解 perf」）。

3. 評估需要在 GPU 與 CPU 之間移動多少資料。需要回答的問題包括「在繪出 / 儲存結果之前，我可以做多少計算？」和「程式是不是有時需要複製資料，才可以在與 GPU 不相容的程式庫中運行？」。

4. 確保 PyTorch 支援你想要做的操作！ PyTorch 實作了大部分的 numpy API，所以這應該不是問題。大多數的 API 甚至是相同的，因此你根本不需要修改程式。但是，有時 PyTorch 不支援某項操作（例如處理複數）或 API 稍微不同（例如用來產生亂數的）。

考慮這四點可以讓你更確定採用 GPU 做法是值得的。沒有硬性的規則可以告訴你 GPU 何時做得比 CPU 好，但這些問題可以協助你建立直覺。但是，PyTorch 也可以讓你輕鬆地轉換程式碼來使用 GPU，所以入門門檻很低，即使你只想要評估 GPU 的性能。

外部函式介面

有時自動化的解決方案無法解決問題，所以你必須自行編寫 C 或 Fortran 程式。原因可能是編譯法（compilation method）無法找到優化的做法，或是你想要利用 Python 沒有的程式庫或語言功能，在這些情況下，你都要使用外部函式介面，以便使用以其他語言撰寫與編譯的程式碼。

在本章其餘內容中，我們要試著使用一個外部程式庫，採取和第 6 章一樣的方式來求解 2D 擴散方程[6]。範例 7-21 是這個程式庫的程式碼，代表你已經安裝的程式庫，或你已經寫好的程式碼。我們會將程式的一小部分搬到另一種語言裡面，來進行非常具針對性的語言優化，這是一種很棒的做法。

範例 7-21　求解 2D 擴散問題的 C 程式碼

```c
void evolve(double in[][512], double out[][512], double D, double dt) {
    int i, j;
    double laplacian;
    for (i=1; i<511; i++) {
        for (j=1; j<511; j++) {
            laplacian = in[i+1][j] + in[i-1][j] + in[i][j+1] + in[i][j-1] \
                        - 4 * in[i][j];
            out[i][j] = in[i][j] + D * dt * laplacian;
        }
    }
}
```

 為了簡化範例程式，我們將網格大小固定為 512×512。若要接收任意大小的網格，你必須用兩個指標傳入 in 與 out，並加入代表網格實際大小的函式引數。

6　為了簡化，我們不實作邊界條件。

為了使用這段程式，我們必須將它編譯成共享的模組，建立一個 *.so* 檔案。我們可以用 gcc（或任何其他 C 編譯器），以下列步驟進行：

```
$ gcc -O3 -std=gnu11 -c diffusion.c
$ gcc -shared -o diffusion.so diffusion.o
```

我們可以將這個最終的共享程式庫檔案放在 Python 程式可以使用的任何地方，但標準的 *nix 做法是將共享檔案放在 */usr/lib* 與 */usr/local/lib*。

ctypes

在 CPython 中，最基本的外部函式介面是使用 ctypes 模組 [7]。這個模組的陽春性質有時令人覺得十分拘束 —— 你要負責做每件事，而且確保每一件事都按照順序執行很花時間。這一層額外的複雜度在我們的 ctypes 擴散程式中很明顯，見範例 7-22。

範例 7-22　ctypes 2D 擴散程式碼

```python
import ctypes

grid_shape = (512, 512)
_diffusion = ctypes.CDLL("diffusion.so")    ❶

# 建立 C 型態的參考，以後簡化程式碼時會用到
TYPE_INT = ctypes.c_int
TYPE_DOUBLE = ctypes.c_double
TYPE_DOUBLE_SS = ctypes.POINTER(ctypes.POINTER(ctypes.c_double))

# 將 evolve 函式的簽章初始化成：
# void evolve(int, int, double**, double**, double, double)
_diffusion.evolve.argtypes = [TYPE_DOUBLE_SS, TYPE_DOUBLE_SS, TYPE_DOUBLE,
                              TYPE_DOUBLE]
_diffusion.evolve.restype = None


def evolve(grid, out, dt, D=1.0):
    # 先將 Python 型態轉換成相關的 C 型態
    assert grid.shape == (512, 512)
    cdt = TYPE_DOUBLE(dt)
    cD = TYPE_DOUBLE(D)
    pointer_grid = grid.ctypes.data_as(TYPE_DOUBLE_SS)    ❷
    pointer_out = out.ctypes.data_as(TYPE_DOUBLE_SS)

    # 現在可以呼叫函式了
    _diffusion.evolve(pointer_grid, pointer_out, cD, cdt)    ❸
```

7　這是 CPython 專用的。其他的 Python 版本可能有它們自己的 ctypes 版本，可能有不同的工作方式。

❶ 類似匯入 diffusion.so 程式庫。你可以將這個檔案放在程式庫檔案的標準系統路徑裡面，或輸入絕對路徑。

❷ grid 與 out 都是 numpy 陣列。

❸ 最後，完成所有必要的設定，可以直接呼叫 C 函式了。

我們的第一個動作是「匯入」共享程式庫，藉由呼叫 ctypes.CDLL。在這一行，我們可以指定 Python 可以訪問的任何一種共享程式庫（例如，ctypes-opencv 模組會載入 libcv.so 程式庫）。我們用它取得一個 _diffusion 物件，裡面有共享程式庫裡面的所有成員。在這個例子中，diffusion.so 裡面只有一個函式，evolve，我們可以用 _diffusion 物件的屬性來使用它。如果 diffusion.so 有許多函式與屬性，我們可以用 _diffusion 物件來使用它們全部。

但是，即使 _diffusion 物件裡面有 evolve 函式可用，Python 也不知道如何使用它。C 是靜態定型的，函式有非常固定的簽章。為了正確地使用 evolve 函式，我們必須明確地設定輸入引數型態與回傳型態。在使用 Python 介面來開發程式庫，或處理快速改變的程式庫時，這件工作可能變得非常枯燥。此外，因為 ctypes 無法檢查你是否提供正確的型態給它，當你犯錯時，你的程式可能會默默地失敗造成區段錯誤（segfault）！

此外，除了設定函式物件的引數與回傳型態之外，我們也要轉換與它一起使用的任何資料（這稱為**強制轉型**（*casting*））。送給函式的每一個引數都必須小心地強制轉型為原生的 C 型態。有時這件事非常麻煩，因為 Python 對它的變數型態非常寬鬆。例如，我果我們有 num1 = 1e5，我們知道這是一個 Python 浮點數，因此我們應該使用 ctype.c_float。另一方面，對於 num2 = 1e300，我們必須使用 ctype.c_double，因為它會讓標準 C float 溢位。

話雖如此，numpy 為它的陣列提供一個 .ctypes 屬性，讓它可以和 ctypes 輕鬆地相容。如果 numpy 沒有提供這個功能，我們就要將 ctypes 陣列初始化為正確的型態，再找到原始資料的位置，將新的 ctypes 物件指向那裡。

除非你要轉換成 ctype 物件的物件實作了緩衝區（就像 array 模組、numpy 陣列、io.StringIO 等），否則你的資料就會被複製到新物件裡面。將 int 強制轉型為 float 對程式碼的性能沒有太大影響。但是，如果你要強制轉型很長的 Python 串列，可能會導致相當大的代價！在這種情況下，使用 array 模組或 numpy 陣列，甚至使用 struct 模組來建立有緩衝區的物件都有幫助。但是，這會傷害程式的易讀性，因為這些物件通常不如它們的 Python 原始等效物靈活。

如果你必須傳送複雜的資料結構給程式庫，這種記憶體管理可能更複雜。例如，如果你
的程式庫期望收到一個具備屬性 x 與 y 的 C 結構，代表在空間中的一個點，你要定義這
個東西：

```
from ctypes import Structure

class cPoint(Structure):
    _fields_ = ("x", c_int), ("y", c_int)
```

此時，你可以藉著初始化一個 cPoint 物件（例如 point = cPoint(10, 5)）來開始建立
C 相容的物件。這個工作量並不可怕，但是它可能會變得枯燥，並且產生一些脆弱的程
式碼。如果程式庫有新的版本發表了，而且稍微改變結構呢？這會讓你的程式碼難以維
護，通常會變成一灘死水，開發者會乾脆決定永遠不升級底層的程式庫。

出於這些理由，如果你已經非常了解 C，而且希望能夠調整介面的每一個層面，使用
ctypes 模組很棒。它有很好的可移植性，因為它是標準程式庫的一部分，如果你的工作
很簡單，它可以提供簡單的解決方案。只是你要很小心，因為 ctypes 解決方案（及類似
的低階方案）的複雜度會快速變得難以管理。

cffi

因為 ctypes 有時用起來很麻煩，cffi 試圖簡化程式員的許多標準操作。它利用一個內部
的 C 解析器來做這件事，這個解析器可以了解函式與結構的定義。

因此，我們可以直接用 C 程式定義程式庫的結構，再讓 cffi 為我們承擔所有苦工：它
會匯入模組，並確保我們為產生的函式指定正確的型態。事實上，如果我們可以取得程
式庫的原始碼，這項工作是很輕鬆的，因為標頭檔（副檔名為 *.h* 的檔案）有我們需要的
所有定義[8]。範例 7-23 是 2D 擴散程式的 cffi 版本。

範例 7-23 cffi 2D 擴散程式碼

```
from cffi import FFI, verifier

grid_shape = (512, 512)

ffi = FFI()
ffi.cdef(
    "void evolve(double **in, double **out, double D, double dt);"   ❶
)
lib = ffi.dlopen("../diffusion.so")
```

---

[8] 在 Unix 系統中，系統程式庫的標頭檔位於 */usr/include*。

```
def evolve(grid, dt, out, D=1.0):
    pointer_grid = ffi.cast("double**", grid.ctypes.data)    ❷
    pointer_out = ffi.cast("double**", out.ctypes.data)
    lib.evolve(pointer_grid, pointer_out, D, dt)
```

❶ 這個定義的內容通常可以在你使用的程式庫的手冊中找到，或查看程式庫的標頭檔找到。

❷ 雖然我們仍然需要強制轉型非原生的 Python 物件才能搭配 C 模組使用，但是對具備 C 經驗的人來說，語法是非常熟悉的。

在上述程式中，我們可以將 cffi 初始化視為兩個步驟。首先，我們建立一個 FFI 物件，並且給它所有全域 C 宣告。這可能包含資料型態與函式簽章。這些簽章不需要包含任何程式碼；它們只是用來定義程式碼的外觀。接著我們可以使用 dlopen 匯入共享的程式庫，該程式庫包含函式的實際實作。這意味著，我們可以讓 FFI 知道 evolve 函式的簽章，接著載入兩個不同的實作，並且將它存放在不同的物件裡面（非常適合用來除錯與分析！）。

除了可以輕鬆地匯入共享的 C 程式庫之外，cffi 也可以讓你編寫 C 程式，並且使用 verify 函式來讓它被動態編譯。這有許多直接的好處，例如，你可以將一小部分的程式碼輕鬆地改寫為 C，而不需要呼叫別的 C 程式庫中的大型機制。另外，如果你想要使用一種程式庫，但是需要一些 C 黏合程式碼才能讓介面完美運作，你可以將它內嵌至 cffi 程式碼，如範例 7-24 所示，來將所有內容集中在一個位置。此外，因為程式碼被動態編譯，你可以為需要編譯的每一段程式指定編譯指令。但是，請注意，每次執行 verify 函式來實際進行編譯時，這個編譯都會有一次性的代價。

範例 7-24　在 cffi 內嵌 2D 擴散程式碼

```
ffi = FFI()
ffi.cdef(
    "void evolve(double **in, double **out, double D, double dt);"
)
lib = ffi.verify(
    r"""
void evolve(double in[][512], double out[][512], double D, double dt) {
    int i, j;
    double laplacian;
    for (i=1; i<511; i++) {
        for (j=1; j<511; j++) {
            laplacian = in[i+1][j] + in[i-1][j] + in[i][j+1] + in[i][j-1] \
                        - 4 * in[i][j];
```

```
            out[i][j] = in[i][j] + D * dt * laplacian;
        }
    }
}
""",
    extra_compile_args=["-O3"],    ❶
)
```

❶　因為我們是 JIT 編譯這段程式碼，所以我們也可以提供相關的編譯旗標。

verify 功能的另一項好處是，它與複雜的 cdef 陳述式很合。例如，如果我們要使用具備複雜結構的程式庫，但是只想要它的一部分，我們可以使用部分結構定義，在 ffi.cdef 裡面的結構定義內加入 ...，並且在稍後的 verify #include 相關的標頭檔。

例如，假如要使用一個標頭檔為 *complicated.h* 的程式庫，它 include 一個這種結構：

```
struct Point {
    double x;
    double y;
    bool isActive;
    char *id;
    int num_times_visited;
}
```

如果我們只在乎 x 與 y 屬性，我們可以寫出只關注這些值的 cffi 程式：

```
from cffi import FFI

ffi = FFI()
ffi.cdef(r"""
    struct Point {
        double x;
        double y;
        ...;
    };
    struct Point do_calculation();
""")
lib = ffi.verify(r"""
    #include <complicated.h>
""")
```

接下來，我們可以執行來自 *complicated.h* 程式庫的 do_calculation 函式，並且讓它回傳一個 Point 物件，而且它的 x 與 y 屬性是可讀取的。這種做法有驚人的可移植性，因為這段程式碼在使用不同的 Point 實作的系統上，或新版的 *complicated.h* 出現時都可以正常運行，只要它們都有 x 與 y 屬性即可。

如果你要在 Python 中使用 C 程式碼，上述的細節讓 **cffi** 成為一種令人驚嘆的工具。它比 **ctypes** 簡單許多，但當你直接使用外部函式介面時，它仍然可以讓你進行同樣細膩的控制。

f2py

對許多科學應用而言，Fortran 仍然是一項黃金標準。雖然它已經不是一種通用語言了，但它仍然有許多優點，可讓你輕鬆且快速編寫向量操作。此外，許多高性能數學程式庫都是用 Fortran 寫的（LAPACK（*https://oreil.ly/WwULF*）、BLAS（*https://oreil.ly/9-pR7*）等），它們都是 SciPy 等程式庫的基礎，在高性能 Python 程式中使用它們可能至關重要。

遇到這種情況時，f2py（*https://oreil.ly/h5cwN*）提供一種超級簡單的方式來讓你將 Fortran 程式碼匯入 Python。這個模組之所以如此簡單是因為 Fortran 的型態非常明確。因為型態可被輕鬆地解析與了解，所以 f2py 可以讓使用 C 原生外部函式支援的 CPython 模組輕鬆地使用 Fortran 程式碼。這意味著當你使用 f2py 時，你其實會自動產生一個知道如何使用 Fortran 程式碼的 C 模組！因此，它沒有 **ctypes** 與 **cffi** 解決方案的許多固有困擾。

範例 7-25 是求解擴散方程的 **f2py** 相容程式碼。事實上，所有原生的 Fortran 程式碼都與 **f2py** 相容；但是，針對函式引數的註記（以 !f2py 開頭的陳述式）會簡化產生的 Python 模組，讓介面容易使用。註記會隱性地告訴 **f2py** 我們只想將一個引數當成輸出或輸入，或可以就地修改或完全隱藏的東西。隱藏型態特別適合用於向量的大小，Fortran 或許明確地需要這些數字，但我們的 Python 程式已經擁有這項資訊了。當我們將型態設為「隱藏」時，**f2py** 可以自動幫我們填寫這些值，實質上在最終的 Python 介面隱藏它們。

範例 7-25　使用 *f2py* 註記的 *Fortran 2D 擴散碼*

```
SUBROUTINE evolve(grid, next_grid, D, dt, N, M)
    !f2py threadsafe
    !f2py intent(in) grid
    !f2py intent(inplace) next_grid
    !f2py intent(in) D
    !f2py intent(in) dt
    !f2py intent(hide) N
    !f2py intent(hide) M
    INTEGER :: N, M
    DOUBLE PRECISION, DIMENSION(N,M) :: grid, next_grid
    DOUBLE PRECISION, DIMENSION(N-2, M-2) :: laplacian
```

```
    DOUBLE PRECISION :: D, dt

    laplacian = grid(3:N, 2:M-1) + grid(1:N-2, 2:M-1) + &
                grid(2:N-1, 3:M) + grid(2:N-1, 1:M-2) - 4 * grid(2:N-1, 2:M-1)
    next_grid(2:N-1, 2:M-1) = grid(2:N-1, 2:M-1) + D * dt * laplacian
END SUBROUTINE evolve
```

下列命令可將程式碼組建成 Python 模組：

$ f2py -c -m diffusion --fcompiler=gfortran --opt='-O3' diffusion.f90

 我們在上面呼叫 **f2py** 時特別使用 **gfortran**，以確保它已經被安裝在你的
系統，或你已經修改對應的引數，來使用你已經安裝的 Fortran 編譯器。

這會建立一個綁定你的 Python 版本與作業系統的程式庫檔案（在我們的案例，它是
diffusion.cpython-37m-x86_64-linux-gnu.so），可被直接匯入 Python。

如果我們以互動的方式操作產生的模組，由於我們的註記以及 **f2py** 解析 Fortran 程式碼
的能力，我們可以看到它的好處：

```
>>> import diffusion

>>> diffusion?
Type:        module
String form: <module 'diffusion' from '[..]cpython-37m-x86_64-linux-gnu.so'>
File:        [..cut..]/diffusion.cpython-37m-x86_64-linux-gnu.so
Docstring:
This module 'diffusion' is auto-generated with f2py (version:2).
Functions:
  evolve(grid,scratch,d,dt)
.

>>> diffusion.evolve?
Call signature: diffusion.evolve(*args, **kwargs)
Type:           fortran
String form:    <fortran object>
Docstring:
evolve(grid,scratch,d,dt)

Wrapper for ``evolve``.

Parameters
grid : input rank-2 array('d') with bounds (n,m)
scratch :  rank-2 array('d') with bounds (n,m)
```

```
d : input float
dt : input float
```

從這段程式可以看到，f2py 生成的結果會自動產生文件，而且介面十分簡單。舉例來說，我們不需要提取向量的大小，f2py 已經知道如何自動找到這項資訊，並且在產生的介面中隱藏它。事實上，它產生的 evolve 函式的簽章看起來與我們在範例 6-14 中撰寫的純 Python 版本一模一樣。

唯一需要注意的是記憶體裡面的 numpy 陣列的順序。因為我們使用 numpy 與 Python 進行的工作大都在處理 C 衍生的程式碼，所以我們一定會使用 C 的做法在記憶體中排序資料（稱為**以列為主排序**（*row-major ordering*））。Fortran 使用不同的規範（**以行為主排序**（*column-major ordering*）），所以我們必須確保我們的向量遵守它。這些排序方法只是規定 2D 陣列在記憶體裡面連續排列的是列還是行[9]。幸好，這僅意味著我們要在宣告向量時，對著 numpy 指定 order='F' 參數。

> 排序法的差異基本上會改變在迭代多維陣列時，哪一個東西在外部迴圈。在 Python 與 C，用 array[X][Y] 來定義陣列時，外部迴圈將迭代 X，內部迴圈將迭代 Y。在 fortran，外部迴圈將迭代 Y，內部迴圈將迭代 X。如果你使用錯誤的迴圈順序，在最好的情況下，因為 cache-misses 的增加，你會遭受重大的性能損失（見第 117 頁的「記憶體碎片化」），最糟的情況是讀取錯誤的資料！

這會讓下列的程式碼使用 Fortran 程式。除了從 f2py 產生的程式庫匯入程式，以及明確地以 Fortran 方式排序資料之外，這段程式看起來與我們在範例 6-14 中使用的完全相同：

```python
from diffusion import evolve

def run_experiment(num_iterations):
    scratch = np.zeros(grid_shape, dtype=np.double, order="F")  ❶
    grid = np.zeros(grid_shape, dtype=np.double, order="F")

    initialize_grid(grid)

    for i in range(num_iterations):
        evolve(grid, scratch, 1.0, 0.1)
        grid, scratch = scratch, grid
```

❶ Fortran 在記憶體裡面以不同的方式排序數字，所以我們必須記得設定 numpy 陣列來使用該標準。

9　詳情見介紹 row-major 與 column-major ordering 的維基網頁（*http://bit.ly/row-major_order*）。

CPython 模組

最後，我們永遠可以直接進入 CPython API 層編寫 CPython 模組。此時，我們必須用開發 CPython 的同一種方式來編寫程式，並注意我們的程式碼與 CPython 實作之間的所有互動。

這種做法的好處是它有難以置信的可移植性，取決於 Python 版本。我們不需要任何外部模組或程式庫，只要使用 C 編譯器與 Python 即可！但是，它未必可以很好地擴展至新版的 Python。例如，針對 Python 2.7 編寫的 CPython 模組無法在 Python 3 中使用，反之亦然。

> 事實上，Python 3 剛推出時出現的降速大部分都是因為在進行這種修改時遇到困難。在建立 CPython 模組時，你會與實際的 Python 實作非常緊密的掛勾，這種語言的大改版（例如從 2.7 變成 3）都需要你對模組進行大規模修改。

不過，這種可移植性是有很大代價的，你要負責你的 Python 程式碼與模組之間的介面的每一個層面。這會讓即使是最簡單的工作都需要幾十行程式。例如，為了與範例 7-21 的擴散程式庫連接，我們必須寫 28 行程式，只為了讀取傳給函式的引數並解析它們（範例 7-26）。當然，這意味著你可以非常細膩地控制正在發生的事情。你可以一路往下，手動改變 Python 的資源回收使用的參考數量（在建立處理原生 Python 型態的 CPython 模組時，這可能是許多痛苦的根源）。因此，生成的程式碼往往比其他介面方法快得多。

> 總之，你應該將這種方法當成最終手段。雖然編寫 CPython 模組可以得到很多資訊，但生成的程式碼不像其他方法那樣容易重複使用或維護。如果你想在模組中進行一些小修改，可能需要完全重新編寫它。事實上，為了警告你，我們在此展示模組程式碼，以及編譯它所需的 *setup.py*（範例 7-27）。

範例 7-26 與 2D diffusion 程式庫連接的 CPython 模組

```
// python_interface.c
// diffusion.c 的 - cpython 模組介面

#define NPY_NO_DEPRECATED_API    NPY_1_7_API_VERSION
```

```
#include <Python.h>
#include <numpy/arrayobject.h>
#include "diffusion.h"

/* Docstrings */
static char module_docstring[] =
    "Provides optimized method to solve the diffusion equation";
static char cdiffusion_evolve_docstring[] =
    "Evolve a 2D grid using the diffusion equation";

PyArrayObject *py_evolve(PyObject *, PyObject *);

/* 模組規格 */
static PyMethodDef module_methods[] =
{
    /* { 方法名稱 , C 函式                    , 引數型態 , docstring        } */
    { "evolve", (PyCFunction)py_evolve, METH_VARARGS, cdiffusion_evolve_docstring },
    { NULL,     NULL,                             0, NULL                        }
};

static struct PyModuleDef cdiffusionmodule =
{
    PyModuleDef_HEAD_INIT,
    "cdiffusion",       /* 模組的名稱 */
    module_docstring,   /* 模組文件,可能是 NULL */
    -1,                 /* 模組的每個解譯器狀態的大小,
                         * 或是如果模組用全域變數保存狀態,則 -1 */
    module_methods
};

PyArrayObject *py_evolve(PyObject *self, PyObject *args)
{
    PyArrayObject *data;
    PyArrayObject *next_grid;
    double        dt, D = 1.0;

    /* "evolve" 函式有這個簽章:
     *     evolve(data, next_grid, dt, D=1)
     */
    if (!PyArg_ParseTuple(args, "OOd|d", &data, &next_grid, &dt, &D))
    {
        PyErr_SetString(PyExc_RuntimeError, "Invalid arguments");
        return(NULL);
    }

    /* 確保 numpy 陣列在記憶體中是連續的 */
    if (!PyArray_Check(data) || !PyArray_ISCONTIGUOUS(data))
```

```
{
    PyErr_SetString(PyExc_RuntimeError, "data is not a contiguous array.");
    return(NULL);
}
if (!PyArray_Check(next_grid) || !PyArray_ISCONTIGUOUS(next_grid))
{
    PyErr_SetString(PyExc_RuntimeError, "next_grid is not a contiguous array.");
    return(NULL);
}

/* 確保 grid 與 next_grid 有相同的型態
 * 與維數
 */
if (PyArray_TYPE(data) != PyArray_TYPE(next_grid))
{
    PyErr_SetString(PyExc_RuntimeError,
                    "next_grid and data should have same type.");
    return(NULL);
}
if (PyArray_NDIM(data) != 2)
{
    PyErr_SetString(PyExc_RuntimeError, "data should be two dimensional");
    return(NULL);
}
if (PyArray_NDIM(next_grid) != 2)
{
    PyErr_SetString(PyExc_RuntimeError, "next_grid should be two dimensional");
    return(NULL);
}
if ((PyArray_DIM(data, 0) != PyArray_DIM(next_grid, 0)) ||
    (PyArray_DIM(data, 1) != PyArray_DIM(next_grid, 1)))
{
    PyErr_SetString(PyExc_RuntimeError,
                    "data and next_grid must have the same dimensions");
    return(NULL);
}

evolve(
    PyArray_DATA(data),
    PyArray_DATA(next_grid),
    D,
    dt
    );

Py_XINCREF(next_grid);
return(next_grid);
}
```

```
/* 將模組初始化 */
PyMODINIT_FUNC
PyInit_cdiffusion(void)
{
    PyObject *m;

    m = PyModule_Create(&cdiffusionmodule);
    if (m == NULL)
    {
        return(NULL);
    }

    /* 載入 `numpy` 功能 */
    import_array();

    return(m);
}
```

為了組建這段程式,我們必須建立 *setup.py* 腳本,使用 distutils 模組來找出如何組建程式碼,讓它與 Python 相容(範例 7-27)。除了標準的 distutils 模組之外,numpy 也提供它自己的模組來協助你在 CPython 模組中加入 numpy 整合。

範例 7-27　*CPython 模組 diffusion 介面的設定檔*

```
"""
setup.py for cpython diffusion module.  The extension can be built by running

    $ python setup.py build_ext --inplace

which will create the __cdiffusion.so__ file, which can be directly imported into
Python.
"""

from distutils.core import setup, Extension
import numpy.distutils.misc_util

__version__ = "0.1"

cdiffusion = Extension(
    'cdiffusion',
    sources = ['cdiffusion/cdiffusion.c', 'cdiffusion/python_interface.c'],
    extra_compile_args = ["-O3", "-std=c11", "-Wall", "-p", "-pg", ],
    extra_link_args = ["-lc"],
)
```

```
setup (
    name = 'diffusion',
    version = __version__,
    ext_modules = [cdiffusion,],
    packages = ["diffusion", ],
    include_dirs = numpy.distutils.misc_util.get_numpy_include_dirs(),
)
```

這個程式會產生一個 *cdiffusion.so* 檔，可以在 Python 直接匯入，並相當輕鬆地使用。因為我們可以完全控制結果函式的簽章與 C 程式如何與程式庫互動，所以我們能夠（藉由一些辛苦的工作）建立容易使用的模組：

```
from cdiffusion import evolve

def run_experiment(num_iterations):
    next_grid = np.zeros(grid_shape, dtype=np.double)
    grid = np.zeros(grid_shape, dtype=np.double)

    # … 標準初始化 …

    for i in range(num_iterations):
        evolve(grid, next_grid, 1.0, 0.1)
        grid, next_grid = next_grid, grid
```

結語

本章介紹的各種策略可讓你對程式碼進行不同程度的專門化，以減少 CPU 必須執行的指令數量，並提高程式的效率。有時這可以用演算法完成，但通常必須手動完成（見第 160 頁的「JIT vs. AOT 編譯器」）。此外，你可能只是為了使用已經用其他語言寫好的程式庫而採取這些做法。無論動機為何，Python 可讓我們受益於其他語言針對某些問題提供的提速，同時在需要時保持詳細程度與靈活度。

我們也研究了如何使用 GPU，藉由特定用途的硬體，使用比 CPU 更快的速度解決問題。這些設備非常專門化，與典型的高性能編程相比，有非常不同的性能考量點。但是，我們已經看到，PyTorch 等新程式庫可讓你用前所未見的簡單程度評估 GPU。

不過，要注意的是，這些優化只是為了優化計算指令的效率。如果你讓 I/O-bound 程序與 compute-bound 問題掛勾，只編譯程式可能無法提升任何速度。對於這些問題，我們必須重新考慮解決方案，或許要使用平行化，來同時執行不同的工作。

非同步 I/O

到目前為止，我們主要關注的是，藉由增加程式在指定時間之內可以完成的計算週期數來加快程式速度。但是，在大數據時代，瓶頸可能是將相關資料傳入程式，而不是實際的程式碼本身。遇到這種情況時，你的程式稱為 *I/O bound*；換句話說，程式速度受限於輸入 / 輸出的速度。

對程式的流程而言，I/O 可能相當繁重。每當你的程式讀取檔案或寫入網路通訊端時，它就必須暫停，以聯繫 kernel，請求實際的讀取發生，接著等待它完成。這是因為實際讀取操作的不是你的程式，而是 kernel，因為 kernel 負責管理所有硬體互動。這個額外的階層看起來雖然不像毀滅世界的災難，尤其是當你想到每一次的記憶體配置都會出現類似的操作時，但是，從圖 1-3 可看到，我們執行的大多數 I/O 操作都是在比 CPU 慢好幾個數量級的設備上進行的。所以即使與 kernel 溝通很快，但我們要等很久才能讓 kernel 從設備取得結果並回傳給我們。

例如，它對網路通訊端進行寫入花掉的時間通常大約 1 毫秒，在這段時間內，我們可以在 2.4 GHz 電腦上計算 2,400,000 個指令。最糟糕的是，在這 1 毫秒內，我們的程式大部分的時間都是暫停的——我們的執行被暫停，並等待操作完成的訊號。暫停狀態花掉的時間稱為 *I/O 等待*（*I/O wait*）。

非同步 I/O 可協助我們利用這段浪費掉的時間，因為它可讓我們在 I/O 等待狀態時執行其他的操作。例如，圖 8-1 有一個必須執行三個工作的程式，它們都有 I/O 等待期。當我們循序執行它們時，我們將承受三次 I/O 等待的懲罰。但是，如果我們並行執行這些工作，我們實質上藉著同時執行其他工作來隱藏等待期。要注意的是，這些都是在單執行緒上發生的，而且每次只使用一個 CPU ！

之所以可以如此是因為雖然程式處於 I/O 等待，但 kernel 只是等待我們請求讀取的設備（硬碟、網路配接器、GPU 等）傳送一個訊號，告知被請求的資料已經就緒。不同於等待，我們可以創造一個機制（事件迴圈）來指派資料請求，持續執行計算操作，並且在資料可被讀取時接收通知。這與多處理（multiprocessing）/ 多執行緒（第 9 章）模式形成鮮明的對比，它會啟動一個新程序，雖然該程序會經歷 I/O 等待，但它使用現代 CPU 的多工性質來讓主程序繼續執行。但是，這兩種機制通常是一起使用的，此時，我們會啟動多個程序，每一個都可以高效執行非同步 I/O，以完全利用電腦的資源。

因為並行程式是在一個執行緒上運行的，它們通常比標準的多執行緒程式更容易撰寫與管理。所有並行函式都共享同樣的記憶體空間，所以在它們之間共享資料的方式與你預期的一樣。但是，你仍然要注意競態條件，因為你無法確定哪幾行程式在何時執行。

藉著用這種事件驅動法來建構程式，我們可以在單執行緒上利用 I/O 等待來執行更多操作。

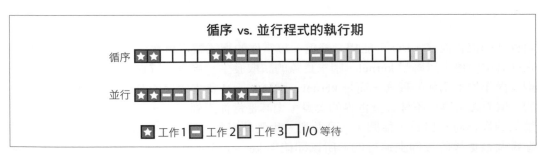

圖 8-1 循序與並行程式

非同步編程簡介

一般來說，當程式進入 I/O 等待時，執行會暫停，讓 kernel 可以執行與 I/O 請求有關的低階操作（這種情況稱為**情境轉換**（*context switch*）），直到 I/O 操作完成才會恢復執行。情境轉換是非常重量級的操作。它需要儲存程式的狀態（失去在 CPU 等級上的任何一種快取）並交出 CPU 的使用權。稍後，當我們獲准再次執行時，我們必須花時間重新在主機板初始化程式，並做好恢復的準備（當然，這些事情都是在私下發生的）。

另一方面，使用並行時，我們通常會執行一個事件迴圈來管理要讓程式中的哪些東西執行，以及何時執行。實質上，事件迴圈只是一串需要執行的函式。在裡面，最上面的函式會先執行，然後是下一個，以此類推。範例 8-1 是個簡單的事件迴圈。

範例 8-1　玩具事件迴圈

```python
from queue import Queue
from functools import partial

eventloop = None

class EventLoop(Queue):
    def start(self):
        while True:
            function = self.get()
            function()

def do_hello():
    global eventloop
    print("Hello")
    eventloop.put(do_world)

def do_world():
    global eventloop
    print("world")
    eventloop.put(do_hello)

if __name__ == "__main__":
    eventloop = EventLoop()
    eventloop.put(do_hello)
    eventloop.start()
```

雖然這看起來不是很大的改變，但是我們可以將事件迴圈與非同步（async）I/O 操作結合起來，在執行 I/O 工作時得到很大的收獲。在這個範例中，呼叫 eventloop.put(do_world) 近似非同步呼叫 do_world 函式。這項操作稱為 nonblocking，代表它會立刻 return，但不保證 do_world 會在稍後呼叫。類似地，如果這是使用非同步函式進行的網路寫入，它會立刻 return，即使寫入還沒有發生。完成寫入時，它會觸發一個事件，讓你的程式知道這件事。

將這兩個概念放在一起，我們可以得到這麼一個程式：當 I/O 操作被請求時，執行其他函式，同時等待原先的 I/O 操作完成。這實質上允許我們處於 I/O 等待時，仍然可以做有意義的計算。

 從一個函式切換到另一個函式是有代價的。kernel 必須花時間在記憶體裡面設置要呼叫的函式，而且快取的狀態將無法預測。正因為如此，當你的程式有大量的 I/O 等待時，並行能夠提供最佳的結果——切換函式的代價與利用 I/O 等待時間相較之下少多了。

通常使用事件迴圈的程式可以採取兩種形式：callback 與 future。在 callback 方案中，當你呼叫函式時，會使用一個通常稱為 *callback* 的引數。我們不是讓函式回傳它的值，而是用值來呼叫 callback 函式。這可以設定一長串被呼叫的函式鏈，其中每個函式都會取得這條鏈的上一個函式的結果（這些函式鏈有時稱為「callback 地獄」）。範例 8-2 是簡單的 callback 模式範例。

範例 8-2　*callback*

```
from functools import partial
from some_database_library import save_results_to_db

def save_value(value, callback):
    print(f"Saving {value} to database")
    save_result_to_db(result, callback)  ❶

def print_response(db_response):
    print("Response from database: {db_response}")

if __name__ == "__main__":
    eventloop.put(partial(save_value, "Hello World", print_response))
```

❶ save_result_to_db 是一個非同步函式，它會立刻 return，函式將會結束，並讓其他程式碼執行。但是，當資料就緒時，print_response 會被呼叫。

在 Python 3.4 之前，callback 模式非常流行。但是，asyncio 標準程式庫模組與 PEP 492
將 future 變成 Python 的原生機制。它的做法是建立一個標準 API 來處理非同步 I/O，以
及加入新的 await 及 async 關鍵字來定義非同步函式以及等待結果的方式。

在這種模式中，非同步函式會回傳一個 Future 物件，它是未來結果的承諾（promise）。
因此，如果我們想要在某個時刻得到結果，我們就要等待這些非同步函式回傳的 future
完成，並被填入我們想要的值（藉著對它進行 await，或執行一個明確地等待一個值就緒
的函式）。但是，這也意味著，雖然結果可以在呼叫方的環境裡面取得，但是在 callback
模式中，結果只能在 callback 函式中使用。在等待 Future 物件被填入我們請求的資料
時，我們可以進行其他的計算。如果我們將這種模式與產生器的概念（可以暫停執行並
在稍後恢復執行的函式）結合，我們可以寫出看起來很接近循序程式的非同步程式：

```python
from some_async_database_library import save_results_to_db

async def save_value(value):
    print(f"Saving {value} to database")
    db_response = await save_result_to_db(result)  ❶
    print("Response from database: {db_response}")

if __name__ == "__main__":
    eventloop.put(
        partial(save_value, "Hello World", print)
    )
```

❶ 在這個例子中，save_result_to_db 會回傳一個 Future 型態。藉著 awaiting 它，我
們可以確保 save_value 在值就緒之前都會被暫停，接著恢復並完成它的操作。

切記，save_result_to_db 回傳的 Future 物件保存了 Future 結果的承諾（*promise*），而
不是保存結果本身，或呼叫任何 save_result_to_db 程式碼。事實上，如果我們直接寫成
db_response_future = save_result_to_db(result)，這個陳述式會立刻完成，我們可以用
Future 物件做別的事情。例如，我們可以收集一串 futures，並同時等待它們全部。

async/await 如何運作？

async 函式（用 async def 定義）稱為*協程*（*coroutine*）。在 Python 中，協程的實作原理
與產生器一樣，這很方便，因為產生器已經有暫停它們的執行，並且在稍後恢復執行的
機制了。使用這種模式時，await 陳述式在函式中類似 yield 陳述式；當前函式的執行
會被暫停，讓其他程式執行。當 await 或 yield 解析資料之後，函式就會恢復執行。所

以在上述範例中，我們的 save_result_to_db 會回傳 Future 物件，await 陳述式會暫停函式，直到 Future 含有結果為止。事件迴圈負責在 Future 可以回傳結果之後，安排 save_value 的恢復。

在 Python 2.7 以 future 實作的並行中，當我們試著將協程當成實際的函式使用時會發生奇怪的事情。記得嗎？產生器無法回傳值，所以各種程式庫用不同的方式來處理這個問題。Python 3.4 加入新的機制來輕鬆地建立協程，並且讓它們仍然回傳值。但是，在 Python 2.7 時就存在的許多非同步程式庫都試圖處理這種尷尬情況的舊程式（特別是 tornado 的 gen 模組）。

在執行並行程式時，我們必須了解我們對於事件迴圈的依賴程度。一般來說，最完整的並行程式的主入口大部分都是在設定與啟動事件迴圈。但是，這是假設整個程式都是並行的的情況。在其他情況下，我們會在程式裡建立一組 future，接著啟動一個臨時事件迴圈，其用途只是管理既有的 future，接著事件迴圈會退出，程式可以正常恢復執行。我們通常使用 asyncio.loop 模組的 loop.run_until_complete(coro) 或 loop.run_forever() 方法來完成這件事。但是，asyncio 也提供一種方便的函式（asyncio.run(coro)）來簡化這個程序。

在這一章，我們將分析一個從 HTTP 伺服器抓取資料的 web 爬蟲，它有內在的延遲。它代表在處理 I/O 時都會出現的一般回應時間延遲。我們會先建立一個循序的爬蟲，來看看不成熟的 Python 解決方案。接下來我們會建構一個完整的 aiohttp 解決方案，藉著迭代 gevent 與 tornado。最後，我們要來看一下如何結合非同步 I/O 與 CPU 工作，來有效地隱藏任何用於執行 I/O 的時間。

 我們實作的 web 伺服器一次可以支援多個連結。執行 I/O 的設備大都是如此 —— 大部分的資料庫都可以一次送出多個請求，而且大部分的 web 伺服器都支援 10,000+ 個同時連結。但是，與無法一次處理多個連結的服務互動時，我們一定會得到與循序案例一樣的性能。

循序爬蟲

為了在實驗並行時進行控制，我們將寫一個循序 web 爬蟲，它可以接收一串 URL，抓取它們，並且加總網頁內容的總長度。我們將使用一種自訂的 HTTP 伺服器，它可以接收兩個參數，name 與 delay。delay 欄位將告訴伺服器在回應之前要暫停多少毫秒。name 欄位是用來記錄（logging）的。

藉著控制延遲參數,我們可以模擬伺服器回應查詢所花掉的時間。在真實世界中,它相當於一個緩慢的 web 伺服器、繁重的資料庫呼叫,或需要長時間執行的 I/O。對循序案例而言,這會導致我們的程式困在 I/O 等待更久,但是在稍後的並行範例中,它將提供一個機會,讓我們用 I/O 等待時間做其他的工作。

在範例 8-3 中,我們使用 requests 模組來執行 HTTP 呼叫。之所以選擇它是因為它很簡單。本節將使用 HTTP,因為它是一種簡單的 I/O 案例,而且可以輕鬆執行。一般來說,針對 HTTP 程式庫的任何呼叫都可以換成任何 I/O。

範例 8-3　循序 HTTP 爬蟲

```python
import random
import string

import requests

def generate_urls(base_url, num_urls):
    """
    我們在 URL 的結尾加入隨機的字元,
    來破壞 requests 程式庫或伺服器的任何快取機制
    """
    for i in range(num_urls):
        yield base_url + "".join(random.sample(string.ascii_lowercase, 10))

def run_experiment(base_url, num_iter=1000):
    response_size = 0
    for url in generate_urls(base_url, num_iter):
        response = requests.get(url)
        response_size += len(response.text)
    return response_size

if __name__ == "__main__":
    import time

    delay = 100
    num_iter = 1000
    base_url = f"http://127.0.0.1:8080/add?name=serial&delay={delay}&"

    start = time.time()
    result = run_experiment(base_url, num_iter)
    end = time.time()
    print(f"Result: {result}, Time: {end - start}")
```

當我們執行這段程式時，HTTP 伺服器看到的每一個請求的開始與停止時間是值得注意的有趣數據。它可以告訴我們程式碼在 I/O 等待期間的效率如何——因為我們的工作是發出 HTTP 請求，然後加總回傳的字元數量，我們必須能夠發出更多 HTTP 請求，以及處理任何回應，同時等待其他的請求完成。

見圖 8-2，一如預期，我們的請求沒有重疊。我們一次發出一個請求，並等待之前的請求完成，再移往下一個請求。事實上，循序程序的總執行時間是完全合理的。因為每一個請求花 0.1 秒（由於我們的 delay 參數），而且我們發出 500 個請求，所以這個執行時間應該是 50 秒。

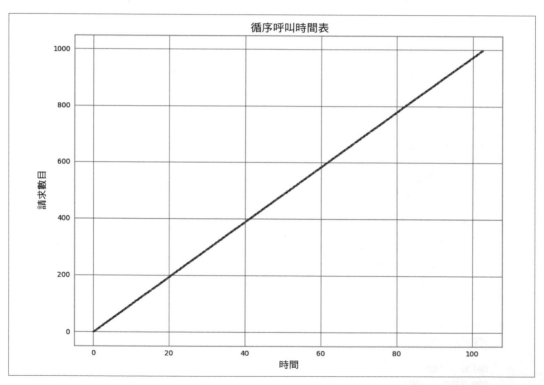

圖 8-2　範例 8-3 的請求時間

Gevent

gevent 是最簡單的非同步程式庫之一。它依循「讓非同步函式回傳 future」的模式,這意味著,在你的程式中的大部分邏輯都可以保持相同。此外,gevent 將標準 I/O 函式 monkey patch 為非同步的,所以在多數情況下,你可以直接使用標準的 I/O 程式包,並且受益於非同步行為。

Gevent 提供兩種非同步編程機制 —— 如前所述,它將標準程式庫 patch 成非同步 I/O 函式,而且它有一個 Greenlets 物件可用來進行並行執行。*greenlet* 是一種協程,可視為一種執行緒(見第 9 章對於執行緒的探討),但是,所有 greenlet 都是在同一個實體執行緒上運行的。不同於使用多顆 CPU 來執行所有的 greenlet,我們在一顆 CPU 上使用一個事件迴圈,能夠在等待 I/O 期間,在它們之間進行切換。在多數情況下,gevent 會試著藉著使用 wait 函式來盡量透明地處理事件迴圈。wait 函式會啟動一個事件迴圈,並運行它,直到所有 greenlet 完成為止。因此,大部分的 gevent 程式都會循序執行,接著到了某個時候,你要設定許多 greenlet 來執行並行工作,並使用 wait 函式啟動事件迴圈。當 wait 函式執行時,你安排的所有並行工作都會執行,直到完成(或出現停止條件),接著你的程式會回到循序狀態。

future 是用 gevent.spawn 建立的,它接收一個函式與傳給該函式的引數,並且啟動一個負責執行該函式的 greenlet。你可以將 greenlet 當成 future,因為當我們指定的函式完成時,它的值會被放在 greenlet 的 value 欄位內。

Python 標準程式庫的這一項修改讓我們難以控制事情的細節。例如,在進行非同步 I/O 時,我們想要確定沒有同時開啟太多檔案或連結,因為若是如此,由於在許多操作之間造成情境轉換,我們可能讓遠端伺服器過載,或是減慢程序的速度。

為了手動限制開啟檔案的數量,我們使用一個旗號(semaphore),一次只處理來自一百個 greenlet 的 HTTP 請求。旗號可以確保每次只能有一定數量的協程進入環境(context)區塊。因此,我們立刻啟動抓取 URL 的所有 greenlet,但是,一次只有其中的一百個可以發出 HTTP 呼叫。旗號是一種上鎖機制,經常在各種平行程式流程裡面使用。藉著使用各種規則來限制程式碼的進展,鎖可以協助你確保程式的各個組件不會互相干擾。

現在我們已經設置所有 future 了,並且加入上鎖機制,來控制 greenlet 的流程,我們可以使用 gevent.iwait 函式來等待,直到開始有結果為止,這個函式可接收一系列的 future,以及迭代就緒(ready)項目。或者,我們也可以使用 gevent.wait,它會凍結程式的執行,直到所有請求都完成為止。

我們不辭辛勞地使用旗號將請求分組，而不是一次傳送它們，因為讓事件迴圈過載可能導致性能降低（所有非同步程式都是如此）。此外，伺服器可以同時回應的並行請求數量是有限的。

從實驗可以看到（見圖 8-3），對於回應時間大約 50 毫秒的請求，一次打開 100 個左右的連結是最理想的。如果我們使用更少連結，我們仍然會浪費時間在 I/O 等待上。此外，我們在事件迴圈裡面太頻繁地轉換情境，讓程式平添沒必要的開銷。我們可以看到這種效果在 400 個 50 毫秒的並行請求中發揮作用。話雖如此，100 這個值取決於許多事情——執行程式的電腦、事件迴圈的實作方式、遠端主機的屬性、遠端伺服器的預期回應時間等等。我們建議先做一些實驗再選擇該數量。

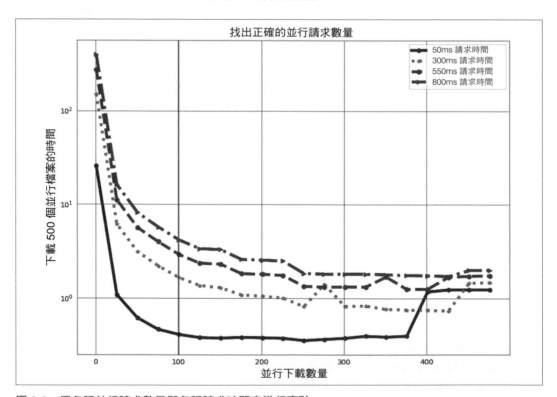

圖 8-3　用各種並行請求數量與各種請求時間來進行實驗

在範例 8-4 中,我們使用旗號來確保一次只有 100 個請求來實作 gevent 爬蟲。

範例 8-4　*gevent HTTP 爬蟲*

```python
import random
import string
import urllib.error
import urllib.parse
import urllib.request
from contextlib import closing

import gevent
from gevent import monkey
from gevent.lock import Semaphore

monkey.patch_socket()

def generate_urls(base_url, num_urls):
    for i in range(num_urls):
        yield base_url + "".join(random.sample(string.ascii_lowercase, 10))

def download(url, semaphore):
    with semaphore:                                              ❷
        with closing(urllib.request.urlopen(url)) as data:
            return data.read()

def chunked_requests(urls, chunk_size=100):
    """
    這個函式接收 url 的 iterable 之後,
    會 yield URL 的內容回去。請求會用旗語與
    "chunk_size" 來分批
    """
    semaphore = Semaphore(chunk_size)                            ❶
    requests = [gevent.spawn(download, u, semaphore) for u in urls]   ❸
    for response in gevent.iwait(requests):
        yield response

def run_experiment(base_url, num_iter=1000):
    urls = generate_urls(base_url, num_iter)
    response_futures = chunked_requests(urls, 100)               ❹
    response_size = sum(len(r.value) for r in response_futures)
    return response_size

if __name__ == "__main__":
    import time

    delay = 100
```

```
num_iter = 1000
base_url = f"http://127.0.0.1:8080/add?name=gevent&delay={delay}&"

start = time.time()
result = run_experiment(base_url, num_iter)
end = time.time()
print(f"Result: {result}, Time: {end - start}")
```

❶ 我們在這裡產生一個旗號（semaphore），來讓 chunk_size 下載發生。

❷ 藉著將旗號當成 context manager 來使用，我們可以確保一次只有 chunk_size 個 greenlet 可以執行環境（context）的內文。

❸ 我們將需要的 greenlet 數量加入佇列中，在我們使用 wait 與 iwait 來啟動事件迴圈之前，它們都不會執行。

❹ 現在 response_futures 保存已完成的 future 的產生器，它們的 .value 屬性裡面都有我們想要的資料。

需要注意的重點是，我們使用 gevent 來讓 I/O 請求是非同步的，但我們在 I/O 等待時，沒有進行任何非 I/O 計算。但是，在圖 8-4 中，我們可以看到大量的提速（見表 8-1）。藉著發出更多請求，同時等待之前的請求完成，我們取得 90 倍的提速。在圖中，橫線代表請求，我們可以從重疊的橫線看到，請求會在之前的請求完成之前被送出。這與循序爬蟲（圖 8-2）形成鮮明的對比，在那張圖中，橫線只會在上一個橫線完成之後開始。

此外，在圖 8-4，我們可以從 gevent 請求時間軸的形狀看到更多有趣的效果。例如，在大約第 100 次請求的地方有一個暫停，沒有新的請求被啟動。這是因為它是旗號第一次匹配，而且我們能夠鎖住旗號，直到之前的請求都完成為止。接下來，旗號進入平衡狀態，它只會在另一個請求完成並解鎖時鎖定。

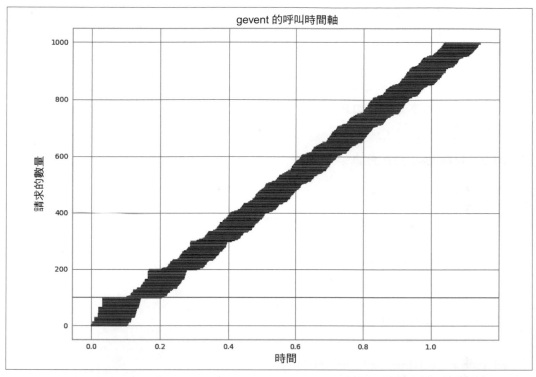

圖 8-4　gevent 爬蟲的請求時間——紅線是第 100 次請求，我們可以在那裡看到，在後續請求被發出之前有一個暫停

tornado

在 Python 中，tornado 是另一種常用的非同步 I/O 程式包，它原本是 Facebook 開發的，主要用於 HTTP 用戶端與伺服器。這個框架在 Python 3.5 加入 async/await 時就出現了，原本是使用 callback 系統來安排非同步呼叫。但是，近來，這個專案的維護者決定使用協程，並且在 asyncio 模組的架構裡面發揮了至關重要的作用。

目前，tornado 可以讓你使用 async/await 語言（Python 的標準語法），以及使用 Python 的 tornado.gen 模組。這個模組是 Python 的原生協程的前身。它的做法是提供一個裝飾器來將方法轉換成協程（這種方式的效果與使用 async def 來定義函式一樣）與各種管理協程的執行期的工具。目前，除非你打算支援比 Python 3.5 更舊的版本，否則不需要使用這種裝飾器的做法 [1]。

1　我們確定你不會這樣做！

在使用 tornado 時，你必須安裝 pycurl。雖然它對 tornado 而言是選用的後端，但它的表現比預設的後端更好，特別是在處理 DNS 請求時。

在範例 8-5，我們實作了與使用 gevent 時一樣的 web 爬蟲，但我們使用 tornado I/O 迴圈（它的事件迴圈版本）與 HTTP 用戶端。這可以省去為請求分批，以及處理程式碼的低階層面的麻煩。

範例 8-5　tornado HTTP 爬蟲

```python
import asyncio
import random
import string
from functools import partial

from tornado.httpclient import AsyncHTTPClient

AsyncHTTPClient.configure(
    "tornado.curl_httpclient.CurlAsyncHTTPClient",
    max_clients=100    ❶
)

def generate_urls(base_url, num_urls):
    for i in range(num_urls):
        yield base_url + "".join(random.sample(string.ascii_lowercase, 10))

async def run_experiment(base_url, num_iter=1000):
    http_client = AsyncHTTPClient()
    urls = generate_urls(base_url, num_iter)
    response_sum = 0
    tasks = [http_client.fetch(url) for url in urls]    ❷
    for task in asyncio.as_completed(tasks):    ❸
        response = await task    ❹
        response_sum += len(response.body)
    return response_sum

if __name__ == "__main__":
    import time

    delay = 100
    num_iter = 1000
    run_func = partial(
        run_experiment,
        f"http://127.0.0.1:8080/add?name=tornado&delay={delay}&",
        num_iter,
```

```
)

start = time.time()
result = asyncio.run(run_func)   ❺
end = time.time()
print(f"Result: {result}, Time: {end - start}")
```

❶ 我們可以設置 HTTP 用戶端，並選擇想要使用的後端程式庫，以及要將多少請求分成一批。tornado 預設最多 10 個並行請求。

❷ 我們生成許多 Future 物件來排列抓取 URL 內容的工作。

❸ 這會執行排列在 tasks 串列內的所有協程，並且在它們完成時，yiled 它們。

❹ 因為協程已經完成了，這裡的 await 陳述式會立刻回傳最早完成的工作的結果。

❺ ioloop.run_sync 只在指定函式的執行期間啟動 IOLoop。另一方面，ioloop.start() 會啟動必須手動終止的 IOLoop。

範例 8-5 的 tornado 程式與範例 8-4 的 gevent 之間最重要的不同在於事件迴圈的執行時間。在 gevent 中，事件迴圈只會在 iwait 函式正在執行時執行。另一方面，在 tornado 中，事件迴圈會在整個時間執行，並控制程式的完整執行流程，而不僅僅是非同步 I/O 的部分。

所以 tornado 非常適合所有主要受 I/O 限制的 app，這種應用程式大部分（或全部）都是非同步的。這就是 tornado 這種高性能 web 伺服器如此知名的原因。事實上，Micha 曾經在很多情況下編寫了採用 tornado 後端的資料庫，以及需要許多 I/O 的資料結構[2]。

另一方面，因為 gevent 對你的程式沒有整體要求，它很適合處理主要使用 CPU、且有時涉及大量 I/O 的問題——例如，用資料組進行大量計算，接著必須將結果送回資料庫儲存的程式。因為大部分的資料庫都有簡單的 HTTP API，所以這項工作變得更加簡單，這意味著你甚至可以使用 grequests。

gevent 與 tornado 之間的另一個有意思的差異是，它們在內部改變請求呼叫圖的方式。比較圖 8-5 與圖 8-4。在 gevent 呼叫圖中，我們看到一個非常統一的呼叫圖，在裡面，當旗號裡面的一個槽（slot）打開時，就會發出新的請求。另一方面。tornado 的呼叫圖是斷斷續續的。這意味著限制開啟連結的數量其內部機制的反應不夠快，以致於無法請求結束。在呼叫圖中，線看起來比一般的更細或更粗的區域代表事件迴圈沒有用最好的方式執行它的任務，也就是我們沒有充分使用或過度使用資源。

---

2   例如，fuggetaboutit（*http://bit.ly/fuggetaboutit*）是一種特殊的機率資料結構（見第 365 頁的「機率資料結構」），它使用 tornado IOLoop 來排程基於時間的工作。

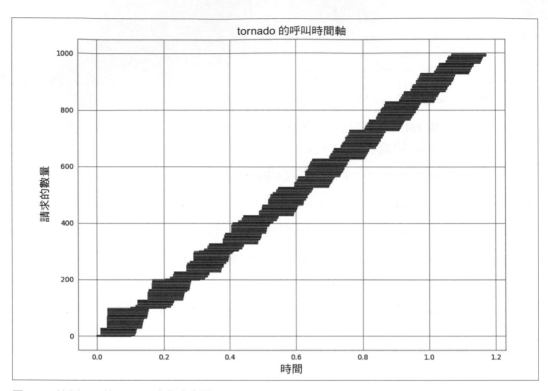

圖 8-5　範例 8-5 的 HTTP 請求時序圖

 對使用 asyncio 來執行事件迴圈的所有程式庫而言，我們其實可以改變後
端程式庫。例如，uvloop（*https://oreil.ly/Qvgq6*）專案提供一種方便的
asyncio 事件迴圈替代方案，聲稱可以大幅提速。這些提速主要在伺服器
端，在本章談到的用戶端範例中，它們只提供少量的性能提升。但是，因
為使用這個事件迴圈只需要加兩行程式，所以沒有什麼不使用它的理由！

我們可以從重複吸取的教訓中了解這種速度下降的原因：泛用的程式之所以好用是因
為它們可以很好地解決所有問題，但無法完美地處理個別問題。當你處理大型的 web
app，或可能在很多地方發出 HTTP 請求的碼庫時，用來限制 100 個持續連接的機制非
常好用。我們只要使用一個簡單的配置，就可以確保整體而言打開的連結不超過定義
的數量。但是，在我們的情況中，我們可以從非常具體的處理方式中受益（就像我們在
gevent 範例中做的那樣）。

aiohttp

為了回應大家喜歡使用非同步功能來處理繁重的 I/O 系統，Python 3.4+ 改善了舊的 asyncio 標準程式庫模組。但是，當時這個模組相當低階，為第三方程式庫提供所有低階機制，方便它們建立容易使用的非同步程式庫。aiohttp 是第一個完全使用新的 asyncio 程式庫建立的流行程式庫。它提供 HTTP 用戶端與伺服器功能，並使用與 tornado 類似的 API。aio-libs（*https://oreil.ly/c0dgk*）整個專案為各種用途提供了原生的非同步程式庫。範例 8-6 說明如何使用 aiohttp 來實作 asyncio 爬蟲。

範例 8-6　asyncio HTTP 爬蟲

```python
import asyncio
import random
import string

import aiohttp

def generate_urls(base_url, num_urls):
    for i in range(num_urls):
        yield base_url + "".join(random.sample(string.ascii_lowercase, 10))

def chunked_http_client(num_chunks):
    """
    回傳一個可以從 URL 抓取資料的函式，
    確保只有 "num_chunks" 個同時的連結。
    """
    semaphore = asyncio.Semaphore(num_chunks)      ❶

    async def http_get(url, client_session):       ❷
        nonlocal semaphore
        async with semaphore:
            async with client_session.request("GET", url) as response:
                return await response.content.read()

    return http_get

async def run_experiment(base_url, num_iter=1000):
    urls = generate_urls(base_url, num_iter)
    http_client = chunked_http_client(100)
    responses_sum = 0
    async with aiohttp.ClientSession() as client_session:
        tasks = [http_client(url, client_session) for url in urls]     ❸
        for future in asyncio.as_completed(tasks):                     ❹
            data = await future
            responses_sum += len(data)
```

```
        return responses_sum

if __name__ == "__main__":
    import time

    loop = asyncio.get_event_loop()
    delay = 100
    num_iter = 1000

    start = time.time()
    result = loop.run_until_complete(
        run_experiment(
            f"http://127.0.0.1:8080/add?name=asyncio&delay={delay}&", num_iter
        )
    )
    end = time.time()
    print(f"Result: {result}, Time: {end - start}")
```

❶ 如同 gevent 範例，我們必須使用旗號來限制請求的數量。

❷ 我們回傳一個新的協程，它會非同步地下載檔案，並遵守旗號的鎖定。

❸ http_client 函式回傳 future。為了追蹤進度，我們將 future 存入串列。

❹ 如同 gevent，我們可以等待 future 就緒，並迭代它們。

這段程式最特別的地方是 async with、async def 與 await 的數量。在 http_get 的定義中，我們使用非同步 context manager，以並行友善的方式進入共享的資源。也就是說，藉著使用 async with，我們允許其他的協程一邊執行，一邊等待取得我們請求的資源。因此，與之前使用的 tornado 相比，我們可以更高效地共享「打開的旗號槽」或「已經打開的主機連結」之類的東西。

事實上，圖 8-6 這張呼叫圖顯示與圖 8-4 的 gevent 類似的平順過渡。此外，整體而言，asyncio 程式比 gevent 快一些（1.10 秒 vs. 1.14 秒，見表 8-1），雖然各個請求的時間略長一些。這種情況只能用「被旗號暫停，或因為等待 HTTP 用戶端而暫停的協程可以更快恢復」來解釋。

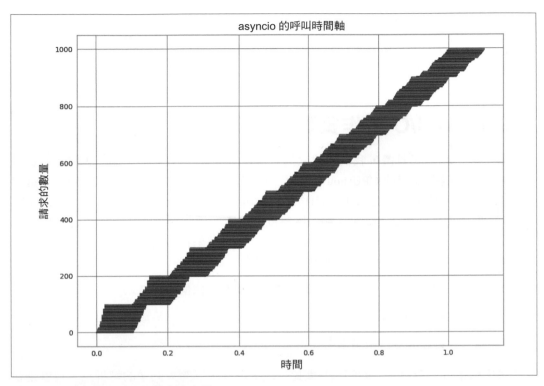

圖 8-6　範例 8-6 的 HTTP 請求時序圖

範例程式也展示了使用 aiohttp 與使用 tornado 之間的巨大差異，使用 aiohttp 時，我們可以充分控制事件迴圈與我們發出的請求的各種細節。例如，我們手動取得用戶端對話（session），它負責快取打開的連結，我們也手動從連結進行讀取。我們也可以視需求更改連結快取發生的時間，或決定只寫入伺服器，而不讀取它的回應。

雖然對這個簡單的範例來說，這種控制程度有點過頭，但是在真實世界的 app 中，我們確實可以用它來微調 app 的性能。你可以輕鬆地將工作加入事件迴圈，而不需要等待它們的回應，也可以輕鬆地將逾時（time-out）加入工作，以限制它們的執行時間，甚至可以加入在工作完成時自動觸發的函式。所以我們可以建立精密的執行期模式，在 I/O 等待期間執行程式，來充分利用我們獲得的時間。特別是，當我們運行 web 服務（例如需要為各個請求執行計算工作的 API）時，這種控制權可讓我們編寫「防禦性」程式，在新請求進入時，將執行時間讓給其他的工作。我們將在第 231 頁的「完全非同步」進一步討論這個部分。

表 8-1　比較各種爬蟲的總執行時間

	循序	gevent	tornado	aiohttp
執行時間（秒）	102.684	1.142	1.171	1.101

共享 CPU–I/O 工作負載

為了讓上述的範例更具體，我們將建立另一個玩具問題，在裡面，有一個需要與資料庫頻繁溝通來儲存結果的 CPU-bound 問題。CPU 的工作負載可以是任何東西，在這個例子中，我們用越來越大的工作負載因子來取得隨機字串的 bcrypt 雜湊，以增加 CPU-bound 工作的數量（見表 8-2 來了解「困難度」參數如何影響執行時間）這個問題可以代表任何一種需要進行大量計算，而且必須將計算的結果存入資料庫，從而可能導致嚴重的 I/O 懲罰的問題。我們對資料庫施加的限制有：

- 它有一個 HTTP API，所以我們可以像稍早的範例一樣使用程式碼[3]。

- 回應時間大約是 100 毫秒。

- 資料庫一次可以滿足許多請求[4]。

我們選擇讓這個「資料庫」的回應時間比一般情況高，以誇大問題的轉折點，也就是執行一項 CPU 工作的時間比執行一項 I/O 工作的時間更長。對只儲存簡單值的資料庫來說，大於 10 毫秒的回應時間應該是很慢的！

表 8-2　計算單一雜湊的時間

困難度參數	8	10	11	12
每次迭代的秒數	0.0156	0.0623	0.1244	0.2487

循序

我們來看一些簡單的程式，它們計算字串的 bcrypt 雜湊，並且會在每次算出結果時，對資料庫的 HTTP API 發出一個請求：

```
import random
import string

import bcrypt
```

3　這不是必要的，它只是為了簡化我們的程式。

4　所有分散式資料庫與其他流行的資料庫（例如 Postgres、MongoDB 等）都是如此。

```
import requests

def do_task(difficulty):
    """
    使用 bcrypt 以及指定的困難度來將
    隨機的 10 個字元的字串雜湊化
    """
    passwd = ("".join(random.sample(string.ascii_lowercase, 10))    ❶
                .encode("utf8"))
    salt = bcrypt.gensalt(difficulty)    ❷
    result = bcrypt.hashpw(passwd, salt)
    return result.decode("utf8")

def save_result_serial(result):
    url = f"http://127.0.0.1:8080/add"
    response = requests.post(url, data=result)
    return response.json()

def calculate_task_serial(num_iter, task_difficulty):
    for i in range(num_iter):
        result = do_task(task_difficulty)
        save_number_serial(result)
```

❶ 產生隨機的 10 個字元的 byte array。

❷ **difficulty** 參數代表藉著增加雜湊演算法的 CPU 與記憶體需求，來產生密碼的困難度。

如同循序範例（範例 8-3），每一個資料庫儲存的請求時間（100 毫秒）都不會重疊，我們必須為每一個結果付出這個代價。因此，對一個困難度為 8 的工作迭代 600 次需要 71 秒。但是，我們知道，由於循序請求的工作方式，我們至少要花費 40 秒來執行 I/O ！程式有 56% 的時間花在執行 I/O 上面，而且，它在「I/O 等待」期閒置，這些時間是可以做其他事情的！

當然，由於 CPU 問題需要越來越多時間，進行這個循序 I/O 的相對降速也會降低。這單純是因為，與執行這個計算所需的長時間相比，在每個工作之後暫停 100 毫秒的成本是微不足道的（見圖 8-7）。這個事實突顯了在考慮優化之前，先了解工作的負載有多麼重要。如果你有一個需要花好幾個小時的 CPU 工作，與一個只需要花幾秒的 I/O 工作，那麼努力加快 I/O 工作的速度不會帶來你所期望的巨幅加速！

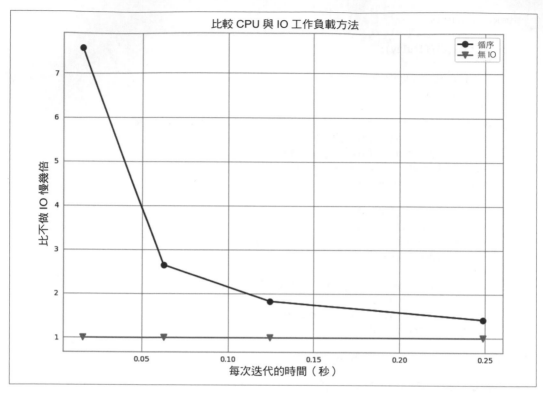

圖 8-7　比較循序程式與無 I/O 的 CPU 工作

分批結果

我們先不採取完全非同步的方案,而是先嘗試一下中間方案。如果我們不需要立刻知道資料庫內的結果,我們可以將結果分批,並且以非同步的方式,將它們送至資料庫。為此,我們要建立一個物件,AsyncBatcher,它會負責排列將要送至資料庫的結果,以小型的非同步突發(burst)方式傳送。這種做法仍然會暫停程式,並且進入沒有 CPU 工作的 I/O 等待,但是在這段時間內,我們可以發送許多並行請求,而不是一次發送一個:

```
import asyncio
import aiohttp

class AsyncBatcher(object):
    def __init__(self, batch_size):
        self.batch_size = batch_size
        self.batch = []
```

```
        self.client_session = None
        self.url = f"http://127.0.0.1:8080/add"

    def __enter__(self):
        return self

    def __exit__(self, *args, **kwargs):
        self.flush()

    def save(self, result):
        self.batch.append(result)
        if len(self.batch) == self.batch_size:
            self.flush()

    def flush(self):
        """
        同步的 flush 函式，它會啟動一個 IOLoop，
        用來執行非同步 flush 函式
        """
        loop = asyncio.get_event_loop()
        loop.run_until_complete(self.__aflush())    ❶

    async def __aflush(self):    ❷
        async with aiohttp.ClientSession() as session:
            tasks = [self.fetch(result, session) for result in self.batch]
            for task in asyncio.as_completed(tasks):
                await task
        self.batch.clear()

    async def fetch(self, result, session):
        async with session.post(self.url, data=result) as response:
            return await response.json()
```

❶ 我們可以啟動一個事件迴圈，只用來運行一個非同步函式。這個事件迴圈在非同步函式完成之前會不斷執行，接下來，程式會正常恢復。

❷ 這個函式與範例 8-6 幾乎相同。

接著我們可以採取和之前幾乎一樣的做法。主要的差異在於，我們將結果加入 AsyncBatcher，並讓它負責何時傳送請求。注意，我們把這個物件放入 context manager，因此完成分批就會呼叫最終的 flush()。如果不這樣做，我們可能仍然有一些未觸發 flush 且在佇列中的結果：

```
def calculate_task_batch(num_iter, task_difficulty):
    with AsyncBatcher(100) as batcher:    ❶
        for i in range(num_iter):
            result = do_task(i, task_difficulty)
            batcher.save(result)
```

❶ 我們選擇將 100 個請求當成一批，原因類似圖 8-3 所指的。

藉由這個修改，我們能夠將難度 8 的執行時間降低到 10.21 秒。這意味著我們不需要做太多事就提升 6.95 倍的速度。在即時資料管線這種受限的環境中，這個額外的速度可能意味著「能夠滿足需求的系統」及「落後的系統」（此時需要佇列，見第 10 章）之間的差異。

為了了解在這個時間發生什麼事，我們來考慮可能影響這個分批方法的時間的變數。如果我們的資料庫有無窮的傳輸量（也就是可以同時傳送無限數量的請求，且不受懲罰），當 AsyncBatcher 已滿並執行 flush 時，我們只會得到 100 毫秒的懲罰。此時，我們只要在計算完成時，一次將所有請求存入資料庫，即可得到最佳性能。

但是，在真實世界中，資料庫有最大的傳輸量，這限制了它們可以處理的並行請求的數量。此時，我們的伺服器被限制為每秒 100 個請求，這意味著每隔一百個結果就要 flush 我們的 batcher，然後接受 100 毫秒的懲罰。這是因為 batcher 仍然會暫停程式的執行，與循序程式一樣，但是，在那個暫停時間，它可以執行許多請求，而不是只有一個。

如果我們試著在最後儲存所有結果，再一次發送它們全部，伺服器一次只能處理一百個，所以我們會有額外的懲罰，除了資料庫超載之外，也有同時發出所有請求的開銷，這會造成各種無法預測的降速。

另一方面，如果伺服器的傳輸量很糟，一次只能處理一個請求，程式也會循序執行！即使我們繼續將 100 個結果組為一批，當我們實際發出請求時，一次只有一個會被回應，實質上讓分批無效。

將結果分批的機制也稱為 *pipelining*（管線化），它可以大幅降低 I/O 工作的負擔（見圖 8-8）。它在「非同步 I/O 的速度」與「編寫循序程式的方便度」之間取得很好的平衡。但是，要將多少結果分為一批是依實際情況而定的，而且需要進行一些分析與微調，才能得到最佳性能。

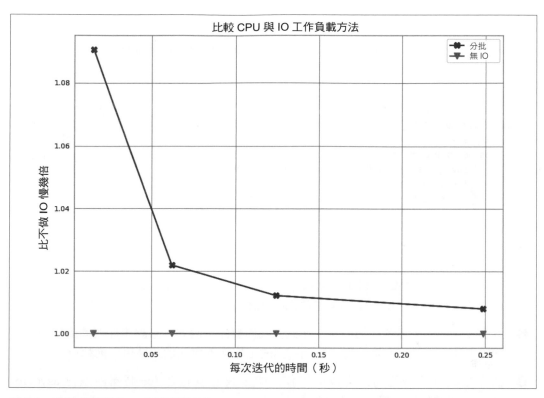

圖 8-8　比較分批請求 vs. 不做任何 I/O

完全非同步

有時我們需要實作完全非同步的方案，這或許是因為 CPU 任務是更大型的 I/O-bound 程式（例如 HTTP 伺服器）的一部分。假如你有一個 API 服務，為了回應端點，它必須執行繁重的計算工作。我們仍然希望 API 能夠處理並行的請求，並且高效地處理它的工作，但我們也希望 CPU 工作快速地執行。

範例 8-7 的解決方案使用非常類似範例 8-6 的程式。

範例 8-7　非同步 CPU 工作負載

```
def save_result_aiohttp(client_session):
    sem = asyncio.Semaphore(100)

    async def saver(result):
        nonlocal sem, client_session
```

```
            url = f"http://127.0.0.1:8080/add"
            async with sem:
                async with client_session.post(url, data=result) as response:
                    return await response.json()

        return saver

    async def calculate_task_aiohttp(num_iter, task_difficulty):
        tasks = []
        async with aiohttp.ClientSession() as client_session:
            saver = save_result_aiohttp(client_session)
            for i in range(num_iter):
                result = do_task(i, task_difficulty)
                task = asyncio.create_task(saver(result))      ❶
                tasks.append(task)
                await asyncio.sleep(0)      ❷
            await asyncio.wait(tasks)      ❸
```

❶ 不同於 await 我們的資料庫立刻儲存，我們使用 asyncio.create_task 將它排入事件迴圈並追蹤它，以便確保工作在函式結束之前完成。

❷ 這應該是函式中最重要的一行。在此，我們暫停主函式，來讓事件迴圈處理所有擱置的工作。如果沒有這一行，我們排列的工作都不會在函式結束之前執行。

❸ 我們在此等待任何尚未完成的工作。如果我們沒有在 for 迴圈內執行 asyncio.sleep，所有的儲存都會在此發生！

在討論這段程式的性能特性之前，我們要先探討 asyncio.sleep(0) 陳述式的重要性。或許休眠 0 秒很奇怪，但是這個陳述式可以強迫函式延遲至事件迴圈才執行，並且讓其他工作可以運行。在非同步程式中，這種延遲通常會在每次有 await 陳述式執行時發生。因為我們通常不會在 CPU-bound 程式中 await，所以強制執行這個延遲非常重要，否則在 CPU-bound 程式完成之前，任何其他工作都不會執行。在這個例子中，如果我們沒有 sleep 陳述式，HTTP 請求在 asyncio.wait 陳述式之前都會暫停，然後所有請求會被一次發出，這當然不是我們要的！

這樣控制有一個好處在於，我們可以選擇延遲回到事件迴圈的最佳時機。在做這件事的時候需要考慮很多東西。因為當我們延遲時，程式的執行狀態會改變，所以我們不希望在計算執行到一半時做這件事，並且改變 CPU 快取。此外，延遲至事件迴圈有開銷，所以我們不想要太頻繁地做這件事。但是，當我們被限制執行 CPU 工作時，我們無法做任何 I/O 工作。所以如果整個 app 是個 API，在 CPU 時間的期間，任何請求都無法被處理！

根據經驗，你應該在任何一個預期每隔 50 至 100 毫秒左右迭代一次的迴圈中，試著發出一個 `asyncio.sleep(0)`。有些 app 使用 `time.perf_counter` 並且讓 CPU 工作有特定長度的執行時間，再強制它休眠。不過，在這種情況下，因為我們可以控制 CPU 與 I/O 工作的數量，我們只要確保兩次休眠之間的時間與完成被擱置的 I/O 工作所需的時間一致即可。

完全非同步方案的主要性能優勢在於，我們可以在執行 CPU 工作時執行所有的 I/O，有效地將它隱藏在總執行時間之後（見圖 8-9 中重疊的線條）。雖然因為有事件迴圈的開銷，它不可能被完全隱藏，但我們可以得到非常接近的結果。事實上，對困難度 8 進行 600 次迭代時，我們的程式比循序程式快 7.3 倍，而且執行所有 I/O 工作負載的速度比分批程式快 2 倍（隨著迭代更多次，與分批程式相比，這種優勢只會越來越好，因為分批程式每次都要暫停 CPU 工作來 flush 一批結果，所以比非同步程式浪費時間）。

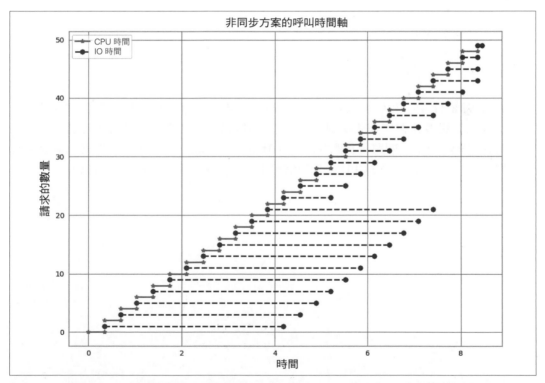

圖 8-9　使用 aiohttp 方案來進行 25 次難度 8 的 CPU 工作時的呼叫圖──紅線代表執行 CPU 工作的時間，藍色代表傳送結果給伺服器的時間

我們可以在呼叫時間軸裡面看到發生了什麼事。我們為 25 個短時間執行的難度 8 的 CPU 工作的每一個 CPU 與 I/O 工作標上開始與結束。前幾個 I/O 工作是最慢的，花了一些時間來對伺服器進行初始連結。因為我們使用 aiohttp 的 ClientSession，這些連結會被快取，針對同一個伺服器的所有後續的連結都快很多。

接下來，如果我們只把焦點放在藍線，它們看起來非常有規律地發生，在 CPU 工作之間沒有太多暫停。事實上，我們在工作之間的 HTTP 請求看不到 100 毫秒延遲，而是看到 HTTP 請求在每個 CPU 工作結束時被快速發出，稍後，在另一個 CPU 工作的結束時被標為完成。

但是，我們也看到，各個 I/O 工作花費的時間都超過 100 毫秒的伺服器回應時間。有更長的等待時間是因為 asyncio.sleep(0) 陳述式的頻率（因為各個 CPU 工作都有一個 await，而各個 I/O 工作有三個），以及事件迴圈決定下一個工作是什麼的方式。對 I/O 工作而言，這個額外的等待時間是 OK 的，因為它不會中斷手中的 CPU 工作。事實上，在執行結束時，我們可以看到 I/O 執行時間縮短了，直到最後一個 I/O 工作執行為止。最後一條藍線是 asyncio.wait 陳述式觸發的，而且跑得非常快，因為它是最後一個工作，不需要切換至其他工作了。

在圖 8-10 與 8-11 中，我們可以看到這些修改如何影響程式處理各種工作負載的摘要。非同步程式的速度比循序程式快很多，雖然離原始的 CPU 問題獲得的速度還有一段距離。若要徹底解決這個問題，我們要使用 multiprocessing 之類的模組來取得一個完全獨立的程序，在不減緩問題的 CPU 部分的情況下，用它來處理程式的 I/O 負擔。

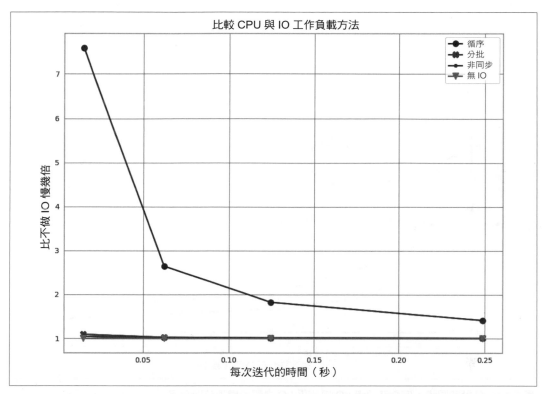

圖 8-10 循序 I/O、分批非同步 I/O、完全非同步 I/O，以及完全停用 I/O 的控制案例之間的處理時間差異

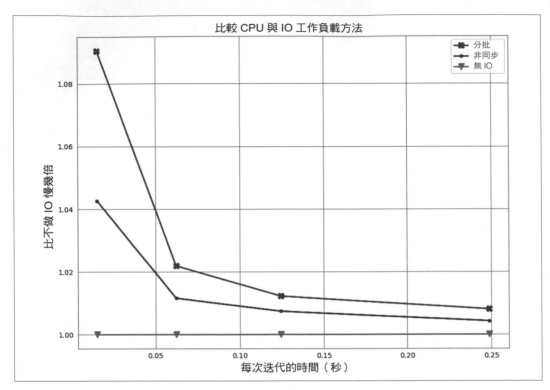

圖 8-11　分批非同步、完全非同步 I/O 與停用 I/O 之間的處理時間差異

結語

在解決真實世界與生產系統的問題時，我們經常需要與外部來源進行溝通。這個外部來源可能是在其他伺服器上運行的資料庫、另一個工作電腦，或提供原始資料的資料服務。若是如此，你的問題很快就會變成 I/O-bound，也就是大部分的執行時間都會花在處理輸入 / 輸出上面。

並行可以藉著交錯執行計算與多個 I/O 操作來處理 I/O-bound 問題，它可讓你利用 I/O 與 CPU 操作之間的差異，來提升整體執行速度。

我們看到，gevent 提供最高階的非同步 I/O 介面。另一方面，tornado 與 aiohttp 可讓你完全控制非同步 I/O 堆疊。除了各種抽象級別之外，每一個程式庫都使用不同的語法模式。但是，asyncio 是非同步解決方案的綁定黏合劑，提供控制它們的基本機制。

我們也看到如何將 CPU 與 I/O 工作結合在一起，以及如何考慮各項工作的各種性能特性，來提出好的解決方案。雖然很多人想要立刻使用完全非同步程式，但有時中間解決方案不需要太多工程負擔也有很好的表現。

在下一章，我們要用「在 I/O-bound 問題中交叉計算」的概念來處理 CPU-bound 問題。具備這個新能力之後，我們不但可以一次執行多個 I/O 操作，也可以執行許多計算操作。具備這種技術可讓我們製作能夠充分擴展的程式，我們可以加入更多電腦資源，讓它們分別處理問題的一部分，來獲得更快的速度。

multiprocessing 模組

看完這一章之後，你可以回答這些問題

- multiprocessing 模組提供什麼功能？
- 程序與執行緒有什麼不同？
- 如何為程序池選擇正確的大小？
- 如何使用非持久佇列來進行工作處理？
- 程序間通訊有什麼代價與好處？
- 如何使用多顆 CPU 來處理 numpy 資料？
- 如何使用 Joblib 來簡化被平行化與快取的科學工作？
- 為何需要藉由鎖定來避免資料遺失？

CPython 並未內定使用多顆 CPU，部分是因為 Python 是在單核心時代設計的，部分是因為平行化其實很難高效地完成。雖然 Python 提供工具來做這件事，但它讓我們有選擇的自由。但是，看到多核心電腦只用一顆 CPU 來執行長期運行的程序是很痛苦的事情，所以在這一章，我們要回顧一次使用電腦的所有核心的方式。

 我們之前只提過 *CPython*，它是我們一直使用的通用實作。但是 Python 語言裡面沒有任何東西可以阻止它使用多核心系統。目前 CPython 的實作無法高效地使用多核心，但是未來的版本可能沒有這個限制。

我們活在多核心的世界，桌機通常有 4 顆核心，也有桌機配備 32 顆核心。如果你的任務可以在不需要太多工程的情況下，在多顆 CPU 上運行，這是可以考慮的方向。

用 Python 在一組 CPU 上將問題平行化可望用 *n* 個核心獲得多達 *n* 倍的提速。如果你有一台四核電腦，而且你可以用全部的四顆核心來執行工作，它的執行時間可能只有原本的四分之一。你不太可能看到大於 4 倍的提速，在實務上，你應該會看到 3–4 倍。

每一個額外的程序（process）都會增加溝通開銷與降低可用的 RAM，所以你不太會得到全部的 *n* 倍提速。而且取決於你想要解決的問題，它的通訊開銷可能非常大，以致於出現明顯的減速。這種問題通常是任何一種平行編程的複雜之處，通常需要修改演算法。因此平行編程通常被視為一門藝術。

如果你不熟悉阿姆達爾（Amdahl）定律（*https://oreil.ly/GC2CK*），你應該看一下它的背景。這個定律指出，如果你的程式只有一小部分可以平行化，那使用多少 CPU 都沒有差別，整體來說，執行速度不會更快。即使你的執行時間有很大部分可以平行化，在到達收益遞減點之前，可用來高效地讓整體程序跑得更快的 CPU 數量也是有限的。

multiprocessing 模組可讓你使用程序式與執行緒式的平行處理，透過佇列共享工作，以及在程序間共享資料。它主要關注單機多核平行化（多機平行化有更好的選項可用）。它有一種常見的用途是用一組程序來將 CPU-bound 問題平行化。你也可以使用 OpenMP 來將 I/O-bound 問題平行化，但如同第 8 章所示，我們有更好的工具（例如 Python 3 的 asyncio 模組與 tornado）。

> OpenMP 是一種多核心的低階介面 —— 你可能在想，要不要把重心放在它上面，而不是 multiprocessing。我們曾經在第 7 章與 Cython 一起介紹它，但我們不在本章討論它。multiprocessing 是在高階運行的，共享 Python 資料結構，而當你編譯成 C 時，OpenMP 是與 C 原生物件（例如整數與浮點數）一起工作的。除非你要編譯你的程式碼，使用它才有意義，如果你沒有要編譯（例如，當你使用高效的 numpy 程式，並且想要在許多核心上運行時），使用 multiprocessing 應該是正確的做法。

為了將工作平行化，你的思考方式必須與編寫循序程序的一般做法有些不同。你也必須接受對平行化的程式進行除錯**比較難** —— 通常會讓人備感挫折。我們建議你讓平行化越簡單越好（即使你沒有將電腦的最後一滴能力壓榨出來），這樣你的開發速度才可以維持在高檔。

在平行系統裡面共享狀態是個特別麻煩的主題——雖然這件事感覺起來很簡單,但是它會帶來很多開銷,而且很難做好。這個主題有很多用例,各有不同的優缺點,所以絕對沒有一體適用的解決方案。在第 272 頁的「使用程序間通訊來驗證質數」會討論狀態共享並關注同步成本。盡量避免共享狀態將會讓你更輕鬆。

事實上,我們幾乎可以藉著分析一個演算法必須共享多少狀態來得知它在平行環境裡面的表現。例如,如果我們有多個處理同一個問題的 Python 程序,而且它們彼此間不會互相溝通(這種情況稱為 *embarrassingly parallel*(尷尬平行)),此時加入更多 Python 程序不會產生太多開銷。

另一方面,如果各個程序必須和每一個其他的 Python 程序溝通,溝通的開銷將慢慢地壓垮程序,讓程式變慢。也就是說,加入越多 Python 程序可能會減緩整體性能。

因此,有時我們必須對演算法進行一些違反直覺的修改,才能有效地平行解決問題。例如,在平行解決擴散方程時(第 6 章),各個程序其實做了一些其他程序也在做的多餘工作,這些重複的工作可以減少所需的溝通量,進而加快整體計算速度!

以下是 multiprocessing 模組的典型任務:

- 使用 Process 或 Pool 物件
- 使用虛擬(dummy)模組(奇怪的名字),在 Pool 中,將 I/O-bound 工作平行化
- 透過 Queue 共享 pickle 過的工作
- 在平行化的 worker 之間共享狀態,包括 bytes、原生資料型態、字典與串列

如果你用過的語言使用執行緒來處理 CPU-bound 工作(例如 C++ 或 Java),你應該知道,雖然 Python 的執行緒是 OS 原生的(它們不是模擬的——它們是真的作業系統執行緒),但是它們被 GIL 控制,所以一次只有一個執行緒與 Python 物件互動。

藉著使用程序,我們可以平行執行許多 Python 解譯器,每一個都有私用的記憶體空間及自己的 GIL,所以每一個都是循序執行的(所以不會爭奪每個 GIL)。這是在 Python 中,讓 CPU-bound 工作的速度更好的最簡單方法。

如果需要共享狀態,我們就要增加一些溝通開銷。 我們將在第 272 頁的「使用程序間通訊來驗證質數」中說明。

如果你使用 numpy 陣列,你可能會問,能不能建立比較大的陣列(例如大型的 2D 矩陣),並要求程序平行處理那個陣列的段落。可以,但是很難藉著試誤法知道怎麼做,所以在第 289 頁的「用 multiprocessing 共享 numpy 資料」中,我們將介紹如何在 4 顆

CPU 之間共享一個 25 GB 的 numpy 陣列。我們不會傳送一部分資料的副本（這會讓所需的 RAM 工作量增加一倍，並創造巨大的溝通開銷），而是在程序之間共享陣列底層的 bytes。要在一台電腦的本地 worker 之間共享大型陣列，這是最理想的做法。

在這一章，我們也會介紹 Joblib（ *https://oreil.ly/RqQXD* ）程式庫 —— 它的基礎是 multiprocessing，可提供更好的跨平台相容性、進行平行化的簡單 API，以及儲存快取結果的持久保存機制。Joblib 是針對科學用途設計的，我們鼓勵你研究它。

> 在此，我們要討論在 *nix 電腦上的 multiprocessing（本章是用 Ubuntu 寫的，程式應該不需要修改即可在 Mac 上運行）。從 Python 3.4 開始，在 Windows 上出現的怪癖（quirk）已經被處理掉了。Joblib 的跨平台支援能力比 multiprocessing 更強，我們建議你在了解 multiprocessing 之前先看一下它。

本章會將程序數量寫死（NUM_PROCESSES=4），以符合 Ian 筆電上的 4 顆實體核心。multiprocessing 預設使用它可以找到的核心數量（這台提供 8 個 —— 4 顆 CPU 與 4 個超執行緒）。一般來說，你不會將程序數量寫死，除非你要具體管理資源。

multiprocessing 模組概要

multiprocessing 提供一種低階介面來處理程序與執行緒平行化。它的主要元件有：

Process

　　當前程序的分支副本；它會建立一個新的程序識別碼，而且工作會以獨立的子程序，在作業系統中運行。你可以啟動與查詢 Process 的狀態，並提供要執行的 target 方法。

Pool

　　將 Process 或 threading.Thread 包入一個方便的 worker 池，讓它們共享一個工作塊，與回傳整合的結果。

Queue

　　可讓多個製造者與取用者使用的 FIFO 佇列。

Pipe

　　兩個程序間的單向或雙向溝通通道。

Manager

用於程序間共享 Python 物件的高階管理介面。

ctypes

在程序被分支之後,可在程序之間共享基本資料型態(例如整數、浮點數與 bytes)。

同步基本型態

可在程序之間同步控制流程的鎖與旗號。

> Python 3.2 加入 concurrent.futures 模組(透過 PEP 3148(*http://bit.ly/concurrent_add*));它提供 multiprocessing 的核心行為,使用基於 Java 的 java.util.concurrent 的簡單介面。它可以往後移植至舊的 Python 版本(*https://oreil.ly/G9e5e*)。雖然我們認為 multiprocessing 以後仍然是 CPU 密集型工作的首選,但將來有越來越多人使用 concurrent.futures 來處理 I/O-bound 工作也不是奇怪的事。

在本章其餘內容,我們會用一組範例來展示 multiprocessing 模組的常見用法。

我們將採取 Monte Carlo 法,使用一般的 Python 與 numpy,以程序或執行緒 Pool 來估計 pi。這是一個容易理解的問題,所以很容易平行化;我們也會在使用 numpy 與執行緒時看到出乎意外的結果。接下來,我們要使用同一種 Pool 方法來搜尋質數;我們將研究搜尋質數時,不可預測的複雜性,看看如何有效地(或無效地!)分開工作負載,以充分利用計算資源。最後,我們用佇列來搜尋質數,我們會將 Pool 換成 Process 物件,並使用工作清單與毒丸(poison pill)來控制 worker。

接下來,我們將處理程序間通訊(IPC),以驗證一小組可能的質數。我們將各個數字的工作負載分到多顆 CPU 上,並使用 IPC 在找到因數時提前停止搜尋,如此一來,我們可以大幅超越單 CPU 搜尋程序的速度。我們將探討共享 Python 物件、OS 基本型態和 Redis 伺服器,來研究各種做法的複雜度和性能優劣。

我們可以將 25 GB 的 numpy 陣列分享給 4 顆 CPU,在不需要複製資料的情況下,拆開大型的工作負載。如果你有大型陣列和可以平行化的操作,這項技術可為你帶來極大的提速,因為你配置的 RAM 與複製的資料更少。最後,我們要在不破壞資料的情況下,在程序之間同步存取檔案與變數(以 Value),來說明如何正確地鎖定共享狀態。

PyPy（第 7 章討論過）完整支援 multiprocessing 程式庫，接下來的 CPython 範例（雖然撰稿至此時，不是 numpy 範例）跑起來都比使用 PyPy 快很多。如果你只使用 CPython 程式（沒有 C 擴展或更複雜的程式庫）來進行平行處理，PyPy 應該可讓你快速完工。

使用 Monte Carlo 法來估計 pi

我們可以朝著一個單位圓的「鏢靶」丟擲數千支虛擬的飛鏢來估計圓周率，用丟進圓內的飛鏢數與落在圓外的飛鏢數之間的關係來計算圓周率的近似值。

這是個理想的第一問題，因為我們將工作負擔平均分給多個程序，在個別的 CPU 上執行各個程序。每一個程序都會同時終止，因為它們的工作負載都是相等的，所以我們可以在問題中加入新 CPU 與超執行緒來研究能夠提升多少速度。

在圖 9-1 中，我們將 10,000 支飛鏢丟入一個單位正方形，其中有一定的比率落入四分之一單位圓裡面。這個估計很粗糙——丟 10,000 支飛鏢無法提供可靠的小數點後三位數結果。當你執行自己的程式時，你會看到執行這個估計得到的數字會在 3.0 與 3.2 之間變動。

為了取得確定的小數點後三位數，我們必須做 10,000,000 次隨機飛鏢投擲[1]。這是非常低效的（而且估計 pi 有更好的方法），但是用它來展示使用 multiprocessing 來平行化的好處非常方便。

在使用 Monte Carlo 法時，我們使用畢氏定理（*https://oreil.ly/toFkX*）來測試飛鏢是否落入圓內：

$$x^2 + y^2 \leq 1^2 = 1$$

---

[1] 見 Brett Foster 說明使用 Monte Carlo 法來估計 pi 的 PowerPoint（*https://oreil.ly/DdIuv*）。

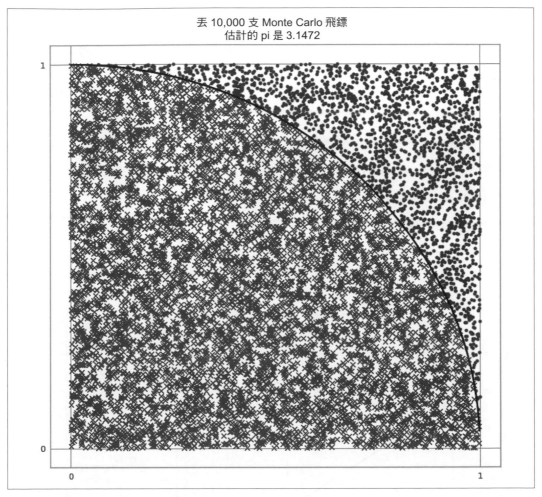

圖 9-1　使用 Monte Carlo 法估計 pi

我們將在範例 9-1 看到它的迴圈版本。我們將實作一般的 Python 版本,稍後會實作 numpy 版本,然後使用執行緒與程序來將這個問題平行化。

使用程序與執行緒來估計 pi

了解一般的 Python 實作比較簡單,所以本節會先介紹它,在迴圈內使用浮點物件。我們會使用程序與所有可用的 CPU 來將它平行化,當我們使用更多 CPU 時,會將電腦的狀態視覺化。

使用 Python 物件

Python 實作很容易了解，但它有一項開銷，因為我們必須依次管理、參考與同步各個 Python 浮點物件。這個開銷會降低執行速度，但它可以節省思考時間，因為程式很快就可以寫好。藉著平行化這個版本，我們只要非常少量的額外工作就可以得到額外的提速。

圖 9-2 裡面有 Python 範例的三個實作：

- 不使用 multiprocessing（稱為「循序（Serial）」）——在主程序裡面有一個 for 迴圈
- 使用執行緒
- 使用程序

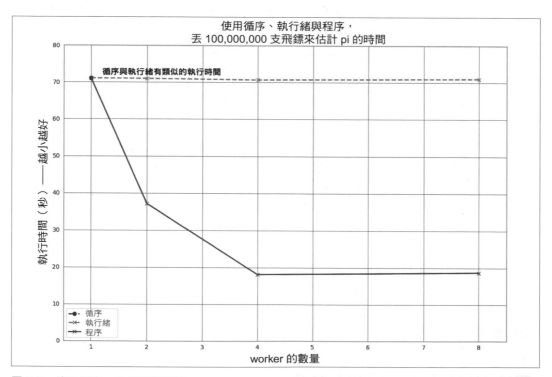

圖 9-2　使用循序、執行緒與程序

使用超過一個執行緒或程序相當於要求 Python 計算同樣的丟飛鏢總次數，並將工作平均分給 worker。當我們要求 Python 丟 100,000,000 次飛鏢並且使用兩個 worker 時，就是要求執行緒或程序的每一個 worker 產生 50,000,000 次飛鏢投擲。

使用一個執行緒花了大約 71 秒，使用更多執行緒不會加速。使用兩個以上的程序可以縮短執行時間。不使用程序或執行緒（循序實作）的成本與執行一個程序一樣。

藉著使用程序，在 Ian 的筆電上使用兩個或四個核心時，我們得到線性的提速。在八個worker 的案例中，我們使用 Intel 的 Hyper-Threading Technology ——筆電只有四個實體核心，所以執行八個程序幾乎不會提升任何速度。

範例 9-1 是 pi 估計程式的 Python 版本。當我們使用執行緒時，每一個指令都會被 GIL限制，所以雖然各個執行緒可以在個別的 CPU 上運行，但它只會在沒有其他執行緒正在運行時執行。程序版本沒有這個限制，因為每一個分支的程序都有原生的 Python 解譯器作為單一執行緒運行——因為沒有物件被共用，所以沒有 GIL 爭奪。我們使用 Python內建的亂數產生器，不過第 258 頁的「平行系統中的亂數」有一些關於亂數序列平行化的危險。

範例 9-1　在 Python 中使用迴圈來估計 pi

```python
def estimate_nbr_points_in_quarter_circle(nbr_estimates):
    """ 使用純 Python，以 Monte Carlo 法估計
    四分之一圓內的點數 """
    print(f"Executing estimate_nbr_points_in_quarter_circle  \
            with {nbr_estimates:,} on pid {os.getpid()}")
    nbr_trials_in_quarter_unit_circle = 0
    for step in range(int(nbr_estimates)):
        x = random.uniform(0, 1)
        y = random.uniform(0, 1)
        is_in_unit_circle = x * x + y * y <= 1.0
        nbr_trials_in_quarter_unit_circle += is_in_unit_circle

    return nbr_trials_in_quarter_unit_circle
```

範例 9-2 是 __main__ 段落。注意，我們在啟動計時器之前建立 Pool。生出執行緒是相對即時的，但生出程序涉及分支，需要幾分之一秒測量得到的時間。我們在圖 9-2 中忽略這項開銷，因為這個代價只占了整個執行時間的一小部分。

範例 9-2　使用迴圈估計 pi 的 main

```
from multiprocessing import Pool
...

if __name__ == "__main__":
    nbr_samples_in_total = 1e8
    nbr_parallel_blocks = 4
    pool = Pool(processes=nbr_parallel_blocks)
    nbr_samples_per_worker = nbr_samples_in_total / nbr_parallel_blocks
    print("Making {:,} samples per {} worker".format(nbr_samples_per_worker,
                                                     nbr_parallel_blocks))
    nbr_trials_per_process = [nbr_samples_per_worker] * nbr_parallel_blocks
    t1 = time.time()
    nbr_in_quarter_unit_circles = pool.map(estimate_nbr_points_in_quarter_circle,
                                           nbr_trials_per_process)
    pi_estimate = sum(nbr_in_quarter_unit_circles) * 4 / float(nbr_samples_in_total)
    print("Estimated pi", pi_estimate)
    print("Delta:", time.time() - t1)
```

我們建立一個包含 nbr_estimates 除以 worker 數量的串列。這個新引數會被送給每一個 worker。在執行之後，我們會收到同樣數量的結果，我們將它們加總，來估計單位圓裡面的飛鏢數量。

我們從 multiprocessing 匯入程序版的 Pool。我們也可以使用 from multiprocessing. dummy import Pool 來取得執行緒版本。「dummy」這個名字容易造成誤會（我們承認，我們不知道為什麼要取這個名字），它只是一層包著 threading 模組的薄包裝，目的是展示與程序版 Pool 一樣的介面。

我們建立的每一個程序都會從系統消耗一些 RAM。你可以預期，一個使用標準程式庫的分支程序大約占用 10–20 MB 的 RAM；如果你使用許多程式庫與許多資料，各個分支的副本可能會占掉幾百 MB。在 RAM 有限的系統上，這可能是個大問題——一旦 RAM 耗盡，系統恢復成使用磁碟的交換空間，平行化帶來的任何好處都會因為 RAM 與磁碟之間的緩慢分頁（paging）而大量喪失！

接下來的圖表是使用 Ian 筆電的四顆實體核心及其相關的四個超執行緒（每一個超執行緒都是在實體核心沒有用到的晶片上運行的）時的平均 CPU 利用率。這些圖表使用的資料包括第一個 Python 程序的啟動時間，與啟動子程序的成本。CPU 採樣器記錄筆電的整個狀態，而不僅僅是這項工作使用的 CPU 時間。

注意，接下來的圖表是用採樣率比圖 9-2 更慢的另一種計時方法繪製的，所以整體的運行時間稍微長一些。

從圖 9-3 這個 Pool 裡面有一個程序（以及父程序）的執行行為可以看到，在建立 Pool 的前幾秒有一些開銷，然後在整個運行過程中，都是一致的近 100% 的 CPU 利用率。在使用一個程序時，我們高效地利用一顆核心。

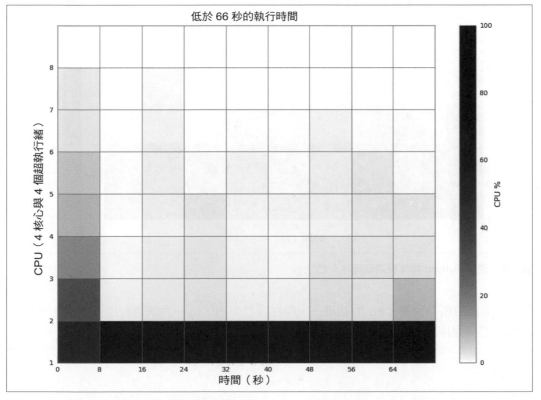

圖 9-3　使用 Python 物件與一個程序來估計 pi

接下來，我們加入第二個程序，實質上是說 Pool(processes=2)。你可以從圖 9-4 看到，加入第二個程序大概將執行時間減半為 37 秒，而且兩個 CPU 都被完全占用。這是可以預期的最佳結果——我們高效地使用所有新計算資源，而且沒有損失任何用於其他開銷的速度，例如溝通、分頁至磁碟，或和想要使用同一顆 CPU 的程序競爭。

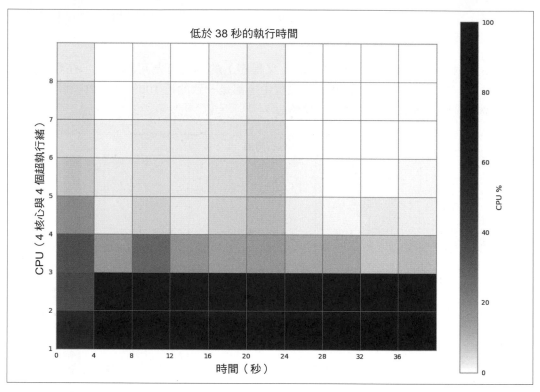

圖 9-4　使用 Python 物件與兩個程序來估計 pi

圖 9-5 是使用所有實體 CPU 的結果——現在我們使用了這一台筆電的所有能力。執行時間大約是單程序版的四分之一，為 19 秒。

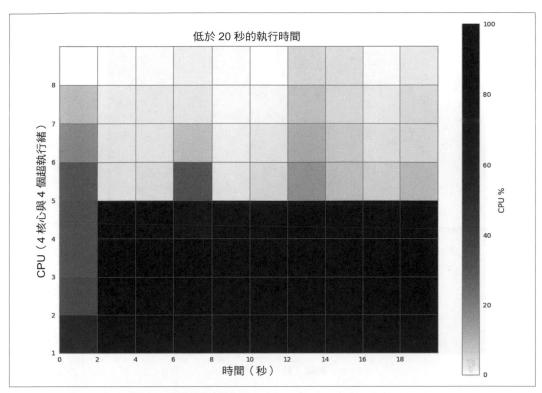

圖 9-5　使用 Python 物件與四個程序來估計 pi

如圖 9-6 所示，換成八個程序時，與四個程序的版本相比，我們只能獲得微小的加速。這是因為四個超執行緒只能從 CPU 的備用晶片壓榨出一些空閒的處理能力，而四顆 CPU 已經被最大程度地使用了。

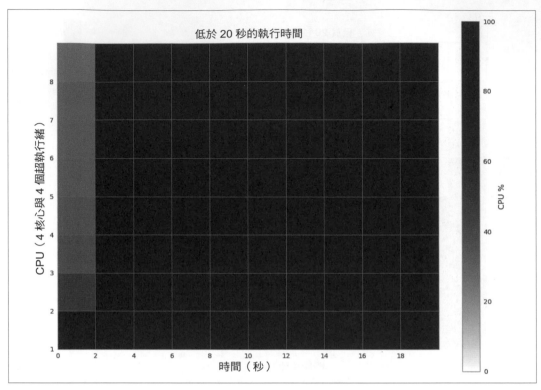

圖 9-6　使用 Python 物件與八個程序來估計 pi，只提升一些速度

從這些圖表可以看到，我們在每一步都有效地使用更多可用的 CPU 資源，而且額外使用超執行緒資源的結果不佳。使用超執行緒最大的問題是 CPython 使用大量的 RAM ——超執行緒不是快取友善的，所以每塊晶片上的空閒資源都沒有被很好的利用。我們將在下一節看到，numpy 可以更好地使用這些資源。

 　根據我們的經驗，如果有足夠的空閒計算資源，超執行緒可以提升多達 30% 的性能。例如，如果你的運算混合浮點數與整數，而不是像這裡只有浮點數運算，就可能出現這種情況。藉著混合資源需求，超執行緒可以安排更多的 CPU 晶片來並行運作。一般來說，我們會將超執行緒視為額外的紅利，而不是想要優化的資源，加入更多 CPU 應該比微調程式（會增加支援開銷）更符合經濟效益。

接下來我們要在一個程序裡面使用多個執行緒,而不是使用多個程序。

圖 9-7 是執行與圖 9-5 一樣的程式碼的結果,但是將程序換成執行緒。雖然我們使用了許多 CPU,但它們分擔很輕的工作量。如果每一個執行緒都在沒有 GIL 的情況下運行,我們會看到四顆 CPU 有 100% 的 CPU 使用率。但是在這裡,每個 CPU 都只被部分利用(因為有 GIL)。

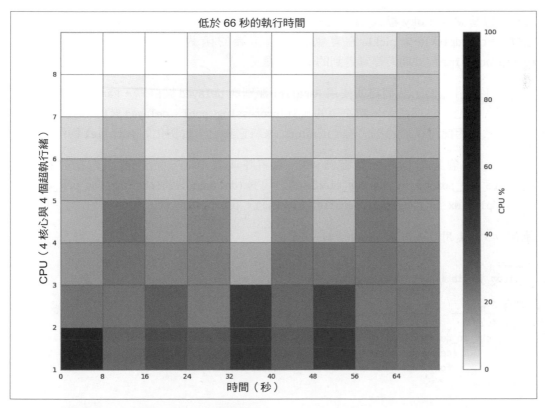

圖 9-7　使用 Python 物件與四個執行緒來估計 pi

將 multiprocessing 換成 Joblib

Joblib 是改善 multiprocessing 的程式庫,它支援輕量級的管線,關注簡單的平行計算,與透明的磁碟式結果快取。它的重心是科學計算用的 NumPy 陣列。如果你有以下情況,它可以快速完成你的工作:

- 使用純 Python 來處理可以尷尬平行化的迴圈，無論有沒有使用 NumPy。

- 呼叫沒有副作用的昂貴函式，且它的輸出在不同的期程（session）之間可以快取到磁碟。

- 可以在程序之間共享 NumPy 資料，但不知道怎麼做（而且你還沒有讀過第 289 頁的「用 multiprocessing 共享 numpy 資料」）。

Joblib 的基礎是 Loky 程式庫（它本身是 Python 的 concurrent.futures 的改善版），它使用 cloudpickle 來 pickle 在互動範圍中定義的函式。它可以解決使用內建的 multiprocessing 程式庫時經常遇到的一些問題。

在進行平行計算時，我們需要使用 Parallel 類別與 delayed 裝飾器。Parallel 類別會設定一個程序池，它很像上一節使用的 multiprocessing pool。delayed 裝飾器包著我們的目標函式，因此可以透過迭代器（iterator）來將它套用至實例化的 Parallel 物件。

這種語法不容易看懂 —— 見範例 9-3。我將呼叫式寫為一行，裡面包括目標函式 estimate_nbr_points_in_quarter_circle 與迭代器 (delayed(...)(nbr_samples_per_worker) for sample_idx in range(nbr_parallel_blocks))。我們來拆解它。

範例 9-3　使用 Joblib 將 pi 的估計平行化

```
...
from joblib import Parallel, delayed

if __name__ == "__main__":
    ...
    nbr_in_quarter_unit_circles = Parallel(n_jobs=nbr_parallel_blocks, verbose=1) \
            (delayed(estimate_nbr_points_in_quarter_circle)(nbr_samples_per_worker) \
             for sample_idx in range(nbr_parallel_blocks))
    ...
```

Parallel 是一個類別；我們可以設定 n_jobs 等參數來設定將要運行多少程序，以及選用的引數，例如設定除錯資訊的 verbose。你可以用其他的引數來設定逾時、在執行緒與程序之間改變、改變後端（可協助加快某些極端案例的速度），以及設置記憶體對映（mapping）。

Parallel 有個可以接收 iterable（可迭代物）的 __call__ callable（可呼叫）方法。我們用接下來的小括號提供 iterable (... for sample_idx in range(...))。callable 會迭代各個 delayed(estimate_nbr_points_in_quarter_circle) 函式，分批執行這些函式來處理它們的引數（在這個例子中是 nbr_samples_per_worker）。Ian 發現一種很棒的做法——從沒有參數的函式開始做起，再視需要建立引數，一步步地建構平行化的呼叫式，這樣比較容易找出錯誤。

nbr_in_quarter_unit_circles 將是一個串列，裡面有各次呼叫的陽性案例數量，與之前一樣。範例 9-4 是八個平行區塊的主控台輸出，裡面的每個程序 ID（PID）都是新建的，在輸出的結尾的進度條裡面也有一個摘要。它總共花了 19 秒，時間與我們在上一節建立自己的 Pool 一樣。

 避免傳遞大型結構，將大型的 pickled 物件傳給各個程序的代價可能很高。Ian 曾經有一個案例，在一個字典物件裡面有預先建立的 Pandas DataFrames 的快取，用 Pickle 模組將它們序列化的代價抵消了平行化帶來的收益，整體來說，循序版本跑得更快。這個案例的解決方案是使用 Python 內建的 shelve 模組（*https://oreil.ly/e9dJs*）來建立 DataFrame 快取，將字典存入一個檔案。每次呼叫目標函式時，都用 shelve 載入一個 DataFrame；如此一來，我們幾乎不需要向函式傳入任何東西，這樣 Joblib 帶來的平行化好處就很明顯了。

範例 9-4　呼叫 Joblib 的輸出

```
Making 12,500,000 samples per 8 worker
[Parallel(n_jobs=8)]: Using backend LokyBackend with 8 concurrent workers.
Executing estimate_nbr_points_in_quarter_circle with 12,500,000 on pid 10313
Executing estimate_nbr_points_in_quarter_circle with 12,500,000 on pid 10315
Executing estimate_nbr_points_in_quarter_circle with 12,500,000 on pid 10311
Executing estimate_nbr_points_in_quarter_circle with 12,500,000 on pid 10316
Executing estimate_nbr_points_in_quarter_circle with 12,500,000 on pid 10312
Executing estimate_nbr_points_in_quarter_circle with 12,500,000 on pid 10314
Executing estimate_nbr_points_in_quarter_circle with 12,500,000 on pid 10317
Executing estimate_nbr_points_in_quarter_circle with 12,500,000 on pid 10318
[Parallel(n_jobs=8)]: Done    2 out of    8 | elapsed:   18.9s remaining:   56.6s
[Parallel(n_jobs=8)]: Done    8 out of    8 | elapsed:   19.3s finished
Estimated pi 3.14157744
Delta: 19.32842755317688
```

為了簡化除錯工作，我們可以設定 n_jobs=1，並且移除平行化程式碼。你不需要進一步修改程式，你可以在函式內移除 breakpoint() 呼叫式，來讓除錯更輕鬆。

聰明地將函式呼叫式的結果存入快取

Memory 快取是 Joblib 的一種實用的功能；它是一種裝飾器，可根據輸入引數，將函式結果存至磁碟快取。這個快取會在不同的 Python session 之間保存，所以如果你關掉電腦，隔天再執行同一個程式，快取的結果是可以使用的。

對我們的 pi 估計而言，這有一個小問題。我們不是將唯一的引數傳入 estimate_nbr_points_in_quarter_circle，而是在每次呼叫時，都傳入 nbr_estimates，所以呼叫簽章是相同的，但我們追求的是不同的結果。

在這種情況下，當第一次呼叫完成之後（花了大約 19 秒），使用相同引數的後續呼叫都會得到被快取的結果。這意味著，當我們第二次重新執行程式時，它會立刻完成，但它在每次呼叫時，都只使用八個樣本結果中的一個——這顯然破壞 Monte Carlo 採樣！如果最後一個需要完成的程序在四分之一圓裡面有 9815738 個點，函式呼叫式的快取永遠都會提供這個數字。重複呼叫八次會產生 [9815738, 9815738, 9815738, 9815738, 9815738, 9815738, 9815738, 9815738]，而不是八個不一樣的估計。

在範例 9-5 裡面的解決方法是傳入第二個引數，idx，它的值介於 0 和 nbr_parallel_blocks-1 之間。這個唯一的引數組合會讓快取儲存每一個正的數量，所以在第二次執行時，我們會得到與第一次一樣的結果，但不需要等待。

這是用 Memory 來設置的，它會接收一個用來儲存函式結果的資料夾。存起來的結果會在不同的 Python session 之間保存，當你改變被呼叫的函式，或清空快取資料夾裡面的檔案時，它就會被更新。

注意，這種更新只會在你修改被裝飾的函式時（在這個例子，它是 estimate_nbr_points_in_quarter_circle_with_idx）發生，在那個函式裡面呼叫的任何子函式都不會造成更新。

範例 9-5　用 *Joblib* 來快取結果

```
...
from joblib import Memory

memory = Memory("./joblib_cache", verbose=0)
```

```
@memory.cache
def estimate_nbr_points_in_quarter_circle_with_idx(nbr_estimates, idx):
    print(f"Executing estimate_nbr_points_in_quarter_circle with \
            {nbr_estimates} on sample {idx} on pid {os.getpid()}")
    ...


if __name__ == "__main__":
    ...
    nbr_in_quarter_unit_circles = Parallel(n_jobs=nbr_parallel_blocks) \
        (delayed(    estimate_nbr_points_in_quarter_circle_with_idx) \
         (nbr_samples_per_worker, idx) for idx in range(nbr_parallel_blocks))
    ...
```

在範例 9-6 中，我們可以看到，第一次呼叫花了 19 秒，第二次只花了幾分之一秒就估計出相同的 pi。在這一回，估計值是 [9817605, 9821064, 9818420, 9817571, 9817688, 9819788, 9816377, 9816478]。

範例 9-6　零成本的第二次呼叫，因為有快取的結果

```
$ python pi_lists_parallel_joblib_cache.py
Making 12,500,000 samples per 8 worker
Executing estimate_nbr_points_in_... with 12500000 on sample 0 on pid 10672
Executing estimate_nbr_points_in_... with 12500000 on sample 1 on pid 10676
Executing estimate_nbr_points_in_... with 12500000 on sample 2 on pid 10677
Executing estimate_nbr_points_in_... with 12500000 on sample 3 on pid 10678
Executing estimate_nbr_points_in_... with 12500000 on sample 4 on pid 10679
Executing estimate_nbr_points_in_... with 12500000 on sample 5 on pid 10674
Executing estimate_nbr_points_in_... with 12500000 on sample 6 on pid 10673
Executing estimate_nbr_points_in_... with 12500000 on sample 7 on pid 10675
Estimated pi 3.14179964
Delta: 19.28862953186035

$ python %run pi_lists_parallel_joblib_cache.py
Making 12,500,000 samples per 8 worker
Estimated pi 3.14179964
Delta: 0.02478170394897461
```

Joblib 用一個簡單的介面（雖然有點難讀）來包裝許多 multiprocessing 功能。Ian 已經使用 Joblib 來利用 multiprocessing 了，他建議你也試著這樣做。

平行系統中的亂數

生成優良的亂數序列是個難題,嘗試自己做這件事很容易出錯。以平行的方式快取取得好的序列更是困難——你很快就會擔心平行的程序之間是否產生重複或相關的序列。

我們在範例 9-1 使用 Python 內建的亂數產生器,在下一節的範例 9-7 中,我們將使用 numpy 亂數產生器。在這兩個例子中,亂數產生器都是在它們的分支程序裡面指定 seed 的。對 Python random 案例而言,seeding 是由 multiprocessing 在內部處理的——如果在分支期間,它看到那個 random 在名稱空間內,它會在各個新程序裡面 seed 產生器。

> 在將函式的呼叫平行化的時候設定 numpy seed。在接下來的 numpy 範例中,我們必須明確地設定亂數 seed。如果你忘了使用 numpy 來 seed 亂數序列,每一個程序分支都會產生一模一樣的亂數序列——雖然它看起來很像你期望的樣子,但是在幕後,每一個平行程序都會用相同的結果來演進!

如果你在乎在平行程序中使用的亂數的品質,我們強烈建議你研究這個主題。numpy 與 Python 亂數產生器或許已經夠好了,但是,如果你有重要的結果需要依靠亂數序列的品質(例如醫療或金融系統),你就要學習這方面的知識。

Python 3 使用 Mersenne Twister 演算法(*https://oreil.ly/yNINO*),它的週期很長,所以序列在一段很長的時間裡面都不會重複。它經歷了嚴峻的考驗,因為它也在其他語言中使用,而且它是執行緒安全的。但是它可能不適合用於加密。

使用 numpy

在這一節,我們改成使用 numpy。我們的擲飛鏢問題非常適合 numpy 向量化操作——它產生同樣估計的速度比之前的 Python 範例快 25 倍。

numpy 處理同一個問題比純 Python 快的主要原因是,它是在非常低階的 RAM 連續區塊中建立與操作相同的物件型態,而不是建立許多高階 Python 的物件,每一個都需要分別管理與定址。

numpy 快取友善多了,我們也在使用四個超執行緒時提升少量的速度。在純 Python 版本裡面無法如此,因為比較大型的 Python 物件無法高效地使用快取。

在圖 9-8 中,我們看到三個情節:

- 不使用 multiprocessing(稱為「循序」)
- 使用執行緒
- 使用程序

循序與單 worker 版本的執行速度一樣——用 numpy 使用執行緒沒有開銷(而且只使用一個 worker 時也沒有任何收獲)。

在使用多個程序時,我們看到各個額外的 CPU 都有典型的 100% 使用率。它們的結果反映在圖 9-3、9-4、9-5 與 9-6 之中,但使用 numpy 時,程式跑得快多了。

有意思的是,執行緒版本在使用更多執行緒時跑得**更快**。正如 SciPy 維基(*https://oreil.ly/XXKNo*)所述,藉著在 GIL 之外工作,numpy 可以用執行緒實現某種程度的額外加速。

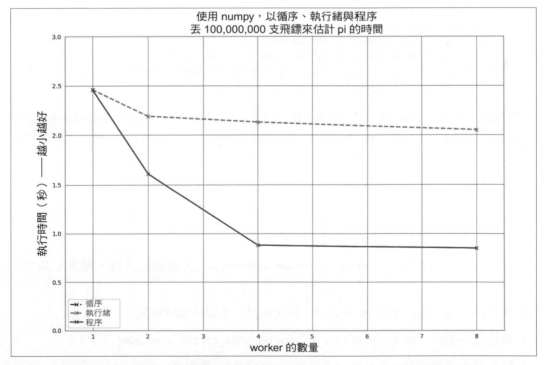

圖 9-8 使用 numpy 以循序、執行緒與程序來工作

使用程序可提供可預測的提速，與純 Python 範例中一樣。使用第二顆 CPU 可加快兩倍，使用四顆 CPU 可加快四倍。

範例 9-7 是程式的向量化形式。注意，亂數產生器是在這個函式被呼叫時 seed 的。執行緒版本不需要如此，因為各個執行緒都共用同一個亂數產生器，並且依序使用它。在程序版中，因為各個新程序都是個分支，所以所有分支版本都共享相同的狀態。這意味著在各個分支中索取亂數都會得到相同的序列！

 記得在每一個程序使用 numpy 呼叫 seed() 來確保每一個分支的程序都產生唯一的亂數序列，因為每一次呼叫都使用隨機來源來設定 seed。第 258 頁的「平行系統中的亂數」中，有一些關於平行化的亂數序列之危險的說明。

範例 9-7 使用 *numpy* 估計 *pi*

```
def estimate_nbr_points_in_quarter_circle(nbr_samples):
    """ 使用向量化的 numpy 陣列來估計 pi"""
    np.random.seed() # 記得為每個程序設定 seed
    xs = np.random.uniform(0, 1, nbr_samples)
    ys = np.random.uniform(0, 1, nbr_samples)
    estimate_inside_quarter_unit_circle = (xs * xs + ys * ys) <= 1
    nbr_trials_in_quarter_unit_circle = np.sum(estimate_inside_quarter_unit_circle)
    return nbr_trials_in_quarter_unit_circle
```

稍微分析程式可以看到，在這台電腦上使用多執行緒來執行時，呼叫 random 跑得稍微慢一些，而針對 (xs * xs + ys * ys) <= 1 的呼叫很好地平行化。針對亂數產生器的呼叫是 GIL-bound，因為內部狀態變數是 Python 物件。

理解這一點的程序很基本，但很可靠：

1. 將所有 numpy 程式改成註解，使用循序版本，不使用執行緒來執行。執行多次，並且在 __main__ 內使用 time.time() 記錄執行時間。

2. 加回一行（我們先加入 xs = np.random.uniform(...)）並執行多次，再次記錄完成時間。

3. 再加回一行（現在加入 ys = ...），再次執行，並記錄完成時間。

4. 重複這些動作，加入 nbr_trials_in_quarter_unit_circle = np.sum(...) l。

5. 再次重複這個程序，但是這一次使用四個執行緒。重複每一行。

6. 比較沒有執行緒與四個執行緒的各個步驟的執行時間差異。

因為程式是平行執行的,所以使用 line_profiler 或 cProfile 之類的工具比較難。記錄原始執行時間並觀察不同配置之下的行為差異需要耐心,但可以獲得可靠的證據,從而得到結論。

 如果你想要了解 uniform 呼叫的循序行為,可參考 numpy 原始碼中的 mtrand 程式碼(*https://oreil.ly/HxHQD*),並追蹤 *mtrand.pyx* 裡面的 def uniform 呼叫。如果你沒有看過 numpy 原始碼,這是一個有用的練習。

在組建 numpy 時使用的程式庫對一些平行化的時機而言非常重要。在組建 numpy 時,在底層使用不同的程式庫(例如,是否納入 Intel 的 Math Kernel Library 或 OpenBLAS)會產生不同的加速表現。

你可以使用 numpy.show_config() 來檢查 numpy 組態。如果你對可能性感興趣,Stack Overflow 有一些計時例子(*http://bit.ly/BLAS_benchmarking*)。只有一些 numpy 呼叫可以藉由外部程式庫從平行化獲益。

尋找質數

接下來,我們要研究如何在一個大範圍內測試質數。這個問題與估計 pi 不同,因為它的工作負載取決於數字所處的位置,而且每一次檢查數字都有不可預測的複雜性。我們可以寫一個循序程式來檢查質數,接著將一組可能的因數傳給每一個程序來檢查。這個問題是尷尬平行的,也就是沒有狀態需要共享。

multiprocessing 模組可讓你輕鬆地控制工作負載,所以我們要研究如何微調工作佇列來使用(和誤用!)計算資源,我們也會探索一種稍微更高效地使用資源的簡單方法。這意味著我們將關注**負載平衡**,以試著有效率地將複雜度各有不同的工作分配給固定的資源集合。

我們將使用一種與之前的內容稍微不同的演算法(見第 10 頁的「理想化的計算 vs. Python 虛擬機器」),它會在遇到偶數時提前退出——見範例 9-8。

範例 *9-8 使用 Python 尋找質數*

```
def check_prime(n):
    if n % 2 == 0:
        return False
    for i in range(3, int(math.sqrt(n)) + 1, 2):
```

```
        if n % i == 0:
            return False
    return True
```

用這種方法測試質數時，工作負載有多大的變化？圖 9-9 是當可能的質數 n 從 **10,000** 增至 **1,000,000** 時，檢查質數的遞增時間成本。

大部分的數字都不是質數，在圖中以圓點表示。有些數字的檢查成本很低，有些需要檢查許多因數。質數用 x 來表示，它們形成一條粗的黑線，它們是檢查成本最貴的。檢查數字的時間成本會隨著 n 而增加，因為用來檢查的因數範圍會隨著 n 的平方根而增加。質數的序列是不可預測的，所以我們無法確定一系列數字的預測成本（我們可以估計它，但無法確定它的複雜性）。

在這張圖中，我們測試各個 n 兩百次，並且取最快的結果，以去除結果中的跳動。如果我們只取一個結果，我們可以看到時間方面的巨大差異，這可能是由來自其他程序的系統負載造成的；藉著取得許多數據並保留最快的，我們可以看到預期的最佳案例的時間。

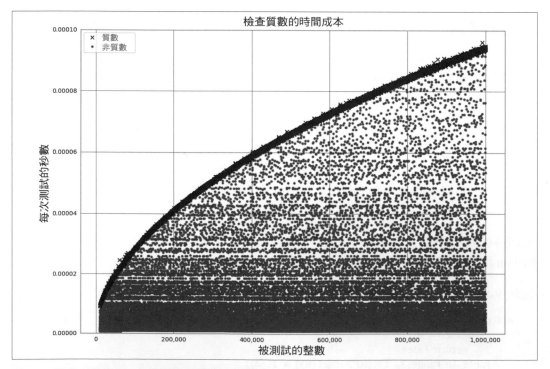

圖 9-9　隨著 n 的增加，檢查質數需要多少時間

當我們將工作分配給一個程序 Pool 時，我們可以指定要將多少工作傳給各個 worker。我們可以平均分配所有工作，並且以一次性完成為目標，或是將工作分成多塊（chunk），並且在 CPU 有空時將它們分配出去，這是用 chunksize 參數來控制的。比較大的工作塊代表比較少的溝通開銷，而比較小的工作塊代表你要更仔細地控制資源的配置。

對質數尋找程式而言，用 check_prime 來檢查數字 n 就是一個工作單位。chunksize 為 10 代表各個程序要處理 10 個整數組成的串列，一次一個串列。

在圖 9-10 中，我們可以看到 chunksize 從 1（每一個工作都是一個工作單位）到 64（每一個任務都是一個 64 個數字的串列）的效果。雖然使用許多微型工作可以帶來最大的彈性，但也會帶來最大的溝通開銷。雖然你可以高效地使用全部的四顆 CPU，但是溝通通道會變成瓶頸，因為每一個任務與結果都是用這一個通道傳遞的。如果我們將 chunksize 改成 2，我們的工作可以用兩倍的速度完成，所以比較不會競爭溝通通道。或許你會天真地認為，只要增加 chunksize，你就可以持續改善執行時間。但是，如圖所示，你會再次遇到收益遞減點。

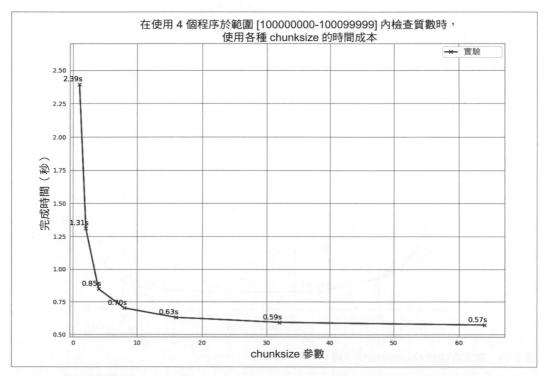

圖 9-10　選擇合理的 chunksize 值

我們可以繼續增加 chunksize，直到開始看到行為劣化為止。在圖 9-11 中，我們擴展 chunksizes 的範圍，讓它們不僅很小，也很大。在大的那一端，最糟的結果是 1.08 秒，在那裡，我們要求 chunksize 是 50000，這意味著 100,000 個項目被分成兩個工作塊，導致有兩顆 CPU 在整個回合中閒置。當 chunksize 是 10000 個項目時，我們建立十個工作塊，這意味著四個工作塊會平行執行兩次，然後執行兩個剩餘的工作塊。所以在任務的第三回合，有兩個 CPU 是閒置的，低效地使用資源。

在這個例子，最好的做法是將任務的總數除以 CPU 的數量。這是 multiprocessing 的預設行為，見圖中的「預設」藍點。

一般來說，預設的行為是合理的選擇，只應該在希望看到實際的收益時才調整它，而且一定要與預設的行為相比，來確認你的假設。

與 Monte Carlo pi 問題不同的是，質數測試計算的複雜度是會變的，有時任務會快速退出（偵測到偶數時最快），有時一個很大數字是個質數（這會花多很多的檢查時間）。

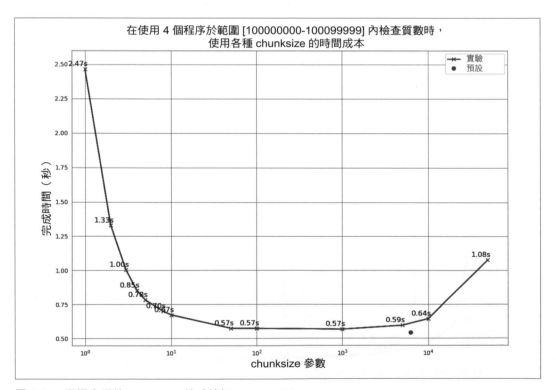

圖 9-11　選擇合理的 chunksize 值（續）

如果我們將任務序列隨機排列會怎樣？對於這個問題，我們可以壓榨出 2% 的性能提升，見圖 9-12。藉著隨機化，我們降低序列的最後一個任務花費的時間比其他任務更長的可能性，讓除了一個 CPU 之外的所有 CPU 都保持活動狀態。

正如之前那個使用 `chunksize 10000` 的範例所展示的，工作負載與可用資源的不一致會導致效率低下。在那個例子中，我們創造了三回合的任務：前兩個回合使用 100% 的資源，最後一個回合只使用了 50%。

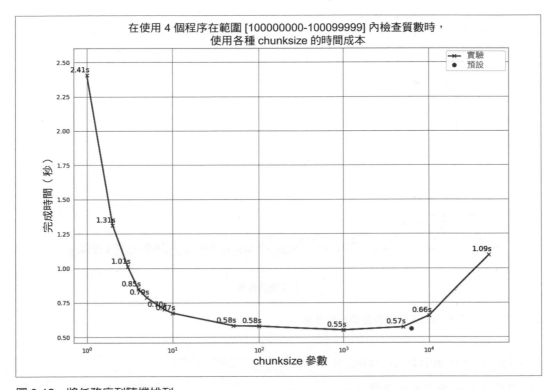

圖 9-12　將任務序列隨機排列

圖 9-13 是當工作塊的數量與處理器的數量不一致時出現的奇怪現象。不一致會讓可用的資源無法被充分利用。只建立一個工作塊會出現最慢的整體執行時間：有三顆 CPU 未被使用。兩個工作塊會讓兩顆 CPU 未被使用，以此類推；有四個工作塊才能使用全部的資源。但如果我們加入第五個工作塊，我們就再次沒有充分利用資源了——四顆 CPU 會處理它們的工作塊，接著有一個 CPU 會運行，計算第五個工作塊。

我們可以看到，隨著工作塊數量的增加，效率低下的情況會遞減── 29 與 32 個工作塊的執行時間大約相差 0.03 秒。一般來說，如果你的任務的執行時間不一定，那就製作許多小型的任務，來有效率地使用資源。

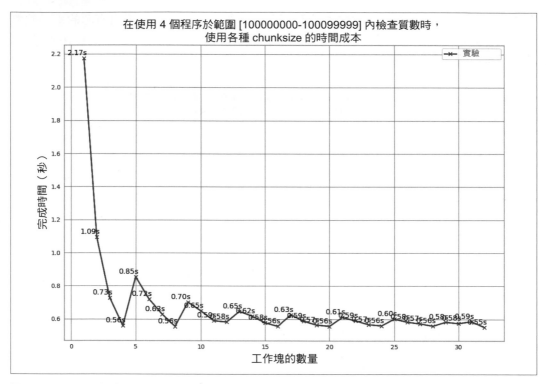

圖 9-13　選擇不合適的工作塊數量造成的危險

以下是高效使用 multiprocessing 來處理尷尬平行問題的策略：

* 將任務拆成獨立的任務單位。

* 如果 worker 花費的時間不一定，考慮隨機排列工作序列（另一種情況是處理大小不一定的檔案）。

* 排序你的工作佇列，先處理最慢的任務，或許也是有效的策略。

* 使用預設的 chunksize，除非你有驗證過的理由才能調整它。

* 讓任務的數量與實體 CPU 的數量一致（同樣地，預設的 chunksize 會幫你處理這件事，不過它內定使用任何超執行緒，這可能無法提供任何額外的增益）。

注意，在預設情況下，`multiprocessing` 會將超執行緒視為額外的 CPU。這意味著在 Ian 的筆電上，它只會在四顆 CPU 都以 100% 的速度運行時配置八個程序。額外的四個程序可能會占用寶貴的 RAM，而且幾乎無法增加任何額外的速度。

使用 Pool 時，我們可以為 CPU 預先劃分工作塊。但是，如果工作負載是動態的，這種功能就沒有太大幫助，特別是工作負載會隨著時間而增加時。遇到這種工作負載時，我們可能要使用下一節介紹的 Queue。

工作的 Queue

`multiprocessing.Queue` 物件可提供非持久性佇列，它可以在不同的程序間傳送任何可 pickle 的 Python 物件。它們都有開銷，因為各個物件在傳送前都要被 pickle，然後要在使用方反 pickle（伴隨著一些鎖定操作）。在接下來的範例中，我們將看到這個成本是不可忽略的。但是，如果你的 worker 要處理比較大型的任務，溝通開銷或許是可接受的。

使用佇列非常簡單。在這個例子中，我們檢查質數的做法是接收一串候選數字，並且將確認的質數公布至 definite_primes_queue。我們將使用一個、兩個、四個與八個程序來執行它，並確認後面的三種做法花掉的時間都比檢查同樣範圍的單一程序更久。

Queue 可讓我們使用原生的 Python 物件執行許多程序間通訊。如果你要傳遞包含許多狀態的物件，這種功能可能很有用。但是 Queue 無法持久保存，你應該不會用佇列來處理需要在故障時（例如停電或硬碟壞了）保持健康的任務。

範例 9-9 是 check_prime 函式。我們已經熟悉基本的質數測試了。我們執行一個無窮迴圈，在 possible_primes_queue.get() 凍結（等待，直到有工作為止），以便從佇列取得一個項目。一次只有一個程序可以取得一個項目，因為 Queue 物件會負責處理讀取的同步。如果佇列裡面沒有工作，.get() 會凍結，直到有工作為止。找到質數時，它們會被放到 definite_primes_queue，讓父程序使用。

範例 9-9　使用兩個佇列來做程序間通訊（*IPC*）

```
FLAG_ALL_DONE = b"WORK_FINISHED"
FLAG_WORKER_FINISHED_PROCESSING = b"WORKER_FINISHED_PROCESSING"


def check_prime(possible_primes_queue, definite_primes_queue):
    while True:
        n = possible_primes_queue.get()
        if n == FLAG_ALL_DONE:
            # 代表結果都已經被推送到結果佇列的旗標
```

```
            definite_primes_queue.put(FLAG_WORKER_FINISHED_PROCESSING)
            break
    else:
        if n % 2 == 0:
            continue
        for i in range(3, int(math.sqrt(n)) + 1, 2):
            if n % i == 0:
                break
        else:
            definite_primes_queue.put(n)
```

我們定義了兩個旗標：一個是父程序提供的毒丸（poison pill），代表沒有工作可用了，第二個是 worker 提供的，用來確認它已經看到毒丸，並且將自己關閉了。第一個毒丸也稱為哨值（sentinel）（*https://oreil.ly/mfR2s*），因為它的用途是確保處理迴圈已經終止。

在處理工作佇列與遠端 worker 時，我們可以利用這種旗標來記錄毒丸已被送出，並檢查子程序在合理的時間窗口內發送回應，指出它們已經關閉。我們在此不處理那個程序，不過在程式中加入時間記錄很簡單。你可以在除錯時 log 或印出這些旗標的收據（receipt）。

在範例 9-10 中，Queue 物件是用 Manager 做出來的。我們將使用熟悉的程序，建立一串 Process 物件，每個物件都含有程序分支。我們傳遞相同的引數給兩個佇列，multiprocessing 會處理它們的同步。啟動新程序後，我們傳送一串任務給 possible_primes_queue，最後傳送毒丸給每個程序。任務會按照 FIFO 的順序接收，所以毒丸是最後一個。我們在 check_prime 使用塞住的 .get()，因為新程序必須等待工作出現在佇列中。因為我們使用旗標，所以我們可以加入一些工作，處理結果，接著迭代加入更多工作，然後加入毒丸來指示 worker 生命的結束。

範例 9-10　為 IPC 建立兩個佇列

```
if __name__ == "__main__":
    parser = argparse.ArgumentParser(description="Project description")
    parser.add_argument(
        "nbr_workers", type=int, help="Number of workers e.g. 1, 2, 4, 8"
    )
    args = parser.parse_args()
    primes = []

    manager = multiprocessing.Manager()
    possible_primes_queue = manager.Queue()
    definite_primes_queue = manager.Queue()

    pool = Pool(processes=args.nbr_workers)
```

```
processes = []
for _ in range(args.nbr_workers):
    p = multiprocessing.Process(
        target=check_prime, args=(possible_primes_queue,
                                  definite_primes_queue)
    )
    processes.append(p)
    p.start()

t1 = time.time()
number_range = range(100_000_000, 101_000_000)

# 在任務佇列加入工作
for possible_prime in number_range:
    possible_primes_queue.put(possible_prime)

# 加入毒丸來停止遠端 worker
for n in range(args.nbr_workers):
    possible_primes_queue.put(FLAG_ALL_DONE)
```

為了接收結果,我們在範例 9-11 中啟動另一個無窮迴圈,在 definite_primes_queue 使用塞住的 .get()。當發現 finished-processing 旗標時,我們就累計已發出退出訊號的程序的數量。如果沒有發現旗標,代表有新質數,於是將它加入 primes 串列。當所有的程序都發出退出訊號時,我們就離開無窮迴圈。

範例 9-11　使用兩個佇列來進行 IPC

```
processors_indicating_they_have_finished = 0
while True:
    new_result = definite_primes_queue.get()  # 在等待結果時凍結
    if new_result == FLAG_WORKER_FINISHED_PROCESSING:
        processors_indicating_they_have_finished += 1
        if processors_indicating_they_have_finished == args.nbr_workers:
            break
    else:
        primes.append(new_result)
assert processors_indicating_they_have_finished == args.nbr_workers

print("Took:", time.time() - t1)
print(len(primes), primes[:10], primes[-10:])
```

使用 Queue 有很大的開銷,因為需要進行 pickle 與同步。如圖 9-14 所示,使用無 Queue 單程序方案明顯比使用兩個以上程序更快。因為這個例子的工作負載非常輕,所以溝通成本主導了這項工作的整體時間。使用 Queue 時,用兩個程序來完成這個範例比用一個程序快一些,而使用四個與八個程序都會慢一些。

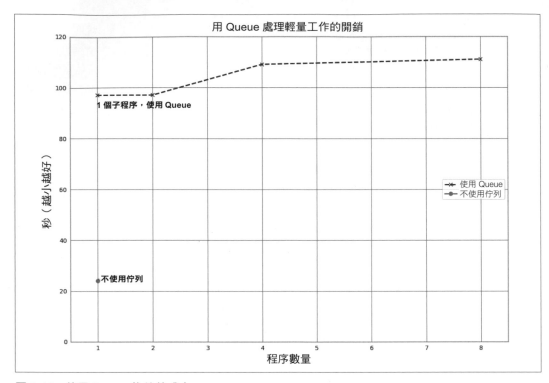

圖 9-14　使用 Queue 物件的成本

如果你的工作有很長的完成時間（至少零點幾秒），但溝通量很少，使用 Queue 應該是正確的做法。你必須驗證溝通成本可否讓這種做法產生效益。

你可能想知道，如果我們移除任務佇列中多餘的一半（所有偶數——它們在 check_prime 裡面被很快地排除）會怎樣。在各個案例中，將輸入佇列的大小減半會將執行時間減半，但仍然不會比單執行緒非 Queue 範例更好！這可以解釋在這個問題中，溝通成本是主要因素。

將任務非同步地加入 Queue

我們可以藉著將 Thread 加入主程序，來將任務非同步地加入 possible_primes_queue。我們在範例 9-12 定義 feed_new_jobs 函式：它執行的任務與之前在 __main__ 裡面的任務設定程式一樣，但它在個別的執行緒裡面做這件事。

範例 *9-12*　非同步任務供應函式

```
def feed_new_jobs(number_range, possible_primes_queue, nbr_poison_pills):
    for possible_prime in number_range:
        possible_primes_queue.put(possible_prime)
    # 加入毒丸來停止遠端 worker
    for n in range(nbr_poison_pills):
        possible_primes_queue.put(FLAG_ALL_DONE)
```

現在，在範例 9-13 中，我們的 __main__ 將使用 possible_primes_queue 來設定 Thread，然後在任何工作被發出之前，進入結果收集階段。在 __main__ 執行緒處理各個處理過的結果時，非同步任務供應器（feeder）可以接收來自外部資源（例如，來自資料庫或 I/O-bound 溝通）的工作。這意味著，你不需要事先建立輸入序列與輸出序列，它們都可以動態處理。

範例 *9-13*　使用執行緒來設定非同步任務供應器

```
if __name__ == "__main__":
    primes = []
    manager = multiprocessing.Manager()
    possible_primes_queue = manager.Queue()

    ...

    import threading
    thrd = threading.Thread(target=feed_new_jobs,
                            args=(number_range,
                                  possible_primes_queue,
                                  NBR_PROCESSES))
    thrd.start()

    # 處理結果
```

如果你想要強健的非同步系統，你幾乎一定要了解 asyncio 或 tornado 等外部程式庫。第 8 章已完整討論這些做法。這裡展示的範例可以讓你入門，但實際上，比起生產系統，它們更適合用於非常簡單的系統與教育。

務必注意，使用非同步系統需要相當程度的耐心——當你除錯時會非常煩躁。我們建議你：

- 採取「Keep It Simple, Stupid」原則。

- 盡量不要做出非同步的獨立系統（就像我們的例子這樣），因為它們的複雜性會增加，很快就會變得難以維護。

- 使用 gevent（上一章介紹過）等成熟的程式庫，因為它們提供經過嘗試與測試的方法，來讓你處理某些問題。

此外，我們強烈建議你使用可以從外部查看佇列狀態的外部佇列系統（例如 NSQ，見第 321 頁的「用 NSQ 來製作穩健的生產叢集」、ZeroMQ 或 Celery）。使用它們時必須思考更多事情，但可能會節省你的時間，因為它們提供除錯效率，並且讓生產系統具備更好的系統可見性。

 考慮使用工作圖來提高韌性。需要長時間運行佇列的資料科學工作通常藉著在無環圖（acyclic graph）內指定工作管線來滿足需求。你可以使用 Airflow（*https://airflow.apache.org*）與 Luigi（*https://oreil.ly/rBfGh*）這兩種強大的程式庫。它們經常用於產業環境，可讓你進行任務鏈接、線上監控與靈活擴展。

使用程序間通訊來驗證質數

質數是因數只有它自己與 1 的數字。顯然易見，最常見的公因數是 2（偶數都不可能是質數）。之後，小質數（例如 3、5、7）會變成更大的非質數的公因數（例如，分別是 9、15 與 21）。

假如我們得到一個大數字，並且被要求確認它是不是質數。我們可能要搜索一個很大的因數空間。圖 9-15 是非質數的每一個因數的頻率，最大為 10,000,000。小因數比大因數更常出現，但它們之間沒有可預測的模式。

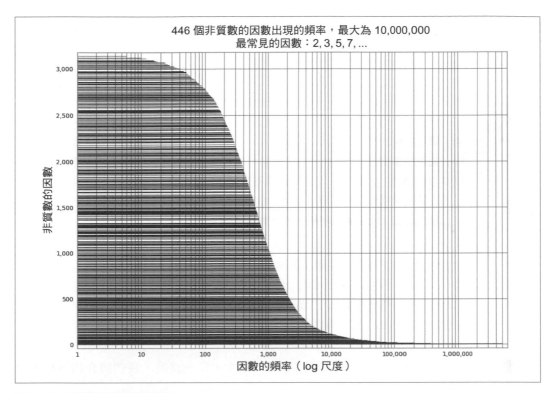

圖 9-15　非質數的因數的頻率

我們來定義新問題——假如我們有一小組數字，我們的工作是高效地使用 CPU 資源來確認各個數字是不是質數，一次一個數字。我們可能只需要測試一個大數字。現在使用一顆 CPU 來做這項工作已經沒有意義了，我們想要在多顆 CPU 之間協調工作。

在這一節，我們要來看一些比較大的數字，一個 15 位數的，四個 18 位數的：

- 小的非質數：112,272,535,095,295
- 大的非質數 1：100,109,100,129,100,369
- 大的非質數 2：100,109,100,129,101,027
- 質數 1：100,109,100,129,100,151
- 質數 2：100,109,100,129,162,907

藉著使用比較小的非質數與一些比較大的非質數，我們可以驗證我們選擇的程序不僅可以更快速地檢查質數，也不會在檢查非質數時變慢。我們假設我們不知道收到的數字的大小或類型，所以我們希望所有的用例都有最快的結果。

> 如果你有本書的上一版，你可能會驚訝地發現，CPython 3.7 執行它們的時間比上一版的 CPython 2.7 略慢，後者是在速度較慢的筆電上運行的。這裡的程式是目前 Python 3.x 比 CPython 2.7 更慢的極端案例。這段程式使用整數運算；CPython 2.7 是整數與「長」整數混合的系統（它可以儲存任意大小的數字，不過這是用速度換來的）。CPython 3.x 只使用「長」整數來處理所有運算。雖然這個設計有優化過，但是它在某些情況下仍然比舊的（而且更複雜的）設計更慢。
>
> 我們從來都不關心它使用哪一「種」整數，因此，在 CPython 3.7 中，我們的速度有所下降。這種小數據不太可能影響你自己的程式碼，因為 CPython 3.x 在許多其他方面都比 CPython 2.x 更快。我們建議你不需要擔心這件事，除非你的執行時間大部分都是整數運算，此時，我們強烈建議你試一下 PyPy，它沒有這種降速問題。

合作是有代價的──同步資料與檢查共享資料的成本可能相當高。我們將介紹幾種用來協調工作的做法。

注意，我們在此不討論比較專用的訊息傳遞介面（MPI），我們討論的是內建的模組與 Redis（它很常見）。如果你想要使用 MPI，我們假設你已經知道你在做什麼了。MPI4PY 專案（*http://bit.ly/MPI4PY_proj*）應該是個上手的好地方。如果你想要在有許多程序互相合作時控制延遲（latency），它是很理想的技術，無論你使用一台或多台電腦。

在接下來的執行中，每一個測試都會執行 20 次，並且取最小的時間來展示那一種方法可能產生的最快速度。在這些範例中，我們使用各種技術來共享一個旗標（通常是 1 byte）。雖然我們可以使用 Lock 這種基本物件，但是這樣就只能共享 1 bit 的狀態了。我們展示如何共享基本型態，這樣才有機會共享比較有表達性的狀態（雖然這個範例不需要有表達性的狀態）。

我們必須強調,共享狀態往往會讓事情複雜化——你很容易就會陷入另一個煩躁的狀態。請小心地試著讓事情盡量簡單。也許雖然資源使用效率降低了,但開發人員可以把時間花在其他的挑戰上。

我們先討論結果,再說明程式碼。

圖 9-16 是試著使用 IPC 來更快速地檢測質數的第一種做法。循序版是比較基準,它沒有使用任何 IPC,我們每一次試圖提升的程式速度都必須比它快。

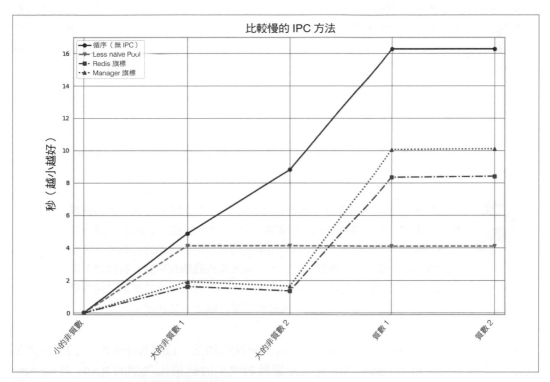

圖 9-16　使用 IPC 來檢驗質數的較慢做法

Less Naive Pool 版本的速度比較可預測(也比較好)。它好到難以超越。在尋找高速解決方案的過程中,不要忽略明顯的事實——有時你需要的只是樸實且足夠好的解決方案。

Less Naive Pool 的做法是，為了測試數字，它會將可能的因數範圍平均分給可用的 CPU，然後將工作推到各個 CPU。如果有任何 CPU 找到因數，它會提前退出，但不會溝通這件事，其他的 CPU 會繼續處理它們的範圍。也就是說，對 18 位數的數字（我們的四個比較大的範例）而言，搜尋時間都是相同的，無論它是不是質數。

Redis 與 Manager 解決方案在檢測較大因數時比較慢，因為有溝通開銷。它們使用一個共享的旗標來代表有因數已被找到，所以搜尋可以停止了。

Redis 不但可以讓你和其他的程序共享狀態，也可以和其他的工具與其他的電腦共享狀態，甚至可以用網頁瀏覽器介面公開那個狀態（可用於遠端監控）。Manager 是 multiprocessing 的一部分，它提供 Python 物件（包括基本型態 list 與 dict）的高階同步集合。

對大的非質數而言，雖然檢查共享的旗標需要成本，但是相較於及早通知因數已經找到而省下來的時間，這個成本簡直是小巫見大巫。

不過，遇到質數時，它無法提前退出，因為找不到因數，所以檢查共享旗標的成本將是主要成本。

有時只要多想一下就夠了。我們在此探討各種 IPC 解決方案，來加快質數檢驗工作。就「輸入程式的分鐘數」vs.「得到的收獲」而言，第一步（加入原生的平行處理）就讓我們用最小的努力得到最大的回報了。後續的收獲需要大量的額外實驗。你一定要考慮最終的執行時間，特別是在處理臨時性的工作時。在處理一次性的工作時，與其優化程式來讓它跑得更快，比較簡單的做法是直接用一個迴圈來讓它執行一整個週末。

從圖 9-17 可以看到，我們藉由少量的努力得到更快的結果。Less Naive Pool 結果仍然是我們的基準，但是 RawValue 與 MMap（記憶體對映）的結果比之前的 Redis 與 Manager 的結果快很多。真正的答案是選擇最快的解決方案，再做一些不太明顯的程式操作，來寫出幾近最好的 MMap 方案——這個最終版本處理非質數的速度比 Less Naive Pool 方案更快，處理質數的速度幾乎與它一樣快。

在接下來的幾節，我們將討論在 Python 中使用 IPC 來解決合作搜尋問題的各種做法。希望你可以看到，IPC 相當簡單，但通常是有代價的。

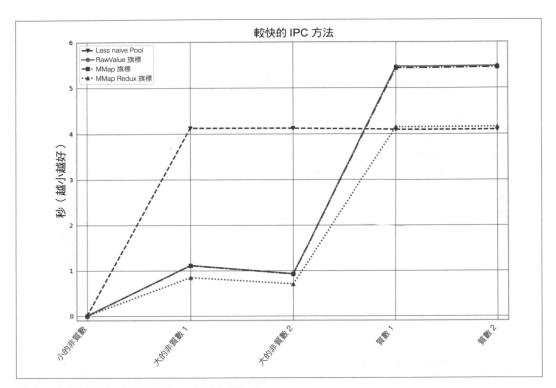

圖 9-17 使用 IPC 來檢驗質數，比較快的方式

循序方案

我們先來看之前用過的同一個循序因數檢驗程式，筆者將它再次列於範例 9-14。如前所述，在處理任何一個有大因數的非質數時，我們可以更高效地平行搜尋因數空間。不過，循序法可以為後續的工作提供一個合理的參考基準。

範例 9-14 循序檢驗

```
def check_prime(n):
    if n % 2 == 0:
        return False
    from_i = 3
    to_i = math.sqrt(n) + 1
    for i in range(from_i, int(to_i), 2):
        if n % i == 0:
            return False
    return True
```

Naive Pool 方案

Naive Pool 方案使用 multiprocessing.Pool，類似第 261 頁的「尋找質數」與第 245 頁使用四個程序分支的「使用程序與執行緒來估計 pi」。我們有一個檢驗質數的數字，並且將可能的因數的範圍分成四個子範圍 tuple，再將它們送給 Pool。

在範例 9-15 中，我們使用新方法 create_range.create（在此不展示它——它很無聊）將工作空間分成相同大小的區域。在 ranges_to_check 裡面的每一個項目都是一對要搜尋的空間上界與下界。對於第一個 18 位數的非質數（100,109,100,129,100,369），在使用四個程序時，因數範圍是 ranges_to_check == [(3, 79_100_057), (79_100_057, 158_200_111), (158_200_111, 237_300_165), (237_300_165, 316_400_222)]（其中 316,400,222 是 100,109,100,129,100,369 的平方根加 1）。我們先在 __main__ 裡面建立一個 Pool，然後在 check_prime 裡面，用 map 將可能的質數 n 拆分 ranges_to_check。如果結果是 False，代表我們找到一個因數，所以它不是質數。

範例 9-15　*Naive Pool 方案*

```
def check_prime(n, pool, nbr_processes):
    from_i = 3
    to_i = int(math.sqrt(n)) + 1
    ranges_to_check = create_range.create(from_i, to_i, nbr_processes)
    ranges_to_check = zip(len(ranges_to_check) * [n], ranges_to_check)
    assert len(ranges_to_check) == nbr_processes
    results = pool.map(check_prime_in_range, ranges_to_check)
    if False in results:
        return False
    return True


if __name__ == "__main__":
    NBR_PROCESSES = 4
    pool = Pool(processes=NBR_PROCESSES)
    ...
```

我們在範例 9-16 裡面修改之前的 check_prime，讓它接收想要檢查的範圍的上限與下限。傳入所有可能的因數來檢查是沒必要的，我們只傳入兩個定義範圍的數字來節省時間與記憶體。

範例 9-16　*check_prime_in_range*

```
def check_prime_in_range(n_from_i_to_i):
    (n, (from_i, to_i)) = n_from_i_to_i
    if n % 2 == 0:
```

```
        return False
    assert from_i % 2 != 0
    for i in range(from_i, int(to_i), 2):
        if n % i == 0:
            return False
    return True
```

對於「小的非質數」，使用 Pool 的檢驗時間是 0.1 秒，明顯比循序方案的 0.000002 更長。儘管這個結果很糟糕，但是整體的結果是全面提速。我們或許可以接受有一個比較慢的結果——但如果有很多小的非質數需要檢驗呢？事實上，我們可以防止這種降速，在 Less Naive Pool 方案中，我們會看到做法。

Less Naive Pool 方案

上一個方案在檢驗比較小的非質數時很低效。它處理比較小的非質數（小於 18 位數）可能比循序的方法更慢，因為有送出分區工作的成本，而且不知道會不會找到很小的因數（比較有可能是因數）。如果找到小因數，這個程序仍然必須等待其他搜尋較大因數的工作完成。

雖然我們可以在程序之間使用訊號指出有小因數被找到了，但是這種情況經常發生，所以會增加很多溝通開銷。範例 9-17 的方案是比較務實的做法——快速進行循序檢查來找出可能的小因數，如果找不到，再開始平行搜尋。在啟動相對昂貴的平行操作之前進行循序檢查，可避免一些平行計算的成本，這是一種常見的做法。

範例 9-17 改善 Naive Pool 方案處理小的非質數的情況

```python
def check_prime(n, pool, nbr_processes):
    # 用便宜的方式檢驗極有可能是因數的集合
    from_i = 3
    to_i = 21
    if not check_prime_in_range((n, (from_i, to_i))):
        return False

    # 繼續平行檢驗比較大的因數
    from_i = to_i
    to_i = int(math.sqrt(n)) + 1
    ranges_to_check = create_range.create(from_i, to_i, nbr_processes)
    ranges_to_check = zip(len(ranges_to_check) * [n], ranges_to_check)
    assert len(ranges_to_check) == nbr_processes
    results = pool.map(check_prime_in_range, ranges_to_check)
    if False in results:
        return False
    return True
```

這個方案處理每一個測試數字的速度都等於或優於原始的循序搜尋方案。這是我們的新基準。

重要的是,這個 Pool 方案為質數檢查提供一個最佳案例。如果是質數,程式就不可能提早退出,我們必須先手動檢查所有可能的因數才能退出。

檢查這些因數沒有更快的方式:任何一種更複雜的做法都有更多指令,所以當我們需要檢查所有因數時,就會執行最多的指令。關於如何在處理質數時盡可能地接近這個結果,見第 286 頁的「將 mmap 當成旗標」討論的各種 mmap 方案。

將 Manager.Value 當成旗標

multiprocessing.Manager() 可讓我們在程序之間,以代管共享(managed shared)物件的形式共享更高階的 Python 物件,較低階的物件會被包在代理物件裡面。雖然包裝與安全性會降低速度,但它們也提供更好的靈活度。你可以共享低階物件(例如整數與浮點數)與串列和字典。

在範例 9-18 中,我們建立一個 Manager,接著建立一個 1-byte(字元)的 manager.Value(b"c", FLAG_CLEAR) 旗標。如果你想要共享字串或數字,你可以建立任何一種 ctypes 基本型態(它們與 array.array 基本型態一樣)。

注意,FLAG_CLEAR 與 FLAG_SET 都被指派一個 byte(分別是 b'0' 與 b'1')。為了清楚表達,我們在開頭使用 b(如果你維持使用隱性字串,它可能被內定為 Unicode 或字串物件,取決於你的環境與 Python 版本)。

接著我們可以用旗標告訴所有的程序有個因數已被找到,因此搜尋可以提早結束。這種做法的麻煩之處在於平衡旗標讀取成本與可能節省的速度。因為旗標是同步的,我們不想要太頻繁地檢查它,這會加入更多開銷。

範例 9-18 將 *Manager.Value* 物件當成旗標來傳遞

```
SERIAL_CHECK_CUTOFF = 21
CHECK_EVERY = 1000
FLAG_CLEAR = b'0'
FLAG_SET = b'1'
print("CHECK_EVERY", CHECK_EVERY)

if __name__ == "__main__":
    NBR_PROCESSES = 4
```

```
manager = multiprocessing.Manager()
value = manager.Value(b'c', FLAG_CLEAR)  # 1-byte 字元
...
```

現在 check_prime_in_range 可以知道共用的旗標，而且程式會檢查別的程序是否發現質數。雖然我們還沒有開始進行平行搜尋，但在進行循序檢查之前，我們必須清除旗標，如範例 9-19 所示。如果完成循序檢查之後還沒有找到因數，我們就可以知道旗標必定仍然是 false。

範例 9-19　用 *Manager.Value* 清除旗標

```
def check_prime(n, pool, nbr_processes, value):
    # 用便宜的方式檢驗極有可能是因數的集合
    from_i = 3
    to_i = SERIAL_CHECK_CUTOFF
    value.value = FLAG_CLEAR
    if not check_prime_in_range((n, (from_i, to_i), value)):
        return False

    from_i = to_i
    ...
```

我們應該多久檢查一次共享的旗標？每一次檢查都有成本，不僅因為我們在緊密的內部迴圈裡面加入更多指令，也因為檢查必須鎖定共享的變數，增加更多成本。我們決定每一千次迭代檢查一次旗標。每次檢查時，我們會看看 value.value 是否已被設為 FLAG_SET，若是如此，我們就退出搜尋。如果程序在搜尋時發現因數，它會設定 value.value = FLAG_SET 並退出（見範例 9-20）。

範例 9-20　將 *Manager.Value* 物件當成旗標來傳遞

```
def check_prime_in_range(n_from_i_to_i):
    (n, (from_i, to_i), value) = n_from_i_to_i
    if n % 2 == 0:
        return False
    assert from_i % 2 != 0
    check_every = CHECK_EVERY
    for i in range(from_i, int(to_i), 2):
        check_every -= 1
        if not check_every:
            if value.value == FLAG_SET:
                return False
            check_every = CHECK_EVERY
```

```
        if n % i == 0:
            value.value = FLAG_SET
            return False
    return True
```

在這段程式裡面，每一千次迭代進行的檢查是用 check_every 區域計數器來執行的，事實上，雖然這種做法容易閱讀，但速度不是最好的。在本節結束時，我們會將它換成比較不容易閱讀，但明顯更快的做法。

你可能想知道檢查共享旗標的總次數。在兩個大的質數的例子中，使用四個程序時，我們檢查旗標 316,405 次（接下來的所有範例都檢查它這麼多次）。因為每一次檢查都有鎖定開銷，這個成本會累加。

將 Redis 當成旗標

Redis 是一種鍵 / 值記憶體儲存引擎。它具備自己的鎖定機制，而且每一個操作都是原子化的，所以我們在 Python（或在任何其他對接的語言）中不需要處理鎖定。

藉著使用 Redis，我們讓資料儲存機制與語言脫鉤，任何一種可以使用介面與 Redis 對接的語言或工具都可以用相容的方式共享資料。你可以在 Python、Ruby、C++ 與 PHP 之中同樣輕鬆地共享資料。你可以在本地電腦或透過網路共享資料。若要和其他電腦共享，你只要改變 Redis 預設的「只在 localhost 共享」即可。

Redis 可讓你儲存這些東西：

- 字串的串列
- 字串的集合
- 排序過的字串集合
- 字串的雜湊

Redis 會將所有東西存入 RAM，並將快照存入磁碟（可使用日誌（journaling）），並且可以對著實例叢集進行主 / 僕複製。Redis 可讓你在一個叢集之間共享一個工作負載，讓其他的電腦讀取與寫入狀態，將 Redis 當成快速的中央資料倉庫。

我們可以用文字字串的格式來讀取與寫入旗標（在 Redis 裡面的所有值都是字串），方式與之前使用 Python 旗標時一樣。我們以全域物件的形式建立一個 StrictRedis 介面，它可以和外部 Redis 伺服器溝通。我們可以在 check_prime_in_range 裡面建立新連結，但是它比較慢，而且可能耗盡數量有限的 Redis handle。

我們使用類似字典的方式與 Redis 伺服器對談。我們可以使用 rds[SOME_KEY] = SOME_VALUE 來設定一個值，以及使用 rds[SOME_KEY] 來讀回字串。

範例 9-21 非常類似之前的 Manager 範例，我們使用 Redis 來取代本地 Manager。它有相似的存取成本。要注意的是，Redis 支援其他資料結構（比較複雜的），它是強大的儲存引擎，這個範例只用它來共享旗標。我們鼓勵你熟悉它的功能。

範例 9-21　使用外部 Redis 伺服器來共享旗標

```python
FLAG_NAME = b'redis_primes_flag'
FLAG_CLEAR = b'0'
FLAG_SET = b'1'

rds = redis.StrictRedis()

def check_prime_in_range(n_from_i_to_i):
    (n, (from_i, to_i)) = n_from_i_to_i
    if n % 2 == 0:
        return False
    assert from_i % 2 != 0
    check_every = CHECK_EVERY
    for i in range(from_i, int(to_i), 2):
        check_every -= 1
        if not check_every:
            flag = rds[FLAG_NAME]
            if flag == FLAG_SET:
                return False
            check_every = CHECK_EVERY

        if n % i == 0:
            rds[FLAG_NAME] = FLAG_SET
            return False
    return True


def check_prime(n, pool, nbr_processes):
    # 用便宜的方式檢驗極有可能是因數的集合
    from_i = 3
    to_i = SERIAL_CHECK_CUTOFF
```

```
rds[FLAG_NAME] = FLAG_CLEAR
if not check_prime_in_range((n, (from_i, to_i))):
    return False


...
if False in results:
    return False
return True
```

為了確認資料被存放到這些 Python 實例之外,我們在命令列呼叫 redis-cli,見範例 9-22,並取得 redis_primes_flag 鍵存放的值。你可以看到回傳的項目是個字串(不是整數)。Redis 回傳的值都是字串,所以如果你想要在 Python 中操作它們,你必須先將它們轉換成適當的資料型態。

範例 9-22   redis-cli

```
$ redis-cli
redis 127.0.0.1:6379> GET "redis_primes_flag"
"0"
```

使用 Redis 來共享資料有一個強有力的理由是它不屬於 Python 世界 —— 在你的團隊內的非 Python 開發者可以了解它,而且它有許多工具可用。他們都可以在閱讀你的程式時查看它的狀態(但不一定可以在運行與除錯時如此),並且追蹤發生了什麼事。從團隊速度的角度來看,這對你來說可能是很大的好處,儘管使用 Redis 有溝通開銷。雖然 Redis 對你的專案來說是另一個依賴項目,但它是極常見的部署工具,而且是經過妥善除錯與廣受了解的。請考慮將這項強大的工具加入你的軍火庫。

Redis 有許多設置選項。在預設情況下,它使用 TCP 介面(也就是我們在使用的),雖然文件說通訊端(socket)可能快很多。它也說,雖然 TCP/IP 可讓不同類型的 OS 透過網路共享資料,但其他的設置選項可能會更快(但也可能限制你的通訊選項):

> 當你在同一個 box 運行伺服器與用戶端性能評測程式時,你可以使用 TCP/IP loopback 與 unix domain socket。取決於平台,unix domain socket 的傳輸量比 TCP/IP loopback 多大約 50%(例如在 Linux)。redis-benchmark 的預設行為是使用 TCP/IP loopback。與 TCP/IP loopback 相比,unix domain socket 的性能優勢在大量使用管線時有下降的趨勢(例如長管線)。
>
> —— Redis documentation(*http://redis.io/topics/benchmarks*)

Redis 在業界應用廣泛，是成熟且可靠的專案。如果你不熟悉這種工具，我們強烈建議你研究它，它應該在你的高性能工具組裡面占有一席之地。

將 RawValue 當成旗標

multiprocessing.RawValue 是包在 ctypes bytes 區塊外面的薄包裝。它沒有同步基本型態（synchronization primitive），所以我們可以輕鬆地找到在程序間設定旗標的最快手段。它幾乎與接下來的 mmap 範例一樣快（如果它比較慢，原因只會是過程中多執行了一些指令）。

同樣地，我們可以使用任何一種 ctypes 基本型態；此外也有一種 RawArray 可用來共用基本型態物件陣列（它的行為類似 array.array）。RawValue 免於任何鎖定──雖然它用起來更快，但你無法得到原子化的操作。

通常當你不使用 Python 在 IPC 期間提供的同步時，你就會陷入麻煩（回到那個煩躁的情況）。但是在這個問題中，有一個程序還是有多個程序同時設定旗標並不重要──旗標只會往一個方向切換，每隔一次讀取它只是為了了解是否可以取消搜尋。

因為我們在平行搜尋期間絕對不會重置旗標的狀態，所以不需要同步化。注意，這可能不適用於你的問題。如果你不想要使用同步，請確保你有正當的理由。

如果你想要做類似「更新共享的計時器」之類的事情，請閱讀 Value 的文件，並使用 context manager 與 value.get_lock()，因為對 Value 使用隱性的鎖定無法讓你進行原子化操作。

這個範例看起來很像上一個 Manager 範例，它們唯一的區別是，在範例 9-23 中，我們將 RawValue 做成單字元（byte）旗標。

範例 9-23　建立與傳遞 RawValue

```
if __name__ == "__main__":
    NBR_PROCESSES = 4
    value = multiprocessing.RawValue('b', FLAG_CLEAR)  # 1-byte 字元
    pool = Pool(processes=NBR_PROCESSES)
    ...
```

可以靈活地使用代管（managed）的與原始的值，是 multiprocessing 中，簡潔的資料共享設計帶來的好處。

將 mmap 當成旗標

最後，我們來看共享 bytes 最快的方式。範例 9-24 是使用 mmap 模組的記憶體對映（共享記憶體）方案。在共享的記憶體區塊內的 bytes 不會被同步，它們帶來的開銷很小。它們的行為很像檔案 —— 在這個例子中，它們是具備類檔案介面的記憶體區塊。我們必須尋找位置，並循序讀取或寫入。通常 mmap 會被用來提供大型檔案的短視角（short view）（記憶體對映），但這個例子不是在第一個引數指定檔案數字，而是傳入 -1 來指出我們想要一個非同步的記憶體區塊。我們也可以指定想要進行唯讀或唯寫操作（我們想要兩者，這是預設的）。

範例 9-24　用 mmap 來使用共享的記憶體旗標

```python
sh_mem = mmap.mmap(-1, 1)  # 記憶體 map 1 byte，當成旗標


def check_prime_in_range(n_from_i_to_i):
    (n, (from_i, to_i)) = n_from_i_to_i
    if n % 2 == 0:
        return False
    assert from_i % 2 != 0
    check_every = CHECK_EVERY
    for i in range(from_i, int(to_i), 2):
        check_every -= 1
        if not check_every:
            sh_mem.seek(0)
            flag = sh_mem.read_byte()
            if flag == FLAG_SET:
                return False
            check_every = CHECK_EVERY

        if n % i == 0:
            sh_mem.seek(0)
            sh_mem.write_byte(FLAG_SET)
            return False
    return True


def check_prime(n, pool, nbr_processes):
    # 用便宜的方式檢驗極有可能是因數的集合
    from_i = 3
    to_i = SERIAL_CHECK_CUTOFF
    sh_mem.seek(0)
    sh_mem.write_byte(FLAG_CLEAR)
```

```
    if not check_prime_in_range((n, (from_i, to_i))):
        return False

    ...
    if False in results:
        return False
    return True
```

mmap 有很多方法可以讓你在它代表的檔案裡面移動（包括 find、readline 與 write）。我們以最基本的方式使用它——我們在每次讀與寫之前，seek（尋找）記憶體區塊的開始處，因為我們只共享 1 byte，所以使用 read_byte 與 write_byte 來表明意圖。

我們沒有關於鎖定的 Python 開銷，也不需要解釋資料，我們直接用作業系統來處理 bytes，所以這是最快速的溝通方法。

將 mmap 當成旗標 Redux

雖然之前的 mmap 的結果整體而言是最好的，但我們忍不住想，在處理最昂貴的質數案例時，我們應該要得到 Naive Pool 的結果。我們可以接受無法從內部迴圈提前退出，也想要將任何外來的代價降到最低。

本節將展示一種稍微複雜些的方案。我們也可以對之前其他使用旗標的方案進行相同的更改，不過這個 mmap 結果仍然是最快的。

我們在上一個範例使用 CHECK_EVERY，這意味著我們有個 check_next 區域變數可以進行追蹤、遞減，以及在布林測試式中使用——而且每一次操作都會在每一次的迭代加入一些額外的時間。在檢驗大質數時，這個額外的管理開銷會出現 300,000 次以上。

在範例 9-25 的第一次優化是為了說明我們可以將遞減計數器換成一個預見（look-ahead）值，然後只要在內部迴圈進行布林比較即可。這可以移除遞減操作，因為 Python 的解譯手法，這項操作非常慢。這個優化可在 CPython 3.7 的這個測試中運作，但是它在比較聰明的編譯器（例如 PyPy 或 Cython）裡面應該無法提供任何好處。這個步驟在檢查其中一個大質數時節省了 0.1 秒。

範例 9-25　開始優化昂貴的邏輯

```
def check_prime_in_range(n_from_i_to_i):
    (n, (from_i, to_i)) = n_from_i_to_i
    if n % 2 == 0:
        return False
    assert from_i % 2 != 0
```

```
        check_next = from_i + CHECK_EVERY
        for i in range(from_i, int(to_i), 2):
            if check_next == i:
                sh_mem.seek(0)
                flag = sh_mem.read_byte()
                if flag == FLAG_SET:
                    return False
                check_next += CHECK_EVERY

            if n % i == 0:
                sh_mem.seek(0)
                sh_mem.write_byte(FLAG_SET)
                return False
        return True
```

我們也可以完全換掉計數器代表的邏輯，如範例 9-26 所示，做法是將迴圈展開為雙階段程序。首先，我們用外部迴圈來涵蓋期望的範例，不過是以步（step），使用 CHECK_EVERY。其次，我們用內部的迴圈來取代 check_every 邏輯 —— 它會檢查係數的區域範圍，然後完成工作。它相當於 if not check_every: 測試式。我們用之前的 sh_mem 邏輯來檢查提早退出旗標。

範例 9-26　優化昂貴的邏輯

```
    def check_prime_in_range(n_from_i_to_i):
        (n, (from_i, to_i)) = n_from_i_to_i
        if n % 2 == 0:
            return False
        assert from_i % 2 != 0
        for outer_counter in range(from_i, int(to_i), CHECK_EVERY):
            upper_bound = min(int(to_i), outer_counter + CHECK_EVERY)
            for i in range(outer_counter, upper_bound, 2):
                if n % i == 0:
                    sh_mem.seek(0)
                    sh_mem.write_byte(FLAG_SET)
                    return False
            sh_mem.seek(0)
            flag = sh_mem.read_byte()
            if flag == FLAG_SET:
                return False
        return True
```

速度的改變非常大。非質數案例改善更多，但更重要的是，我們的質數檢驗案例幾乎與 Less Naive Pool 版本一樣快（現在它只慢 0.1 秒）。鑑於我們沒有在 IPC 上面做太多額外的工作，這個結果很有意思。不過，切記，這是 CPython 特有的，用編譯器來執行不可能提供任何增益。

在本書的上一版，我們進一步在最後一個範例使用迴圈展開，以及使用全域物件的區域參考，犧牲易讀性來進一步提高性能。這個範例在 Python 3 造成輕微的降速，所以我們刪除它了。我們很開心這樣做——我們不需要太費心就得到性能最好的範例，而且比起針對特定案例修改的程式，上面的程式更容易被團隊正確地支援。

> 這些範例可以很好地搭配 PyPy，它們在 PyPy 的速度大約比在 CPython 快七倍。有時比較好的方案是研究其他的 runtime，而不是用 CPython 鑽牛角尖。

用 multiprocessing 共享 numpy 資料

在處理大型的 numpy 陣列時，你一定想知道能否在程序之間共享資料，進行讀取與寫入，而且不需要複製。這是可以做到的，只是有點複雜。感謝 Stack Overflow 用戶 *pv* 啟發這個例子[2]。

> 不要使用這個方法來重製 BLAS、MKL、Accelerate 與 ATLAS 的行為。這些程式庫的基本型態都支援多執行緒，它們應該比你所建立的任何新程式都經歷更詳細的除錯。它們可能需要做一些設置來啟用多執行緒支援，但是在投入時間（以及浪費時間除錯）之前，先看看這些程式庫能否提供免費的加速是聰明的做法。

在程序間共享大型矩陣有幾項好處：

- 只有一個複本意味著不會浪費 RAM。
- 不會浪費時間在複製大型 RAM 區塊上。
- 或許可以在程序之間共享部分的結果。

2　見 Stack Overflow 主題（*http://bit.ly/Python_multiprocessing*）。

回想一下第 258 頁的「使用 numpy」之中，用 numpy 來估計 pi 的做法，我們當時遇到一個問題：亂數的產生是循序的程序。在此，我們想像有一些分支的程序，它們共享一個大型的陣列，每一個都使用「seed 不同的亂數產生器」來將亂數填入陣列的一部分，因此它們產生大型的亂數區塊的速度比單程序更快。

為了驗證這件事，我們修改接下來的示範，用循序程序建立一個大型的亂數矩陣（10,000×320,000 個元素），並且將矩陣拆成四段，在裡面平行呼叫 random（這兩種做法都是一次一列）。循序程序花了 53 秒，平行版本花了 29 秒。請參考第 258 頁的「平行系統中的亂數」來了解平行化的亂數生成的風險。

在本節其餘部分，我們將使用簡化的示範來說明要點，同時保持驗證的簡易。

圖 9-18 是在 Ian 筆電上的 htop 的輸出。它展示父程序（PID 27628）的四個子程序，全部的五個程序都共享一個 10,000×320,000 double 元素的 numpy 陣列。一份這個陣列需要 25.6 GB，筆電只有 32 GB ── 你可以在 htop 裡面的 Mem 讀數表看到 RAM 最大是 31.1 GB。

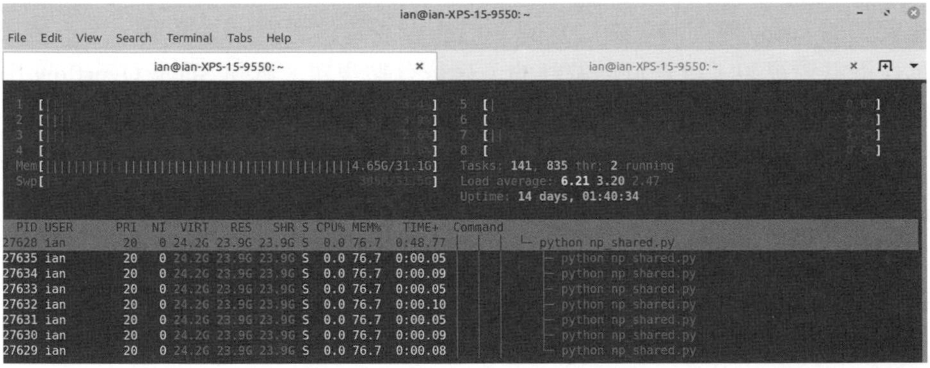

圖 9-18　htop 顯示 RAM 與 swap 使用情況

為了讓你了解這個示範，我們先說明主控台輸出，再看程式碼。在範例 9-27 中，我們啟動父程序：它配置一個維度為 10,000×320,000 的 25.6 GB double 陣列，並填入零。它將 10,000 列當成索引傳給 worker 函式，worker 會依序處理有 320,000 項目的每一行。配置陣列之後，我們對它填入生命、宇宙與萬物的終極答案（42！）。我們可以在 worker 函式中確認我們收到這個修改過的陣列，而不是被填入 0 的版本，以確認這段程式的行為符合預期。

範例 9-27　設定共享陣列

```
$ python np_shared.py
Created shared array with 25,600,000,000 nbytes
Shared array id is 139636238840896 in PID 27628
Starting with an array of 0 values:
[[ 0.  0.  0. ...,  0.  0.  0.]
 ...,
 [ 0.  0.  0. ...,  0.  0.  0.]]

Original array filled with value 42:
[[ 42.  42.  42. ...,  42.  42.  42.]
 ...,
 [ 42.  42.  42. ...,  42.  42.  42.]]
Press a key to start workers using multiprocessing...
```

在範例 9-28 中，我們啟動四個程序來處理這個共享的陣列。我們沒有製作任何複本，每一個程序都會查看同一塊記憶體，而且每一個程序都處理不同的索引集合。每隔幾千行，worker 就會輸出當前的索引與它的 PID，讓我們可以觀察它的行為。worker 的任務很簡單——它會確認當前的元素仍然被設為預設值（讓我們知道沒有其他的程序已經對它進行了修改），接著它會用當前的 PID 覆寫這個值。當 worker 完成工作時，我們就回到父程序，並再次印出陣列。這一次，我們看到它被填入 PID 而不是 42。

範例 9-28　對共享的陣列執行 worker_fn

```
worker_fn: with idx 0
  id of local_nparray_in_process is 139636238840896 in PID 27751
worker_fn: with idx 2000
  id of local_nparray_in_process is 139636238840896 in PID 27754
worker_fn: with idx 1000
  id of local_nparray_in_process is 139636238840896 in PID 27752
worker_fn: with idx 4000
  id of local_nparray_in_process is 139636238840896 in PID 27753
...
worker_fn: with idx 8000
  id of local_nparray_in_process is 139636238840896 in PID 27752

The default value has been overwritten with worker_fn's result:
[[27751. 27751. 27751. ... 27751. 27751. 27751.]
 ...
 [27751. 27751. 27751. ... 27751. 27751. 27751.]]
```

最後，在範例 9-29 中，我們使用 Counter 來確認各個 PID 在陣列中的頻率。因為這項工作已經被均分了，我們期望看到四個 PID 有一樣的次數。在 3,200,000,000 個元素的陣列裡面，我們看到四組 800,000,000 PID。這張表是用 PrettyTable（*https://oreil.ly/tXL3a*）來輸出的。

範例 9-29　確認共享陣列的結果

```
Verification - extracting unique values from 3,200,000,000 items
in the numpy array (this might be slow)...
Unique values in main_nparray:
+---------+-----------+
|   PID   |   Count   |
+---------+-----------+
| 27751.0 | 800000000 |
| 27752.0 | 800000000 |
| 27753.0 | 800000000 |
| 27754.0 | 800000000 |
+---------+-----------+
Press a key to exit...
```

完成之後，程式退出，陣列被刪除。

我們可以在 Linux 使用 ps 與 pmap 來看一下各個程序裡面的情況。範例 9-30 是呼叫 ps 的結果。拆開這個命令列：

- ps 可顯示關於程序的事情。

- -A 可列出所有程序。

- -o pid,size,vsize,cmd 可輸出 PID、大小資訊與命令名稱。

- grep 可濾除所有其他結果，只保留示範中的幾行。

你可以在輸出中看到父程序（PID 27628）與它的四個子分支。這個結果類似我們在 htop 中看到的。我們可以使用 pmap 來查看各個程序的記憶體對映，用 -x 來要求擴展版的輸出。我們使用 grep 的 s- 模式來列出被標記為共享的記憶體區塊。在父程序與子程序中，我們看到它們之間共享了 25,000,000 KB（25.6 GB）的區塊。

範例 9-30　使用 *pmap* 與 *ps* 來查看作業系統的程序觀點

```
$ ps -A -o pid,size,vsize,cmd | grep np_shared
27628 279676 25539428 python np_shared.py
27751 279148 25342688 python np_shared.py
27752 279148 25342688 python np_shared.py
```

```
27753 279148 25342688 python np_shared.py
27754 279148 25342688 python np_shared.py

ian@ian-Latitude-E6420 $ pmap -x 27628 | grep s-
Address          Kbytes     RSS   Dirty Mode   Mapping
00007ef9a2853000 25000000 25000000 2584636 rw-s- pym-27628-npfjsxl6 (deleted)
...
ian@ian-Latitude-E6420 $ pmap -x 27751 | grep s-
Address          Kbytes     RSS   Dirty Mode   Mapping
00007ef9a2853000 25000000 6250104 1562508 rw-s- pym-27628-npfjsxl6 (deleted)
...
```

我們將使用 multprocessing.Array 來配置一塊共享的 1D 陣列記憶體，接著用這個物件實例化一個 numpy 陣列，並且將它重塑為一個 2D 陣列。現在我們有一個以 numpy 包裝的記憶體區塊，可在程序之間共享，並且像一般的 numpy 陣列一樣定址。numpy 並未管理 RAM，而是由 multiprocessing.Array 管理它。

在範例 9-31 中，你可以看到每一個程序分支都可以存取全域的 main_nparray。雖然程序分支有個 numpy 物件副本，但這個物件使用的底層 bytes 被存為共享的記憶體。我們的 worker_fn 會用當前的 PID 來覆寫所選擇的列（用 idx）。

範例 9-31　使用 *multiprocessing* 來共享 *numpy* 陣列的 *worker_fn*

```python
import os
import multiprocessing
from collections import Counter
import ctypes
import numpy as np
from prettytable import PrettyTable

SIZE_A, SIZE_B = 10_000, 320_000  # 24GB

def worker_fn(idx):
    """ 在共享的 np 陣列的 idx 列做一些事情 """
    # 確認沒有其他程序修改過這個值
    assert main_nparray[idx, 0] == DEFAULT_VALUE
    # 在子程序裡面印出 PID 與陣列的 ID
    # 以檢查沒有副本
    if idx % 1000 == 0:
        print(" {}: with idx {}\n  id of local_nparray_in_process is {} in PID {}"\
            .format(worker_fn.__name__, idx, id(main_nparray), os.getpid()))
    # 我們可以對這個陣列做任何工作，在此，我們將
    # 這一列的每一個項目設為這個程序的 PID 的值
    main_nparray[idx, :] = os.getpid()
```

在範例 9-32 的 __main__ 裡面有三個主要階段：

1. 建立共享的 multiprocessing.Array，並將它轉換成 numpy 陣列。

2. 將陣列設為預設值，並且產生四個程序，來平行地處理陣列。

3. 在程序返回之後確認陣列的內容。

通常，你會設定一個 numpy 陣列，並且在一個程序中處理它，可能是做 arr = np.array((100, 5), dtype=np.float_) 之類的事情。在單程序中這樣做沒問題，但你無法讓不同的程序共享這筆資料，對它進行讀與寫。

解決這個問題的訣竅是建立一塊共享的 bytes。其中一種方式是建立一個 multiprocessing.Array。在預設情況下，Array 會被包在一個鎖裡面，以防止並行編輯，但我們不需要這個鎖，因為我們會注意存取模式。為了明確地向其他團隊成員傳遞這件事，我們應該明確地設定 lock=False。

如果你沒有設定 lock=False，你將得到一個物件，而不是 bytes 的參考，而且你需要呼叫 .get_obj() 才能進入 bytes。呼叫 .get_obj() 會繞過鎖，所以不明確地傳達這件事沒有任何好處。

接下來，我們使用 frombuffer 來將這塊可共享的 bytes 包在一個 numpy 陣列內。dtype 是選用的，但因為我們要傳遞 bytes，明確地表示它是聰明的做法。我們進行重塑是為了將 bytes 定址為 2D 陣列。在預設情況下，陣列值被設為 0。範例 9-32 是完整的 __main__。

範例 9-32　設定共享 numpy 陣列的 __main__

```python
if __name__ == '__main__':
    DEFAULT_VALUE = 42
    NBR_OF_PROCESSES = 4

    # 建立 bytes 區塊，將它重塑為區域 numpy 陣列
    NBR_ITEMS_IN_ARRAY = SIZE_A * SIZE_B
    shared_array_base = multiprocessing.Array(ctypes.c_double,
                                              NBR_ITEMS_IN_ARRAY, lock=False)
    main_nparray = np.frombuffer(shared_array_base, dtype=ctypes.c_double)
    main_nparray = main_nparray.reshape(SIZE_A, SIZE_B)
    # assert 沒有進行複製
    assert main_nparray.base.base is shared_array_base
    print("Created shared array with {:,} nbytes".format(main_nparray.nbytes))
    print("Shared array id is {} in PID {}".format(id(main_nparray), os.getpid()))
    print("Starting with an array of 0 values:")
```

```
print(main_nparray)
print()
```

為了確認程序處理的是剛開始的同一塊資料，我們將各個項目設為新的 DEFAULT_VALUE
（再次使用 42，生命、宇宙與萬物的終極答案）——見範例 9-33 的最上面。接下來，
我們建立一個程序 Pool（本例是四個程序），接著呼叫 map 來傳送一批列索引。

範例 9-33　使用 *multiprocessing* 來共享 *numpy* 陣列的 *__main__*

```
# 用本地 numpy 陣列來修改資料
main_nparray.fill(DEFAULT_VALUE)
print("Original array filled with value {}:".format(DEFAULT_VALUE))
print(main_nparray)

input("Press a key to start workers using multiprocessing...")
print()

# 建立一個程序池，它們會共享全域 numpy 陣列
# 的記憶體區塊，共享底層資料區塊的參考，
# 這樣我們就可以在新程序中建立 numpy 陣列包裝
# pool = multiprocessing.Pool(processes=NBR_OF_PROCESSES)
# 執行對映，其中每一個列索引都會
# 被當成參數傳給 worker_fn
pool.map(worker_fn, range(SIZE_A))
```

完成平行處理之後，我們回到父程序驗證結果（範例 9-34）。驗證步驟是用陣列的扁平
觀點來執行的（注意，這個觀點不會製作副本，它只是在 2D 陣列之上建立一個 1D 的
可迭代觀點），計算各個 PID 的頻率。最後，我們執行一些 assert 檢驗，來確定我們有
期望的數量。

範例 9-34　驗證共享結果 *__main__*

```
print("Verification - extracting unique values from {:,} items\n in the numpy \
      array (this might be slow)...".format(NBR_ITEMS_IN_ARRAY))
# main_nparray.flat 只是迭代陣列的內容，
# 不會製作複本
counter = Counter(main_nparray.flat)
print("Unique values in main_nparray:")
tbl = PrettyTable(["PID", "Count"])
for pid, count in list(counter.items()):
    tbl.add_row([pid, count])
print(tbl)

total_items_set_in_array = sum(counter.values())
```

```
# 確認我們已經設定陣列的每一個項目，讓它不是 DEFAULT_VALUE
assert DEFAULT_VALUE not in list(counter.keys())
# 確認我們已經考慮陣列中的每個項目
assert total_items_set_in_array == NBR_ITEMS_IN_ARRAY
# 確認我們有 NBR_OF_PROCESSES 個唯一的鍵，
# 來確認每一個程序都做了一些工作
assert len(counter) == NBR_OF_PROCESSES

input("Press a key to exit...")
```

我們剛才建立了一個 1D 的 bytes 陣列，將它轉換成 2D 陣列，讓四個程序共用陣列，並且讓它們並行處理同一塊記憶體。這個配方可以協助你用許多核心來進行平行化。不過，以並行的方式存取相同的資料點要很小心——如果你想要避免同步問題，你就要在 multiprocessing 中使用鎖，這會減慢你的程式。

同步檔案與變數存取

在接下來的範例中，我們要看共享與操作同一個狀態的多個程序——這個例子用四個程序將一個共享的計數器遞增一組次數。如果不使用同步程序，計數的結果就是不正確的。如果你想要以一致的方式共享資料，你絕對要設法同步資料的讀寫，否則就會出錯。

通常同步方法是你的 OS 特有的，而且通常是你使用的語言特有的。在此，我們要使用 Python 程式庫，看一個基於檔案的同步方法，並且讓 Python 程序共享一個整數物件。

鎖檔

在這一節中，讀取與寫入檔案是最慢的資料共享情況。

範例 9-35 是第一個函式。這個函式會迭代一個區域計數器。在每一次迭代時，它會開啟一個檔案，並讀取既有的值，將它遞增一，然後用新值覆寫舊值。在第一次迭代時，檔案是空的或不存在的，所以它會捉到一個例外，並假設值是零。

 這裡的範例都是經過簡化的——在實務上，使用 context manager 以 with open(*filename*, "r") as f: 來打開檔案比較安全。如果例外是在 context 中發出的，檔案 f 就會被正確地關閉。

範例 9-35　使用鎖的 *work* 函式

```python
def work(filename, max_count):
    for n in range(max_count):
        f = open(filename, "r")
        try:
            nbr = int(f.read())
        except ValueError as err:
            print("File is empty, starting to count from 0, error: " + str(err))
            nbr = 0
        f = open(filename, "w")
        f.write(str(nbr + 1) + '\n')
        f.close()
```

我們用一個程序來執行這個範例。你可以在範例 9-36 看到它的輸出。work 被呼叫一千次，一如預期，它正確地計數，沒有遺失任何資料。在第一次讀取時，它看到一個空檔案，因而為 int() 發出 invalid literal for int() 錯誤（因為 int() 是用空字串來呼叫的）。這個錯誤只出現一次，接下來，我們都會讀出有效值，並轉換成整數。

範例 9-36　使用檔案，不使用程式鎖，使用一個程序來計數花掉的時間

```
$ python ex1_nolock1.py
Starting 1 process(es) to count to 1000
File is empty, starting to count from 0,
error: invalid literal for int() with base 10: ''
Expecting to see a count of 1000
count.txt contains:
1000
```

接下來我們要使用四個並行程序來執行同一個 work 函式。我們沒有任何鎖定程式，所以應該會看到奇怪的結果。

 在看接下來的程式之前，當兩個程序同時讀取或寫入同一個檔案時，你認為會出現哪兩種錯誤？想一下這段程式的兩個主要狀態（各個程序開始執行時，以及各個程序的一般運行狀態）。

看看範例 9-37 的問題。首先，當各個程序開始時，檔案是空的，所以每一個程序都試著從零開始計數。接下來，當一個程序進行寫入時，其他的程序可以讀取部分寫入的結果，這種結果無法解析，就會造成例外，並且寫回零，進而造成計數器不斷被重設！你能不能看到兩個並行程序將 \n 與兩個值寫至同一個打開的檔案，造成第三個程序讀出無效的項目？

範例 9-37　不使用程式鎖，使用四個程序以及檔案來計數花掉的時間

```
$ python ex1_nolock4.py
Starting 4 process(es) to count to 4000
File is empty, starting to count from 0,
error: invalid literal for int() with base 10: ''
# 許多錯誤，像這些
File is empty, starting to count from 0,
error: invalid literal for int() with base 10: ''
Expecting to see a count of 4000
count.txt contains:
112

$ python -m timeit -s "import ex1_nolock4" "ex1_nolock4.run_workers()"
2 loops, best of 5: 158 msec per loop
```

範例 9-38 是用四個程序呼叫 work 的 multiprocessing 程式碼。注意，我們沒有使用 map，而是建立一個 Process 物件串列。雖然我們在這裡沒有使用函式，但 Process 物件讓我們自檢各個 Process 的狀態。我們鼓勵你閱讀文件（*https://oreil.ly/B4_G7*）來了解為何要使用 Process。

範例 9-38　讓 *run_workers* 設定四個程序

```
import multiprocessing
import os

...
MAX_COUNT_PER_PROCESS = 1000
FILENAME = "count.txt"
...

def run_workers():
    NBR_PROCESSES = 4
    total_expected_count = NBR_PROCESSES * MAX_COUNT_PER_PROCESS
    print("Starting {} process(es) to count to {}".format(NBR_PROCESSES,
                                                total_expected_count))
    # 重設計數器
    f = open(FILENAME, "w")
    f.close()

    processes = []
    for process_nbr in range(NBR_PROCESSES):
        p = multiprocessing.Process(target=work, args=(FILENAME,
                                                MAX_COUNT_PER_PROCESS))
        p.start()
        processes.append(p)
```

```
    for p in processes:
        p.join()

    print("Expecting to see a count of {}".format(total_expected_count))
    print("{} contains:".format(FILENAME))
    os.system('more ' + FILENAME)

if __name__ == "__main__":
    run_workers()
```

使用 fasteners 模組（*https://oreil.ly/n8ZlV*）可讓我們加入同步方法，如此一來每次只有一個程序可以進行寫入，其他的程序都必須等待輪到它們。因此整個程序跑得比較慢，但它不會犯錯。見範例 9-39 的正確輸出。注意，程式鎖機制是 Python 專用的，所以查看這個檔案的其他程序不會理會這個檔案的「上鎖」性質。

範例 9-39　使用程式鎖與四個程序和檔案來計數花掉的時間

```
$ python ex1_lock.py
Starting 4 process(es) to count to 4000
File is empty, starting to count from 0,
error: invalid literal for int() with base 10: ''
Expecting to see a count of 4000
count.txt contains:
4000
$ python -m timeit -s "import ex1_lock" "ex1_lock.run_workers()"
10 loops, best of 3: 401 msec per loop
```

使用 fasteners 會在範例 9-40 加入一行程式，即 @fasteners.interprocess_locked 裝飾器；檔案可以取任何名稱，但是使用與你想要上鎖的檔案類似的名稱應該可讓你在命令列更輕鬆地進行除錯。請注意，我們不需要修改內部函式，裝飾器會在每次呼叫時取鎖，並且會在拿到鎖之後，再呼叫 work。

範例 9-40　使用程式鎖的 *work* 函式

```
@fasteners.interprocess_locked('/tmp/tmp_lock')
def work(filename, max_count):
    for n in range(max_count):
        f = open(filename, "r")
        try:
            nbr = int(f.read())
        except ValueError as err:
            print("File is empty, starting to count from 0, error: " + str(err))
            nbr = 0
```

```
f = open(filename, "w")
f.write(str(nbr + 1) + '\n')
f.close()
```

鎖定值

multiprocessing 模組可讓你用多種做法在程序間共享 Python 物件。我們可以用很低的溝通開銷來共享基本型態物件，也可以使用 Manager 共享高階 Python 物件（例如字典或串列）（但請注意，同步成本會大幅減緩資料共享）。

在此，我們使用 multiprocessing.Value 物件（*https://oreil.ly/nGKnY*）在程序間共享整數。雖然 Value 有程式鎖，但這個鎖的作用應該與你想像的不一樣——它會防止同時發生的讀取或寫入，但不提供原子性遞增。見範例 9-41 的說明。你可以看到，我們最後得到錯誤的數字，這種情況類似之前看過的使用檔案的非同步範例。

範例 9-41　沒有程式鎖導致錯誤的數字

```
$ python ex2_nolock.py
Expecting to see a count of 4000
We have counted to 2340
$ python -m timeit -s "import ex2_nolock" "ex2_nolock.run_workers()"
20 loops, best of 5: 9.97 msec per loop
```

雖然資料不會損壞，但是我們會錯過一些更新。如果你要在一個程序寫入一個 Value 並且在其他程序使用（或修改）那個 Value，這種做法或許可行。

範例 9-42 是共享 Value 的程式。我們必須指定一種資料型態，以及一個初始值——使用 Value("i", 0)，我們請求一個 signed 整數，並使用預設值 0。它會被當成一般引數傳給 Process 物件，由後者負責於幕後在程序間共享同一塊 bytes。我們使用 .value 來存取 Value 保存的基本型態物件。注意，我們要求就地加法——我們期望它是個原子化操作，但是 Value 不支援這項功能，所以最終的計數低於預期。

範例 9-42　無程式鎖的計數程式

```
import multiprocessing

def work(value, max_count):
    for n in range(max_count):
        value.value += 1

def run_workers():
    ...
```

```
    value = multiprocessing.Value('i', 0)
    for process_nbr in range(NBR_PROCESSES):
        p = multiprocessing.Process(target=work, args=(value, MAX_COUNT_PER_PROCESS))
        p.start()
        processes.append(p)
...
```

範例 9-43 使用 `multiprocessing.Lock` 來正確地同步計數。

範例 9-43　使用 Lock 來同步針對 Value 的寫入

```
# 鎖住更新，但是它不是原子化的
$ python ex2_lock.py
Expecting to see a count of 4000
We have counted to 4000
$ python -m timeit -s "import ex2_lock" "ex2_lock.run_workers()"
20 loops, best of 5: 19.3 msec per loop
```

在範例 9-44 中，我們使用 context manager（`with Lock`）來取得程式鎖。

範例 9-44　使用 context manager 來取得程式鎖

```
import multiprocessing


def work(value, max_count, lock):
    for n in range(max_count):
        with lock:
            value.value += 1


def run_workers():
...
    processes = []
    lock = multiprocessing.Lock()
    value = multiprocessing.Value('i', 0)
    for process_nbr in range(NBR_PROCESSES):
        p = multiprocessing.Process(target=work,
                                    args=(value, MAX_COUNT_PER_PROCESS, lock))
        p.start()
        processes.append(p)
...
```

如果我們不使用 context manager，直接用 `acquire` 與 `release` 來包裝遞增，速度可以稍微快一些，但是程式會比使用 context manager 更難以閱讀。我們建議使用 context manager 來改善易讀性。範例 9-45 的程式說明如何 `acquire` 與 `release` Lock 物件。

範例 9-45　將上鎖的動作內嵌，而不是使用 *context manager*

```
lock.acquire()
value.value += 1
lock.release()
```

因為 Lock 無法提供我們尋求的細膩度，它提供的基本上鎖會無謂地浪費一些時間。我們可以將 Value 換成 RawValue（*https://oreil.ly/MYjtB*），如範例 9-46 所示，並取得遞增加速。如果你想要看這項修改背後的 bytecode，可閱讀 Eli Bendersky 介紹這個主題的部落格文章（*http://bit.ly/shared_counter*）。

範例 9-46　展示更快的 *RawValue* 與 *Lock* 做法的主控台輸出

```
# RawValue 沒有上鎖
$ python ex2_lock_rawvalue.py
Expecting to see a count of 4000
We have counted to 4000
$ python -m timeit -s "import ex2_lock_rawvalue" "ex2_lock_rawvalue.run_workers()"
50 loops, best of 5: 9.49 msec per loop
```

若要使用 RawValue，你只要用它來取代 Vaule 即可，見範例 9-47。

範例 9-47　使用 *RawValue* 整數

```
...
def run_workers():
...
    lock = multiprocessing.Lock()
    value = multiprocessing.RawValue('i', 0)
    for process_nbr in range(NBR_PROCESSES):
        p = multiprocessing.Process(target=work,
                                    args=(value, MAX_COUNT_PER_PROCESS, lock))
        p.start()
        processes.append(p)
```

如果要共享基本型態物件陣列，我們也可以用 RawArray 取代 multiprocessing.Array。

我們已經看了將工作分給一台電腦上的多個程序的各種做法了，也看了在這些程序之間共享旗標與同步資料的方法。但是切記，共享資料可能會造成頭痛的問題——盡量不要這樣做。讓電腦處理狀態共享的所有極端案例很難，當你第一次對多程序互動進行除錯時，你就知道為什麼盡量避免這種情況是公認的做法。

務必考慮編寫跑得慢一些、但可讓團隊更容易了解的程式。使用 Redis 之類的外部工具來共享狀態，可讓開發人員**以外**的人在執行期檢查系統——這可以讓你的團隊掌握平行系統內部發生的事情。

切記，團隊的新人應該無法了解性能被調整過的 Python 程式碼，他們要嘛，對它退避三舍，要嘛，會破壞它。為了讓團隊保持高速，請避免這種問題（並且接受速度上的犧牲）。

結語

本章談了很多東西。我們先看了兩個尷尬平行問題，一個有可預測的複雜度，另一個有不可預測的複雜度。我們將在第 10 章討論叢集時，再次在多台電腦上使用這些範例。

接下來，我們看了 multiprocessing 支援的 Queue 與它的開銷。我們通常建議使用外部的佇列程式庫，如此一來，佇列的狀態會比較透明。最好使用容易閱讀的任務格式，讓它容易除錯，而不是使用 pickle 過的資料。

關於 IPC 的討論應該會讓你深刻地理解有效地使用 IPC 是多麼困難，而且僅使用簡單的平行方案（沒有 IPC）也是有意義的。與其在既有的電腦上試圖使用 IPC，購買一台更快、核心更多的電腦或許是更務實的方案。

只有少數的問題真的需要平行共享 numpy 矩陣並且不製作副本，但是一旦真的需要它，那就真的不能沒有它。你需要額外編寫幾行程式，而且需要進行一些完整性檢查，才能確保你真的沒有在程序之間複製資料。

最後，我們討論如何使用檔案與記憶體鎖來避免資料損壞——它會引起不易發現且難以追蹤的錯誤，本節告訴你一些強健且輕量的解決方案。

在下一章，我們要介紹如何使用 Python 來建立叢集。使用叢集可以超越單機的平行化，使用一群電腦上的 CPU。下一章也會介紹全新的除錯痛苦——會出錯的不是只有你的程式而已，其他的電腦也可能會出錯（可能是糟糕的配置或故障的硬體造成的）。我們將使用 Parallel Python 模組來展示如何將 pi 估計平行化，以及如何在 IPython 裡面使用 IPython 叢集來執行研究程式碼。

## 第十章

叢集與任務佇列

看完這一章之後，你可以回答這些問題

- 為何叢集很實用？

- 叢集的成本有哪些？

- 如何將多處理（multiprocessing）方案轉換為叢集化方案？

- IPython 叢集如何運作？

- 如何使用 Dask 與 Swifter 來將 Pandas 平行化？

- NSQ 如何協助製作穩健的生產系統？

叢集（*cluster*）通常代表一群一起工作以解決共同任務的電腦。它們可以從外面視為一個更大型的系統。

在區域網路中使用一群普通 PC 來進行叢集化處理的概念，在 1990 年代開始流行起來（稱為 Beowulf 叢集，*https://oreil.ly/2aNvw*）。後來，Google（*https://oreil.ly/V83g1*）在自己的資料中心使用普通 PC 叢集促進這種做法，特別是用來運行 MapReduce 任務。另一方面，TOP500 專案（*https://oreil.ly/rHOQO*）每年都會評選出最強大的電腦系統，它們通常採用叢集設計，而且最快的電腦都使用 Linux。

Amazon Web Services（AWS）通常用於雲端的工程生產叢集，以及用來視需求建立叢集，以處理短期任務，例如機器學習。在 AWS，你可以用每小時 1 到 15 美元的價格租用具備 10s CPU 以及多達 768 GB 的 RAM 的微型至大型機器。你也可以用更多價格租用多顆 GPU。如果你想要了解如何讓 AWS 或其他叢集供應商為你處理計算量龐大且需要大量 RAM 的任務，可閱讀第 313 頁的「使用 IPython Parallel 來支援研究」。

不同的計算任務需要採用不同配置、規模與功能的叢集。我們將在本章定義一些常見的情境。

在了解叢集方案*之前*，務必確定你已經做過以下事項：

- 分析你的系統以了解瓶頸。
- 使用 Numba 與 Cython 等編譯器方案
- 使用 Joblib 或 `multiprocessing` 來利用一台電腦上的多顆核心（可能是具備多顆核心的大型電腦）
- 採用 RAM 的使用量較少的技術

將你的系統放在一台電腦上可以讓你過得更輕鬆（雖然這「一台電腦」其實是很強大的電腦，裡面有大量的 RAM 與多顆 CPU）。如果你確實需要**大量**的 CPU 或平行處理來自磁碟的資料，或者如果你有高韌性與快速回應等生產需求，那就轉換成叢集。大多數的研究情境不需要韌性或可擴展性，而且只涉及少數人，所以採取最簡單的方案通常是最聰明的。

在一台**大型**電腦上工作的好處是，你可以使用 Dask 之類的工具，快速地將 Pandas 或一般 Python 程式平行化，免除網路帶來的複雜性。Dask 也可以控制電腦叢集，來將 Pandas、NumPy 與純 Python 問題平行化。Swifter 可以在 Dask 之上，將一些單機多核案例自動平行化。本章稍後會介紹 Dask 與 Swifter。

叢集的好處

叢集最明顯的好處是可以輕鬆地擴展計算需求──如果你需要處理更多資料，或更快地得到答案，你只要加入更多電腦（或節點）即可。

加入電腦也可以改善可靠性。每一台電腦的元件都可能會故障，但是透過優秀的設計，相當數量元件的故障將無法停止叢集的運作。

也有人用叢集來建立可動態伸縮的系統。有一種常見的用例是用一組伺服器來處理 web 請求或相關資料（例如改變用戶照片的大小、為影片轉碼，或轉錄語音），並且在需求增加的時段啟動更多伺服器。

在處理不平均的使用模式時，只要電腦的啟動時間夠快，可以跟得上需求改變的速度，動態伸縮是非常經濟有效的方法。

 請好好評估建構叢集的勞力與回報。雖然叢集帶來的平行化很吸引人，但是請考慮建構與維護叢集的成本。它們非常適合執行在生產環境中長時間運行的程序，或定義良好且經常重複的研發任務。但是不適合可變的或短期的研發任務。

叢集有一種比較微妙的好處在於，叢集可以分散在不同的地理位置，但仍然由中央控制。如果有一個地方停止運行了（因為水災或停電等），另一個叢集可以繼續運作，可能需要加入更多處理單元來應付需求。叢集也可以讓你運行不同性質的軟體環境（例如不同版本的作業系統與處理軟體），這或許可以改善整體系統的穩健性──不過，這絕對是專家等級的主題。

叢集的缺點

遷往叢集系統需要改變思維方式，正如第 9 章介紹的那樣，當你從循序程式遷往平行程式時，思考方式需要改變。突然之間，你必須想一下，當你有多台電腦時會發生什麼情況──電腦之間會有延遲、你必須知道其他電腦是否還在運作，你也要讓所有電腦都執行同一版的軟體。系統管理或許是你最大的挑戰。

此外，你通常必須認真考慮你正在編寫的演算法，以及面臨這些需要維持同步的額外變數時會怎樣。這些額外的規劃可能導致嚴重的精神負擔，可能會讓你無法把心思完全放在核心任務上，而且一旦系統變得夠大，你可能需要為團隊添加一位專業的工程師。

 在本書中，我們已經嘗試高效地使用一台電腦，因為我們相信，只應付一台電腦而不是一群電腦會讓生活更輕鬆（不過我們承認叢集比較有趣──在它故障之前）。如果你可以垂直擴展（購買更多 RAM 或更多 CPU），你應該先研究這種做法，而不是使用叢集。當然，垂直擴展可能無法滿足你的需求，或叢集的穩健性可能比使用一台電腦更重要。但是，如果你的任務是你獨自處理的，切記，運行叢集會占用一些時間。

在設計叢集方案時，你必須記得，每一台電腦的設定可能是不一樣的（每一台電腦有不同的負載與不同的區域資料）。如何將所有正確的資料放到處理你的工作的電腦內？移動工作與資料所涉及的延遲是否構成問題？你的工作需要與別的工作溝通部分的結果嗎？如果有程序或機器或硬體在一些工作正在執行時故障了會怎樣？不考慮這些問題可能導致失敗。

你也要考慮失敗是不是**可被接受的**。例如，當你執行以內容為主的 web 服務時，你應該不需要 99.999% 的可靠度——工作偶爾失敗（例如有一張照片沒有被快速縮放）並且讓用戶重新載入網頁是所有人都很習慣的事情。雖然它可能不是你想要提供給用戶的答案，但是接受一些失敗通常可以有價值地減少你的工程與管理成本。另一方面，如果高頻交易系統故障，糟糕的股市交易成本可能相當可觀！

維護一個固定的基礎設施可能會變得很昂貴。雖然電腦相對便宜，但是它們習慣出錯——軟體自動升級可能導致故障、網路卡壞了、磁碟有寫入錯誤、電源供應器可能會提供破壞資料的脈衝、宇宙射線可能會將 RAM 模組內的一個位元反過來。你的電腦越多，你用來處理這些問題的時間也會越多。你遲早會找一位能夠處理這些問題的系統工程師，因而再追加 $100,000 的預算。使用雲端叢集可以緩解許多問題（會花更多錢，但你不需要維護硬體），有些雲端供應商也提供 spot 價格市場（*http://bit.ly/spot-instances*），讓你使用便宜但臨時性的計算資源。

會隨著時間有機增長的叢集有一個潛在的問題在於，有時沒有人記錄如何在所有東西都被關閉時，安全地重啟叢集。如果你沒有重啟計畫文件，你就要寫一個在最壞的情況時的計畫（作者之一曾經在耶誕夜處理這種問題，你不會想要這種耶誕禮物的！）。此時，你要了解系統的各個部分需要花多久時間——叢集的各個部分可能要花好幾分鐘來啟動與開始工作，所以如果你有 10 個部分需要連續運行，讓系統從冷機狀態開始運行可能要花一個小時，最終，你可能有一個小時的積壓（backlog）資料。那麼，你有沒有能力及時處理這些積壓資料？

散漫的行為可能導致代價高昂的錯誤，而複雜且難以預料的行為可能導致意外且代價高昂的後果。我們來回顧兩個眾所矚目的叢集故障事件，看看可以學到什麼教訓。

糟糕的叢集升級策略讓華爾街損失 4.62 億美元

在 2012 年，高頻交易公司 Knight Capital 因為在升級叢集軟體時引入 bug 而損失了 4.62 億美元（*http://bit.ly/Wall_Street_crash*）。該軟體下單的股票數量超出顧客的要求。

交易軟體讓新函式重複使用舊的旗標。當時他們對 8 台運行中的電腦其中的 7 台進行升級，但是第 8 台電腦使用舊版的程式來處理那個旗標，導致做出錯誤的交易。證券交易委員會（SEC）發現 Knight Capital 沒有指派第二位技術人員對升級進行複審，事實上也沒有為這種升級建立複審流程。

底層的錯誤看起來有兩個原因。第一個原因是軟體開發程序沒有刪除過時的功能，所以舊的程式仍然存在。第二個原因是該公司沒有進行人工複審來確認升級是否成功完成。

技術債務有終究必須償還的成本——你最好在沒有壓力的情況下花時間清除債務。在建構與重構程式碼時，一定要使用單元測試。在系統升級期間，如果你沒有書面的檢查清單，以及一對明亮的眼睛，你可能會付出昂貴的故障代價。飛機駕駛員必須按照起飛清單來操作是有原因的：這意味著不會有人跳過重要的步驟，無論他們已經做了多少次了！

Skype 的 24 小時全球停機

Skype 在 2010 年蒙受了 24 小時全球停機的損失（*http://bit.ly/Skype_outage*）。在幕後，Skype 使用一個對等式網路（peer-to-peer network）。當時因為這個系統有一個部分（用來處理離線即時訊息）超載，造成 Windows 用戶端回應延遲；有些 Windows 用戶端版本無法妥善地處理延遲的回應，因而崩潰。整體而言，有大約 40% 運行中的用戶端崩潰了，包括 25% 的公用超級節點。超級節點是在網路中發送資料的關鍵元件。

因為有 25% 的發送機制離線了（後來有恢復，但很慢），所以整個網路承受巨大的壓力。已經崩潰的 Windows 用戶端節點也重新啟動並試著重新接回網路，對著已經過載的系統傳輸新的流量。超級節點會在負載過大時啟動一個停止機制，所以它們開始關機，來應對波動的流量。

Skype 在 24 小時之內實質上無法使用。恢復程序需要先設定上百個新的「超超級節點（mega-supernodes）」來處理遞增的流量，再設置數千個節點。網路終於在接下來的幾天裡恢復正常。

這個事件讓 Skype 非常尷尬,當然,在那幾天緊張的日子裡,他們也把重心放在限制損害上。他們的顧客被迫尋求語音通話的替代方案,對競爭對手而言,這應該是個行銷方面的福音。

由於網路的複雜性與故障量不斷增加,這種故障可能很難預測以及規劃解決方案。網路節點沒有全部故障是因為有不同版本的軟體與不同的平台,異質網路的可靠性比同質網路更好。

常見的叢集設計

我們經常在一開始先用同質性極高的電腦建構本地特設叢集。你可能想要將舊電腦加入特設網路中,但舊的 CPU 通常消耗更多電力而且跑得非常慢,所以與一台新的、高規格的電腦相比,它們的貢獻通常沒有你想像的那麼大。設在辦公室內的叢集需要有人維護。設在 Amazon 的 EC2(*http://aws.amazon.com/ec2*)或 Microsoft 的 Azure(*http://azure.microsoft.com/en-us*)的叢集,或是由學術機構運行的叢集,可將硬體的支援工作轉移給供應方團隊。

如果你已經充分了解處理需求,設計自訂的叢集或許比較有意義 —— 它可能使用 InfiniBand 高速交互連結來取代 gigabit Ethernet,或使用特別設置的 RAID 硬碟來支援你的讀、寫或韌性需求。你可能會在同一台電腦上結合使用 CPU 與 GPU,或預設使用 CPU。

你可能想要使用大規模的分散式處理叢集,就像 *SETI@home* 與 *Folding@home* 等專案透過 Berkeley Open Infrastructure for Network Computing(BOINC)系統(*https://oreil.ly/jNCA9*)使用的那種。它們共享一個中央協調系統,但是計算節點可以視情況加入和退出專案。

在硬體設計之上,你可以執行不同的軟體架構。工作佇列是最常見且最容易了解的。大家通常會將任務放入佇列,並且讓處理器取出。處理的結果可能會被送到另一個佇列,以供進一步處理,或是當成最終結果來使用(例如,加入資料庫)。訊息傳遞系統有些不同 —— 訊息會被放入訊息匯流排,讓其他的電腦取用。訊息可能會過期或是被刪除,或許會被多台電腦使用。在比較複雜的系統中,程序會用 IPC 互相溝通 —— 這種做法可以說是專家級的設置,因為把它設置得很糟糕的做法有很多種,它們都會讓你失去理智。除非你真的知道你需要採用 IPC,否則不要走這條路。

如何開始進行叢集方案？

開始製作叢集系統最簡單的做法是先讓一台電腦同時扮演 job server（任務發送者）與 job processor（任務處理者）的角色（一顆 CPU 只有一個任務處理者）。如果你的任務是 CPU-bound，那就讓每顆 CPU 運行一個 job processor，如果你的任務是 I/O-bound，你可以讓每顆 CPU 運行多個。如果它們是 RAM-bound，注意不要耗盡 RAM。先讓你的單機方案使用一顆處理器，之後再加入更多顆。讓你的程式以無法預測的方式失敗（例如在程式中執行 1/0、對你的 worker 使用 kill -9 `<pid>`、將電源插頭從插座拔下，讓整台電腦關機），看看你的系統是否穩健。

顯然地，你需要進行比這些事情更繁重的測試——充滿編碼錯誤的單元測試與人為例外都很棒。Ian 喜歡丟入意外的事件，例如，讓一顆處理器執行一組任務，同時讓外部程序系統性地殺死重要的程序，並確認那些任務都被監控程序乾淨地重新啟動。

當你運行一個 job processor 時，加入第二個。確認你不會使用太多 RAM。你處理任務的速度有沒有之前的兩倍快？

接著加入第二台電腦，在新電腦只加入一個 job processor，在協調電腦上不加入 job processor。它處理任務的速度是不是與你在協調電腦上使用一個 processor 時一樣快？如果不是，為什麼？有延遲問題嗎？你是不是使用不同的設置？或許你使用不同的電腦硬體，例如 CPU、RAM 與快取大小？

接下來加入另外九台電腦，並試試看能不能以 10 倍快的速度處理任務。如果不行，為什麼？現在是否發生網路衝突，降低整體處理速度？

為了在機器開機時可靠地啟動叢集的元件，我們經常使用 cron 工作、Circus（*https://oreil.ly/MCUOQ)*）或 supervisord（*http://supervisord.org*）。Circus 與 supervisord 都是建構在 Python 之上的，而且已經有多年的歷史了。cron 比較舊，但是如果你只想要啟動監視程序，而且它可以視需求啟動子程序，cron 是可靠的選項。

當你擁有可靠的叢集之後，或許你可以加入隨機殺手工具，例如 Netflix 的 Chaos Monkey（*https://oreil.ly/sL5nG*），它會故意殺死系統的某些部分，來測試它們的韌性。你的程式與硬體終究都會死去，知道你或許能在你認為可能發生的錯誤中倖存下來沒有什麼壞處。

在使用叢集時避免痛苦的方法

在 Ian 遭遇的一次特別痛苦的經歷中，在叢集系統裡面有一系列的佇列逐漸停止。後面的佇列沒有被使用，所以它們被填滿了。有些電腦用光 RAM 了，所以它們的程序都死了。雖然前面的佇列有被處理，但無法將它們的結果傳給下一個佇列，所以它們崩潰了。最後，第一個佇列被填滿但沒有被使用，所以它崩潰了。後來，雖然供應商傳來的資料最後都被丟棄，但我們同樣要支付它們的費用。你必須寫下並考慮叢集可能死亡的各種方式，以及發生這種情況時會怎樣（而不是*是否會發生*）。你會失去資料嗎（而且這是個問題）？你會有一大堆難以處理的累積工作嗎？

擁有一個容易除錯的系統應該比擁有一個更快的系統更好。工程時間與停機時間可能是最大的支出（如果你正在參與飛彈防禦專案，事實可能不是如此，但對初創公司來說應該是如此）。在傳遞訊息時，考慮使用人類看得懂的 JSON 文字，而不是為了節省幾個bytes 而使用低階的二進制壓縮協定。它確實會增加傳送與解碼訊息的開銷，但是如果核心電腦著火，最後只剩下部分的資料庫，你會很開心能夠在系統恢復上線的同時，快速地讀取重要的訊息。

確保你可以用便宜的時間與金錢來部署系統的更新——包括更新作業系統與你的新版軟體。每次在叢集內有任何東西改變時，你就會冒著系統進入精神分裂狀態並且以奇怪的方式回應的風險。務必使用部署系統，例如 Fabric（*http://www.fabfile.org*）、Salt（*https://oreil.ly/esyVt*）、Chef（*http://www.getchef.com*），或系統映像，例如 Puppet（*http://puppetlabs.com*），或 Debian *.deb*、RedHat *.rpm* 或 Amazon Machine Image（*https://oreil.ly/5eLt4*）等。能夠可靠地部署更新，以升級整個叢集（而且有說明被發現的問題的報告）可大幅降低艱困時期的壓力。

積極面的報告很有用。每天寄一封 email 給所有人，在裡面詳述叢集的性能。那封 email沒有出現就代表發生了某些事情。你應該用其他的早期預警系統來快速地通知你，Pingdom（*https://www.pingdom.com*）與 Server Density（*https://www.serverdensity.com*）特別實用。「dead man's switch（死人開關）」是另一種有用的備份，它會對「事件的未發生」做出反應（例如 Dead Man's Switch（*http://www.deadmansswitch.net*））。

向團隊報告叢集的運行狀況非常有用。它可能是位於 web app 內的一張管理網頁，或獨立的報告。Ganglia（*http://ganglia.sourceforge.net*）很適合用來做這件事。Ian 曾經在辦公室的備用電腦上，看過很像 *Star Trek* 的 LCARS 介面，它會在發生問題時播放「紅色警報」聲音——它能夠吸引整個辦公室的注意力。我們甚至看過 Arduinos 用一些長得很像鍋爐壓力表（指針移動時會發出好聽的聲音！）的老式類比儀器來顯示系統負載。這種回報很重要，它可讓所有人了解「正常」與「這可能會毀了我們期待的星期五晚上」之間的差異！

兩種叢集方案

本節將介紹 IPython Parallel 與 NSQ。

IPython 叢集很容易在具備多核心的一台電腦上使用。因為許多研究員都將 IPython 當成他們的 shell，或透過 Jupyter Notebooks 來工作，所以用它來控制平行工作是再自然不過的事情。建構叢集需要知道一些系統管理知識。IPython Parallel 有個很大的優勢在於，它可讓你像使用本地叢集一樣輕鬆地使用遠端叢集（例如 Amazon 的 AWS 與 EC2）。

NSQ 是一種準生產佇列系統。它具備持久保存機制（所以如果電腦掛了，別的電腦可以再次接收工作），以及強大的擴展機制。這種更強大的功能需要更好的系統管理與工程技能。然而，NSQ 的亮點是它的簡單與易用。雖然坊間有許多佇列系統（例如流行的 Kafka（*https://kafka.apache.org*）），但是它們的入門門檻都不像 NSQ 那麼低。

使用 IPython Parallel 來支援研究

IPython 叢集是透過 IPython Parallel（*https://oreil.ly/SAV5i*）專案來支援的。IPython 具備與本地與遠端處理引擎對接的介面，你可以用它來將資料送至引擎，以及將工作送到遠端電腦。它可讓你進行遠端除錯，以及選擇支援訊息傳遞介面（MPI）。同樣的 ZeroMQ 溝通機制也支援 Jupyter Notebook 介面。

這種配置很適合研究——你可以將工作送到本地叢集內的電腦，在出問題時進行互動與除錯、將資料送至電腦，取回結果，所有行動都是互動式的。要注意的是，PyPy 平行運行 IPython 與 IPython Parallel。這種組合有時非常強大（如果你不使用 numpy 的話）。

在幕後，ZeroMQ 被當成訊息中間軟體——注意，ZeroMQ 在設計上不提供安全防護。如果你在本地網路建構叢集，你可以不做 SSH 身分驗證方。如果你需要做安全防護，它有完整支援 SSH，但是設置比較複雜——請從你信任的本地網路開始建構，隨著你對各個元件的運作方式越來越了解，再逐步擴展。

這個專案分成四個部分。**引擎**（*engine*）是 IPython kernel 的擴展，它是執行你的程式碼的同步 Python 解譯器。你將會執行一組引擎來進行平行計算。**控制器**（*controller*）提供與引擎對接的介面，它負責分配工作，並提供一個直接的介面，與提供工作排程器（scheduler）的**負載平衡**介面。*hub* 可追蹤**引擎**（*engine*）、**排程器**（*scheduler*）與用戶端。排程器（scheduler）會隱藏引擎的同步性質，並提供非同步介面。

在筆電上，我們使用 ipcluster start -n 4 來啟動四顆引擎。在範例 10-1 中，我們啟動 IPython，並確認本地的 Client 可以看到四顆本地引擎。我們可以使用 c[:] 來定址全部的四顆引擎，並且對各個引擎套用一個函式 —— apply_sync 可接收一個 callable，所以我們可以提供一個回傳字串的無引數 lambda。四顆本地引擎都會執行這些函式之一，回傳相同的結果。

範例 10-1 確認我們可以在 IPython 中看到本地引擎

```
In [1]: import ipyparallel as ipp

In [2]: c = ipp.Client()

In [3]: print(c.ids)
[0, 1, 2, 3]

In [4]: c[:].apply_sync(lambda: "Hello High Performance Pythonistas!")
Out[4]:
['Hello High Performance Pythonistas!',
 'Hello High Performance Pythonistas!',
 'Hello High Performance Pythonistas!',
 'Hello High Performance Pythonistas!']
```

現在我們建構的引擎處於空（empty）狀態。如果我們在本地匯入模組，它們就不會被匯入遠端的引擎。

要在本地和在遠端進行匯入，最簡潔的做法是使用 sync_imports context manager。在範例 10-2 中，我們將在本地 IPython 與四個相連的引擎執行 import os，然後再次對著四顆引擎呼叫 apply_sync 來取得它們的 PID。

如果我們沒有做遠端匯入，我們會得到 NameError，因為遠端引擎不認識 os 模組。我們也可以使用 execute 在遠端引擎執行任何 Python 命令。

範例 *10-2* 　將模組匯入遠端引擎

```
In [5]: dview=c[:]  # 這是直接（direct） view（不是負載平衡的 veiw）

In [6]: with dview.sync_imports():
   ....:     import os
   ....:
importing os on engine(s)

In [7]: dview.apply_sync(lambda:os.getpid())
Out[7]: [16158, 16159, 16160, 16163]

In [8]: dview.execute("import sys")  # 在遠端執行命令的另一種方式
```

你也會將資料送給引擎。範例 10-3 的 push 命令可讓你用字典的形式，傳送想要放入各個引擎的全域名稱空間的項目。這個命令有對應的 pull 可取出項目：你要提供鍵給它，它會從各個引擎回傳對應的值。

範例 *10-3* 　將共享的資料傳給引擎

```
In [9]: dview.push({'shared_data':[50, 100]})
Out[9]: <AsyncResult: _push>

In [10]: dview.apply_sync(lambda:len(shared_data))
Out[10]: [2, 2, 2, 2]
```

在範例 10-4 中，我們使用四個引擎來估計 pi。這一次我們使用 @require 裝飾器在引擎中匯入 random 模組，並使用 direct view 來將工作傳送到引擎，這一行在結果被送回來之前都會凍結。接著我們像範例 9-1 那樣估計 pi。

範例 *10-4* 　使用本地叢集來估計 *pi*

```
import time
import ipyparallel as ipp
from ipyparallel import require

@require('random')
def estimate_nbr_points_in_quarter_circle(nbr_estimates):
    ...
    return nbr_trials_in_quarter_unit_circle

if __name__ == "__main__":
    c = ipp.Client()
    nbr_engines = len(c.ids)
    print("We're using {} engines".format(nbr_engines))
```

```
nbr_samples_in_total = 1e8
nbr_parallel_blocks = 4

dview = c[:]

nbr_samples_per_worker = nbr_samples_in_total / nbr_parallel_blocks
t1 = time.time()
nbr_in_quarter_unit_circles = \
    dview.apply_sync(estimate_nbr_points_in_quarter_circle,
                     nbr_samples_per_worker)
print("Estimates made:", nbr_in_quarter_unit_circles)

nbr_jobs = len(nbr_in_quarter_unit_circles)
pi_estimate = sum(nbr_in_quarter_unit_circles) * 4 / nbr_samples_in_total
print("Estimated pi", pi_estimate)
print("Delta:", time.time() - t1)
```

在範例 10-5 中,我們在四個本地引擎執行它。如圖 9-5 所示,這在筆電上花了大約
20 秒。

範例 *10-5* 在 *IPython* 內使用本地叢集來估計 *pi*

```
In [1]: %run pi_ipython_cluster.py
We're using 4 engines
Estimates made: [19636752, 19634225, 19635101, 19638841]
Estimated pi 3.14179676
Delta: 20.68650197982788
```

IPython Parallel 還有許多其他功能。當然,它也可以執行非同步工作,以及對映更大的
輸入範圍。它也支援 MPI,可提供快速的資料共享。第 253 頁的「將 multiprocessing 換
成 Joblib」介紹過的 Joblib 程式庫可以將 IPython Parallel 當成後端,與 Dask(在第 317
頁的「使用 Dask 來將 Pandas 平行化」介紹)一起使用。

IPython Parallel 有一項特別強大的功能是,它可讓你使用更大型的叢集環境,包括超級
電腦與 Amazon 的 EC2 等雲端服務。ElastiCluster 專案(*https://elasticluster.readthedocs.io*)
支援常見的平行環境,例如 IPython,也支援部署目標,包括 AWS、Azure 與 OpenStack。

使用 Dask 來將 Pandas 平行化

Dask 旨在提供一套平行解決方案,可從筆電上的單核心擴展到多核心電腦,到叢集的上千顆核心。你可以將它視為「Apache Spark 精簡版」。如果你不需要 Apache Spark 的所有功能(包括複製寫入與多機故障切換),而且你不想要提供第二個計算與儲存環境,Dask 可以提供你追求的平行化與比 RAM 大(bigger-than-RAM)的解決方案。

它可以建構一個任務圖來對一些計算情境進行惰性求值(lazy evaluation),計算情境包括純 Python、科學 Python,和使用小型、中型與大型資料組的機器學習:

Bag

bag 可讓你用非結構化或半結構化的資料進行平行計算,包括文字檔、JSON 或用戶定義物件。它可以對一般 Python 物件(包括串列與集合)進行 map、filter 與 groupby。

Array

array 可讓你進行分散型操作,或操作比 RAM 大的 numpy。它支援許多常見的運算,包括一些線性代數函數。它不支援分散給核心之後沒有效率的操作(例如排序,以及許多線性代數運算)。它使用執行緒,因為 NumPy 很好地支援執行緒,所以在平行操作期間不需要複製資料。

分散的 *DataFrame*

dataframe 可讓你進行分散式和比 RAM 大的 Pandas 操作;在幕後,它用 Pandas 來代表用索引來分區的 DataFrame。它的操作是用 .compute() 來惰性計算的,其他部分看起來很像它們對應的 Pandas 操作。它支援的函式包括 groupby-aggregate、groupby-apply、value_counts、drop_duplicates 與 merge。它預設使用執行緒,但 Pandas 比 NumPy 更受限於 GIL,或許你要參考 Process 或 Distributed 排程選項。

Delayed

delayed 延伸第 253 頁的「將 multiprocessing 換成 Joblib」裡面以 Joblib 介紹的概念,以惰性的方式將任意的 Python 函式鏈平行化。它的 visualize() 函式可以繪出任務圖,來協助診斷問題。

Futures

Client 介面可讓你立刻執行與演進任務,與 delayed 不同的是,它是惰性的,而且不允許加入或銷毀任務等操作。Future 介面包括 Queue 與 Lock,以支援任務協作。

Dask-ML

Dask 提供一種類似 scikit-learn 的介面來進行可擴展機器學習。Dask-ML 可以用叢集來執行一些 scikit-learn 演算法，並且使用 Dask 來改寫一些演算法（例如 `linear_model` 集合），讓你可用大數據來學習。它縮小了與 Apache Spark 分散式機器學習工具組之間的一些差距。它也讓你可以在 Dask 叢集裡面使用 XGBoost 與 TensorFlow。

對 Pandas 用戶而言，Dask 可以為兩種用例提供協助：比 RAM 大的資料組，以及多核心平行化的需求。

如果你的資料組比 Pandas 可放入 RAM 的更大，Dask 可以用資料列來將資料組拆成 DataFrames 分區，稱為 *Distributed DataFrame*。這些 DataFrames 會用它們的索引來分開，你可以對各個分區執行一組操作子集合。例如，如果你有一組好幾 GB 的 CSV 檔，而且想要計算所有檔案之間的 `value_counts`，Dask 可以對各個 DataFrame 執行部分的 `value_counts`（每一個檔案一個），再將結果組合成一組計數。

第二種用例是利用筆電的多核心（而且也很容易橫跨一個叢集），我們將在此探討這個用例。在範例 6-24 中，我們曾經用各種方法計算 DataFrame 之內的各列的值構成的直線的斜率。我們來使用兩種最快的做法，並且用 Dask 來將它們平行化。

 你可以使用 Dask（與下一節討論的 Swifter）來將你通常在 `apply` 呼叫式中使用的任何無副作用的函式平行化。Ian 曾經用這種做法來完成數值計算，以及計算大型 DataFrame 內的多行文字的文字數據。

使用 Dask 時，我們必須說明想用 DataFrame 製作多少分區，有一條很好的經驗法則是讓分區的數量至少與核心一樣多，以便使用各個核心。在範例 10-6 中，我們設定 8 個分區。我們使用 `dd.from_pandas` 來將一般的 Pandas DataFrame 轉換成 Dask Distributed DataFrame，並拆成八個大小一致的分區。

我們在 Distributed DataFrame 呼叫 `ddf.apply`，設定函式 `ols_lstsq`，並使用 `meta` 引數來指定選用的期望回傳型態。Dask 要求我們指定何時要用 `compute()` 來執行計算，在此，我們設定 `processes` 而不是預設的 `threads`，來將我們的工作擴展至多顆核心，避免 Python 的 GIL。

範例 *10-6* 　使用 *Dask* 以多顆核心計算直線斜率

```
import dask.dataframe as dd

N_PARTITIONS = 8
ddf = dd.from_pandas(df, npartitions=N_PARTITIONS, sort=False)
SCHEDULER = "processes"

results = ddf.apply(ols_lstsq, axis=1, meta=(None, 'float64',)). \
            compute(scheduler=SCHEDULER)
```

在 Ian 的筆電上執行範例 10-7 的 ols_lstsq_raw 並使用同樣的八個分區時，我們從之前使用單執行緒時的 6.8 秒變成 1.5 秒，速度幾乎提升 5 倍。

範例 *10-7* 　使用 *Dask* 以多顆核心計算直線斜率

```
results = ddf.apply(ols_lstsq_raw, axis=1, meta=(None, 'float64',), raw=True). \
            compute(scheduler=SCHEDULER)
```

用同樣的八個分區執行 ols_lstsq_raw 並使用 raw=True，可讓我們從之前使用單執行緒得到的 5.3 秒變成 1.2 秒，速度幾乎提升 5 倍。

如果我們也使用第 178 頁的「用 Numba 來為 Pandas 編譯 NumPy」介紹的編譯過的 Numba 函式以及 raw=True，執行時間會從 0.58 秒降為 0.3 秒，速度進一步提升 2 倍。我們不需要費什麼工夫，就可以讓 Dask 很好地處理以 Numba 編譯過函式（且該函式使用來自 Pandas DataFrames 的 NumPy 陣列）。

在 Dask 之上使用 Swifter 來執行平行化

基於 Dask 的 Swifter（*https://oreil.ly/1SOcL*）可以用非常簡單的呼叫來提供三種平行化選項—— apply、resample 與 rolling。在幕後，它會取得 DataFrame 的次級樣本，並試著將函式呼叫向量化。如果向量化成功，Swifter 會使用它，如果它可以動作，但很慢，Swifter 會用 Dask 在多顆核心上執行它。

因為 Swifter 會根據一些原則來決定如何執行你的程式，所以你的程式跑起來可能比完全不使用它時還要慢——但是你只要付出一行程式的「代價」就可以嘗試它了，所以它很值得評估。

Swifter 會自行決定與 Dask 一起使用多少顆核心，以及在估值時使用多少列樣本，因此，在範例 10-8 中，我們看到 df.swifter...apply() 呼叫式很像一般的 df.apply 呼叫式。在這個例子中，我們停用進度條；在 Jupyter Notebook 使用優秀的 tqdm 程式庫做出來的進度條有很棒的效果。

範例 *10-8　使用 Dask 以多顆核心計算直線斜率*

```
import swifter

results = df.swifter.progress_bar(False).apply(ols_lstsq_raw, axis=1, raw=True)
```

使用 Swifter 與 ols_lstsq_raw 並且不選擇分區，可將之前的單執行緒的 5.3 秒降為 1.6 秒。雖然對這個特定的函式與資料組而言，它不像我們剛才看到的略長的 Dask 方案那麼快，但是它只要一行程式就可以提供 3 倍的加速。使用不同的函式與資料組會產生不同的結果，你絕對值得試一下，看看能否非常輕鬆地實現目標。

用 Vaex 處理比 RAM 大的 DataFrame

Vaex（*https://vaex.io*）是一種有趣的新程式庫，它提供類似 Pandas DataFrame 的結構，並內建支援比 RAM 大的計算。它將 Pandas 與 Dask 的功能巧妙地結合成一個程式包。

Vaex 使用惰性計算來即時計算行的結果，它只針對用戶要求的列子集合進行計算。例如，如果你想要對 10 億列的兩行進行求和，而且你只想要這些列的**樣本**作為結果，Vaex 只會接觸那個樣本的資料，不會計算所有非樣本的列的總和。對於互動式工作與視覺驅動調查而言，這個功能非常高效。

Pandas 支援字串的能力來自 CPython，它是 GIL-bound，而且這種字串物件是遍布記憶體各處的大型物件，且不支援向量化操作。Vaex 使用它自己的自訂字串程式庫，它可讓你使用類似 Pandas 的介面，進行快很多的字串操作。

如果你正在處理重度使用字串的 DataFrame，或是比 RAM 大的資料組，Vaex 顯然是值得評估的選項。如果你經常處理 DataFrame 的子集合，隱性的惰性求值或許可以讓你的工作流程比將 Dask 加入 Pandas DataFrame 更簡單。

用 NSQ 來製作穩健的生產叢集

在生產環境中，你要使用比之前討論過的方案都更穩健的方案。原因是在叢集的日常運作過程中，節點可能會故障，程式可能會崩潰，網路可能會癱瘓，或發生其他上萬種可能發生的問題之一。問題在於，之前的所有系統都是在一台電腦上發出指令，並且讓有限的與固定數量的電腦讀取指令並執行它們。我們希望系統讓多位參與者透過訊息匯流排來溝通——這可讓我們擁有任意數量且數量可變的訊息創造者與使用者。

這種問題有一種簡單的解決方案是 NSQ（*https://github.com/nsqio/nsq*），它是一種高性能的分散式傳訊平台。雖然它是用 GO 寫的，但是它與任何資料格式和語言都沒有任何關係。因此，它有各種語言的程式庫，而且連接 NSQ 的基本介面是個 REST API，只需要具備發出 HTTP 呼叫的能力即可。此外，我們可以用任何格式傳送訊息：JSON、Pickle、`msgpack` 等。但是，最重要的是，它提供了關於訊息傳遞的基本保證，而且它用兩個簡單的設計模式來完成所有工作：佇列與 pub/sub。

> 我們選擇用 NSQ 來討論是因為它容易使用，而且性能一般。對我們的目的而言，最重要的是，它清楚地強調了你在規劃叢集的佇列與訊息傳遞機制時必須考慮的事項。然而，其他的解決方案或許更適合你的 app，例如 ZeroMQ、Amazon 的 SQS、Celery，甚至 Redis。

佇列

佇列（*queue*）是一種訊息緩衝區。當你想要傳遞訊息給處理管線的另一個部分時，你要將它送到佇列，它會等待有 worker 有空為止。在分散式處理系統中，當生產與取用之間有不平衡的情況時最適合使用佇列。當這種不平衡發生時，我們可以水平擴展，加入更多資料取用者，直到訊息生產率與取用率相同為止。此外，如果負責取用訊息的電腦停機了，訊息不會失去，而是被放入佇列，直到取用者可以動作為止，因此可以保證訊息的傳遞。

例如，假如我們想要在每次用戶於網站評分新項目時，處理推薦給用戶的新項目。如果我們沒有佇列，「評分」動作會直接呼叫「重新計算推薦項目」動作，無論伺服器多麼忙碌地處理推薦。如果突然有成千上萬位用戶決定對某個東西進行評分，我們的推薦伺服器可能會被請求淹沒，所以它們可能會開始超時、遺失訊息，通常會變成沒有回應！

另一方面，使用佇列時，推薦伺服器會在它們做好準備時要求更多任務。新的「評分」動作會將新任務放入佇列，當推薦伺服器做好處理更多工作的準備時，它會從佇列抓取任務並處理它。在這種配置中，如果有多於正常數量的使用者開始評分項目，我們的佇列會被填入任務，成為推薦伺服器的緩衝區——伺服器的工作負載不受影響，仍然可以處理訊息，直到佇列清空為止。

這種做法有一種可能出現的問題在於，如果佇列被工作完全淹沒，它會儲存非常多的訊息。NSQ 解決這種問題的做法是使用多個儲存後端——如果訊息不多，就將它們放在記憶體，當更多訊息開始進來時，則將訊息放到磁碟。

在使用佇列系統時，試著讓下游系統（即上述範例中的推薦系統）可以處理 60% 的一般工作負載通常是一種好方法。這樣子可以在「分配太多資源來處理一個問題」與「讓伺服器可以在工作量超出正常水準時，有足夠的額外能力」之間取得很好的平衡。

pub/sub

另一方面，*pub/sub*（*publisher/subscriber*（發布者 / 訂閱者）的簡寫）描述的是取得該訊息的是誰。資料發布者可以送出特定主題的資料，資料訂閱者可以訂閱各種資料源。當發布者送出一段資訊時，它會被送到所有訂閱者——每一個訂閱者都會收到一個與原始資訊一樣的副本。你可以將它當成報紙：很多人可以訂閱特定的報紙，每當有新報紙出版時，每位訂戶都會收到一份完全相同的報紙。此外，報社不需要認識所有訂戶。因此，發布者與訂閱者是互相脫鉤的，這可讓系統在網路發生變化時更加穩健。

此外，NSQ 加入*資料取用者*的概念，也就是說，你可以將多個程序連接到同一個資料訂閱。有新資料出來時，每一位訂閱者都會收到資料的副本，但是，每一份訂閱只有一位取用者可以看到該資料。在報紙比喻中，你可以將它想成在同一個家庭裡有多位讀報的人。發布者會將一份報紙送到他們家，因為那一家只訂一份，所以先拿到它的人就可以先閱讀那些資料。每一個訂閱者的使用方在看到訊息時都會進行相同的處理，但是，它們可能在多台電腦上，因此為整個池加入更多處理能力。

圖 10-1 是這個發布 / 訂閱 / 取用模式的情況。如果有「clicks」主題的新訊息被發布，所有訂閱者（或是用 NSQ 的說法，**通道**（*channel*）── 即「metrics」、「spam_analysis」與「archive」）都會得到一個副本。每一個訂閱者都是由一或多個取用者組成的，它們是對訊息做出反應的實際程序。在「metrics」訂閱者案例中，只有一位使用者可以看到新訊息。下一個訊息會送到另一位取用者，以此類推。

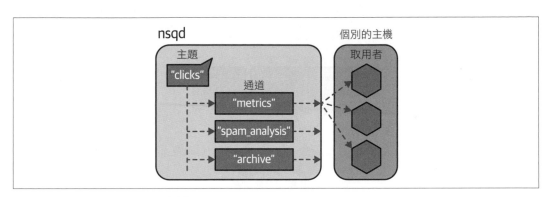

圖 10-1　NSQ 的類 pub/sub 拓撲

將訊息傳播給大量取用者的好處是它實質上會自動平衡負載。如果訊息的處理時間太久，該取用者在完成之前不會告訴 NSQ 它可以接收更多訊息，因此其他的取用者會獲得大部分的訊息（直到原先的取用者準備好再次處理）。此外，它可讓既有的取用者切斷連結（無論是出於選擇或由於故障），並可讓新取用者接到叢集，同時保持特定訂閱群的處理能力。例如，假設我們發現「metrics」的處理時間太長，而且經常跟不上需求，我們可以在該訂閱群的取用者池中加入更多程序，從而獲得更強的處理能力。另一方面，如果我們看到大部分的程序都是閒置的（即，沒有取得任何訊息），我們可以從這個訂閱池中移除取用者。

此外，務必記得，任何東西都可以發布資料。取用者並非只能是取用者──它可以從一個主題接收資料，再將它發布到另一個主題。事實上，對這種分散式計算模式而言，這個資料鏈是很重要的工作流程。取用者會讀取一個主題的資料，以某種方式轉換資料，再將資料發布到新的主題，讓其他的取用者可以進一步轉換。藉此，你可以用不同的主題代表不同的資料，訂閱群代表針對資料進行不同的轉換，取用者是實際的 worker，負責轉換個別的訊息。

此外，這個系統提供了大量的重複。或許每一位取用者可能連接許多 nsqd 程序，或許有許多取用者連接到特定的訂閱。如此一來，單點故障就不可能發生，即使有多台電腦消失，你的系統也會保持穩健。我們可以從圖 10-2 看到，即使在這個模式中有一台電腦停機，這個系統仍然可以傳遞與處理訊息。此外，因為 NSQ 會在停機時將擱置的訊息存入磁碟，除非硬體的缺席是災難性的，否則你的資料極可能仍然完好無損，並且被傳遞。最後，如果取用者在回應特定訊息之前停機，NSQ 會將該訊息重新傳給其他的取用者。這意味著即使有許多取用者被關機了，某個主題的所有訊息都至少會被回應一次[1]。

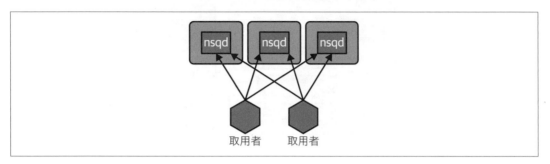

圖 10-2　NSQ 連結拓撲

分散式質數計算

使用 NSQ 的程式碼通常是非同步的（完整說明見第 8 章），雖然它不一定如此[2]。在接下來的範例中，我們要建立一個 worker 池，它們會讀取一個稱為 *numbers* 的主題，其訊息都只是存有數字的 JSON blob。取用者會讀取這個主題，看看數字是不是質數，再根據數字是否為質數寫至另一個主題。所以我們有兩個新主題，*prime* 與 *non_prime*，可讓其他取用者連接，來進行進一步的計算[3]。

> pynsq（最後一版在 2018 年 11 月 11 日釋出）使用很舊的 tornado 版本（4.5.3，2018 年 1 月 6 日釋出）。這是很適合使用 Docker 的案例（見第 329 頁的「Docker」）。

1　當我們使用 AWS 時，這是件好事，我們可以在一個保留的實例上運行 nsqd 程序，並且讓取用者在 spot 實例的叢集上運行。

2　有這種非同步性是因為 NSQ 傳送訊息給取用者的協定採用 push 方式。所以我們的程式可以在背景非同步讀取連往 NSQ 的連結，並且在找到訊息時醒來。

3　這一種資料分析鏈稱為 *pipelining*，可以對同一種資料有效地執行多種類型的分析。

如前所述，以這種方式執行 CPU-bound 工作有很多好處。首先，我們可以完全保證穩健性，這對這個專案來說可能有用，也可能沒用。但是，更重要的是，我們得到自動負載平衡。這意味著，如果有取用者取得的數字需要花特別長的時間來處理，其他的取用者會補上這個空缺。

為了建立取用者，我們會指定 topic 與訂閱群組來建立一個 nsq.Reader 物件（見範例 10-9 的結尾）。我們也要指定要在哪裡運行 nsqd 實例（或 nsqlookupd 實例，本節不討論它），並指定一個 *handler*，它其實是一個函式，每當有來自該主題的訊息時就會被呼叫。為了建立製造者，我們建立一個 nsq.Writer 物件，並指定一或多個要進行寫入的 nsqd 實例的位置。如此一來，我們只要指定 topic 名稱與訊息，即可寫至 nsq[4]。

範例 *10-9* 使用 *NSQ* 來執行分散式質數計算

```python
import json
from functools import partial
from math import sqrt

import nsq

def is_prime(number):
    if number % 2 == 0:
        return False
    for i in range(3, int(sqrt(number)) + 1, 2):
        if number % i == 0:
            return False
    return True

def write_message(topic, data, writer):
    response = writer.pub(topic, data)
    if isinstance(response, nsq.Error):
        print("Error with Message: {}: {}".format(data, response))
        return write_message(data, writer)
    else:
        print("Published Message: ", data)

def calculate_prime(message, writer):
    data = json.loads(message.body)

    prime = is_prime(data["number"])
    data["prime"] = prime
    if prime:
        topic = "prime"
```

---

4 你也可以輕鬆地使用 HTTP call 來親手發布訊息，但是，這個 nsq.Writer 物件可以讓你更輕鬆地處理錯誤。

```
    else:
        topic = "non_prime"

    output_message = json.dumps(data).encode("utf8")
    write_message(topic, output_message, writer)
    message.finish()  ❶

if __name__ == "__main__":
    writer = nsq.Writer(["127.0.0.1:4150"])
    handler = partial(calculate_prime, writer=writer)
    reader = nsq.Reader(
        message_handler=handler,
        nsqd_tcp_addresses=["127.0.0.1:4150"],
        topic="numbers",
        channel="worker_group_a",
    )
    nsq.run()
```

❶ 我們必須在處理訊息之後通知 NSQ。這可以確保訊息不會在故障時被重新傳給另
  一個讀者。

 我們可以在接收訊息之後，在訊息處理式裡面啟用 message.enable_
async() 來以非同步的方式處理訊息。但是，留意 NSQ 使用舊的回呼機
制，tornado 的 IOLoop（見第 219 頁的「tornado」）。

我們在本地電腦啟動一個 nsqd 實例來設定 NSQ 生態系統[5]：

```
$ nsqd
[nsqd] 2020/01/25 13:36:39.333097 INFO: nsqd v1.2.0 (built w/go1.12.9)
[nsqd] 2020/01/25 13:36:39.333141 INFO: ID: 235
[nsqd] 2020/01/25 13:36:39.333352 INFO: NSQ: persisting topic/channel metadata
                                        to nsqd.dat
[nsqd] 2020/01/25 13:36:39.340583 INFO: TCP: listening on [::]:4150
[nsqd] 2020/01/25 13:36:39.340630 INFO: HTTP: listening on [::]:4151
```

現在我們可以視需求啟動任何數量的 Python 程式碼（範例 10-9）實例。事實上，我們
可以讓這些實例在其他電腦上運行，只要在 nsq.Reader 的實例化程式裡面的 nsqd_tcp_
address 的參考仍然有效即可。這些取用者會連接至 nsqd，並等待訊息被發布在 *numbers*
主題上。

---

5 在這個例子中，我們將二進制檔解壓縮到 PATH 環境變數內，來將 NSQ 直接裝到系統上。你也可以使用
   Docker（見第 329 頁的「Docker」）來輕鬆地執行最新版本。

資料可以用很多種方式發布到 *numbers* 主題上。我們將使用命令列工具，因為知道如何撥弄系統對於理解如何正確處理它很有幫助。我們可以使用 HTTP 介面來將訊息發布至主題：

```
$ for i in `seq 10000`
> do
>   echo {\"number\": $i} | curl -d@- "http://127.0.0.1:4151/pub?topic=numbers"
> done
```

當這個指令開始執行時，我們發布許多訊息給 *numbers* 主題，這些訊息裡面有不同的數字。同時，所有的製造者都會開始輸出狀態訊息，指出它們已經看到並處理了訊息。此外，這些數字會被發布到 *prime* 或 *non_prime* 主題。這可讓其他連接到這些主題的資料取用者取得篩選過的原始資料子集合。例如，只需要質數的 app 可以接到 *prime* 主題，並不斷地取得新質數來計算。我們可以使用 stats HTTP 端點來查看 nsqd 的計算狀態：

```
$ curl "http://127.0.0.1:4151/stats"
nsqd v1.2.0 (built w/go1.12.9)
start_time 2020-01-25T14:16:35Z
uptime 26.087839544s

Health: OK

Memory:
    heap_objects            25973
    heap_idle_bytes         61399040
    heap_in_use_bytes       4661248
    heap_released_bytes     0
    gc_pause_usec_100       43
    gc_pause_usec_99        43
    gc_pause_usec_95        43
    next_gc_bytes           4194304
    gc_total_runs           6

Topics:
    [non_prime       ] depth: 902   be-depth: 0      msgs: 902     e2e%:

    [numbers         ] depth: 0     be-depth: 0      msgs: 3009    e2e%:
        [worker_group_a        ] depth: 1926 be-depth: 0      inflt: 1
                                  def: 0   re-q: 0      timeout: 0
                                  msgs: 3009    e2e%:
            [V2 electron        ] state: 3 inflt: 1    rdy: 1    fin: 1082
                                  re-q: 0    msgs: 1083    connected: 15s

    [prime           ] depth: 180   be-depth: 0      msgs: 180     e2e%:
```

```
Producers:
   [V2 electron          ] msgs: 1082      connected: 15s
      [prime             ] msgs: 180
      [non_prime         ] msgs: 902
```

我們可以在這裡看到，*numbers* 主題有一個訂閱群，*worker_group_a*，它有一個取用者。此外，訂閱群有 1,926 個訊息，這意味著訊息被送入 NSQ 的速度比被處理的速度更快。這意味著我們要加入更多取用者，以便獲得更多處理能力，來處理更多訊息。此外，我們可以看到，這個特定的取用者已經連接 15 秒，處理了 1,083 個訊息，目前有 1 個訊息正在處理中。這個狀態端點提供相當多的資訊來讓你對 NSQ 的設置進行除錯！最後，我們看到 *prime* 與 *non_prime* 主題，它沒有訂閱者或取用者。這意味著訊息會被儲存起來，直到有訂閱者請求資料為止。

 在生產系統中，你可以使用更強大的工具 nsqadmin，它提供的 web 介面非常詳細地整理所有的主題／訂閱者與取用者。此外，它可讓你輕鬆地暫停與刪除訂閱者與主題。

為了實際查看訊息，我們為 *prime*（或 *non_prime*）主題建立新的取用者，單純用它來將結果歸檔至檔案或資料庫。我們也可以使用 nsq_tail 工具來看看資料裡面有什麼：

```
$ nsq_tail --topic prime -n 5 --nsqd-tcp-address=127.0.0.1:4150
2020/01/25 14:34:17 Adding consumer for topic: prime
2020/01/25 14:34:17 INF    1 [prime/tail574169#ephemeral] (127.0.0.1:4150)
                    connecting to nsqd
{"number": 1, "prime": true}
{"number": 3, "prime": true}
{"number": 5, "prime": true}
{"number": 7, "prime": true}
{"number": 11, "prime": true}
```

其他可以了解的叢集工具

早在電腦科學產業興起的時候，使用佇列的工作處理系統就已經出現了，當時的電腦還十分緩慢，並且需要處理許多大量的工作。因此，目前有許多處理佇列的程式庫，其中許多都可以在叢集組態中使用。我們強烈建議你選擇成熟、背後有活躍的社群支援、可提供你需要的功能組合，而且沒有太多額外功能的程式庫。

程式庫的功能越多，錯誤設置它的方式與浪費在除錯上的時間就越多。在處理叢集方案時，簡單通常是正確的目標。以下是比較常用的叢集方案：

- ZeroMQ（*https://zeromq.org*）是一種低階且高性能的傳訊程式庫，可讓你在節點之間傳送訊息。它本身支援 pub/sub 模式，也可以用多種傳輸類型（TCP、UDP、WebSocket 等）進行溝通。它相當低階，沒有太多實用的抽象，所以有點難用。不過，在 Jupyter、Auth0、Spotify 與許多其他地方裡面都有人使用它了！

- Celery（*http://www.celeryproject.org*）（BSD 授權）是很多人使用的任務佇列，它是用 Python 編寫的，使用分散式傳訊架構。它支援 Python、PyPy 與 Jython。它通常用 RabbitMQ 作為訊息代理，但它也支援 Redis、MongoDB 與其他儲存系統。它通常被用來開發 web 專案。Andrew Godwin 會在第 422 頁的「Lanyrd.com 的任務佇列（2014）」討論 Celery。

- Airflow（*https://airflow.apache.org*）與 Luigi（*https://github.com/spotify/luigi*）使用有向無環圖（directed acyclic graph）來將相依的任務接成能夠可靠地運行的序列，並提供監控與回報服務。業界廣泛使用它們來處理資料科學任務，我們建議你在著手自訂解決方案之前，先了解一下它們。

- Amazon 的 Simple Queue Service（SQS）（*http://aws.amazon.com/sqs*）是一種整合至 AWS 的工作處理系統。工作取用者與製作者可以放在 AWS 裡面，也可以放在外面，所以 SQS 更容易上手，而且可讓你輕鬆地遷移至雲端。這個程式庫支援許多語言。

Docker

Docker（*https://docker.com*）是在 Python 生態系統裡面的一項重要工具。在與大型團隊或叢集打交道時，它所處理的問題尤其重要。特別是，Docker 可協助建立可複製的環境，你可以在裡面執行程式、共享 / 控制執行期環境、在團隊成員之間輕鬆地共享可運行的程式碼，以及根據資源需求將程式部署至節點叢集。

Docker 的性能

很多人誤會 Docker 會大幅降低它所運行的 app 的執行期性能。雖然有時會這樣，但通常不是如此。此外，大多數的性能下降都可以藉著簡單地改變一些組態來消除。

關於 CPU 與記憶體存取，Docker（與其他容器方案）**不**會導致任何性能下降。這是因為 Docker 只是在主機的作業系統裡面建立一個特殊的名稱空間，讓程式可以在裡面正常運行，不過它與其他的程式有不一樣的限制。本質上，Docker 程式使用 CPU 與記憶體的方式與電腦的每一個其他程式一樣，但是，它可以擁有一組獨有的組態值，來微調資源限制[6]。

這是因為 Docker 是 OS 級的虛擬化實例，而不是像 VMware 或 VirtualBox 那種硬體虛擬化。使用硬體虛擬化時，軟體是在「偽」硬體上運行的，這種偽硬體會增加存取所有資源的開銷。另一方面，雖然 OS 虛擬化使用原生的硬體，但它是在「偽」作業系統上運行的。因為有 cgroups Linux 功能，這個「偽」作業系統可以和正在運行的作業系統緊密結合，因此可以在幾乎沒有開銷的情況下運行。

> cgroups 是 Linux kernel 的一種功能。因此，這裡討論的性能影響僅限於 Linux 系統。事實上，為了在 macOS 或 Windows 上運行 Docker，我們必須先在硬體虛擬化環境裡面執行 Linux kernel。Docker Machine 可以使用 VirtualBox 來協助簡化這個程序。因此，你會在程序的硬體虛擬化部分看到性能開銷。當你在 Linux 系統上運行時，這個開銷會大幅減少，因為 Linux 不需要硬體虛擬化。

例如，我們建立一個簡單的 Docker 容器來執行範例 6-17 的 2D 擴散程式。我們在主機系統的 Python 執行程式來取得基準數據：

```
$ python diffusion_numpy_memory2.py
Runtime for 100 iterations with grid size (256, 256): 1.4418s
```

為了建立 Docker 容器，我們必須製作一個存有 Python 檔 *diffusion_numpy_memory2.py* 的目錄，一個 pip 依賴項目 requirements 檔，以及一個 *Dockerfile*，見範例 10-10。

範例 *10-10 簡單的 Docker 容器*

```
$ ls
diffusion_numpy_memory2.py
Dockerfile
requirements.txt

$ cat requirements.txt
numpy>=1.18.0

$ cat Dockerfile
```

---

6 例如調整一個程序可以存取的記憶體數量，或是它可以使用哪些 CPU，甚至多少 CPU。

```
FROM python:3.7

WORKDIR /usr/src/app
COPY requirements.txt .
RUN pip install --no-cache-dir -r requirements.txt

COPY . .
CMD python ./diffusion_numpy_memory2.py
```

Dockerfile 首先聲明我們想要使用什麼容器作為基礎。這些基礎容器可以使用各種基於 Linux 的作業系統，或更高階的服務。Python Foundation 為所有主要的 Python 版本提供官方容器（*https://hub.docker.com/_/python*），所以選擇想要使用的 Python 版本非常簡單。接下來，我們定義工作目錄的位置（/usr/src/app 是隨意選擇的），將 requirements 檔複製到裡面，開始設定我們的環境，就像在本地電腦上的一般做法，使用 RUN 命令。

「用一般的方式」與「在 Docker」設定開發環境有一個主要的差異在於 COPY 命令。它們會從本地目錄複製檔案到容器裡面。例如，它會將 *requirements.txt* 檔案複製到容器裡面，所以 pip install 命令可以在那裡使用它。最後，在 *Dockerfile* 的結尾，我們從當前的目錄將所有檔案複製到容器裡面，並要求 Docker 在容器開始時執行 python ./diffusion_numpy_memory2.py。

 在範例 10-10 的 *Dockerfile* 中，初學者可能想知道為何我們要先複製 requirements 檔，之後再將整個目錄複製到容器內。在建立容器時，Docker 會努力快取組建程序的各個步驟。為了確認快取是否仍然有效，它會檢查來回複製的檔案的內容。藉著在一開始只複製 requirements 檔，再移動目錄的其餘部分，我們只需要在 requirements 檔改變時執行 pip install。如果只有 Python 原始碼改變，新的組建程序會使用被快取的組建步驟，並且直接跳到第二個 COPY 命令。

現在我們已經可以組建並執行容器了，我們可以為它命名和加上標籤。容器名稱的格式通常是 *<username>/<project-name>*[7]，雖然選用的標籤通常被用來描述程式目前的版本，或僅僅標記 latest（這是預設的，當你沒有指定標籤時會自動使用）。為了協助進行版本控制，一般都會將最新的版本與描述標籤標為 latest（當新版本被做出來時，它會被改寫），以便以後可以輕鬆地找到這個版本：

---

[7] 在將組建好的容器送到版本庫（repository）時，容器名稱的 *username* 部分也很有用。

```
$ docker build -t high_performance/diffusion2d:numpy-memory2 \
            -t high_performance/diffusion2d:latest .
Sending build context to Docker daemon  5.632kB
Step 1/6 : FROM python:3.7
 ---> 3624d01978a1
Step 2/6 : WORKDIR /usr/src/app
 ---> Running in 04efc02f2ddf
Removing intermediate container 04efc02f2ddf
 ---> 9110a0496749
Step 3/6 : COPY requirements.txt ./
 ---> 45f9ecf91f74
Step 4/6 : RUN pip install --no-cache-dir -r requirements.txt
 ---> Running in 8505623a9fa6
Collecting numpy>=1.18.0 (from -r requirements.txt (line 1))
  Downloading https://.../numpy-1.18.0-cp37-cp37m-manylinux1_x86_64.whl (20.1MB)
Installing collected packages: numpy
Successfully installed numpy-1.18.0
You are using pip version 18.1, however version 19.3.1 is available.
You should consider upgrading via the 'pip install --upgrade pip' command.
Removing intermediate container 8505623a9fa6
 ---> 5abc2df1116f
Step 5/6 : COPY . .
 ---> 52727a6e9715
Step 6/6 : CMD python ./diffusion_numpy_memory2.py
 ---> Running in c1e885b926b3
Removing intermediate container c1e885b926b3
 ---> 892a33754f1d
Successfully built 892a33754f1d
Successfully tagged high_performance/diffusion2d:numpy-memory2
Successfully tagged high_performance/diffusion2d:latest

$ docker run high_performance/diffusion2d:numpy-memory2
Runtime for 100 iterations with grid size (256, 256): 1.4493s
```

我們可以看到,當任務主要依靠 CPU/ 記憶體時,Docker 跑得不會比在主機上運行更慢。但是天下沒有白吃的午餐,有時 Docker 的性能會受到影響。本書無法完整討論如何優化 Docker 容器,所以我們提供以下的注意事項,協助你為高性能程式建立 Docker 容器:

- 盡量不要複製太多資料到 Docker 容器,甚至在 Docker 版本的同一個目錄裡面放太多資料。如果 build context(如 docker build 命令的第一行所示)太大,性能可能會受到影響(可以使用 .dockerignore 檔案來補救)。

- Docker 使用檔案系統的各種小手段來將檔案系統疊起來,這有助於對組建版本進行快取,但可能比使用主機檔案系統來處理更慢。當你需要快速存取資料時,請使用主機級掛載(host-level mount),並考慮將 volumes 設為唯讀,來選擇適合你的基礎設施的磁碟驅動程式。

- Docker 會幫所有容器建立一個虛擬網路,它很適合用來將大多數的服務隱藏在閘道之後,但它也會稍微增加網路開銷。對大部分的用例而言,這個開銷是可忽略的,但是它可以藉著改變網路驅動程式來緩解。

- 你可以透過為 Docker 製作的特殊執行期驅動程式來使用 GPU 與其他主機級設備,例如,nvidia-docker 可讓 Docker 環境輕鬆地使用 NVIDIA GPU。一般來說,你可以用 --device 執行期旗標來提供設備。

一如往常,分析 Docker 容器來了解問題所在以及可否輕鬆地改善效率非常重要。docker stats 提供很棒的高階概況,可協助了解容器當前的執行期性能。

Docker 的優點

到目前為止,Docker 似乎只是在性能方面添加了一堆有待解決的問題。但是,它為執行環境提升的可重現性與可靠性遠遠超過任何額外的複雜性。

在本地使用前面介紹的 Docker 容器,可讓我們快速地重新執行與重新測試舊的程式版本,而不需要擔心執行期環境的改變,例如依賴項目與系統程式包(範例 10-11 是可以用簡單的 docker_run 命令來執行的容器)。所以我們可以輕鬆地持續測試性能的退化,它們是用別的方法很難重現的。

範例 10-11　用來追蹤之前的執行期環境的 Docker 標籤

```
$ docker images -a
REPOSITORY                        TAG              IMAGE ID
highperformance/diffusion2d       latest           ceabe8b555ab
highperformance/diffusion2d       numpy-memory2    ceabe8b555ab
highperformance/diffusion2d       numpy-memory1    66523a1a107d
highperformance/diffusion2d       python-memory    46381a8db9bd
highperformance/diffusion2d       python           4cac9773ca5e
```

使用容器 registry(*https://oreil.ly/BaJhI*)可以得到更多好處,它可以讓你使用簡單的 docker pull 與 docker push 命令來儲存與共享 Docker 映像,類似 git 的用法。所以你可以將所有容器放在一個公用的位置,讓團隊成員拉入改過的程式碼或新版本,以及立刻執行程式碼。

這本書可以當成共享 Docker 容器來將執行期環境標準化,並從中獲得好處的好例子。為了將本書從 asciidoc(用來寫書的標記語言)轉換成 PDF,我們共同使用一個 Docker 容器,以便可靠且可重現地建構書籍工件(artifact),這個標準化程序讓我們省掉曾經在第一版花費的無數時間,當時有人遇到組建問題,但別人無法重現它或協助除錯。

執行 docker pull highperformance/diffusion2d:latest 比複製版本庫並且做執行專案所需的所有設定簡單多了。對於研究用的程式而言尤其如此,它們可能有某種非常脆弱的系統依賴關係。將所有東西放入容易操作的 Docker 容器意味著你可以跳過所有這些設定步驟,並且輕鬆地執行程式碼。因此,程式碼可以更方便地共享,而且團隊可以更有效地合作。

最後,結合 kubernetes(*https://kubernetes.io*)與其他類似的技術,將程式 Docker 化有助於利用它需要的資源來運行它。Kubernetes 可讓你建立節點叢集,為每一個節點標記它可能擁有的資源,並且在節點協調正在執行的容器。它會負責確保被執行的實例有正確的數量,而且因為有 Docker 虛擬化,程式會在它被儲存的同一個環境中執行。使用叢集最麻煩的事情之一就是確保叢集節點的執行期環境都與工作站一樣,使用 Docker 虛擬化可以完全解決這個問題[8]。

結語

到目前為止,在這本書中,我們已經知道如何進行分析來了解程式中的緩慢部分、編譯與使用 numpy 來讓程式跑得更快,以及使用多程序與多台電腦的各種做法。此外,我們也討論容器虛擬化,用它來管理程式環境與協助部署叢集。在倒數第二章,我們要了解如何使用不同的資料結構與機率方法來使用更少的 RAM。這些知識可以協助你將所有資料存放到一台電腦上,從而避免運行叢集。

8　在 *https://oreil.ly/l9jXD* 有一個很棒的 Docker 與 Kubernetes 入門教學。

第十一章

使用較少 RAM

看完這一章之後，你可以回答這些問題

- 為什麼要使用較少 RAM？

- 為什麼 numpy 與 array 比較適合用來儲存大量的數字？

- 如何將大量的文字高效地存放在 RAM？

- 如何只用 1 byte 數到 10^{76}（大約！）？

- 什麼是 Bloom 過濾器，為什麼我可能需要它？

在耗盡 RAM 之前，我們幾乎不會在乎我們用了多少 RAM。如果你在擴展程式碼時耗盡 RAM，它可能會瞬間防礙你前進。為電腦的 RAM 增加容量意味著需要管理的電腦越少，這是規劃大型專案的容量時的一條途徑。知道 RAM 被耗盡的原因，並設法更有效地使用這一種稀缺資源可協助你處理擴展問題。我們將使用 Memory Profiler 與 IPython Memory Usage 工具來測量實際的 RAM 使用量，以及一些可以自檢物件的工具，試著猜測它們用了多少 RAM。

節省 RAM 的另一條途徑是使用容器，利用資料的特性進行壓縮。在本章，我們將介紹 trie（有序樹狀資料結構）與有向無循環字圖（directed acyclic word graph，DAWG），它們可以將 1.2 GB 的字串組壓縮成只有 30 MB，而且只會稍微改變性能。第三種做法是犧牲儲存空間來換取準確度。為此，我們將了解近似計數（approximate counting）與近似集合成員關係（approximate set membership），它們使用的 RAM 比精確的方法少得多。

關於 RAM，有一個需要考慮的概念是「資料可能很多」。它越多，移動的速度就越慢。如果你可以節省 RAM 的使用量，你的資料就有機會可以被更快速地使用，因為它在匯流排裡面的移動速度更快，而且會有更多的資料可放入有限的快取。如果你需要將它存入離線儲存體（例如硬碟或遠端資料叢集），它移到你的電腦的速度會慢很多。請試著選擇適合的資料結構來將所有資料都放入一台電腦內。我們將使用 NumExpr 與 NumPy 和 Pandas 來進行高速計算，它移動的資料比更直接的方法還要少，可節省時間，並且可以在固定數量的 RAM 裡面進行一些大型的計算。

測量 Python 物件使用的 RAM 數量非常麻煩。我們不一定知道物件在幕後是如何表示的，如果我們詢問作業系統用了多少 bytes，它會告訴我們分配給程序的總數量。在這兩種情況下，我們無法明確地知道各個單獨的 Python 物件是如何累加為總數的。

因為有些物件與程式庫不會回報其完整的內部 bytes 配置（或它們包著完全不回報配置的程式庫），所以我們必須用猜的。本章的做法可以協助我們用最好的方式表示資料，讓使用的整體 RAM 更少。

我們也會介紹幾種在 scikit-learn 裡面儲存字串以及在資料結構中計數的有損方法。它的做法有點像 JPEG 壓縮圖像——雖然我們會失去一些資訊（而且無法取消這項操作來恢復它），但我們會獲得許多壓縮。藉著對字串使用雜湊，我們可以在 scikit-learn 裡面壓縮自然語言處理任務的時間與記憶體使用量，也可以用少量的 RAM 來計數大的數量。

基本型態物件很昂貴

我們經常使用 list 之類的容器來儲存上百或上千個項目。只要你儲存大量資料，RAM 的使用就會變成一個問題。

有 1 億個項目的 list 需要大約 760 MB 的 RAM，如果所有項目都是相同的物件。如果我們儲存 1 億個不同的項目（例如不重複的整數），我們可能會使用幾 GB 的 RAM ！每一個唯一的物件都有記憶體成本。

在範例 11-1 中，我們在一個 list 裡面儲存許多整數 0。如果我們儲存 1 億個指向任何物件的參考（無論該物件的一個實例有多大），記憶體成本大約是 760 MB，因為 list 儲存的是指向物件的參考（不是它的副本）。你可以回去第 46 頁的「用 memory_profiler 來診斷記憶體的使用情況」複習如何使用 memory_profiler，在那裡，我們在 IPython 中使用 %load_ext memory_profiler 來以新魔術函式載入它。

範例 *11-1*　測量在 *list* 裡面有 *1* 億個相同的整數時的記憶體使用量

```
In [1]: %load_ext memory_profiler  # 載入 %memit 魔術函式
In [2]: %memit [0] * int(1e8)
peak memory: 806.33 MiB, increment: 762.77 MiB
```

在下一個例子中,我們要啟動全新的 shell。從範例 11-2 中第一次呼叫 memit 的結果可以看到,新的 IPython shell 使用了大約 40 MB 的 RAM。接下來,我們建立一個有 1 億個不相同數字的臨時串列。它總共使用大約 3.8 GB。

> 在運行的程序中,記憶體可能會被快取,所以在使用 memit 來進行分析時,先退出再重啟 Python shell 絕對是更安全的做法。

在 memit 命令完成之後,臨時串列會被解除配置。最後一次呼叫 memit 時,記憶體使用量下降至之前的程度。

範例 *11-2*　測量串列內有 *1* 億個不同的整數時的記憶體使用量

```
# 使用新的 IPython shell,所有記憶體是乾淨的
In [1]: %load_ext memory_profiler
In [2]: %memit # 展示這個程序目前用了多少 RAM
peak memory: 43.39 MiB, increment: 0.11 MiB
In [3]: %memit [n for n in range(int(1e8))]
peak memory: 3850.29 MiB, increment: 3806.59 MiB
In [4]: %memit
peak memory: 44.79 MiB, increment: 0.00 MiB
```

在範例 11-3 中,memit 顯示建立第二個包含 1 億個項目的串列再次消耗了大約 3.8 GB。

範例 *11-3*　再次測量串列內有 *1* 億個不同整數時的記憶體使用量

```
In [5]: %memit [n for n in range(int(1e8))]
peak memory: 3855.78 MiB, increment: 3810.96 MiB
```

接下來,我們將看到,我們可以使用 array 模組用便宜很多的代價儲存 1 億個整數。

array 模組可以便宜地儲存許多基本型態物件

array 模組可以高效地儲存基本型態,例如整數、浮點數與字元,但複數或類別不行。它會建立連續的 RAM 區塊來保存底層資料。

在範例 11-4 中,我們在一塊連續的記憶體裡面配置 1 億個整數(每一個 8 bytes)。這個程序總共使用了大約 760 MB。這種做法與之前那個「儲存不重複的整數的串列」之間的差異是 `3100MB - 760MB == 2.3GB`,節省大量的 RAM。

範例 11-4 用 760 MB 的 RAM 來建立有 1 億個整數的陣列

```
In [1]: %load_ext memory_profiler
In [2]: import array
In [3]: %memit array.array('l', range(int(1e8)))
peak memory: 837.88 MiB, increment: 761.39 MiB
In [4]: arr = array.array('l')
In [5]: arr.itemsize
Out[5]: 8
```

注意,在 array 裡面的不重複數字不是 Python 物件,它們是在 array 裡面的 bytes。如果我們解參考它們之中的任何一個,就會建立新 Python int 物件。如果你要用它們來計算,整體來說就不會節省任何空間,但如果你要將這個陣列傳給外部程序,或是只使用一些資料,你會看到它比使用整數 list 省下很多 RAM。

如果你要用 Cython 來使用大型的陣列或數字矩陣,而且不想要依賴外部的 numpy,你可以將資料存入 array 並將它傳給 Cython 來處理,且沒有任何額外的記憶體開銷。

array 模組使用一組有限的資料型態,它們有不同的精度(見範例 11-5)。請選擇你需要的最小精度,只配置剛好夠用的 RAM 數量。注意,byte 大小與平台有關——這裡的大小指的是 32 位元平台(這是最小大小),而我們是在 64 位元的筆電上執行範例。

範例 11-5 array 模組提供的基本型態

```
In [5]: array.array? # IPython 魔術方法,類似 help(array)
Init signature: array.array(self, /, *args, **kwargs)
Docstring:
array(typecode [, initializer]) -> array

Return a new array whose items are restricted by typecode, and
initialized from the optional initializer value, which must be a list,
string, or iterable over elements of the appropriate type.

Arrays represent basic values and behave very much like lists, except
the type of objects stored in them is constrained. The type is specified
at object creation time by using a type code, which is a single character.
The following type codes are defined:
```

```
Type code    C Type              Minimum size in bytes
'b'          signed integer      1
'B'          unsigned integer    1
'u'          Unicode character   2 (see note)
'h'          signed integer      2
'H'          unsigned integer    2
'i'          signed integer      2
'I'          unsigned integer    2
'l'          signed integer      4
'L'          unsigned integer    4
'q'          signed integer      8 (see note)
'Q'          unsigned integer    8 (see note)
'f'          floating point      4
'd'          floating point      8
```

NumPy 也有可以保存更大範圍的資料型態的陣列——可讓你控制每個項目的 bytes 數，也可以使用複數與 datetime 物件。complex128 物件每個項目占 16 bytes：每個項目都是一對 8-byte 浮點數。你無法將複數物件存入 Python 陣列，但 numpy 免費提供這種功能。如果你想要複習 numpy，見第 6 章。

在範例 11-6 中，你可以看到 numpy 陣列的額外功能，你可以查詢項目的數量、各個基本型態的大小、底層 RAM 區塊的總儲存量。注意，這不包括 Python 物件的開銷（與在陣列中儲存的資料相比，它通常很小）。

 小心使用零時的惰性配置。在接下來的範例中，呼叫 zeros 的成本是「零」RAM，而呼叫 ones 的成本是 1.5 GB。呼叫兩者最終都需要 1.5 GB，但呼叫 zeros 只會在它被使用時配置 RAM，所以之後才會看到成本。

範例 11-6　在 numpy 陣列中儲存更多複數型態

```
In [1]: %load_ext memory_profiler
In [2]: import numpy as np
# 注意，zeros 是惰性配置，所以它回報的記憶體使用量是錯的！
In [3]: %memit arr=np.zeros(int(1e8), np.complex128)
peak memory: 58.37 MiB, increment: 0.00 MiB
In [4]: %memit arr=np.ones(int(1e8), np.complex128)
peak memory: 1584.41 MiB, increment: 1525.89 MiB
In [5]: f"{arr.size:,}"
Out[5]: '100,000,000'
In [6]: f"{arr.nbytes:,}"
Out[6]: '1,600,000,000'
```

```
In [7]: arr.nbytes/arr.size
Out[7]: 16.0
In [8]: arr.itemsize
Out[8]: 16
```

在 RAM 中,使用一般的 list 儲存許多數字的效率比使用 array 物件低很多。它需要配置更多記憶體,每一次都會花時間,處理大型物件時也需要進行計算,這也比較難快取,而且整體而言使用更多 RAM,所以其他程式可用的 RAM 更少。

但是,如果你在 Python numex 裡面對 array 的內容進行任何工作,基本型態可能會被轉換成臨時物件,抵消它們的好處。在與其他程序溝通時用 array 來儲存資料是很好的用例。

如果你要做任何大量使用數字的計算,numpy 陣列幾乎一定是更好的選項,因為你會有更多資料型態以及專門且快速的函式可用。如果你想讓專案的依賴項目較少,或許你要避免使用 numpy,儘管 Cython 也可以很好地處理 array 與 numpy;Numba 只能搭配 numpy 陣列。

Python 還有一些工具可讓你了解記憶體的使用情況,下一節將會介紹。

在 NumPy 中藉由 NumExpr 來使用更少 RAM

在 NumPy 裡面的大型向量化運算式(這也會在 Pandas 的幕後發生)可能會在進行複雜的操作時創造大型的中間陣列。這種情況不會被看到,只有在記憶體不足導致的錯誤發生時才會引起注意。這些計算也可能很緩慢,因為大型的向量不容易快取——快取可能只有幾 MB 或更小,大型的資料向量(幾百 MB 或 GB 的)會讓我們無法有效地使用快取。NumExpr 這種工具可以提升中間操作的速度並將它變小,我們曾經在第 136 頁的「numexpr:讓就地操作更快速且更簡單」介紹它。

我們也曾經在第 46 頁的「用 memory_profiler 來診斷記憶體的使用情況」介紹 Memory Profiler。在此,我們用 IPython Memory Usage 工具(*https://oreil.ly/i9Vc3*)來建構它,它可以在 IPython shell 或 Jupyter Notebook 裡面逐行報告記憶體的變化。我們來看一下如何使用它們來確認 NumExpr 更高效地產生結果。

 在使用 Pandas 時,記得安裝選用的 NumExpr。如果你將 NumExpr 安裝在 Pandas 裡面,呼叫 eval 將跑得更快——但注意,Pandas 不會在你沒有安裝 NumExpr 時通知你。

我們將使用交叉熵公式來計算機器學習分類問題的誤差。**交叉熵**（或 *Log* **損失**）是在處理分類問題時常見的評量標準，它對大誤差的懲罰程度比小誤差多很多。機器學習問題裡面的每一列都需要在訓練與預測階段評分：

$$-logP(yt \mid yp) = -(yt log(yp) + (1 - yt)log(1 - yp))$$

我們使用範圍為 [0, 1] 的隨機數字來模擬 scikit-learn 或 TensorFlow 機器學習系統的結果。圖 11-1 的右圖是範圍為 [0, 1] 的自然對數，左圖是當目標是 0 或 1 時，對任何機率計算交叉熵的結果。

當目標 **yt** 是 1 時，公式的前半部生效，後半部是零。當目標是 0 時，公式的後半部生效，前半部是零。機器學習演算法會幫需要評分的每一列資料計算結果，而且通常要迭代多次。

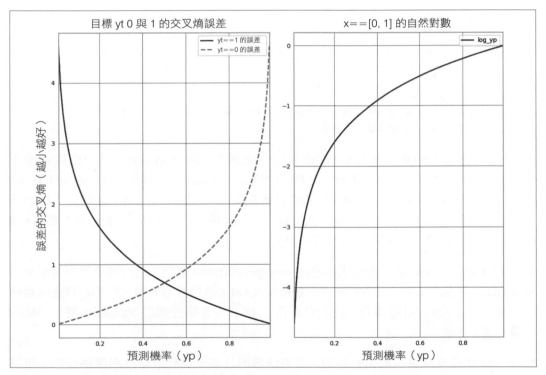

圖 11-1　*yt*（真相（truth））為 0 與 1 的交叉熵

在範例 11-7 中，我們在 [0, 1] 範圍內生成 2 億個隨機數字作為 yp。yt 是期望的真相（desired truth）——在這個例子中，它是 1 組成的陣列。在實際的 app 中，我們會看到機器學習演算法產生的 yp，yt 是包含混合的 0 與 1 的基本事實（ground truth），它是機器學習研究員提供給我們學習的目標。

範例 11-7　使用大型 *NumPy* 陣列時，隱藏的臨時成本

```
In [1]: import ipython_memory_usage.ipython_memory_usage as imu; import numpy as np
In [2]: %ipython_memory_usage_start
Out[2]: 'memory profile enabled'
In [3]: nbr_items = 200_000_000
In [4]: yp = np.random.uniform(low=0.0000001, size=nbr_items)
In [4] used 1526.0508 MiB RAM in 2.18s, peaked 0.00 MiB above current,
       total RAM usage 1610.05 MiB
In [5]: yt = np.ones(shape=nbr_items)
In [5] used 1525.8516 MiB RAM in 0.44s, peaked 0.00 MiB above current,
       total RAM usage 3135.90 MiB

In [6]: answer = -(yt * np.log(yp) + ((1-yt) * (np.log(1-yp))))
In [6] used 1525.8594 MiB RAM in 18.63s, peaked 4565.70 MiB above current,
       total RAM usage 4661.76 MiB

In [7]: del answer
In [7] used -1525.8242 MiB RAM in 0.11s, peaked 0.00 MiB above current,
       total RAM usage 3135.93 MiB
```

yp 與 yt 各占了 1.5 GB，讓 RAM 的總使用量超過 3.1 GB。answer 向量的維度與輸入一樣，因此再加上 1.5 GB。注意，計算時的峰值（peaked）超過當前 RAM 使用量 4.5 GB，雖然最終的結果是 4.6 GB，但是在計算期間配置了超過 9 GB。計算交叉熵創造許多臨時儲存需求（特別是 1 – yt、np.log(1 – yp) 與它們的乘法）。如果你的電腦有 8 GB，你會因為耗盡記憶體而無法計算結果。

範例 11-8 將同一個運算式當成字串放在 numexpr.evaluate 裡面。它的峰值超過當前使用量 0 GB ——在本例中，它不需要任何額外的 RAM。值得注意的是，它的計算速度也會快很多：在上面的 In[6] 進行的向量計算花了 18 秒，在這裡使用 NumExpr 時，同樣的計算花了 2.6 秒。

NumExpr 會將長向量拆成比較短的、容易快取的段落，並且依序分別處理它們，所以更容易使用快取來計算局部段落的結果。這解決了不使用額外的 RAM 與提升速度的需求。

範例 *11-8* *NumExpr* 將向量化的計算拆成可高效使用快取的段落

```
In [8]: import numexpr
In [8] used 0.0430 MiB RAM in 0.12s, peaked 0.00 MiB above current,
       total RAM usage 3135.95 MiB
In [9]: answer = numexpr.evaluate("-(yt * log(yp) + ((1-yt) * (log(1-yp))))")
In [9] used 1525.8281 MiB RAM in 2.67s, peaked 0.00 MiB above current,
       total RAM usage 4661.78 MiB
```

從範例 11-9 可以看到在 Pandas 也有類似的好處。我們使用上述範例的同一組項目建構一個 DataFrame，並使用 `df.eval` 來呼叫 NumExpr。Pandas 必須為 NumExpr 拆開 DataFrame，整體而言，會使用更多 RAM。在幕後，NumExpr 仍然會使用快取來計算結果。注意，這裡除了安裝 Pandas 之外也安裝 NumExpr。

範例 *11-9* *Pandas* `eval` 會在可以使用 *NumExpr* 時使用它

```
In [2] df = pd.DataFrame({'yp': np.random.uniform(low=0.0000001, size=nbr_items),
       'yt': np.ones(nbr_items)})
In [3]: answer_eval = df.eval("-(yt * log(yp) + ((1-yt) * (log(1-yp))))")
In [3] used 3052.1953 MiB RAM in 5.26s, peaked 3045.77 MiB above current,
       total RAM usage 6185.45 MiB
```

比較上述範例與未安裝 NumExpr 的範例 11-10，`df.eval` 呼叫式使用 Python 解譯器——雖然它算出相同的結果，但執行時間是 34 秒（與之前的 5.2 秒相比），而且有大很多的記憶體使用量峰值。你可以用 `import numexpr` 來確認是否安裝了 NumExpr——如果它失敗，你就要安裝它。

範例 *11-10* 注意，沒有安裝 *NumExpr* 的 *Pandas* 在呼叫 `eval` 時很慢而且很昂貴！

```
In [2] df = pd.DataFrame({'yp': np.random.uniform(low=0.0000001, size=nbr_items),
       'yt': np.ones(nbr_items)})
In [3]: answer_eval = df.eval("-(yt * log(yp) + ((1-yt) * (log(1-yp))))")
In [3] used 3052.5625 MiB RAM in 34.88s, peaked 7620.15 MiB above current,
       total RAM usage 6185.24 MiB
```

如果你可以使用 NumExpr，對大型陣列執行複雜的向量操作的速度將會更快。Pandas 不會在你沒有安裝 NumExpr 時警告你，所以如果你要使用 eval，建議你將它加入你的設定。如果你要處理大型的陣列，IPython Memory Usage 工具可協助你診斷 RAM 被用在哪裡，它可以協助電腦的 RAM 容納更多東西，免得讓你分割資料，以及增加更多工程負擔。

了解集合使用的 RAM

或許你想要詢問 Python，它的各種物件使用了多少 RAM。Python 的 `sys.getsizeof(obj)` 可告訴我們關於某個物件（大部分的，並非所有物件都提供這種功能）使用的記憶體的某些資訊。如果你沒有看過它，注意，對於容器，它無法提供你預期的答案！

我們先來看一些基本型態。Python 的 `int` 是大小不固定的物件，遠高於 C 的整數的 8-byte 範圍。在 Python 3.7 裡面，當這個基本物件被設為初始值 0 時，需要 24 bytes。越大的數字有越多 bytes：

```
In [1]: sys.getsizeof(0)
Out[1]: 24
In [2]: sys.getsizeof(1)
Out[2]: 28
In [3]: sys.getsizeof((2**30)-1)
Out[3]: 28
In [4]: sys.getsizeof((2**30))
Out[4]: 32
```

在幕後，每當數字超過上一個上限時，它的大小就會增加 4 bytes。這只會影響記憶體的使用，你無法從外面看出任何不同。

我們可以對 byte 字串進行同樣的檢查。空的 byte 序列需要 33 bytes，每增加一個字元就會增加 1 byte 的成本：

```
In [5]: sys.getsizeof(b"")
Out[5]: 33
In [6]: sys.getsizeof(b"a")
Out[6]: 34
In [7]: sys.getsizeof(b"ab")
Out[7]: 35
In [8]: sys.getsizeof(b"abc")
Out[8]: 36
```

使用串列時，我們會看到不同的行為。`getsizeof` 不會計算串列內容的成本，只會計算串列本身的成本。空串列需要 64 bytes，在 64-bit 筆電上，串列的每一個項目占用額外的 8 bytes：

```
# 每次增加 8-byte 而不是我們可能認為的 24+！
In [9]: sys.getsizeof([])
Out[9]: 64
In [10]: sys.getsizeof([1])
```

```
Out[10]: 72
In [11]: sys.getsizeof([1, 2])
Out[11]: 80
```

顯然地，當我們使用 byte 字串，我們看到的成本比 getsizeof 回報的大很多：

```
In [12]: sys.getsizeof([b""])
Out[12]: 72
In [13]: sys.getsizeof([b"abcdefghijklm"])
Out[13]: 72
In [14]: sys.getsizeof([b"a", b"b"])
Out[14]: 80
```

getsizeof 只會回報一些成本，通常只是父物件的成本，如前所述，它不一定會被實作出來，所以它的用途是有限的。

比較好的工具是 pympler 裡面的 asizeof（*https://oreil.ly/HGCj5*）。它會遍歷容器的階層，並且對於找到的每個物件的大小做出最好的預測，並將大小加到總數。不過它很慢。

除了依靠猜測與假設之外，asizeof 也無法計算在幕後配置的記憶體（例如包著 C 程式庫的模組可能無法回報在 C 程式庫裡面配置的 bytes）。所以最好將它當成參考資訊。我們比較喜歡使用 memit，因為它可以準確地提供在有關電腦上的記憶體使用量。

我們可以檢查它對大型串列估計的數字——在此我們將使用 1,000 萬個整數：

```
In [1]: from pympler.asizeof import asizeof
In [2]: asizeof([x for x in range(int(1e7))])
Out[2]: 401528048
In [3]: %memit [x for x in range(int(1e7))]
peak memory: 401.91 MiB, increment: 326.77 MiB
```

為了驗證估計的結果，我們可以使用 memit 來觀察程序是如何變大的，它們的報告很接近—— memit 記錄當陳述式執行時，作業系統報告的 RAM 使用情況的快照；而 asizeof 詢問物件它們的大小為何（可能不會正確回報）。我們可以得到結論，一個有 1,000 萬個整數的串列需要 320 至 400 MB 的 RAM。

通常，asizeof 程序比 memit 更慢，但是當你要分析小物件時，asizeof 應該很有用。memit 比較適合用在真正的 app 上，因為程序真正使用的記憶體量是測量出來的，不是推斷出來的。

bytes vs. Unicode

Python 3.x 勝過 Python 2.x 的（諸多！）優點之一在於它預設切換至 Unicode。以前，我們會混合使用單 byte 字串與多 byte Unicode 物件，這可能會在匯入與匯出資料時造成令人頭痛的問題。在 Python 3.x，所有的字串在預設情況下都是 Unicode，如果你想要用 bytes 來處理，你就要明確地建立 byte 序列。

Python 3.7 使用 Unicode 物件的 RAM 效率比 Python 2.x 更好。在範例 11-11 中，有個 1 億個字元的序列被做成 bytes 集合與 Unicode 物件。對常見的字元而言（假設系統的預設編碼是 UTF 8），Unicode 版本的成本是一樣的——這些常見的字元使用一個 byte。

範例 11-11　在 Python 3.x 中，Unicode 物件可能與 bytes 一樣便宜

```
In [1]: %load_ext memory_profiler
In [2]: type(b"b")
Out[2]: bytes
In [3]: %memit b"a" * int(1e8)
peak memory: 121.55 MiB, increment: 78.17 MiB
In [4]: type("u")
Out[4]: str
In [5]: %memit "u" * int(1e8)
peak memory: 122.43 MiB, increment: 78.49 MiB
In [6]: %memit "Σ" * int(1e8)
peak memory: 316.40 MiB, increment: 176.17 MiB
```

sigma 字元（Σ）比較昂貴——UTF 8 用 2 bytes 來表示它。拜 PEP 393 之賜（*https://oreil.ly/_wNrP*），我們從 Python 3.3 開始可以使用靈活的 Unicode 表示法。它的做法是觀察字串內的字元範圍，並在可能的情況下，使用較少的 bytes 來表示低階的字元。

在 Unicode 物件的 UTF-8 編碼中，每個 ASCII 字元使用 1 byte，較罕見的字元使用較多 bytes。如果你不需要 Unicode 編碼 vs. Unicode 物件，可閱讀 Net Batchelder 的「Pragmatic Unicode, or, How Do I Stop the Pain?」（*https://oreil.ly/udL3A*）。

在 RAM 中高效地儲存許多文字

文字有一個常見的問題在於它會占用大量的 RAM ── 但如果我們想要測試之前是否看過字串，或計算它們的頻率，相較於將它們分頁並存至磁碟和取回，放在 RAM 裡面比較方便。以不成熟的方式儲存的字串很昂貴，但是你可以使用 trie 與有向無循環字圖（DAWG）來壓縮它們的表示法，並且進行快速的操作。

這些比較進階的演算法可以為你省下大量的 RAM，這意味著，你可能不需要擴展更多伺服器。對生產系統而言，省下來的資源可能很可觀。在這一節，我們要用 trie 將一組 1.2 GB 的字串壓縮成 30 MB，性能只有些微的改變。

在這個範例，我們將使用一個用 Wikipedia 的部分內容建構的文字組。這個文字組有 1,100 萬個來自 English Wikipedia 的不重複 token（標誌），它們在磁碟上占了 120 MB。

token 是從它們的原始文章用空格分割的，它們的長度不固定，而且包含 Unicode 字元與數字。它們長這樣：

```
faddishness
'melanesians'
Kharálampos
PizzaInACup™
url="http://en.wikipedia.org/wiki?curid=363886"
VIIIa),
Superbagnères.
```

我們將使用這個文字範例，來測試當我們建構一個可以為每一個單字保存一個實例的資料結構時的速度有多快，然後我們要看一下查詢已知單字的速度有多快（我們將使用不常見的「Zwiebel」，來自畫家 Alfred Zwiebel）。我們要問「我們是否看過 Zwiebel？」尋找 token 是個常見的問題，快速執行這件事很重要。

當你在你自己的問題中嘗試這些容器時，你可能會看到不同的行為。每個容器都用不同的方式建構它的內在結構，傳入不同類型的 token 可能會影響結構的組建時間，而且不同長度的 token 會影響查詢時間。一定要有系統地進行測試。

用 1,100 萬個 token 嘗試這些方法

圖 11-2 是有 1,100 萬個 token 的文字檔（120 MB 的原始資料），它是用本節將討論的一些容器來儲存的。x 軸是容器使用的 RAM 數量，y 軸是查詢時間，圓點的大小代表建立結構時花費的時間（越大代表花越久）。

從這張圖可以看到，set 與 list 範例使用許多 RAM，list 範例既龐大且緩慢！對這個資料組而言，Marisa trie 範例是 RAM 效率最高的一種，DAWG 有兩倍的速度，而且只多使用一些 RAM。

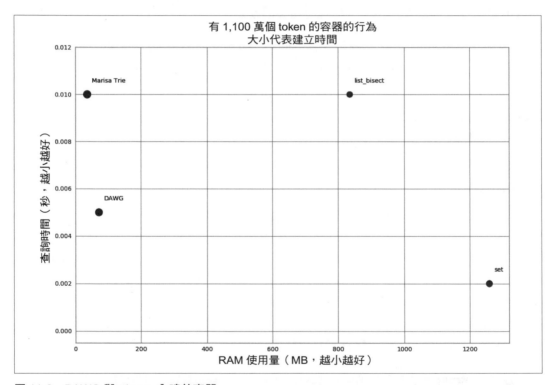

圖 11-2 DAWG 與 trie vs. 內建的容器

這張圖並未展示單純使用 list 且不使用排序法的尋找時間，我們很快就會介紹它，因為它的時間太長了。務必注意，你必須使用各種容器來測試你的問題──每一種都有不同的優缺點，例如建構時間與 API 靈活性。

接下來，我們要建構一個程序來測試各種容器的行為。

list

我們從最簡單的做法看起。我們要將 token 放入一個 list，然後用 O(n) 線性搜尋來查詢它。我們不能對上述的大型案例做這件事（搜尋的時間太長了），所以我們會用一個小很多的案例來展示這項技術（500,000 個 token）。

在接下來的每一個範例中，我們會使用產生器 text_example.readers，每次從輸入檔取出一個 Unicode token。這意味著讀取程序只會使用極少量的 RAM：

```python
print("RAM at start {:0.1f}MiB".format(memory_profiler.memory_usage()[0]))
t1 = time.time()
words = [w for w in text_example.readers]
print("Loading {} words".format(len(words)))
t2 = time.time()
print("RAM after creating list {:0.1f}MiB, took {:0.1f}s" \
        .format(memory_profiler.memory_usage()[0], t2 - t1))
```

我們想知道查詢這個 list 的速度有多快。在理想情況下，我們想要找到一個可以儲存文字，並且可以無代價地進行查詢與修改的容器。在查詢它時，我們會尋找一個已知的單字多次，並使用 timeit：

```python
assert 'Zwiebel' in words
time_cost = sum(timeit.repeat(stmt="'Zwiebel' in words",
                                setup="from __main__ import words",
                                number=1,
                                repeat=10000))
print("Summed time to look up word {:0.4f}s".format(time_cost))
```

測試腳本回報，使用 list，大約有 34 MB 被用來儲存原始的 5 MB 檔案，而且尋找時間總共是 53 秒：

```
$ python text_example_list.py
RAM at start 36.6MiB
Loading 499056 words
RAM after creating list 70.9MiB, took 1.0s
Summed time to look up word 53.5657s
```

將文字存入未排序的 list 顯然不是好方法，O(n) 尋找時間很昂貴，記憶體使用量也是如此。這是世界上最糟糕的做法！如果我們試著用這種方法來處理接下來更大型的資料組，總尋找時間預計是 25 分鐘，而不是我們所討論的方法的幾分之一秒。

我們可以藉著排序 list 並透過 bisect 模組（*https://oreil.ly/Uk6ry*）使用二分搜尋法來改善尋找時間，它可為將來的查詢提供一個合理的下限。在範例 11-12 中，我們計時它排序串列的時間需要多久。在此，我們換成更大的 1,100 萬個 token 的資料組。

範例 11-12　測量排序時間，以準備使用 bisect

```
print("RAM at start {:0.1f}MiB".format(memory_profiler.memory_usage()[0]))
t1 = time.time()
words = [w for w in text_example.readers]
print("Loading {} words".format(len(words)))
t2 = time.time()
print("RAM after creating list {:0.1f}MiB, took {:0.1f}s" \
        .format(memory_profiler.memory_usage()[0], t2 - t1))
print("The list contains {} words".format(len(words)))
words.sort()
t3 = time.time()
print("Sorting list took {:0.1f}s".format(t3 - t2))
```

接下來，我們進行與之前一樣的尋找，但使用 index 方法，它使用 bisect：

```
import bisect
...
def index(a, x):
    'Locate the leftmost value exactly equal to x'
    i = bisect.bisect_left(a, x)
    if i != len(a) and a[i] == x:
        return i
    raise ValueError
...
    time_cost = sum(timeit.repeat(stmt="index(words, 'Zwiebel')",
                                  setup="from __main__ import words, index",
                                  number=1,
                                  repeat=10000))
```

在範例 11-13 中，我們可以看到 RAM 的使用量比之前多很多，因為我們載入多很多的資料。排序多花了 0.6 秒，累計尋找時間是 0.01 秒。

範例 11-13　測量對著已排序的 list 使用 bisect 的時間

```
$ python text_example_list_bisect.py
RAM at start 36.6MiB
Loading 11595290 words
RAM after creating list 871.9MiB, took 20.6s
The list contains 11595290 words
Sorting list took 0.6s
Summed time to look up word 0.0109s
```

現在我們有一個測量字串尋找時間的合理基準線了：RAM 使用量必須優於 871 MB，而且總尋找時間應該優於 0.01 秒。

set

在處理我們的任務時，使用內建的 set 看起來是最明顯的途徑。在範例 11-14 中，set 會將各個字串存入一個雜湊化的結構（如果你需要複習，見第 4 章）。用它檢查成員很快，但每一個字串都必須分別存放，這在 RAM 裡面很昂貴。

範例 11-14　使用 set 來儲存資料

```
words_set = set(text_example.readers)
```

如範例 11-15 所示，set 使用的 RAM 比 list 多 250 MB；但是，它提供非常快速的尋找時間，且不需要使用額外的 index 函式，或中間的排序操作。

範例 11-15　執行 set 範例

```
$ python text_example_set.py
RAM at start 36.6MiB
RAM after creating set 1295.3MiB, took 24.0s
The set contains 11595290 words
Summed time to look up word 0.0023s
```

如果 RAM 不昂貴，它可能是最合理的第一做法。

不過，現在我們遺失原始資料的順序了。如果它對你來說很重要，你可以將字串當成鍵存入字典，並且把它們的值設成連接至原始讀序的索引。藉此，你可以詢問鍵是否存在，以及它的索引。

更高效的樹狀結構

接下來要介紹一組更高效地使用 RAM 來代表字串的演算法。

來自 Wikimedia Commons（*http://commons.wikimedia.org*）的圖 11-3 是用 trie 與 DAWG 來表示四個字（「tap」、「taps」、「top」與「tops」）的差異[1]。使用 list 或 set 時，這些單字都會被存為獨立的字串。DAWG 與 trie 會共用部分的字串，所以使用較少 RAM。

1　這個範例來自一篇討論確定性無環有限狀態自動機（*https://oreil.ly/M_pYe*）（DAFSA）的 Wikipedia 文章。DAFSA 是 DAWG 的別名。附圖來自 Wikimedia Commons。

它們之間的主要差異在於，trie 只共用常見的字首，而 DAWG 共用字首與字尾。在有許多常見的字首與字尾的語言中（例如英文），這種做法可以免除大量的重複。

確切的記憶體行為取決於資料的結構。通常 DAWG 無法指派值給鍵，因為從字串的開始到結束有許多路徑，但是這裡展示的版本可以接受值對映（value mapping）。trie 也可以接受值對映。有些結構必須在一開始一次建構，但有些可以隨時更新。

這些結構有一種很好的優點是它們提供**共同字首搜尋**，也就是說，你可以索取具備你所提供的字首的所有單字。使用我們的四個單字時，搜尋「ta」的結果是「tap」與「taps」。此外，因為這些結果是用圖結構來發現的，所以取得它們非常快速。例如，如果你在處理 DNA，使用 trie 來壓縮上百萬個短字串或許是有效降低 RAM 使用量的好方法。

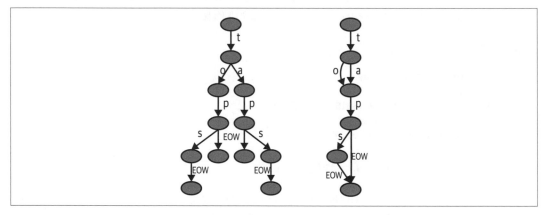

圖 11-3　trie 與 DAWG 結構（圖像來自 Chkno（*https://oreil.ly/w71ZI*）[CCBY-SA 3.0]）

在接下來的小節中，我們要更仔細研究 DAWG、trie 與它們的用法。

有向無循環字圖

有向無循環字圖（*https://oreil.ly/4KfVO*）（MIT 授權）試圖高效地表示具有共同字首與字尾的字串。

在筆者行文至此時，在 GitHub 上已經有一個讓這個 DAWG 與 Python 3.7 一起使用的 open Pull Request 了（*https://oreil.ly/6T5le*）。

在範例 11-16 中,你可以看到設定 DAWG 很簡單。對這個實作而言,DAWG 無法在建構之後修改,它會讀取一個迭代器來一次建構它自己。對你的用例來說,無法在建構之後更新可能是一種致命的問題。若是如此,你可能要看看能否改用 trie。DAWG 支援豐富查詢,包括字首查詢;它也提供持久保存,也可以將整數索引當成值來儲存,連同 byte 與紀錄值。

範例 11-16　使用 DAWG 來儲存資料

```
import dawg
...
    words_dawg = dawg.DAWG(text_example.readers)
```

從範例 11-17 可以看到,對於同一組字串,它在建構階段使用的 RAM 比之前的 set 範例少很多。相似的輸入字串越多,壓縮就越多。

範例 11-17　執行 DAWG 範例

```
$ python text_example_dawg.py
RAM at start 38.1MiB
RAM after creating dawg 200.8MiB, took 31.6s
Summed time to look up word 0.0044s
```

更重要的是,如果我們將 DAWG 存入磁碟,如範例 11-18 所示,再將它載入至新的 Python 實例,我們會看到 RAM 的使用量大幅減少——載入後的磁碟檔案與記憶體使用量都是 70 MB,與之前建構的 1.2 GB set 版本相比,節省很大的空間!

範例 11-18　載入在之前的階段中建構與儲存的 DAWG 可以提高 RAM 效率

```
$ python text_example_dawg_load_only.py
RAM at start 38.4MiB
RAM after load 109.0MiB
Summed time to look up word 0.0051s
```

因為你通常只會建立一次 DAWG 再載入它多次,當你將它存入磁碟之後,這個建構成本可以持續帶來好處。

Marisa trie

Marisa trie(*https://oreil.ly/tDvVQ*)(LGPL 與 BSD 雙授權)是一種靜態 trie(*https://oreil.ly/suBhE*),它使用 Cython 連接外部程式庫。因為它是靜態的,它在建構之後無法修改。如同 DAWG,它可以將整數索引存為值,以及 byte 值與紀錄值。

你可以用鍵來尋找值，反之亦然。你可以快速地找到使用相同的字首的鍵。trie 的內容可以保存。範例 11-19 是使用 Marisa trie 來儲存樣本資料的做法。

範例 11-19　使用 Marisa trie 來儲存資料

```
import marisa_trie
...
    words_trie = marisa_trie.Trie(text_example.readers)
```

在範例 11-20 中，我們可以看到它的查詢時間比 DAWG 的更慢。

範例 11-20　執行 Marisa trie 範例

```
$ python text_example_trie.py
RAM at start 38.3MiB
RAM after creating trie 419.9MiB, took 35.1s
The trie contains 11595290 words
Summed time to look up word 0.0148s
```

在處理這個資料組時，trie 進一步節省記憶體。雖然查詢速度比範例 11-21 慢一些，但是在接下來的程式中，如果我們將 trie 存入磁碟，然後在新的程序中載入它，磁碟與 RAM 使用量大約是 30 MB，是 DAWG 的兩倍好。

範例 11-21　載入之前的階段建構並儲存的 Trie 有更好的 RAM 效率

```
$ python text_example_trie_load_only.py
RAM at start 38.5MiB
RAM after loading trie from disk 76.7MiB, took 0.0s
The trie contains 11595290 words
Summed time to look up word 0.0092s
```

你必須為你的應用程式權衡「建構之後的儲存空間」vs.「尋找時間」兩者。或許你認為使用這些「過得去」的選項之一就可以了，不需要評估其他的選項，可以直接進行下一個挑戰。我們認為對這個案例而言，Marisa trie 是你的第一選擇，它在 GitHub 獲得的星星比 DAWG 更多。

在生產系統中使用 trie（與 DAWG）

trie 與 DAWG 資料結構都提供很棒的優點，但你仍然必須根據你的問題對它們進行性能評測，而不是盲目地使用它們。如果你的字串有重疊的段落，你可能會看到 RAM 有所改善。

trie 與 DAWG 不太出名，但它們可以在生產系統中提供很大的好處。我們會在第 416 頁的「在 Smesh 進行的大規模社群媒體分析（2014）」說一個令人印象深刻的成功故事。DabApps（位於英國的 Python 軟體公司）的 Jamie Matthews 也講述了如何在用戶端系統中使用 trie 來為顧客提供更高效且更廉價的部署：

> 當我們在 DabApps 處理複雜的技術性結構問題時，通常會將它們拆成小的、獨立的元件，通常使用 HTTP 透過網路來溝通。這種做法（稱為**服務導向**或**微服務架構**）有各式各樣的好處，包括可以在多個專案之間重複使用或共享單一元件的功能。
>
> 在面向用戶端的專案中，經常需要執行郵遞區號地理編碼的工作。這項工作是將完整的 UK 郵遞區號（例如 BN1 1AG）轉換成經度與緯度座標，來讓 app 可以執行地理空間計算，例如距離測量。
>
> 基本上，地理編碼資料庫是在字串之間進行對映的簡單機制，在概念上可以用字典來表示。字典的鍵是郵遞區號，以正規化的形式儲存（BN11AG），值是座標表示法（我們使用 geohash 編碼，但是為了簡化，你可以想成一對以逗號分隔的座標，例如 50.822921,-0.142871）。
>
> UK 有大約 170 萬個郵遞區號。如前所述，單純將整個資料組載入 Python 字典會使用幾百 MB 的記憶體。使用 Python 的 Pickle 格式將這個資料結構存入磁碟需要大量且無法接受的儲存空間。我們知道我們可以做得更好。
>
> 我們嘗試了幾種不同的 in-memory 與 on-disk 儲存與序列化格式，包括將資料存放到外部資料庫，例如 Redis 與 LevelDB，以及壓縮鍵／值。後來，我們有了使用 trie 的想法。trie 可以極有效率地在記憶體中表示大數字或字串，坊間的開源程式庫（我們選擇「marisa-trie」）讓它們很容易使用。
>
> 最終的 app，包含使用 Flask 框架建構的小型 web API，只使用 30 MB 的記憶體來表示整個 UK 郵遞區號程式庫，而且可以輕鬆處理大規模的郵遞區號尋找請求。這段程式很簡單，這個服務非常輕量，而且很容易部署並且在免費的代管平台（例如 Heroku）上運行，不會額外要求資料庫的某些功能或依賴任何資料庫。我們的作品是開源的，可在 *https://github.com/j4mie/postcodeserver* 取得。
>
> ——Jamie Matthews，*DabApps.com*（UK）的技術總監

DAWG 與 trie 是強大的資料結構，可以協助你用少量的額外準備工作來節省 RAM 與時間。許多開發人員都不熟悉這些資料結構，所以你可以考慮將這段程式放到一個模組裡面，將它與其餘的程式分開，以簡化維護工作。

用 scikit-learn 的 FeatureHasher 來為更多文字建模

scikit-learn 是 Python 最著名的機器學習框架，它很傑出地支援文字式神經語言處理（NLP）挑戰。在此，我們要將 Usenet archive 的公開文章歸類為 20 個預先指定的類別之一，這個程序很像整理 email 收件匣時的雙類別垃圾郵件分類程序。

在處理文字時，有一個困難的地方在於你所分析的詞彙量會迅速膨脹。英文有許多名詞（例如人物與地方的名稱、醫學標籤、宗教術語）與動詞（通常以「-ing」結尾的現在進行式，例如「running」、「taking」、「making」、「talking」）以及它們的變化（將動詞「talk」變成「talked」、「talking」、「talks」），更不用說所有其他形式豐富的語言。標點符號與大寫也為單字的表示法增加額外的細節。

要對文字進行分類，有一種強大且簡單的技術是將原始的文字拆成 *n-grams*（*n*-單字組合），通常是 unigrams、bigrams 與 trigrams（通常稱為 1-grams、2-grams 與 3-grams）。像「there is a cat and a dog」這種句子可以轉換成 unigrams（「there」、「is」、「a」等）、bigrams（「there is」、「is a」、「a cat」等）與（「there is a」、「is a cat」、「a cat and」⋯）。

這個句子還有 7 unigrams、6 bigrams 與 5 trigrams，這個句子可以用 6 種不同的 unigrams（因為「a」被使用兩次）、6 種不同的 bigrams 與 5 種不同的 trigrams 的詞彙來表示，總共有 17 種描述項目。如你所見，用來代表句子的 n-gram 詞彙會快速成長，有些單字很常見，有些很罕見。

目前有一些控制詞彙爆炸速度的技術，例如移除停用字（移除最常見且最沒有資訊性的字，例如「a」、「the」和「of」）、將所有東西都改為小寫，以及忽略較不常見的術語類型（例如標點符號、數字與括號）。如果你正在進行自然語言處理，你很快就會遇到這種方法。

DictVectorizer 與 FeatureHasher 簡介

在介紹 Usenet 分類任務之前，我們來看兩種 scikit-learn 的特徵處理工具，它們可以協助應對 NLP 挑戰。第一種是 DictVectorizer，它會接收一個單字字典與它們的頻率，並將它們轉換成長度可變的稀疏矩陣（我們將在第 361 頁的「SciPy 的稀疏矩陣」討論稀疏矩陣）。第二種是 FeatureHasher，它會將同樣的單字字典與頻率轉換成長度固定的稀疏矩陣。

範例 11-22 有兩個句子——「there is a cat」與「there is a cat and a dog」，其中有些單字是兩個句子共有的，而且「a」在其中一個句子中出現兩次。DictVectorizer 會在呼叫 fit 時接收句子，在第一回合，它會將一個單字串列做成內部的 vocabulary_，在第二回合，它會建立一個稀疏矩陣，裡面有各個項目的參考，及其數量。

處理兩個回合花費的時間比 FeatureHasher 的一回合更長，儲存詞彙也需要額外的 RAM。建構詞彙通常是個循序程序，藉由避免這個階段，我們可以平行地進行特徵雜湊化，來提供額外的速度。

範例 11-22　使用 DictVectorizer 可以無損表示文字

```
In [2]: from sklearn.feature_extraction import DictVectorizer
   ...:
   ...: dv = DictVectorizer()
   ...: # ["there is a cat", "there is a cat and a dog"] 的頻率數
   ...: token_dict = [{'there': 1, 'is': 1, 'a': 1, 'cat': 1},
   ...:               {'there': 1, 'is': 1, 'a': 2, 'cat': 1, 'and': 1, 'dog': 1}]

In [3]: dv.fit(token_dict)
   ...:
   ...: print("Vocabulary:")
   ...: pprint(dv.vocabulary_)

Vocabulary:
{'a': 0, 'and': 1, 'cat': 2, 'dog': 3, 'is': 4, 'there': 5}

In [4]: X = dv.transform(token_dict)
```

為了讓輸出更清楚，見圖 11-4，它是矩陣 X 的 Pandas DataFrame 視角，裡面的欄（行）都被設為單字。注意，我們製作了矩陣的稠密表示法——它有 2 列 6 欄，裡面的 12 格都有數字。在稀疏形式中，我們只會儲存 10 個存在的單字的數量，不會幫不存在的 2 個項目儲存任何東西。在使用更大型的語料庫（corpus）時，稠密表示法需要更大的儲存空間，裡面大部分都是 0，很快就會變得無法使用。在 NLP 中，稀疏表示法是標準做法。

a	and	cat	dog	is	there
0	1	0	1	0	1	1
1	2	1	1	1	1	1

圖 11-4　以 Pandas DataFrame 來顯示 DictVectorizer 轉換的輸出

DictVectorizer 有一項功能是，我們可以提供矩陣給它，將程序反過來執行。在範例 11-23 中，我們使用這個詞彙表來恢復成原始的頻率表示法。注意，這**無法**恢復成原始的句子，解讀第一個例子裡面的單字順序的方法不只一種（「there is a cat」與「a cat is there」都是有效的解讀）。如果我們使用 bigram，我們就開始對單字的順序施加限制了。

範例 *11-23*　將矩陣 *X* 的輸出逆轉換為原始字典

```
In [5]: print("Reversing the transform:")
   ...: pprint(dv.inverse_transform(X))

Reversing the transform:
[{'a': 1, 'cat': 1, 'is': 1, 'there': 1},
 {'a': 2, 'and': 1, 'cat': 1, 'dog': 1, 'is': 1, 'there': 1}]
```

FeatureHasher 接收相同的輸入，並產生類似的輸出，但有一個重要的差異：它不會儲存詞彙，而是使用雜湊演算法來將 token 頻率存入欄位。

我們已經在第 83 頁的「字典與集合如何運作？」看過雜湊函式了。雜湊可以將一個唯一的項目（在此是文字單位）轉換成一個數字，多個唯一的項目可能會對映至同一個雜湊值，此時我們會遇到衝突。好的雜湊函式造成的衝突較少。如果我們將許多唯一的項目雜湊化為更小的表示法，衝突將無法避免。雜湊函式有一個特性是它無法被輕鬆地反向轉換，所以我們無法將雜湊值轉換成原始的文字單位。

在範例 11-24 中，我們使用固定寬度、10 欄的矩陣——預設值是固定寬度、有 1 百萬個元素的矩陣，但我們用小矩陣來展示衝突的情況。對許多 app 而言，1 百萬個元素寬是合理的預設值。

雜湊化程序使用快速的 MurmurHash3 演算法，它會將每一個文字單位轉換成一個數字，再將它轉換成我們指定的範圍。範圍越大衝突越少，我們的小範圍 10 會有很多衝突。因為每一個文字單位都被對映到 10 欄的其中一個，如果我們加入許多句子，我們就會遇到很多衝突。

輸出 X 有 2 列與 10 欄，每一個文字單位都對映到一欄，我們無法立刻知道哪一欄代表哪個單字，因為雜湊函式是單向的，所以我們無法將輸出對映回去輸入。在這個例子，我們可以使用 extra_token_dict 來推斷，there 與 is 都對映到第 8 欄的，所以我們得到 9 個 0，與第 8 欄的 2。

範例 11-24　使用 10 欄 FeatureHasher 來展示雜湊衝突

```
In [6]: from sklearn.feature_extraction import FeatureHasher
   ...:
   ...: fh = FeatureHasher(n_features=10, alternate_sign=False)
   ...: fh.fit(token_dict)
   ...: X = fh.transform(token_dict)
   ...: pprint(X.toarray().astype(np.int_))
   ...:
array([[1, 0, 0, 0, 0, 0, 0, 2, 0, 1],
       [2, 0, 0, 1, 0, 1, 0, 2, 0, 1]])

In [7]: extra_token_dict = [{'there': 1, 'is': 1}, ]
   ...: X = fh.transform(extra_token_dict)
   ...: print(X.toarray().astype(np.int_))
   ...:
[[0 0 0 0 0 0 0 2 0 0]]
```

儘管有衝突發生，但是這種使用 FeatureHasher 的表示法（假設使用預設的欄數）保留的訊號，已經足以讓機器學習產生的結果的品質類似 DictVectorizer 產生的結果了。

用真實的問題來比較 DictVectorizer 與 FeatureHasher

如果我們使用完整的 20 Newsgroups 資料組，我們有 20 個分類，大約有 18,000 封 email 分散到這些分類中。雖然有些類別相對獨特，例如「sci.med」，但有些類別的 email 會有相似的單字，例如「comp.os.ms-windows.misc」與「comp.windows.x」。機器學習任務是為測試組中的每一個項目正確地認出 20 個選項內的正確新聞群組。測試組有大約 4,000 封 email，用來學習將項目對映至類別的訓練組有大約 14,000 封 email。

注意，這個範例並未處理實際的訓練挑戰中的一些必要工作。我們沒有移除新聞群組的參考資訊（metadata），它可能會被使用，因而過擬這項挑戰；機器學習不僅會用 email 的文字來類推，也會用一些無關的人工資訊來提高分數。我們已經隨機洗亂 email 了。在此，我們不是要試著獲得單一優秀的機器學習結果，而是要展示有損的雜湊表示法或許可以和無損且耗用更多記憶體的版本並駕齊驅。

在範例 11-25 中，我們取 18,846 個文件，使用 DictVectorizer 與 FeatureHasher，以 unigrams、bigrams 和 trigrams 來建構一個訓練與測試組。DictVectorizer 的訓練組稀疏陣列的外形是 (14,134, 4,335,793)，我們的 14,134 封 email 用 4 百萬個單字來表示。建構詞彙與轉換訓練資料花了 42 秒。

相較之下，使用固定 100 萬個元素寬的雜湊表示法的 FeatureHasher 花了 21 秒來轉換。注意，這兩個案例在稀疏矩陣裡面儲存了大約 980 萬個非零項目，所以它們儲存了相似的資訊量。雜湊版本因為有衝突，儲存的項目大約少了 10,000 個。

如果我們使用稠密的矩陣，我們將有 14,000 列與 1,000 萬欄，總共有 140,000,000,000 個格子，每個有 8 bytes，遠遠超過目前任何電腦的 RAM 容量。這個矩陣只有一小部分是非零的。稀疏矩陣可避免這種 RAM 的消耗。

範例 11-25　用實際的機器學習問題來比較 DictVectorizer 與 FeatureHasher

```
Loading 20 newsgroups training data
18846 documents - 35.855MB

DictVectorizer on frequency dicts
DictVectorizer has shape (14134, 4335793) with 78,872,376 bytes
 and 9,859,047 non-zero items in 42.15 seconds
Vocabulary has 4,335,793 tokens
LogisticRegression score 0.89 in 1179.33 seconds

FeatureHasher on frequency dicts
FeatureHasher has shape (14134, 1048576) with 78,787,936 bytes
 and 9,848,492 non-zero items in 21.59 seconds
LogisticRegression score 0.89 in 903.35 seconds
```

關鍵在於，使用 LogisticRegression 分類器來對著 DictVectorizer 訓練 400 萬欄的時間比 FeatureHasher 使用的 100 萬欄多花了 30% 的時間。它們的得分都是 0.89，所以對這項挑戰而言，結果是相同的。

使用 FeatureHasher 時，我們在處理測試組時取得相同的分數，更快速地建構訓練矩陣，並且避免建構與儲存詞彙，而且訓練速度比使用更常見的 DictVectorizer 方法快很多。作為代價，我們失去了將雜湊化的表示法轉換回去原始的特徵來進行除錯與解釋的能力，而且因為我們通常希望能夠診斷為何做出某個決策，這個代價對你來說可能太高了。

SciPy 的稀疏矩陣

在第 356 頁的「DictVectorizer 與 FeatureHasher 簡介」中，我們使用 DictVectorizer 來建立大型的特徵表示法，它在幕後使用稀疏矩陣。這些稀疏矩陣可以用於一般的計算，也很適合用來處理稀疏資料。

稀疏矩陣就是大部分的矩陣元素都是 0 的矩陣。我們可以用許多方法來編碼這種矩陣的非零值，然後直接說「所有其他的值都是零」。除了節省記憶體之外，許多演算法都可以用特殊的方式處理稀疏矩陣，帶來額外的計算好處：

```
>>> from scipy import sparse
>>> A_sparse = sparse.random(2048, 2048, 0.05).tocsr()
>>> A_sparse
<2048x2048 sparse matrix of type '<class 'numpy.float64'>'
        with 209715 stored elements in Compressed Sparse Row format>
>>> %timeit A_sparse * A_sparse
150 ms ± 1.71 ms per loop (mean ± std. dev. of 7 runs, 10 loops each)
>>> A_dense = A_sparse.todense()
>>> type(A_dense)
numpy.matrix
>>> %timeit A_dense * A_dense
571 ms ± 14.5 ms per loop (mean ± std. dev. of 7 runs, 1 loop each)
```

它最簡單的實作是 SciPy 裡面的 COO 矩陣，其中，對於每一個非零元素，我們會儲存值以及值的位置。這意味著對於每一個非零值，我們總共儲存三個數字。只要矩陣至少有 66% 的零項目，相對於標準的 numpy 陣列，用稀疏矩陣來表示資料所需的記憶體就會比較少。但是，COO 矩陣通常只用來建構稀疏矩陣，而不是進行實際的計算（對此，首選的選項是 CSR/CSC（*https://oreil.ly/nHc3h*））。

我們可以在圖 11-5 中看到，在密度很低時，稀疏矩陣比它對應的稠密矩陣快很多。此外，它們也使用少很多的記憶體。

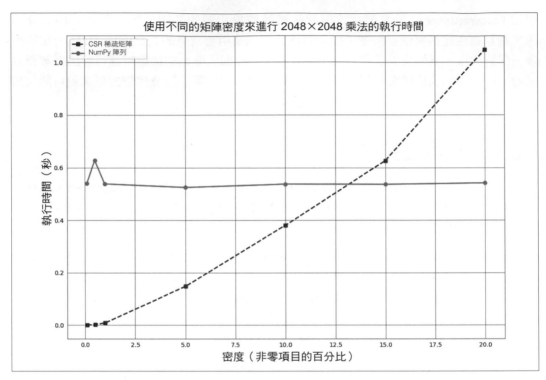

圖 11-5　稀疏 vs. 稠密矩陣乘法

在圖 11-6 中，稠密矩陣始終使用 32.7 MB 的記憶體（2048×2048×64-bit）。但是，密度為 20% 的稀疏矩陣只使用 10 MB，代表節省了 70%！隨著稀疏矩陣密度的增加，numpy 的速度迅速取得領先，由於向量化帶來的優勢與更好的快取性能。

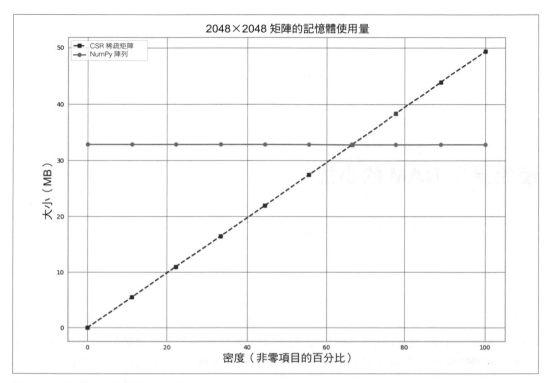

圖 11-6　稀疏 vs. 稠密記憶體使用量

大量減少記憶體的使用量是速度如此之快的原因之一。除了只對非零的元素執行乘法運算之外（從而減少運算的數量），我們也不需要配置如此大量的空間來儲存結果。這就是關於稀疏陣列的取捨——在「無法使用高效的快取與向量化」vs.「不需要進行與矩陣的零值有關的大量計算」之間權衡。

稀疏矩陣特別適合用來計算餘弦相似度。事實上，在建立 DictVectorizer 時，就像我們在第 356 頁的「DictVectorizer 與 FeatureHasher 簡介」做過的那樣，我們經常使用餘弦相似度來查看兩段文字多麼相似。通常對這種項目之間的比較而言（拿特定矩陣元素的值與另一個矩陣元素相比），稀疏矩陣的效果很好。因為無論我們使用一般矩陣還是稀疏矩陣，使用 numpy 的方法都一樣，所以我們可以使用稀疏矩陣而不改變演算法的程式碼來測量使用稀疏矩陣的好處。

雖然它令人印象深刻，但是它也有嚴重的局限性。外界對稀疏矩陣的支援很少，除非你在編寫特殊的稀疏演算法，或是只進行基本的運算，否則你應該會遇到支援方面的阻礙。此外，SciPy 的 sparse 模組提供多個稀疏矩陣實作，它們都有不同的優缺點。你需要具備一些專業知識才能知道哪一個是最好的，以及何時該使用它，這通常也會導致互相衝突的需求。因此，稀疏矩陣應該不是你會經常使用的東西，但是當它們是正確的工具時，它們確實很有價值。

使用更少 RAM 的小提示

一般來說，如果你可以避免將東西放入 RAM，那就這樣做。你載入的任何東西都需要 RAM。你或許能夠只載入部分的資料，例如，使用記憶體對映檔案（*https://oreil.ly/l7ekl*）；或者，你或許可能使用產生器，只載入執行部分計算所需的部分資料，而不是一次載入它們。

如果你在處理數值資料，你幾乎都會改成使用 numpy 陣列——這個程式包提供許多快速的演算法，可直接處理底層的基本型態物件。與使用數字串列相較之下，它節省很多 RAM，節省的時間也同樣令人驚訝。此外，如果你要處理非常稀疏的陣列，使用 SciPy 的稀疏陣列功能可以節省大量的金錢，儘管與一般的 numpy 陣列相比，它的功能更少。

如果你要處理字串，請保持使用 str，不要使用 bytes，除非你有強烈的理由在 byte 等級上操作。手工處理大量的文字編碼是很痛苦的事情，UTF-8（或其他的 Unicode 格式）往往會消除這些問題。如果你在靜態結構裡面儲存許多 Unicode 物件，或許你可以試試之前談過的 DAWG 與 trie 結構。

如果你要處理許多位元串（bit strings），你可以研究 numpy 與 bitarray（*https://oreil.ly/Oz4-2*）程式包，它們都可以高效地表示包成 bytes 的 bits。或許了解 Redis 也有好處，它可以高效地儲存位元型樣（bit pattern）。

PyPy 專案正在試驗更高效的同型資料結構表示法，所以在 PyPy 裡面，同一種基本型態（例如整數）的長串列的成本可能會比 CPython 的對等結構更低。每一位使用嵌入式系統的人都想要了解 MicroPython（*http://micropython.org*）專案，這種使用極少記憶體的 Python 實作旨在實現 Python 3 的相容性。

無需多言（幾乎！），當你試著優化 RAM 的使用時，你必須進行性能評估，而且在你修改演算法之前，先寫好單元測試組是很有價值的。

回顧各種高效地壓縮字串與儲存數字的方式之後，我們要來看如何用準確度交換儲存空間。

機率資料結構

機率資料結構可讓你犧牲準確度來讓記憶體的使用量大幅減少。此外，與 set 或 trie 相比，你可以對它們執行的操作數量有更大的限制。例如，使用一個 2.56 KB 的 HyperLogLog++ 結構時，你可以用 1.625% 的錯誤率計數獨特項目的數量至大約 7,900,000,000 個項目。

這意味著，如果你試著計算唯一的汽車車牌號碼的數量，而且我們的 HyperLogLog++ 計數器說有 654,192,028 個，我們可以相信實際的數字會介於 643,561,407 與 664,822,648 之間。此外，如果這個準確度不夠，你可以在結構中加入更多記憶體，它的表現會更好。給它 40.96 KB 的資源會將錯誤率從 1.625% 減至 0.4%。但是，即使沒有其他開銷，將這筆資料存入 set 也要 3.925 GB！

另一方面，HyperLogLog++ 結構只能計數一組車牌，以及與另外其他的 set 合併。因此，舉例來說，我們可以為每一州設計一個結構，找出在每一個州裡面有多少獨特的車牌，然後將它們全部合併起來，得到整個國家的數量。如果我們收到一個車牌，我們無法很準確地告訴你是否看過它，我們也無法提供已經看過的車牌的樣本。

當你已經花時間理解一個問題，並且想要將某個程式放入生產環境，而且它可以用非常龐大的資料集來回答極少數的問題時，機率資料結構非常好用。每個結構都可以用不同的準確度來回答不同的問題，因此你只要了解你的需求，你就可以找到正確的結構。

 本節大部分的內容將深入研究支持許多流行的機率資料結構的機制。這些內容很有用，因為一旦你了解這些機制，你就可以在你設計的演算法裡面使用它們。如果你剛開始學習機率資料結構，先看一下真正的案例（第 383 頁的「真實案例」）再研究它的內在可能比較好。

在幾乎所有案例中，機率資料結構的做法都是找出資料的另一種表示法，用更紮實、並且含有能夠回答某些問題的資訊的方法來表示它。你可以將它想成一種有損壓縮，我們可能會損失資料的某些層面，卻保留必要的元素。因為我們允許失去與我們關心的問題無關的資料，這種有損壓縮可能比之前嘗試過的無損壓縮更有效率。正因為如此，選擇你將使用的機率資料結構非常重要──你要為你的用例選擇可以保留正確資訊的結構！

在開始探討之前，我們要澄清，在這裡的所有「誤差率」都是用**標準差**來定義的。這個術語來自高斯分布，指的是函數如何圍繞一個中心值展開。當標準差變大時，遠離中心點的值的數量也會增加。機率資料結構的誤差率是用它來界定的，因為圍結著它們的所有分析都是機率性的。因此，打個比方，當我們說 HyperLogLog++ 演算法的錯誤率是 $err = \frac{1.04}{\sqrt{m}}$ 時，意思是有 68% 的誤差小於 err，95% 的誤差小於 $2 \times err$，99.7% 的誤差小於 $3 \times err^2$。

用 1-byte Morris 計數器來進行非常近似的計數

我們將使用一種最早出現的機率計數器來介紹機率計數，Morris 計數器（名稱來自 NSA 與 Bell Labs 的 Robert Morris）。它的用途包括在 RAM 的容量有限的環境（例如嵌入式電腦）裡面計數上百萬個物體、了解大型資料串流，以及處理圖像與語音辨識等 AI 問題。

Morris 計數器會追蹤一個指數（exponent），並以 $2^{exponent}$ 模擬計數狀態（而不是正確的數量）——它提供一個**數量級**的估計。它用一條機率規則來更新這個估計。

我們先將指數設為 0。如果我們詢問計數器的值，我們會得到 pow(2,*exponent*)=1（認真的讀者會發現它差了一──但我們說過它是近似計數器！）。如果我們要求計數器遞增它自己，它會產生一個亂數（使用均勻分布），它會測試是否 random.uniform(0, 1) <= 1/pow(2,*exponent*)，這永遠是 true（pow(2,0) == 1）。計數器遞增，指數被設為 1。

當我們第二次要求計數器遞增它自己時，它會測試是否 random.uniform(0, 1) <= 1/pow(2,1)。它有 50% 的機率是 true。如果測試通過，指數就會遞增，如果不通過，指數在這個遞增請求中就不會遞增。

表 11-1 是每個第一個指數出現遞增的可能性。

表 11-1　Morris 計數器細節

指數	pow(2,exponent)	P（遞增）
0	1	1
1	2	0.5
2	4	0.25
3	8	0.125
4	16	0.0625
…	…	…
254	2.894802e+76	3.454467e-77

2　這些數字來自高斯分布的 68-95-99.7 規則。詳情見 Wikipedia 主題（*http://bit.ly/Gaussian*）。

當我們使用一個 unsigned byte 來表示指數時，我們可以近似計數的最大值是 math.pow(2,255) == 5e76。隨著計數上限的增加，相對於實際數量的誤差將會非常大，但我們可以節省大量的 RAM，因為我們只用了 1 byte，而不是原本必須使用的 32 unsigned bytes。範例 11-26 是簡單的 Morris 計數器實作。

範例 11-26　簡單的 *Morris* 計數器實作

```python
""" 支援許多計數器的近似 Morris 計數器 """
import math
import random
import array

SMALLEST_UNSIGNED_INTEGER = 'B' # unsigned char，通常 1 byte


class MorrisCounter(object):
    """ 近似計數器，儲存指數，並近似計數 2^exponent

    https://en.wikipedia.org/wiki/Approximate_counting_algorithm"""
    def __init__(self, type_code=SMALLEST_UNSIGNED_INTEGER, nbr_counters=1):
        self.exponents = array.array(type_code, [0] * nbr_counters)

    def __len__(self):
        return len(self.exponents)

    def add_counter(self):
        """ 加入新的歸零計數器 """
        self.exponents.append(0)

    def get(self, counter=0):
        """ 計算計數器代表的近似值 """
        return math.pow(2, self.exponents[counter])

    def add(self, counter=0):
        """ 機率性地對計數器加 1"""
        value = self.get(counter)
        probability = 1.0 / value
        if random.uniform(0, 1) < probability:
            self.exponents[counter] += 1

if __name__ == "__main__":
    mc = MorrisCounter()
    print("MorrisCounter has {} counters".format(len(mc)))
    for n in range(10):
        print("Iteration %d, MorrisCounter has: %d" % (n, mc.get()))
        mc.add()
```

```
for n in range(990):
    mc.add()
print("Iteration 1000, MorrisCounter has: %d" % (mc.get()))
```

使用這種實作時,在範例 11-27 中,第一次請求遞增計數器成功了,第二次成功了,第三次不成功[3]。

範例 *11-27   Morris* 計數器程式庫範例

```
>>> mc = MorrisCounter()
>>> mc.get()
1.0

>>> mc.add()
>>> mc.get()
2.0

>>> mc.add()
>>> mc.get()
4.0

>>> mc.add()
>>> mc.get()
4.0
```

在圖 11-7 中,粗黑線是在每次迭代時,正常的整數遞增。在 64-bit 電腦中,它是個 8-byte 整數。圖中的虛線是三個 1-byte Morris 計數器,y 軸是它們的值,以近似的方式來表示每一次迭代的真實計數。圖中有三個計數器,讓你知道它們彼此不同的軌跡與整體的趨勢,這三個計數器是完全互相獨立的。

---

3   在 *https://github.com/ianozsvald/morris_counter* 有更完整的實作,它使用 bytes 陣列來製作許多計數器。

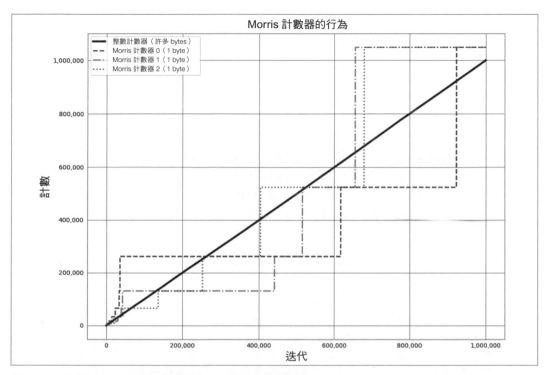

圖 11-7　三個 1-byte Morris 計數器 vs. 一個 8-byte 整數

這張圖可讓你知道使用 Morris 計數器時的預期誤差。這個網頁有關於誤差行為的進一步細節（*http://bit.ly/Morris_error*）。

K-Minimum Values

在 Morris 計數器中，我們失去各種關於我們插入的項目的資訊。也就是說，無論我們進行 .add("micha") 還是 .add("ian")，計數器的內部狀態都是一樣的。這項額外的資訊很實用，而且如果正確地使用，可以協助我們讓計數器只計數獨特的項目。如此一來，呼叫 .add("micha") 幾千次只會增加計數器一次。

為了實作這種行為，我們利用雜湊函式的屬性（關於雜湊函式的深入探討，見第 88 頁的「雜湊函式與熵」）。我們想要利用的屬性主要是「雜湊函數會接收輸入並且均勻地分布它」這件事。例如，假設我們有一個雜湊函數，它會接收字串，並輸出 0 與 1 之間的數字。函式均勻性的意思是當我們傳給它一個字串時，我們得到 0.5 這個值的機率與得到 0.2 或任何其他值的機率一樣。這也代表當我們傳給它許多字串值時，我們可以預期這些值的間距相對平均。切記,這是一種機率性的論點:這些值不一定都有相等的間距,但如果我們有許多字串,並且試驗多次,它們會傾向有相等間距。

如果我們取 100 個項目,並儲存這些值的雜湊(雜湊是 0 到 1 之間的數字)。我們知道間距相等的意思是「每一個項目之間的距離都是 0.01」而不是「我們有 100 個項目」。說了這麼多,K-Minimum Values(K- 最小值)演算法終於登場了[4]——如果我們保留之前看過的 k 個最小的獨特雜湊值,我們就可以估計雜湊值之間的整體間距,並且推斷項目的總數量。在圖 11-8 中,我們可以看到 K-Minimum Values 結構隨著越來越多項目被加進來時的狀態(也稱為 KMV)。最初,因為雜湊值不多,所以我們保留的最大雜湊非常大。隨著我們加入越來越多,我們保留的最大 k 雜湊值也會越來越小。使用這種方法時,我們得到的誤差率是 $O\left(\sqrt{\frac{2}{\pi(k-2)}}\right)$。

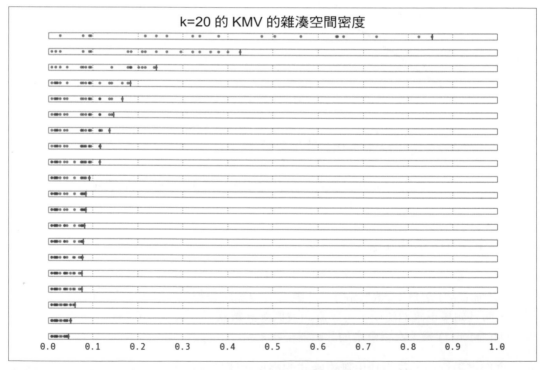

圖 11-8　隨著越多元素被加入,在 KMV 結構裡面儲存的值

4　Kevin Beyer et al., "On Synopses for Distinct-Value Estimation under Multiset Operations," in *Proceedings of the 2007 ACM SIGMOD International Conference on Management of Data* (New York: ACM, 2007), 199–210, *https://doi.org/10.1145/1247480.1247504*.

k 越大，我們就越能夠相信這個雜湊函式對特定的輸入與不幸的雜湊值（unfortunate hash value）而言不是完全均勻的。舉例來說，計算 ['A', 'B', 'C'] 的雜湊時，得到 [0.01, 0.02, 0.03]，就是所謂的「不幸的雜湊值」。如果我們將越來越多值雜湊化，它們聚在一起的可能性就越來越小。

此外，因為我們只保留最小的**獨特**雜湊值，所以資料結構只考慮獨特的輸入。我們很容易就可以看到這一點，因為如果我們只儲存最小的三個雜湊，而且目前 [0.1, 0.2, 0.3] 是最小的雜湊值，當我們加入雜湊值為 0.4 的某個東西時，我們的狀態也不會改變。類似地，如果我們加入更多雜湊值為 0.3 的項目，狀態也不會改變。這種屬性稱為**冪等性**（*idempotence*），它的意思是，當我們對這個結構使用相同的輸入執行多次相同的操作時，狀態將不會改變。相較之下，對一個 list 執行 append 始終會改變它的值。除了 Morris 計數器之外，冪等性的概念適用於本節介紹的所有資料結構。

範例 11-28 是非常基本的 K-Minimum Values 實作。特別注意我們使用了 sortedset，它就像 set，只能容納獨特的項目。這種獨特性讓我們的 KMinValues 結構免費獲得冪等性。你可以追蹤程式碼來確認這一點：當同樣的項目被加入多次時，data 屬性不會改變。

範例 *11-28　簡單的 KMinValues 實作*

```python
import mmh3
from blist import sortedset


class KMinValues:
    def __init__(self, num_hashes):
        self.num_hashes = num_hashes
        self.data = sortedset()

    def add(self, item):
        item_hash = mmh3.hash(item)
        self.data.add(item_hash)
        if len(self.data) > self.num_hashes:
            self.data.pop()

    def __len__(self):
        if len(self.data) <= 2:
            return 0
        length = (self.num_hashes - 1) * (2 ** 32 - 1) / \
                 (self.data[-2] + 2 ** 31 - 1)
        return int(length)
```

在 Python 程式包 countmemaybe（*https://oreil.ly/YF6uO*）裡面使用 KMinValues 實作（範例 11-29）可讓我們看到這種結構的效用。這個實作非常類似範例 11-28，但是它完全實作另一組操作，例如聯集與交集。此外，它交換使用 size 與 cardinality（「cardinality（基數）」一詞來自集合理論，經常被用來分析機率資料結構）。在此，我們可以看到，即使使用很小的 k 值，我們也可以儲存 50,000 個項目，並且用相對低的誤差計算許多集合操作的 cardinality。

範例 *11-29*　*countmemaybe KMinValues* 實作

```
>>> from countmemaybe import KMinValues

>>> kmv1 = KMinValues(k=1024)

>>> kmv2 = KMinValues(k=1024)

>>> for i in range(0,50000):   ❶
    kmv1.add(str(i))
  ...:

>>> for i in range(25000, 75000):   ❷
    kmv2.add(str(i))
  ...:

>>> print(len(kmv1))
50416

>>> print(len(kmv2))
52439

>>> print(kmv1.cardinality_intersection(kmv2))
25900.2862992

>>> print(kmv1.cardinality_union(kmv2))
75346.2874158
```

❶ 我們將 50,000 個元素放入 kmv1。

❷ kmv2 也有 50,000 個元素，裡面的 25,000 個也在 kmv1 裡面。

對這種演算法而言，雜湊函式的選擇可能會對估計的品質產生巨大的影響。這兩個實作都使用 mmh3（*https://pypi.org/project/mmh3*），它是 murmurhash3 的 Python 實作，為字串的雜湊化提供很棒的屬性。但是如果別的雜湊函式對你的資料組而言比較方便，你也可以使用它們。

Bloom 過濾器

有時我們需要做其他類型的集合操作，此時我們必須採用新類型的機率資料結構。*Bloom* 過濾器的目的是回答「我們是否看過某個項目」這種問題 [5]。

Bloom 過濾器的運作方式是用多個雜湊值來將一個值表示為多個整數。如果我們稍後看到某個東西有同一組整數，我們就可以合理地相信它是同一個值。

為了有效地利用資源，我們會私下將整數編碼成串列的索引，你可以想像有一個 bool 值串列，裡面的初始值都是 False，如果我們要加入一個雜湊值 [10, 4, 7] 的物件，我們就會將串列的第 10 個、第 4 個與第 7 個索引設為 True。將來，如果有人詢問我們是否看過某個項目，我們只要找出它的雜湊值，並檢查在 bool 串列裡面的對應項目是否都被設為 True 即可。

這種方法不會產生偽陰性，並且提供可控制的偽陰性率。如果 Bloom 過濾器說我們沒有看過某個項目，我們可以 100% 確定沒有看過那個項目。另一方面，如果 Bloom 過濾器說我們看過某個項目，或許其實沒有看過它，我們只是看到錯誤的結果。會有這個錯誤是因為雜湊衝突，有時即使兩個物件是不同的，它們的雜湊值也會相同。但是，在實務上，Bloom 過濾器的錯誤率會被設為低於 0.5%，所以這個錯誤是可被接受的。

 我們可以簡單地透過兩個彼此獨立的雜湊函式來模擬任意數量的雜湊函式。這種方法稱為雙雜湊化（*double hashing*）。如果有個雜湊函式可以提供兩個獨立的雜湊，我們可以這樣做：

```
def multi_hash(key, num_hashes):
    hash1, hash2 = hashfunction(key)
    for i in range(num_hashes):
        yield (hash1 + i * hash2) % (2^32 - 1)
```

模數（modulo）可確保產生的雜湊值是 32-bit（對 64-bit 雜湊函式，我們用 2^64 - 1 來計算模數）。

5 Burton H. Bloom, "Space/Time Trade-Offs in Hash Coding with Allowable Errors," *Communications of the ACM* 13, no. 7 (1970):422–26, *http://doi.org/10.1145/362686.362692*.

bool 串列的確切長度與每個項目的雜湊值數量會根據我們需要的容量與錯誤率來決定。
藉由一些相當簡單的統計參數 [6]，我們可以知道理想的值是：

$$num\_bits = -capacity \times \frac{log(error)}{log(2)^2}$$

$$num\_hashes = num\_bits \times \frac{log(2)}{capacity}$$

如果我們想要儲存 50,000 個物件（無論物件本身有多大），且偽陽率是 0.05%（也就是
說，它有 0.05% 的機率說看過某個物件，其實沒看過），它需要 791,015 bits 的儲存空間
與 11 個雜湊函式。

要進一步改善記憶體效率，我們可以用多個單一 bit 來代表 bool 值（原生的 bool 其實占
了 4 bits）。我們可以利用 bitarray 模組來輕鬆地做這件事。範例 11-30 是簡單的 Bloom
過濾器實作。

範例 11-30　簡單的 Bloom 過濾器實作

```python
import math

import bitarray
import mmh3


class BloomFilter:
    def __init__(self, capacity, error=0.005):
        """
        使用指定的容量與偽陽率來初始化 Bloom 過濾器
        """
        self.capacity = capacity
        self.error = error
        self.num_bits = int((-capacity * math.log(error)) // math.log(2) ** 2 + 1)
        self.num_hashes = int((self.num_bits * math.log(2)) // capacity + 1)
        self.data = bitarray.bitarray(self.num_bits)

    def _indexes(self, key):
        h1, h2 = mmh3.hash64(key)
        for i in range(self.num_hashes):
            yield (h1 + i * h2) % self.num_bits

    def add(self, key):
```

6　探討 Bloom 過濾器的維基網頁（http://bit.ly/Bloom_filter）用非常簡單的方式來證明 Bloom 過濾器的
　　屬性。

```
        for index in self._indexes(key):
            self.data[index] = True

    def __contains__(self, key):
        return all(self.data[index] for index in self._indexes(key))

    def __len__(self):
        bit_off_num = self.data.count(True)
        bit_off_percent = 1.0 - bit_off_num / self.num_bits
        length = -1.0 * self.num_bits * math.log(bit_off_percent) / self.num_hashes
        return int(length)

    @staticmethod
    def union(bloom_a, bloom_b):
        assert bloom_a.capacity == bloom_b.capacity, "Capacities must be equal"
        assert bloom_a.error == bloom_b.error, "Error rates must be equal"

        bloom_union = BloomFilter(bloom_a.capacity, bloom_a.error)
        bloom_union.data = bloom_a.data | bloom_b.data
        return bloom_union
```

如果我們插入的項目比之前指定的 Bloom 過濾器容量更多呢？在極端的情況下，在 bool 串列裡面的所有項目都會被設為 True，此時，我們會說我們已經看過每一個項目了。這意味著 Bloom 過濾器對它們的初始容量設定非常敏感，如果我們要處理一組大小未知的資料（例如資料串流），這種情況可能會很惱人。

有一種處理方法是使用一組 Bloom 過濾器的變體，稱為**可擴展** Bloom 過濾器（*scalable Bloom filters*）[7]。這種做法是將多個錯誤率以特定的方式變化的 Bloom 過濾器連接起來 [8]。藉此，我們可以保證整體的錯誤率，也可以在需要更多容量時，加入新的 Bloom 過濾器。為了確認我們是否看過某個項目，我們會迭代所有的子 Bloom，直到找到物件，或看完串列為止。範例 11-31 是這種結構的實作範例，其中，我們將之前的 Bloom 過濾器當成基礎功能，並且用一個計數器來加入新 Bloom。

範例 11-31　簡單的擴展 *Bloom* 過濾器

```
from bloomfilter import BloomFilter

class ScalingBloomFilter:
    def __init__(self, capacity, error=0.005, max_fill=0.8,
```

7　Paolo Sérgio Almeida et al., "Scalable Bloom Filters," *Information Processing Letters* 101, no. 6 (2007) 255–61, *https://doi.org/10.1016/j.ipl.2006.10.007*.

8　錯誤值其實會像幾何級數一樣減少。所以將所有錯誤率相乘很接近期望的錯誤率。

```
            error_tightening_ratio=0.5):
    self.capacity = capacity
    self.base_error = error
    self.max_fill = max_fill
    self.items_until_scale = int(capacity * max_fill)
    self.error_tightening_ratio = error_tightening_ratio
    self.bloom_filters = []
    self.current_bloom = None
    self._add_bloom()

def _add_bloom(self):
    new_error = self.base_error * self.error_tightening_ratio ** len(
        self.bloom_filters
    )
    new_bloom = BloomFilter(self.capacity, new_error)
    self.bloom_filters.append(new_bloom)
    self.current_bloom = new_bloom
    return new_bloom

def add(self, key):
    if key in self:
        return True
    self.current_bloom.add(key)
    self.items_until_scale -= 1
    if self.items_until_scale == 0:
        bloom_size = len(self.current_bloom)
        bloom_max_capacity = int(self.current_bloom.capacity * self.max_fill)

        # 我們可能已經在 Bloom 裡面加入許多重複的值了，
        # 所以我們必須確認是否需要擴展，還是我們還有
        # 空間
        if bloom_size >= bloom_max_capacity:
            self._add_bloom()
            self.items_until_scale = bloom_max_capacity
        else:
            self.items_until_scale = int(bloom_max_capacity - bloom_size)
    return False

def __contains__(self, key):
    return any(key in bloom for bloom in self.bloom_filters)

def __len__(self):
    return int(sum(len(bloom) for bloom in self.bloom_filters))
```

處理這種問題的另一種方式是使用所謂的計時 *Bloom* 過濾器（*timing Bloom filters*）。這種變體可讓元素過期並離開資料結構，從而釋出空間來容納更多元素。它特別適合處理串流，因為我們可以讓元素（假設）在一個小時之後過期，並且將容量設得夠大，來處理每個小時看到的資料量。以這種方式來使用 Bloom 過濾器可讓我們更了解過去一小時發生了什麼事。

這種資料結構用起來的感覺很像使用 set 物件。在接下來的互動中，我們使用可擴展 Bloom 過濾器來加入一些物件，測試我們有沒有看過它們，然後做實驗來找出偽陽率：

```
>>> bloom = BloomFilter(100)

>>> for i in range(50):
....:     bloom.add(str(i))
....:

>>> "20" in bloom
True

>>> "25" in bloom
True

>>> "51" in bloom
False

>>> num_false_positives = 0

>>> num_true_negatives = 0

>>> # 接下來的數字都不應該在 Bloom 裡面。
>>> # 如果在 Bloom 裡面發現任何一個，它就是偽陽。
>>> for i in range(51,10000):
....:     if str(i) in bloom:
....:         num_false_positives += 1
....:     else:
....:         num_true_negatives += 1
....:

>>> num_false_positives
54

>>> num_true_negatives
9895

>>> false_positive_rate = num_false_positives / float(10000 - 51)
```

```
>>> false_positive_rate
0.005427681173987335

>>> bloom.error
0.005
```

我們也可以用 Bloom 過濾器來執行聯集，連接多組項目：

```
>>> bloom_a = BloomFilter(200)

>>> bloom_b = BloomFilter(200)

>>> for i in range(50):
...:        bloom_a.add(str(i))
...:

>>> for i in range(25,75):
...:        bloom_b.add(str(i))
...:

>>> bloom = BloomFilter.union(bloom_a, bloom_b)

>>> "51" in bloom_a     ❶
Out[9]: False

>>> "24" in bloom_b     ❷
Out[10]: False

>>> "55" in bloom      ❸
Out[11]: True

>>> "25" in bloom
Out[12]: True
```

❶ 51 這個值不在 bloom_a 裡面。

❷ 類似地，24 這個值不在 bloom_b 裡面。

❸ 但是，bloom 物件包含 bloom_a 與 bloom_b 裡面的所有物件！

需要注意的是，你可以採用兩個具備相同容量與錯誤率的 Blooms 的聯集。此外，最終的 Bloom 的已用容量可能是組成它的兩個 Bloom 的已用容量之和。也就是說，你可能有兩個略多於半滿的 Bloom 過濾器，將它們組合起來之後，卻得到過量且不可靠的新 Bloom ！

Cuckoo 過濾器（*https://oreil.ly/oD6UM*）是一種現代的類 Bloom 過濾器資料結構，它提供類似 Bloom 過濾器的功能，並添加更好的物件刪除功能。此外，Cuckoo 過濾器在多數情況下有更低的開銷，所以它的空間效率比 Bloom 過濾器更好。當你需要追蹤固定數量的物件時，它通常是比較好的選擇。但是，當它到達負載限制時，它的性能會大幅下降，而且無法自動擴展資料結構（就像擴展 Bloom 過濾器那樣）。

以記憶體高效的方式進行快速集合包含（set inclusion）非常重要，也是資料研究中非常重要且活躍的部分。Cuckoo、Bloomier（*https://arxiv.org/abs/0807.0928*）、Xor（*https://arxiv.org/abs/1912.08258*）和許多其他過濾器都不斷被釋出。但是對大部分的應用而言，使用著名的、有良好支援的 Bloom 過濾器仍然是最好的做法。

LogLog 計數器

LogLog 型計數器（*http://bit.ly/LL-type_counters*）是根據這個理論製作的：雜湊函式的個別位元也可以視為隨機的。也就是說，雜湊的第 1 個位元是 1 的機率是 50%，前兩個位元是 01 的機率是 25%，前 3 個位元是 001 的機率是 12.5%。知道這些機率，並且保留開頭有最多 0 的雜湊（也就是可能性最低的雜湊值）之後，我們就可以估計我們看過多少項目。

丟硬幣很適合用來比喻這件事。假設我們想要丟 32 次硬幣，並且希望每次都是正面。使用 32 這個數字是因為我們使用 32-bit 雜湊函式。如果我們丟了一次硬幣，得到反面，我們就儲存數字 0，因為最好的結果是連續得到 0 次正面。因為我們知道丟硬幣的機率，而且可以告訴你最長的序列長度是 0，你就可以估計我們做這個實驗的次數是 2^0 = 1 次。如果我們繼續丟硬幣，在丟到 10 次正面之後才丟到反面，我們就儲存數字 10。按照同樣的邏輯，你可以估計我們做了這個實驗 2^10 = 1024 次。藉著這個系統，我們計數的最大數字就是硬幣狀態的最大數量（丟 32 次是 2^32 = 4,294,967,296）。

為了使用 LogLog 類型計數器來編寫這種邏輯，我們採用收到的二進制雜湊值，看看在看到第一個 1 之前有多少 0。我們可以將雜湊值視為 32 次丟硬幣的結果，0 代表正面，1 代表反面（即，000010101101 代表在出現第一次反面之前出現四次正面，010101101 代表在出現第一次反面之前出現一次正面）。這可讓我們知道這個雜湊值是試了多少次才得到的。這個系統的數學原理幾乎與 Morris 計數器的相同，但有一個主要的例外：我們是藉著觀察實際的輸入來獲得「隨機」值，而不是使用亂數產生器。這意味著，當我們繼續對著 LogLog 計數器加入相同的值時，它的內部狀態不會改變。範例 11-32 是個簡單的 LogLog 計數器。

範例 11-32 簡單的 LogLog 記錄器（register）

```python
import mmh3

def trailing_zeros(number):
    """
    回傳 32-bit 整數從右邊看來第一個
    被設為 1 的位元的索引
    >>> trailing_zeros(0)
    32
    >>> trailing_zeros(0b1000)
    3
    >>> trailing_zeros(0b10000000)
    7
    """
    if not number:
        return 32
    index = 0
    while (number >> index) & 1 == 0:
        index += 1
    return index

class LogLogRegister:
    counter = 0
    def add(self, item):
        item_hash = mmh3.hash(str(item))
        return self._add(item_hash)

    def _add(self, item_hash):
        bit_index = trailing_zeros(item_hash)
        if bit_index > self.counter:
            self.counter = bit_index

    def __len__(self):
        return 2**self.counter
```

這種方法最大的缺點在於，我們的雜湊值可能在一開始就遞增計數器，從而扭曲估計。這類似在第一嘗試時就丟出 32 次反面。解決這個問題的方法是讓很多人同時丟硬幣，並結合他們的結果。大數法則告訴我們，讓越多人丟硬幣，整體的統計數據就越不會被個別的人丟出來的異常樣本影響。組合結果的方法是計算不同類型的 LogLog 方法（典型 LogLog、SuperLogLog、HyperLogLog、HyperLogLog++ 等）之間的差的平方根。

要完成這種「讓多人丟硬幣」的方法，我們可以取一個雜湊值的前幾個 bits，並使用它來找出哪個人丟出那個特定的結果。如果我們取雜湊的前 4 bits，代表有 2^4 = 16 個人丟硬幣。因為我們這次選擇使用前 4 bits，我們只剩下 28 bits（相當於每個人丟的 28 次），所以每一個計數器可以算到 2^28 = 268,435,456 之多。此外，有一個依人數而定的常數（alpha）可將估計正規化 [9]。以上的做法可提供一個準確度為 $1.05 / \sqrt{m}$ 的演算法，其中的 m 是記錄者（register，或擲幣者）的數量。範例 11-33 是簡單的 LogLog 演算法實作。

範例 *11-33* 簡單的 *LogLog* 實作

```
import mmh3

from llregister import LLRegister

class LL:
    def __init__(self, p):
        self.p = p
        self.num_registers = 2 ** p
        self.registers = [LLRegister() for i in range(int(2 ** p))]
        self.alpha = 0.7213 / (1.0 + 1.079 / self.num_registers)

    def add(self, item):
        item_hash = mmh3.hash(str(item))
        register_index = item_hash & (self.num_registers - 1)
        register_hash = item_hash >> self.p
        self.registers[register_index]._add(register_hash)

    def __len__(self):
        register_sum = sum(h.counter for h in self.registers)
        length = (self.num_registers * self.alpha *
                    2 ** (register_sum / self.num_registers))
        return int(length)
```

這個演算法除了將雜湊值當成指標來刪除重複的項目之外，它也有一個參數可以用來調整你想要用多少準確度換取儲存空間。

---

[9] *http://bit.ly/algorithm_desc* 有基本 LogLog 與 SuperLogLog 演算法的完整說明。

在 **__len__** 方法裡面，我們計算來自所有 LogLog register 的估計值的平均值。但是，這不是最高效的資料結合方法！因為我們可能會得到一些「不幸的雜湊值」，讓特定的 register 有很高的值，但其他 register 的值仍然很低。因此，我們能夠實現的錯誤率只有 $O\left(\frac{1.30}{\sqrt{m}}\right)$，其中的 m 是 register 的數量。

SuperLogLog 是為了解決這個問題而設計的 [10]。這種演算法只用最低的 70% 的 register 來估計大小，並且用一條限制規則提供的最大值來限制它們的值。加入這些方法可將錯誤率降為 $O\left(\frac{1.05}{\sqrt{m}}\right)$。這種做法違反直覺，因為我們藉著忽略資訊來取得更好的估計結果！

最後，在 2007 年問世的 HyperLogLog 進一步提高了準確度 [11]。它的做法是更改平均個別 register 的方式：不同於直接計算平均值，它使用球面（spherical）平均技巧，特別考慮結構可能遇到的各種極端情況。它可提供目前最好的錯誤率 $O\left(\frac{1.04}{\sqrt{m}}\right)$。此外，這種做法移除了 SuperLogLog 的排序操作，這個策略可以在你試著插入大量的項目時，大幅提升資料結構的速度。範例 11-34 是 HyperLogLog 的基本做法。

範例 11-34　簡單的 HyperLogLog 實作

```python
import math

from ll import LL

class HyperLogLog(LL):
    def __len__(self):
        indicator = sum(2 ** -m.counter for m in self.registers)
        E = self.alpha * (self.num_registers ** 2) / indicator

        if E <= 5.0 / 2.0 * self.num_registers:
            V = sum(1 for m in self.registers if m.counter == 0)
            if V != 0:
                Estar = (self.num_registers *
                         math.log(self.num_registers / (1.0 * V), 2))

            else:
                Estar = E
        else:
            if E <= 2 ** 32 / 30.0:
                Estar = E
```

10　Marianne Durand and Philippe Flajolet, "LogLog Counting of Large Cardinalities," in *Algorithms—ESA 2003*, ed. Giuseppe Di Battista and Uri Zwick, vol. 2832 (Berlin, Heidelberg: Springer, 2003), 605–17, *https://doi.org/10.1007/978-3-540-39658-1_55*.

11　Philippe Flajolet et al., "HyperLogLog: *The Analysis* of a Near-Optimal Cardinality Estimation Algorithm," in AOFA '07: *Proceedings of the 2007 International Conference on Analysis of Algorithms*, (AOFA, 2007), 127–46.

```
        else:
            Estar = -2 ** 32 * math.log(1 - E / 2 ** 32, 2)
        return int(Estar)

if __name__ == "__main__":
    import mmh3

    hll = HyperLogLog(8)
    for i in range(100000):
        hll.add(mmh3.hash(str(i)))
    print(len(hll))
```

HyperLogLog++ 是唯一進一步提高準確度的演算法，它可以在資料結構相對空的情況下提高資料結構的準確度。當你插入更多項目時，這種做法會恢復成標準的 HyperLogLog。這實際上非常實用，因為 LogLog 型計數器需要大量的資料才能保持準確——用少量的項目就可以取得更好的準確度可以改善這種方法的實用性。這個額外的準確度是藉著使用較小但是較準確的 HyperLogLog 結構來實現的，這種結構可在稍後轉換成原始請求的大型結構。此外，它也用一些根據經驗推導的常數來估計大小並移除偏差。

真實案例

為了更了解資料結構，我們先用許多不重複的鍵來建立一個資料組，再用重複的項目來建立一個。圖 11-9 與圖 11-10 是將這些鍵傳入剛才看過的資料結構，並定期詢問「我們看過多少不重複的項目？」的結果。我們可以看到，容納比較多有狀態（stateful）變數的資料結構（例如 HyperLogLog 與 KMinValues）的表現比較好，因為它們更能夠穩健地處理不良的統計數據。另一方面，如果出現不幸的隨機數字或雜湊值，Morris 計數器與單一 LogLog 記錄器很快就有很高的錯誤率。但是，對大部分的演算法而言，我們知道有狀態變數的數量與錯誤率有直接的關係，所以這是合理的。

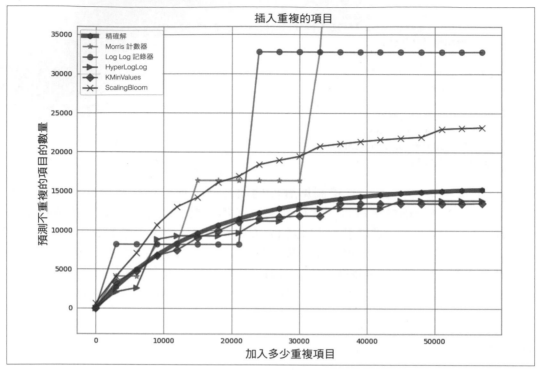

圖 11-9　使用各種機率資料結構來估計重複資料數量的近似值。為此，我們製作 60,000 個項目，裡面有許多重複，並將它們插入各種機率資料結構。本圖描述各種結構在過程中預測的不重複項目數量。

我們只觀察性能最好的機率資料結構（它們將是你真的會使用的），整理它們的用途與它們大概使用多少記憶體（見表 11-2）。我們可以看到記憶體的使用量隨著想問的問題有很大的變化。這突顯一個事實：在使用機率資料結構時，你必須先想一下對於該資料組你究竟想要回答哪些問題，再著手進行。另外也要注意，只有 Bloom 過濾器的大小跟元素的數量有關。HyperLogLog 與 KMinValues 結構的大小只與錯誤率有關。

接下來我們要進行更現實的測試，使用一個來自維基百科文字的資料組。我們執行一個非常簡單的腳本，從所有文章提取所有包含五個以上字元的單字，並將它們存入一個檔案，用換行符號分開它們。我們的問題是「裡面有多少不重複的單字？」，結果在表 11-3。

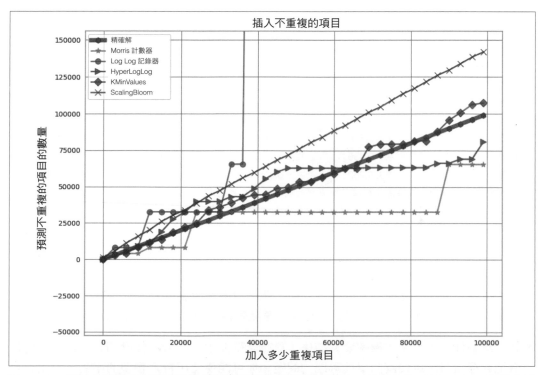

圖 11-10　使用多種機率資料結構來估計不重複資料的數量。對此，我們將從 1 到 100,000 的數字插入資料結構。本圖描述各種結構在過程中預測的不重複項目數量。

表 11-2　比較主要的機率資料結構與可對它們執行的集合操作

	大小	聯集[a]	交集	包含	大小[b]
HyperLogLog	可 $(O\left(\frac{1.04}{\sqrt{m}}\right))$	可	不可[c]	不可	2.704 MB
KMinValues	可 $(O\left(\sqrt{\frac{2}{\pi(m-2)}}\right))$	可	可	不可	20.372 MB
Bloom 過濾器	可 $(O\left(\frac{0.78}{\sqrt{m}}\right))$	可	不可[c]	可	197.8 MB

[a] 聯集操作不會影響錯誤率。

[b] 錯誤率為 0.05%、有 1 億個不重複元素、使用 64-bit 雜湊函式的資料結構的大小。

[c] 這些操作可以完成，但是會對準確度造成很大的不良影響。

我們可以從這個實驗得到的收獲主要是，如果你可以量身訂做程式，你就可以在速度和記憶體方面獲得很大的改善。整本書都是如此，當我們在第 133 頁的「選擇性優化：找出需要修正的地方」裡面量身訂做程式時，我們同樣能夠提高速度。

表 11-3　估計維基百科中不重複的單字數量

	元素	相對錯誤率	處理時間[a]	結構大小[b]
Morris 計數器[c]	1,073,741,824	6.52%	751s	5 bits
LogLog 記錄器	1,048,576	78.84%	1,690s	5 bits
LogLog	4,522,232	8.76%	2,112s	5 bits
HyperLogLog	4,983,171	−0.54%	2,907s	40 KB
KMinValues	4,912,818	0.88%	3,503s	256 KB
擴展 Bloom	4,949,358	0.14%	10,392s	11,509 KB
實際值	4,956,262	0.00%	-----	49,558 KB[d]

[a] 我們調整過處理時間,來移除從磁碟讀取資料組的時間。我們也使用之前的簡單實作來進行測試。

[b] 因為這裡使用的實作沒有經過優化,所以結構大小是根據資料量推導出來的理論值。

[c] 因為 Morris 計數器不會消除重複的輸入資料,它的大小與相對錯誤率是用值的總數取得的。

[d] 只考慮不重複的單字時,資料組是 49,558 KB,或考慮所有單字時,它的大小是 8.742 GB。

使用機率資料結構就是用演算法的形式量身編寫你的程式。我們只儲存我們需要的資料,來以特定的誤差範圍回答特定的問題。藉著只處理收到的資訊的一部分,我們不但可以使用少很多的記憶體,也可以用更快的速度對結構執行大部分的操作。

因此,無論你要不要使用機率資料結構,務必記得你想要問資料什麼問題,以及如何最有效地儲存資料,以便詢問這些專門的問題。你可能要使用特定類型的串列、使用特定類型的資料庫索引,甚至使用機率資料結構來排除所有無關的資料!

## 第十二章

實戰經驗

看完這一章之後，你可以回答這些問題

- 成功的初創企業如何處理大量的資料與機器學習？

- 有哪些監控與部署技術可維持系統穩定？

- 成功的 CTO 從他們的技術與團隊中學到了什麼？

- PyPy 的部署範圍有多廣？

在這一章，我們收集了一些成功的公司在高資料量與速度很重要的情況下使用 Python 的故事。這些故事是各個機構中，具備多年經驗的重要人物寫下來的，他們不但分享他們的技術選擇，也分享他們得來不易的智慧。我們為你提供四個很棒的故事，它們都來自我們的領域中的專家。我們也保留本書第一版的「實戰經驗」，它們的標題有「（2014）」。

使用 Feature-engine 來改進特徵工程管線

Soledad Galli (trainindata.com)

Soledad Galli 是 Train in Data 的首席資料科學家與創辦人。她擁有金融與保險方面的經驗，在 2018 年獲得 Data Leadership Award，並且在 2019 年獲選 LinkedIn 的資料科學與分析領域的「Top Voices」。Soledad 很喜歡分享知識與協助他人在資料科學領域中獲得成功。

Train in Data 是一個由經驗豐富的資料科學家與 AI 軟體工程師領導的教育專案。我們協助專家改善程式編寫與資料科學技巧，並且採用最好的機器學習實踐法。我們創造了許多關於機器學習與 AI 軟體工程的進階網路課程與開源程式庫，例如 Feature-engine（*https://feature-engine.readthedocs.io*），來順利地提供機器學習解決方案。

機器學習的特徵工程

機器學習模型可接收一堆輸入變數並輸出一個預則。在金融與保險領域，我們會建立模型來進行預測，例如，預測貸款償還的機率、一項申請是詐騙的可能性，以及一輛出車禍的汽車究竟該修理還是換新。我們收集並儲存起來的資料（或是從第三方 API 取得的資料）幾乎都不適合用來訓練機器學習模型或回傳預測。所以，我們會先廣泛地轉換變數，再將它們傳給機器學習演算法。我們將變數轉換稱為**特徵工程**。

特徵工程包括填補缺漏的資料、編碼分類變數、轉換數值變數或將它離散化、將特徵放在相同的尺度、將特徵組成新變數、從資料提取資訊、聚合交易資料，以及從時間序列、文字甚至圖像取出特徵。每個特徵工程步驟都有許多技術，你的選擇與變數的特性和你打算使用的演算法有關。因此，當特徵工程師在機構裡面建構與使用機器學習時，我們討論的不是機器學習模型，而是機器學習管線（pipeline），而且有很大部分的管線專門用來處理特徵工程與資料轉換。

部署特徵工程管線的艱困工作

許多特徵工程轉換都會從資料裡面學習參數。我看過一些機構使用組態檔與寫死的參數。這些檔案會限制通用性，而且很難維護（每次重新訓練模型時，都要用新的參數重寫組態檔案）。為了建立高性能的特徵工程管線，比較好的做法是開發演算法來自動學習與儲存這些參數，最好也可以將它們存為一個物件，以及從物件載入。

在 Train in Data，我們在研究環境中開發機器學習管線，並且將它們部署到生產環境。這些管線必須是可重現的。可重現就是可以精確地複製機器學習模型，如此一來，只要使用相同的資料作為輸入，那兩個模型就會回傳相同的輸出。在研究與生產環境中使用相同的程式碼可以將重複編寫的程式數量減到最少，並且將可重現性最大化，讓我們可以順暢地部署機器學習管線。

特徵工程轉換是需要測試的。對每個特徵工程程序進行單元測試可確保演算法回傳所需的結果。為了加入單元與整合測試而在生產環境中進行廣泛的程式重構非常耗時，並且會提升引入 bug，或發現在研究階段因為缺乏測試而引入 bug 的機會。為了盡量減少在生產環境中重構程式的機會，最好可以在研究階段開發工程演算法時導入單元測試。

我們會在不同的專案使用相同的特徵工程轉換。為了避免用不同的程式來實作相同的技術（這種情況經常在有許多資料科學家的團隊中發生），並且提升團隊效率，加快模型開發速度，以及平順地進行模型操作化（operationalization），我們想要重複使用之前建構好並且測試過的程式碼，最好的做法是建立內部程式包。或許建立程式包很費時間，因為它需要建構測試程式與文件。但是長遠來看，它更有效率，因為它除了可以讓我們重複使用已經開發並且測試過的程式碼和功能之外，也可以讓我們逐漸改善程式碼與加入新功能。開發程式包的工作可以用版本控制系統來追蹤，甚至可以將它開源，分享到社群，從而提升開發人員與機構的形象。

利用開源 Python 程式庫的強大功能

使用著名的開源專案或完成開發的內部程式庫非常重要，因為下面的原因，這種做法的效率比較好：

- 妥善開發的專案往往是徹底文件化的，所以可以清楚地知道每段程式的目的是什麼。

- 著名的開源程式包都經過測試來防止引入 bug，確保轉換可以達到預期的結果，並且將可重現性最大化。

- 著名的專案已被廣泛採用並且被社群認可，所以程式的品質是可以放心的。

- 你可以在研究與生產環境中使用相同的程式包，從而將部署期間重構程式碼的機會減到最低。

- 程式包都有明確的版本，所以在新版本持續加入功能的同時，你可以部署開發管線時使用的版本，以確保可重現性。

- 開源程式包是可以共享的，所以不同的機構可以一起建構工具。

- 雖然開源程式包是由一群經驗老到的開發者維護的，但社群也可以做出貢獻，提供新的想法與功能，以提升程式包與程式碼的品質。

- 使用著名的開源程式庫可免於自行編寫程式，提高團隊的性能、可重現性以及協作程度，同時減少模型研究與部署的時間。

許多開源 Python 程式庫都提供特徵工程功能，包括 scikit-learn（*https://oreil.ly/j-4ob*）、Category encoders（*https://oreil.ly/DtSL7*）與 Featuretools（*https://oreil.ly/DOB7V*）。為了擴展既有的功能，並且讓機器學習管線的建構與部署更順暢，我做了開源 Python 程式包 Feature-engine（*https://oreil.ly/CZrSB*），它提供了一套詳盡的特徵工程程序，並提供針對各種特徵空間進行各種轉換的實作。

使用 Feature-engine 來順暢地建構與部署特徵工程管線

特徵工程演算法需要自動從資料學習參數，回傳方便在研究與生產環境中使用的資料格式，也要包含一套詳盡的轉換機制，以方便在不同的專案中使用。Feature-engine就是為了滿足以上的需求而構思與設計的。Feature-engine 轉換器（也就是實作特徵工程轉換的類別）可從資料學習與儲存參數。Feature-engine 轉換器會回傳 Pandas DataFrames，它很適合在研究階段用來進行資料分析與視覺化。Feature-engine 可以用一個物件來建立與儲存整個端對端工程管線，方便進行部署。而且為了方便在不同的專案使用，它也有個詳盡的特徵轉換清單。

Feature-engine 有許多指定缺漏資料、編碼分類變數、轉換及離散化數值變數、移除或審查離群值的程序。每個轉換器（transformer）都可以學習或指定它應該修改的變數群組。因此，轉換器可以接收整個 DataFrame，但它只會修改被選中的變數群組，因此我們不需要使用額外的轉換器或親手切開 DataFrame 再將它們接起來。

Feature-engine 轉換器使用 scikit-learn 提供的 fit/transform 方法，並擴展它的功能，加入額外的工程技術。fit/transform 功能可讓你在 scikit-learn 管線中使用 Feature-engine 轉換器。因此，藉由 Feature-engine，我們可以將整個機器學習管線存入一個物件，並且儲存和取回那個物件，或將它放入記憶體來進行即時評分。

協助大家採用新開源程式包

無論開源程式包有多好，如果沒有人知道它的存在，或社群不容易了解如何使用它，它就不會成功。製作成功的開源程式包需要寫出高性能、經過充分測試、具備良好文件，且實用的程式碼——然後讓社群知道它的存在，鼓勵可以建議新功能的用戶採用它，並吸引開發社群加入更多功能，改善文件，以及改善程式品質來提升其性能。對程式包開發者而言，這意味著我們需要花時間來開發程式，以及設計並執行共享策略。下面是一些對我和其他程式包開發者都很有效的策略。

我們可以利用著名的開源功能來促進社群的採用。scikit-learn 是 Python 機器學習的參考程式庫。因此，在新程式包裡面使用 scikit-learn fit/transform 功能可方便社群快速地採用它。使用這種程式包的學習曲線會比較短，因為用戶已經熟悉這種做法了。利用 fit/transform 的程式包有 Keras（*https://keras.io*）、Category 編碼器（可能是最著名的），當然還有 Feature-engine。

用戶希望知道如何使用與共享程式包，所以你可以在程式版本庫（repository）裡面加入授權條款來說明這些條件。用戶也需要程式功能的說明與範例。在程式碼檔案裡面使用 docstring 來提供關於功能的資訊以及它的使用範例是很好的開始，但這還不夠。受到廣泛使用的程式包會加入額外的文件（可以使用 ReStructuredText 檔案來產生），在裡面說明程式功能、使用範例及回傳的輸出、安裝說明、可取得程式包的管道（PyPy、conda）、如何上手、更改紀錄等等。優秀的文件可讓用戶不必閱讀原始碼就可以使用程式庫。機器學習視覺化程式庫 Yellowbrick（*https://oreil.ly/j96lT*）的文件是個很好的例子。我也在 Feature-engine 裡面採取這種做法。

如何提升程式包的知名度？如何接觸潛在的用戶？在網路上開課可以協助你接觸人群，尤其是在著名的線上學習平台上。此外，在 Read the Docs（*https://readthedocs.org*）發表文件、創作 YouTube 課程，以及在聚會與會議上介紹程式包都可以提高知名度。在 Stack Overflow、Stack Exchange 與 Quora 等著名的用戶網路一邊回答相關問題，一邊展示程式包的功能也有所幫助。Featuretools 與 Yellowbrick 的開發者都利用了這些網路的力量。建立專屬的 Stack Overflow 問題清單，來讓用戶詢問問題，並且讓大家知道目前有人積極地維護程式包。

開發、維護開源程式庫與鼓勵貢獻

成功且切合用途的程式包需要積極的開發社群。開發者社群是由一位或（理想情況下）一組專門的開發者或維護者組成的，他們會密切關注整體的功能、文件與方向。積極的社群容許並歡迎其他的臨時貢獻者。

在開發程式包時，程式碼的可維護性是必須考慮的事項之一。程式碼越簡單且越短，維護起來就越容易，因而更容易吸引貢獻者與維護者。為了簡化開發與維護工作，Feature-engine 利用了 scikit-learn base transformer 功能。scikit-learn 提供一個帶有一組基礎類別的 API，開發者可以在它上面建構新的 transformer。此外，scikit-learn 的 API 提供許多測試來確保程式包之間的相容性，並確保 transformer 能夠提供預期的功能。藉著使用這些工具，Feature-engine 的開發者與維護者只需要關注特徵工程功能，基礎程式的維護工作則交給較大規模的 scikit-learn 社群負責。當然，這是有代價的。如果 scikit-learn 修改它的基礎功能，我們就要修改程式庫，來確保它與最新的版本相容。使用 scikit-learn API 的其他開源程式包有 Yellowbrick 與 Category 編碼器。

為了鼓勵開發者互助合作，NumFOCUS（*https://numfocus.org*）建議制定行為準則，並鼓勵包容性與多樣性。專案必須是開放的，這通常意味著程式碼應該放在公開的地方，並且具備指導方針來指引新的貢獻者開發專案，以及具備可讓公眾參與討論的論壇，例如郵寄名單或 Slack 頻道。雖然有些開源 Python 程式庫有自己的行為準則，但其他的程式庫都遵守 Python Community Code of Conduct（*https://oreil.ly/8k4Tc*），例如 Yellowbrick 與 Feature-engine。許多開源專案都公開放在 GitHub，包括 Feature-engine。在貢獻指南裡面列出新貢獻者可以提供協助的方法——例如，修正 bug、加入新功能，或改善文件。貢獻指南也可以告訴新開發者貢獻週期、如何建立版本庫分支、如何在貢獻分支上工作、程式複審週期如何運作，以及如何 Pull Request。

互助合作可以藉著改善程式碼的品質與功能、加入新功能和改善文件來提升程式庫的品質與性能。貢獻也可以很簡單，例如回報文件中的錯誤、回報程式沒有回傳預期的結果，或請求新功能。一起維護開源程式庫也有助於提升合作者的形象，同時讓他們看到新的工程與程式編寫實踐法，改善他們的技術。

許多開發者與資料科學家都認為，他們必須先成為一流開發者，才可以對開源專案做出貢獻。我本來也認為如此，所以我不願意做出貢獻或要求新功能——儘管如此，作為一位用戶，我很清楚地知道哪些功能好用，以及還缺少哪些功能。事實遠非如此。任何用戶都可以對程式庫做出貢獻。而且程式包維護者很喜歡貢獻者。

對 Feature-engine 而言，實用的貢獻包括很簡單的東西，例如在 *.gitignore* 加入一行、用 LinkedIn 傳遞訊息來讓我知道文字中的錯字、發出 PR 來修正錯字、提醒 scikit-learn 的新版本發出的警告問題、請求新功能，或擴展單元測試。

如果你想要貢獻，但沒有經驗，你可以在程式包的版本庫瀏覽之前被發現的問題。在版本庫中，問題的旁邊有程式如何修改，以及優先順序。它們有諸如「code enhancement」、「new functionality」、「bug fix」或「docs」等標籤。你可以先瀏覽被標為「good first issue」或「good for new contributors」的問題，它們往往是規模較小的修改，可讓你熟悉貢獻週期。接下來，你可以跳到比較複雜的程式修改。即使是解決簡單的問題，你都可以學到許多關於軟體開發、Git 與程式複審週期的事情。

Feature-engine 目前是以直觀的程式碼寫成的小型程式包。它很容易瀏覽，而且依賴項目很少，所以它是貢獻開源專案很好的起點。如果你想要入門，歡迎聯繫我，我將很高興收到你的來信。祝一切順利！

高績效的資料科學團隊

Linda Uruchurtu (Fiit)

> Linda Uruchurtu 是高級資料科學家與軟體工程師，目前在 Fiit 任職。自 2013 年以來，她都在協助中小型初創企業利用資料打造產品。她在交通、零售、健康與健身等產業都有分析、統計、機器學習與產品製作方面的經驗。
>
> Linda 擁有劍橋大學理論物理學博士學位。她曾經在 PyData London 擔任講師與審稿人，從 2017 年以來一直擔任 PyData London 評審委員會主席。

資料科學團隊與其他技術團隊不同，因為他們的工作範圍會隨著他們所處的位置和所解決的問題類型而有所不同。但是，無論團隊的職責是回答「為何」與「如何」開頭的問題，或僅僅是提供完全可操作的 ML 服務，為了成功交付任務，他們都要讓關係人感到滿意。

這是一項挑戰。大多數的資料科學專案都有一定程度的不確定性，因為關係人有不同的類型，「滿意」可能代表不同的事情。有些關係人可能只關心最終交付的成果，有些在乎的則是副作用或公共介面。此外，可能有些人不是技術人員，或是不太了解專案的細節。我要在這裡分享一些我學到的經驗教訓，它們對專案的執行與交付方式有很大的影響。

需要多久完成？

這可能是資料科學團隊的主管最常被問的問題。想像一下：有位主管要求專案經理（PM）（或負責交付的人）解決特定的問題。PM 告訴團隊這個資訊，並且要求他們規劃一個解決方向。PM 或其他的關係人問道：這個問題要花多少時間解決？

首先，團隊應該丟出一些問題，來明確地定義解決方案的範圍，或許包括：

- 為何它是個問題？
- 解決這個問題有什麼影響？
- 完成的定義是什麼？
- 可滿足該定義的最簡解決方案版本是什麼？
- 有沒有可以提早驗證解決方案的方法？

注意，這份清單裡面沒有「需要多久完成」。

策略應該是兩階段的。首先，訂定一個時段來詢問這些問題，並提出一或多個解決方案。對解決方案有共識之後，PM 應該向關係人解釋，當團隊為提出來的解決方案規劃工作之後，即可提供時間表。

發現與規劃

團隊想出解決方案的時間是固定的。接下來呢？他們要提出假設，接下來是探索性工作與快速建立原型，以相繼保留或捨棄潛在的解決方案。

根據被選出來的解決方案，其他團隊可能會變成關係人。開發團隊可能有來自他們負責的 API 的需求，或是變成某項服務的使用方；產品、運維、客服與其他團隊可能會使用視覺化的資料與報告。PM 的團隊應該與這些團隊討論他們的想法。

當這個流程開始進行時，團隊通常可以妥善地確定每一個選項有多少不確定性與（或）風險。此時 PM 可以評估哪個選項是最好的。

選出選項之後，PM 就可以為里程碑和交付項目訂下時間了。這個部分的重點如下：

- 交付項目可否被合理地複審與測試？
- 如果工作需要其他團隊的協助，可否安排工作以避免延誤？
- 團隊可否在中間里程碑提供價值？
- 對於專案中具備很大不確定性的部分，有沒有方法可以減少風險？

接下來，我們可以對著計畫出來的工作進行規模與時間限制，以提供時間估計。預留額外的時間是件好事：有些人喜歡把他們認為需要的時間增加兩至三倍。

有些工作經常被低估或簡化，包括收集資料與建構資料組、測試與驗證。取得建構模型所需的資料通常比原先看起來的更複雜且昂貴。有一種做法是先用小型的資料組來建構原型，將後續的收集延遲至證明概念之後。測試也是基本工作，包括確認正確性與可重現性。輸入與預期一樣嗎？處理管線會引入錯誤嗎？輸出正確嗎？每項工作都應該包含單元測試與整合測試。最後，驗證很重要，特別是在真實世界中。務必考慮對所有這些工作進行實際的估計。

完成這些事情之後,團隊不僅可以回答「時間」問題,也可以提出一個具有里程碑的計畫,所有人都可以用它來了解有哪些工作正在執行。

管理期望與交付

很多問題都會影響交付之前的時間。請關注以下幾點,來確保你能夠管理團隊的期望:

範圍蔓延

　　範圍蔓延就是工作的範圍發生細微的變化,導致預期的工作量比原先規劃的要多。配對編程與複審有助於緩解這個問題。

了解非技術性工作

　　討論、用戶研究、文件與許多其他工作都很容易被不了解它們的人低估。

出席率

　　團隊成員的時間安排與出席率也可能導致延遲。

資料品質問題

　　從確保資料組是好的,到發現偏差的來源。資料品質可能帶來複雜性,甚至讓工作失敗。

其他選項

　　當意外的困難出現時,或許可以考慮其他的做法。但是,沉沒成本可能會讓團隊不想提出這個問題,這可能會延遲工作,並可能造成團隊不知道他們在做什麼。

缺乏測試

　　輸入資料突然改變,或是資料管線中的 bug 讓假設失效。從一開始就有良好的測試覆蓋率可以提高團隊速度,最終獲得回報。

難以測試或驗證

　　如果沒有足夠的時間可以進行測試與驗證假設,時間表可能延遲。改變你的假設也會導致測試計畫的變更。

每週進行細化(refinement)與計畫會議來發現問題,並討論是否加入或移除工作。這可讓 PM 掌握足夠的資訊,告訴關係人最新的情況。按照同樣的節奏排定優先順序。如果有工作有機會提前完成,那就要優先處理它。

在過程中產生的可交付成果可持續證明工作的合理性,尤其是當它們可以提供專案範圍之外的價值時。這對團隊的注意力與士氣有好處,對關係人也是如此,因為可讓他們有進步的感覺。在提供足夠的資訊與價值來讓關係人繼續支持專案的同時,重新擬定計畫,進行複審與調整迭代過程可以確保團隊有明確的方向感與工作的自由度。

在處理新專案時,為了提高效率,資料科學團隊的主要目標是藉著交付輕量級最簡可行產品(MVP)解決方案(可考慮腳本與 Python notebook)來降低資料和商業需求的不確定性帶來的風險。考慮到後續的發現及商業需求的改變,最初設計的 MVP 可能比第一概念更精簡,或不同。進行驗證之後才能繼續製作準生產版本。

發現與計畫程序至關重要,從迭代的角度思考也是如此。切記,發現階段不會停止,外部的事件始終會影響計畫。

Numba

Valentin Haenel (http://haenel.co)

> Valentin Haenel 是「Python for Data」的長期用戶與開發人員,他還記得在 2008 年的第一場 EuroSciPy 會議上聆聽 Travis Oliphant 關於 NumPy 的主題演說的場景。後來,他在攻讀計算神經科學碩士學位期間,開始使用 Python 來建立簡單的尖峰神經元模型,以及評估感知實驗資料。從那時起,他為超過 80 個開源專案做出貢獻。現在他為 Anaconda 工作,擔任 Numba 專案的開源開發者。
>
> *作者想要感謝三位 Numba 核心開發者,Stuart Archibald、Siu Kwan Lam 與 Stan Seibert 為本文進行了富有成效的討論,及提供建議與回饋。*

Numba 是一種開源、JIT 函式編譯器,用於以數字為中心的 Python。它最初是在 2012 年由 Continuum Analytics(現在是 Anaconda 公司)創造的,現在已經成為 GitHub 上的成熟開源專案,並擁有各種族群的貢獻者。它的主要用途是加快數學與(或)科學 Python 程式的速度。它的主要入口是個裝飾器(@jit 裝飾器),用來註記應該要被編譯的特定函式,理想情況下,那個函式是 app 的瓶頸。Numba 會即時編譯那些函式,「即時」的意思是函式會在第一次(或最初)執行時被編譯。使用相同引數型態的後續執行都會使用編譯過的函式版本,它應該會比原本的更快。

Numba 不僅可以編譯 Python，也可以感知 NumPy 和處理使用 NumPy 的程式碼。在內部，Numba 使用著名的 LLVM 專案（*https://llvm.org*），它是一套模組化且可重複使用的編譯器與工具鏈技術。最後，Numba 不是完全成熟的 Python 編譯器。它只能編譯 Python 與 NumPy 的一個子集合——不過這個子集合夠大，所以它可以在廣大範圍的 app 中使用。更多資訊請參考文件（*https://numba.pydata.org*）。

簡單的範例

我們要用 Numba 來加速一個古老演算法的 Python 實作，尋找指定的最大值（*N*）之前的所有質數：埃拉托斯特尼篩法。它的做法如下：

* 首先，將一個長度為 *N* 的布林陣列設為 true 值。

* 然後從第一個質數 2 開始，劃掉該數字的所有倍數（將那些數字在布林陣列中對映的位置設為 false），直到 *N* 為止。

* 前往下一個沒有被劃掉的數字，在此是 3，再劃掉它的倍數。

* 繼續處理這些數字，把它們的倍數劃掉，直到到達 *N* 為止。

* 當你到達 *N* 時，沒有被劃掉的數字都是 *N* 之前的質數。

這是一段相當高效的 Python 實作：

```python
import numpy as np
from numba import jit

@jit(nopython=True)  # 直接加入 jit 裝飾器
def primes(N=100000):
    numbers = np.ones(N, dtype=np.uint8)  # 將布林陣列初始化
    for i in range(2, N):
        if numbers[i] == 0:  # 已經被劃掉的
            continue
        else:  # 它是質數，劃掉所有倍數
            x = i + i
            while x < N:
                numbers[x] = 0
                x += i
    # 回傳所有質數，它們是被設為 1 的所有布林位置
    return np.nonzero(numbers)[0][2:]
```

將它放入 *sieve.py* 檔案之後，你可以使用 **%timeit** 魔術方法來測量這段程式的速度：

```
In [1]: from sieve import primes

In [2]: primes()  # 執行它一次來確定它被編譯了
Out[2]: array([   2,    3,    5, ..., 99971, 99989, 99991])

In [3]: %timeit primes.py_func()  # 'py_func' 裡面有
                                  # 原始的 Python 實作
145 ms ± 1.86 ms per loop (mean ± std. dev. of 7 runs, 10 loops each)

In [4]: %timeit primes()  # 測量被 Numba 編譯過的版本
340 µs ± 3.98 µs per loop (mean ± std. dev. of 7 runs, 1000 loops each)
```

它提升大約 400 倍的速度，你的數據可能會不同。儘管如此，這裡有一些有趣的事情：

- 編譯是在函式級別發生的。

- 只要加入裝飾器 **@jit** 就可以要求 Numba 編譯函式了。我們不需要對函式原始碼進行其他的修改，例如註記變數的型態。

- Numba 可以感知 NumPy，所以它支援這個實作裡面的所有 NumPy 呼叫式，也可以成功地編譯它們。

- 原始的純 Python 函式可以用編譯過的函式的 **py_func** 屬性來取得。

這個演算法有更快但是不太具有教育性的版本，筆者將它留給感興趣的讀者實作。

最佳實踐法與建議

對 Numba 而言，最重要的建議是盡量使用 nopython 模式。你只要在 **@jit** 裝飾器裡面使用 nopython=True 即可啟動這個模式，如質數範例所示。或者，你可以使用 **@njit** 裝飾器別稱，你可以藉著執行 from numba import njit 來使用它。在 nopython 模式中，Numba 會嘗試進行大量的優化，這可以顯著改善性能。但是這個模式非常嚴格，Numba 必須能夠推斷函式內的所有變數的型態才能成功編譯。

你也可以執行 **@jit(forceobj=True)** 來使用物件（object）模式。在這個模式中，Numba 對於它可以和不能編譯的東西變得非常寬容，這會限制它只能執行最小的優化集合，可能對性能造成重大的負面影響。為了充分利用 Numba 的潛力，你應該使用 nopython 模式。

如果你不知道究竟要不要使用物件模式，有一種選項是使用物件模式區塊。這個選項在你只有一小部分的程式需要在物件模式下執行時很方便，例如，你有個長期執行的迴圈，並且想要使用字串格式化來印出目前的程式進度：

```python
from numba import njit, objmode

@njit()
def foo():
    for i in range(1000000):
        # 進行計算
        if i % 100000 == 0:
            with objmode:  # 若要退出物件模型
                           # 可在這裡使用 'format'
                print("epoch: {}".format(i))

foo()
```

留意你使用的變數的型態。Numba 可以很好地處理 NumPy 陣列與其他資料型態的 NumPy 視角。因此，可以的話，將 NumPy 當成你的首選資料結構。它也支援 tuple、字串、enum 與簡單的純量型態，例如 int、float 與布林。雖然你可以使用全域的常數，但是請用引數來將其餘的資料傳入你的函式。遺憾的是，它無法很好地支援 Python 串列與字典，主要的原因是它們的元素可能有不同的型態：一個 Python 串列裡面可能有不同型態的項目，例如整數、浮點數與字串。這會造成 Numba 的麻煩，因為它只能編譯包含單一型態的項目的容器。但是，這兩種資料結構應該是最常用的 Python 語言功能之一，甚至是程式員學會的第一種東西。

為了彌補這個缺點，Numba 支援所謂的 typed 容器：typed-list 與 typed-dict。它們是 Python list 與 dict 的同質型態變體。也就是說，它們只能容納單一型態項目，例如只包含整數值的 typed-list。除了這個限制之外，它們的行為很像 Python 的版本，並且支援幾乎一樣的 API。此外，你可以在一般的 Python 程式裡面，或是在 Numba 編譯過的函式裡面使用它們，也可以將它們傳入 Numba 編譯過的函式，以及讓後者回傳它。它們可以從 numba.typed 子模組取得。這是 typed-list 的例子：

```python
from numba import njit
from numba.typed import List

@njit
def foo(x):
    """ 複製 x，將 11 附加至結果 """
    result = x.copy()
    result.append(11)
    return result
```

```
a = List() # 建立新的 typed-list
for i in (2, 3, 5, 7):
    # 將內容加入 typed-list，
    # 型態是用第一個加入的項目推論出來的。
    a.append(i)
b = foo(a) # 進行呼叫，附加 11，這會前往 11
```

雖然 Python 確實有一些限制，但你可以再三考慮它們，了解在使用 Numba 時，有哪些限制可以安全地忽略。我們想到兩種例子：呼叫函式與 for 迴圈。Numba 可以啟用底層的 LLVM 程式庫的 *inlining*（嵌入）技術來優化呼叫函式時的開銷。這意味著在編譯期間，可被嵌入的函式呼叫式都會被換成一段相當於被呼叫的函式的程式碼。因此，為了更方便閱讀與理解而將一個大函式分解為幾個或許多小函式，不會影響性能。

許多人批評 Python 的 for 迴圈很慢。很多人建議若要改善 Python 程式的性能就改用別的結構，例如串列生成式，甚至 NumPy 陣列。Numba 沒有這種限制，你可以在 Numba 編譯過的函式裡面使用迴圈。你可以觀察：

```
from numba import njit

@njit
def numpy_func(a):
    # 使用 Numba 實作的 NumPy sum，
    # 在 Python 中也很快
    return a.sum()

@njit
def for_loop(a):
    # 使用簡單的 for 迴圈來遍歷陣列：
    acc = 0
    for i in a:
        acc += i
    return acc
```

我們來測量上述的程式：

```
In [1]: ... # 匯入上述函式

In [2]: import numpy as np

In [3]: a = np.arange(1000000, dtype=np.int64)

In [4]: numpy_func(a)   # 檢查完整性與編譯
Out[4]: 499999500000
```

```
In [5]: for_loop(a)   # 檢查完整性與編譯
Out[5]: 499999500000

In [6]: %timeit numpy_func(a)   # 編譯過的 NumPy 函式版本
174 µs ± 3.05 µs per loop (mean ± std. dev. of 7 runs, 10000 loops each)

In [7]: %timeit for_loop(a)      # 編譯過的 for 迴圈版本
186 µs ± 7.59 µs per loop (mean ± std. dev. of 7 runs, 1000 loops each)

In [8]: %timeit numpy_func.py_func(a)   # 純 NumPy 函式
336 µs ± 6.72 µs per loop (mean ± std. dev. of 7 runs, 1000 loops each)

In [9]: %timeit for_loop.py_func(a)      # 純 Python for 迴圈
156 ms ± 3.07 ms per loop (mean ± std. dev. of 7 runs, 10 loops each)
```

如你所見，兩個 Numba 編譯版的性能特性非常相似，而純 Python for 迴圈實作比編譯版本慢非常多（800 倍）。

如果你現在打算將你的 NumPy 陣列表達式改寫成 for 迴圈，住手！如上述範例所示，Numba 非常喜歡 NumPy 陣列其及相關函式。事實上，Numba 還有一個壓箱法寶：一種稱為 *loop fusion*（迴圈融合）的優化。Numba 主要對陣列表達式操作執行這項技術。例如：

```python
from numba import njit

@njit
def loop_fused(a, b):
    return a * b - 4.1 * a > 2.5 * b

In [1]: ... # 匯入範例

In [2]: import numpy as np

In [3]: a, b = np.arange(1e6), np.arange(1e6)

In [4]: loop_fused(a, b)  # 編譯函式
Out[4]: array([False, False, False, ...,  True,  True,  True])


In [5]: %timeit loop_fused(a, b)
643 µs ± 18 µs per loop (mean ± std. dev. of 7 runs, 1000 loops each)

In [6]: %timeit loop_fused.py_func(a, b)
5.2 ms ± 205 µs per loop (mean ± std. dev. of 7 runs, 100 loops each)
```

如你所見，Numba 編譯版是純 NumPy 版的八倍快。為何如此？如果沒有 Numba，陣列表達式會導致一些 for 迴圈，以及在記憶體中出現一些所謂的臨時值（temporaries）。鬆散地說，處理陣列的 for 迴圈必須執行表達式裡面的每一個算術運算，每一個運算的結果都必須儲存在記憶體裡面的臨時陣列內。loop fusion 的工作就是將處理算術運算的各個迴圈融合為一個迴圈，從而減少記憶體查詢的總次數，以及計算結果所需的整體記憶體。事實上，迴圈融合的變體很可能類似這樣：

```python
import numpy as np
from numba import njit

@njit
def manual_loop_fused(a, b):
    N = len(a)
    result = np.empty(N, dtype=np.bool_)
    for i in range(N):
        a_i, b_i = a[i], b[i]
        result[i] = a_i * b_i - 4.1 * a_i > 2.5 * b_i
    return result
```

執行它會顯示類似類似迴圈融合範例的性能特徵：

```
In [1]: %timeit manual_loop_fused(a, b)
636 µs ± 49.1 µs per loop (mean ± std. dev. of 7 runs, 1000 loops each)
```

最後，我建議先盡量採用循序執行，並且把平行執行當成心中的候選方案。不要從一開始就預設只有平行版本才可以實現你的性能特徵目標，而是應該專心開發簡潔的循序實作。平行化會讓所有事情更難推理，也可能在除錯時造成困難。如果你很滿意結果，但仍然想要將程式碼平行化，Numba 的 @jit 裝飾器也有個 parallel=True 選項，以及相應的平行範圍，prange 結構，來方便你建立平行迴圈。

獲得幫助

截至 2020 年初，Numba 推薦的兩種主要聯絡管道是 GitHub issue tracker（*https://oreil.ly/hXGfE*）與 Gitter chat（*https://oreil.ly/8YGl1*），它是執行行動的地方。此外還有郵寄清單與 Twitter 帳號，但它們的流量都很低，主要用來發表新版本與其他重要的專案新聞。

優化 vs. 思考

Vincent D. Warmerdam，GoDataDriven 的老鳥（http://koaning.io）

這是一個團隊解決錯誤問題的故事。當時我們在優化效能，卻忽略了效力。希望這個故事可以發揮警世的效果。這是真正發生過的故事，但為了維護隱私，我修改了部分內容，並且不詳述細節。

有顧客向我諮詢一個常見的物流問題：他們想要預測到達他們的倉庫的卡車數量。當時有很好的商務案例可以參考。如果我們知道車子的數量，我們就可以知道處理當天工作負荷的勞動力有多大。

規劃部門多年來一直試圖解決這個問題（使用 Excel）。他們認為或許有演算法可以改善情況。我們的工作是研究機器學習可否提供幫助。

在一開始，它顯然是個困難的時間序列問題：

- 因為倉庫的運作是國際化的，我們必須記得許多假日（真的有夠多！）。假日的影響有的與它是星期幾有關，因為倉庫在週末沒有開。有些假日意味著需求上升，有些則意味著倉庫關閉（有時會造成有三天週末）。

- 有時有季節性變化。

- 供應商經常進入與退出市場。

- 由於市場不斷演變，季節性模式也不斷變化。

- 倉庫很多，雖然它們位於不同的建築物內，但我們有理由相信抵達不同倉庫的卡車數量是相關的。

圖 12-1 是計算季節效應以及長期趨勢的演算法流程。只要沒有假期，我們的方法就行得通。規劃部門提醒我們假期是最困難的部分。在花了許多時間收集相關的特徵之後，我們終於建構了一個主要試著處理假期的系統。

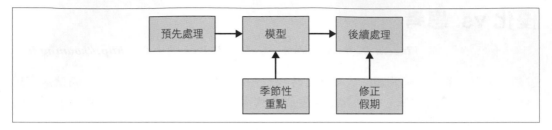

圖 12-1　季節效應與長期趨勢

於是，我們反覆進行更多特徵工程並設計演算法。到了某個階段，我們必須計算每個倉庫的時間序列模型，再使用每週的每一天的每個假期的經驗法則模型來對它進行後續處理。在週末之前的假期與在週末之後的假期會產生不同的轉變。你可以想像，當你也想要執行網格搜尋時，這種計算可能會非常昂貴，如圖 12-2 所示。

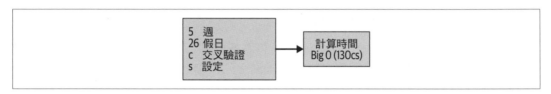

圖 12-2　許多變化花費大量的計算時間

我們必須準確地估計許多影響，包括以前測量的結果的衰減、季節效應的平滑度、正則化參數、如何處理不同倉庫之間的相關性。

麻煩的是，我們必須提前好幾個月進行預測。另一個困難是代價函數：它是離散的。規劃部門不關心（甚至不欣賞）均方誤差，他們只關心預測誤差超過 100 輛卡車的天數。

你可以想像，除了統計問題之外，這個模型也出現性能問題。為了解決這個問題，我們限制自己只用較簡單的機器學習模型。藉此，我們獲得迭代速度，讓我們可以把焦點放在特徵工程上。幾個星期之後，我們終於得到一個可以展示的版本了。除了假期之外，我們也做了一個表現更好的模型。

雖然進入概念驗證階段的模型也有很好的表現，但沒有比當前規劃團隊的方法好太多。這個模型很有用，因為規劃部門可以用它來比對模型是否不一致，但沒有人願意用這個模型來進行自動規劃。

然後，事情發生了，當時是我與顧客合作的最後一週，接下來將由同事接手。當時我在茶水間與一位分析師討論另一個專案，我需要他提供一些資料。我們開始回顧資料庫中可用的資料表。最後，它告訴我有個「carts（推車）」表（見圖 12-3）。

我說：「carts 表？裡面有什麼？」分析師：「噢，裡面有 cart 的所有訂單。」我說：「供應商向倉庫購買它們？」分析師：「不是，事實上，他們租用它們。他們通常會提前三到五天租用它們，再讓它們裝滿將要送到倉庫的貨物，並歸還它們。」我說：「你的所有供應商都這樣做嗎？」分析師：「幾乎如此。」

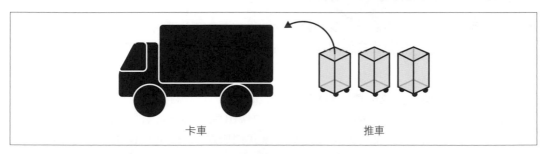

卡車　　　　　　　推車

圖 12-3　carts 裡面有對這項挑戰至關重要的主要資訊！

我從它們裡面發現最重要的性能問題：我們解決錯誤的問題。它不是機器學習問題，而是 SQL 問題。被租用的推車數量是該公司派遣多少輛卡車的有力指標。它們不需要機器學習模型。我們可以在幾天前預測被租用的推車數量，除以可放入卡車的推車數量，合理地估算預期的數量。如果我們早一點發現這一點，我們就不需要優化執行巨型網格搜尋的程式，因為根本沒這個必要。

我們很容易將商務案例轉換成無法反映現實情況的分析問題。任何一種可以防止這種事情發生的措施，都可以帶來你所能想像的最顯著的性能益處。

Adaptive Lab 的社群媒體分析（2014）

Ben Jackson（*adaptivelab.com*）

Adaptive Lab 是總部設在倫敦肖爾迪奇區科技城的產品開發及創新公司。我們採用以顧客為中心的精益產品設計方法，並且與眾多公司一起交付作品，包含初創公司到大型企業。

YouGov 是一家全球市場研究公司，它們的創始目標是提供持續、準確的即時資料串流，以及洞察世界各地的人們在想做麼、做什麼——這正是我們設法為他們提供的服務。Adaptive Lab 設計一種方法來被動地傾聽社群媒體中的真實討論，並且洞察用戶對一系列可自訂的主題的感受。我們建立了一個可擴展的系統，它可以抓取大量的串流資訊、處理它、無限期地儲存它，並且用一個強大的、可過濾的介面來即時呈現它。這個系統是用 Python 建構的。

在 Adaptive Lab 的 Python

Python 是我們的核心技術之一。我們會在性能很重要的 app 裡面使用它，當我們和具備 Python 技能的客戶合作時也會使用它，如此一來，他們就可以在內部承接我們為他們製作的作品。

Python 很適合小型、自成一體、長期運行的 daemon（守護行程），它與靈活的、功能豐富的 web 框架（例如 Django 與 Pyramid）同樣出色。Python 社群正處於蓬勃發展階段，這意味著它有許多巨型的開源程式庫可讓我們快速且有信心地建構程式，專注於新的與創新的東西，為用戶解決問題。

在我們 Adaptive Lab 的所有專案中，我們重複使用了一些可以採取與語言無關的方式來使用的 Python 內建工具。例如，我們使用 SaltStack 來提供伺服器，以及 Mozilla 的 Circus 來管理長時間運行的程序。使用以熟悉的語言來編寫的開源工具的好處是，當我們發現任何問題時，我們可以自行解決它們，並且發表解決方案來讓社群受益。

SoMA 的設計

我們的 Social Media Analytics（SoMA）工具需要處理高傳輸量的社群媒體資料，以及即時儲存及取回大量的資訊。在研究了各種資料儲存方案與搜尋引擎之後，我們決定使用 Elasticsearch 來儲存即時文件。顧名思義，它具備很強的擴展能力，但它也很容易使用，而且能夠提供統計回應以及搜尋，非常適合我們的 app。Elasticsearch 本身是用 Java 建構的，但是如同每一種架構良好的現代系統元件，它具備優良的 API，並且可以迎合 Python 程式庫與教學的需求。

我們設計的系統使用 Reids 的 Celery 的佇列來將大量資料串流快速傳給任意數量的伺服器，以進行獨立處理與檢索。整個複雜系統的各個元件都被設計得很小、很簡單，而且能夠獨立工作。它們都專注處理一項任務，例如分析一段對話的情緒，或者為 Elasticsearch 準備被檢索的文件。我們使用 Mozilla 的 Circus 來將一些元件設置為以 daemon 形式運行，這可讓所有程序正常運行，並允許它們在個別的伺服器上縮小或擴大規模。

我們用 SaltStack 來定義並提供複雜的叢集，以及處理所有程式庫、語言、資料庫與文件庫的設定。我們也使用 Fabric 這種 Python 工具在命令列上執行任意的任務。在程式碼中定義伺服器有許多好處，包括可以和生產環境完全相同、控制組態版本、將所有東西放在一起。它也可以當成叢集的設定與依賴項目的文件。

我們的開發方法

我們的目標是讓專案的新人盡可能輕鬆且快速地加入程式，以及自信地進行部署。我們使用 Vagrant 在本地的系統（在一個與生產環境完全相同的虛擬機器裡面）組建複雜的部分。新人只要使用簡單的 vagrant up 就可以設定他們的工作所需的所有依賴項目了。

我們用敏捷的方式工作，一起規劃，討論架構決策，以及決定任務評估共識。對於 SoMA，我們決定在每次衝刺（sprint）時，都至少加入幾個修正「技術債務」的工作。我們也會幫系統進行記錄（我們最終建立一個 wiki 來存放這個不斷擴展的專案的所有知識）。團隊成員會在完成每一項任務之後互相檢查彼此的程式碼，以進行健全性檢測，提出回饋，以及了解將要被加入系統的新程式。

良好的測試套件可協助大家相信任何變更都不會破壞既有的功能。整合測試在 SoMA 這種由許多元件組成的系統中非常重要。我們可以用預備環境來測試新程式碼的性能，特別是在 SoMA 上，我們必須使用在生產環境中看到的大型資料組來進行測試才可以發現問題並加以處理，因此經常需要在單獨的環境中重新產生大量的資料。Amazon 的 Elastic Compute Cloud（EC2）為我們提供進行這項工作的彈性。

維護 SoMA

SoMA 系統會持續運行，它使用的資訊量每天都在增長。我們必須考慮資料串流的峰值、網路問題，以及它依靠的第三方服務供應商的任何問題。因此，為了讓我們更輕鬆，SoMA 被設計成可在任何可能的情況下自我修復。多虧有 Circus，崩潰的程序可以恢復運作，並且在它們退出的地方重新執行它們的任務。任務需要排隊等待，直到有程序可以處理它為止，在系統恢復正常時，我們也提供足夠的喘息空間來堆積任務。

我們使用 Server Density 來監控眾多 SoMA 伺服器。它很容易設定，但功能非常強大。只要有問題可能發生，職班的工程師就可以透過電話收到 push 訊息，以便及時做出回應，確保它不會變成真正的問題。使用 Server Density 也可以讓我們用 Python 非常輕鬆地編寫自訂的外掛，例如，用來設定某些 Elasticsearch 行為的即時警報。

給工程師的建議

最重要的是，對於即將部署到即時環境的東西能否完美的工作，你和你的團隊必須具備信心並放心。要做到這一點，你必須逆向工作，把時間花在可以讓你有舒適感的所有系統元件上。簡化部署程序，使用預備環境來以真實的資料測試性能，確保你有優良的、高覆蓋率、可靠的測試組，推行一套將新程式加入系統的流程，並且確保技術債務可被盡快解決，不要拖延。你的技術基礎設施與改善流程越完善，你的團隊就越開心，並能夠成功地設計出正確的解決方案。

如果沒有堅實的程式基礎與生態系統，任由商業決策迫使你寫出程式，你只會做出有問題的軟體。你有責任拒絕提議，並挪出時間來逐步改善程式碼以及發表作品所需的測試與操作。

利用 RadimRehurek.com 來讓深度學習展翅高飛（2014）

Radim Řehůřek（*radimrehurek.com*）

當 Ian 請我為這本書撰寫關於 Python 與優化的「實戰經驗」時，我們立刻想到「告訴他們你是怎麼讓 Python 移植版跑得比 Google 的 C 原始程式還要快的！」。這是一個關於製作機器學習演算法的激勵故事，它是 Google 的深度學習典範，比初淺的 Python 實作快 12,000 倍。任何人都可以寫出糟糕的程式，然後大肆宣揚他大規模提高它的速度。但是優化後的 Python 移植版跑得比 Google 的團隊寫出來的原始程式快將近四倍，這是令人吃驚的成果！也就是說，它比不透明、經過緊密剖析且優化的 C 還要快四倍。

但是在介紹「機器等級」的優化課程之前，我們先來了解一些關於「人類等級」優化的一般性建議。

甜蜜點

我經營一家專注於機器學習的小型諮詢公司，在那裡，我們的工作是協助企業了解混亂的資料分析世界，來幫助他們賺錢或節省成本（或兩者兼得）。我們協助顧客設計與建構奇妙的資料處理系統，尤其是文字資料。

我們的顧客包括大型跨國公司與新興的初創企業，雖然每一個專案都不相同，而且需要將不同的技術堆疊插入顧客既有的資料流與管線，但 Python 顯然是最受歡迎的語言。我不想像唱詩班一樣說教，但 Python 精打細算的開發理念、可擴展性以及豐富的程式庫生態系統確實讓它成為理想的選擇。

首先，這是「來自戰場」的一些行得通的想法：

溝通、溝通、溝通

這一點很易懂，但值得再三重複。在更高的（商務）層面上理解顧客的問題再決定方法。坐下來談談他們認為自己需要什麼東西（根據他們對結果的部分認知，以及（或）聯絡你之前用 Google 查詢到的東西），直到他們明白真正的需求，沒有廢話與成見為止。請事先就成果的驗收方式取得共識。我喜歡將這段過程想成一條漫長且曲折的道路：找出正確的起點（定義問題、可用的資料來源）、找出正確的終點（評估、解決方案的優先順序），以及找出這兩點之間的路徑。

尋找有前景的技術

如果有一種新興技術已被很多人了解、足夠穩健，而且越來越受到矚目，雖然它在業界仍然相對不透明，但它也可以為顧客（或你自己）帶來巨大的價值。舉例來說，幾年前，Elasticsearch 還是個鮮為人知而且不太成熟的開源專案。我們認為它的做法很可靠（建構於 Apache Lucene 之上，提供複製、叢集分片等），並且將它推薦給顧客。因此，我們以 Elasticsearch 為核心建構了一個搜尋系統，與其他的備選方案（大型商業資料庫）相比，它為顧客節省了大量的授權、開發和維護費用。更重要的是，藉著使用新的、靈活的、強大的技術，那個產品獲得了巨大的競爭優勢。如今，Elasticsearch 已經進入企業市場，無法帶來任何競爭優勢了──所有人都已經認識並使用它了。掌握時機就是我所說的「甜密點」，將價值／成本比率最大化。

KISS（*Keep It Simple, Stupid!*）

這是另一個顯而易見的建議。最好的程式就是不需要編寫與維護的程式。先做出簡單的東西，在必要時才進行改善與迭代。我們更喜歡遵守 Unix 哲學「do one thing, and do it well」的工具。或許宏偉的程式設計框架很吸引人，因為它將所有可以想像的東西都放在同一個屋簷下，並將它們整潔地結合在一起。但是不可避免的是，你遲早需要宏偉的框架想像不到的東西，於是即使是看起來很簡單（在概念上）的修改也會變成一場惡夢（在編程上）。大型專案與它們包羅萬象的 API 往往會被它們自己的重量壓垮。使用模組化、專注一個主題的工具，並且在它們之間盡量使用小型且簡單的 API。除非性能另有規定，否則使用容易進行視覺檢查的文字格式。

在資料管線中手動檢測健全性

在優化資料處理系統時，我們很容易停在「二進制思維」模式，使用緊密的管線、高效的二進制資料格式，以及壓縮的 I/O。當資料以不可見的形式穿越系統，並且沒有被檢查過（除了它的型態），它就會維持不可見，直到某件事完全爆炸為止。然後就要除錯了。我建議在程式中插入一些簡單的 log 訊息，展示資料在各個內部處理點的樣子——這種做法很普通，只要使用類似 Unix 的 head 命令的做法，選擇一些資料點並將它視覺化。這不僅可以協助處理上述的除錯，用人類看得懂的格式查看資料也會經常出現「靈光一閃」的時刻，即使是在一切看起來都很順利的時候。奇怪的標記！他們答應輸入都用 latin1 來編碼的！使用這種語言的文件是怎麼出現在那裡的？圖像檔跑到預期收到和解析文字檔的管線了！這些見解往往超出自動型態檢查或固定的單元測試所能提供的範圍，可暗示超出元件邊界的問題。真實世界的資料很混亂。就算是不一定會導致例外或明顯錯誤的東西也必須及早發現。寧可過於仔細也不要冒著犯錯的危險。

謹慎地審查潮流

僅僅因為顧客一直聽到關於 X 的事情而說他們也要擁有 X 不代表他們真的需要它。這可能是個行銷問題，而不是技術問題，所以小心辨別兩者，並相應地提供服務。X 會隨著炒作浪潮的來去而改變，最近的 X = 大數據。

好了，我們談了很多關於商業的東西——接下來是我如何用 Python 讓 *word2vec* 跑得比 C 還要快。

優化的教訓

word2vec（*https://oreil.ly/SclZ0*）是一種深度學習演算法，可用來偵測相似的單字與句子。因為它在文字分析與搜尋引擎優化（SEO）有許多有趣的應用，再加上 Google 的品牌光環，讓許多初創企業與企業爭先恐後地使用這項新工具。

不幸的是，可用的程式碼只有 Google 本身製作的，以及開源的、以 C 寫成的 Linux 命令列工具。這是一個優化做得很好，但非常難以使用的作品。我決定將 word2vec 移植至 Python 的主要原因是為了將 word2vec 擴展至其他平台，讓它更容易為了顧客而進行整合及擴展。

在此不討論相關的細節，不過 word2vec 需要一個訓練階段，使用大量的輸入資料來產生實用的相似模型。例如，Google 的人曾經用 word2vec 來處理他們的 GoogleNews 資料組，用大約 1,000 億個單字來訓練。這種規模的資料組顯然無法放入 RAM，所以必須採取具備記憶體效率的方案。

我寫了一個機器學習程式庫，gensim（*https://oreil.ly/6SYgs*），它要解決的正是那種記憶體優化問題：資料組已經不可忽視（「忽視」代表可完全放入 RAM 的所有東西），但還沒有大到需要使用 petabyte 等級的 MapReduce 電腦叢集的地步。這個「terabyte」問題範圍適用於大多數的實際情況，包括 word2vec。

我們的部落格有詳細的說明（*http://bit.ly/RR_blog*），以下是一些優化的重點：

將你的資料串流化，注意你的記憶體

一次取得與處理一個輸入資料點，以維持小的、固定的記憶體使用量。你可以為了提升性能在內部將串流化的資料點（在 word2vec 的例子中是句子）組成更大型的批次（例如一次處理 100 個句子），但是在高層面上，串流化 API 已被證實是強大且靈活的抽象。Python 語言可以非常自然且優雅地支援這種模式，使用它內建的產生器——這真的是個優美的問題／技術組合。不要使用會將所有東西都放入 RAM 的演算法或工具，除非你知道你的資料永遠都很小，或你不介意稍後再自行重新製作生產版本。

利用豐富的 *Python* 生態系統

我先將易讀的、簡潔的 word2vec 版本移植到 numpy 裡面，本書的第 6 章深入介紹 numpy，簡單地提示一下，它是個了不起的程式庫，是 Python 科學社群的基石，以及 Python 數字運算的事實標準。利用 numpy 的強大陣列介面、記憶體存取模式，以及進行超快速通用向量運算的 BLAS 程式可以寫出簡明、快速的程式，這種程式比原生的 Python 程式快好幾百倍。通常我會在這個階段結束工作，但「幾百倍快」仍然比 Google 優化的 C 版本慢 20 倍，所以我得繼續努力。

分析與編譯熱點

word2vec 是一個典型的高性能計算 app，在它裡面的一個內部迴圈內的幾行程式占了整個訓練執行時間的 90%。我在這裡用 C 重寫了一個核心常式（大約有 20 行），用外部的 Python 程式庫 Cython 來作為黏合劑。雖然 Cython 的技術很出色，但我認為它在概念上不是個特別方便的工具——它基本上就像學習另一種語言，不直觀地混合 Python、numpy 與 C，有它自己的警誡點與怪癖。但是在 Python 的 JIT 技術成熟之前，Cython 應該是最好的選擇。使用以 Cython 編譯的熱點，現在 Python *word2vec* 移植版的性能已經與原始的 C 程式並駕齊驅了。從一個乾淨的 numpy 版本開始做起的另一個好處是，與較慢但正確的版本相比，我們可以免費進行正確性測試。

知道你的 *BLAS*

numpy 有個簡潔的特性在於它在內部包裝了 Basic Linear Algebra Subprograms（BLAS）。它們是一組低階的常式，是由處理器製造商（Intel、AMD 等）直接以組合語言、Fortran 或 C 來優化的，設計上是為了從特定的處理器架構壓榨出最大性能。例如，呼叫 axpy BLAS 計算 vector_y += scalar * vector_x 的速度比一般的編譯器為等效顯性 for 迴圈產生的快得多。用 BLAS 操作來表達 *word2vec* 訓練程序可以再提升 4 倍的速度，優於 C 的 *word2vec* 的性能。勝利！公平地說，C 程式碼也可以連接 BLAS，所以這不是 Python 本身的固有優勢，numpy 只是突顯這種事情，並且讓它們更容易被利用。

平行化與多核心

gensim 裡面有一些演算法的分散式叢集實作。對於 *word2vec*，我選擇在一台電腦上使用多執行緒，因為它的訓練演算法有細膩的性質。使用執行緒也可以讓我們避免 Python 的多程序帶來的 fork-without-exec（分支而不執行）POSIX 問題，尤其是在與某些 BLAS 程式庫一起使用時。因為我們的核心常式已經在 Cython 裡面了，所以我們可以解開 Python 的 GIL（全域解譯器鎖，見第 173 頁的「在一台電腦上，使用 OpenMP 來將解決方案平行化」），它通常會讓 CPU 密集型任務的多執行緒毫無用處。我們再加快 3 倍速度，在一台有四顆核心的電腦上。

靜態記憶體配置

此時，我們每秒可以處理上萬個句子。因為訓練如此之快，即使是建立一個新的 numpy 陣列（為每個串流化的句子呼叫 malloc）這種小事都會降低速度。解決方案是預先配置靜態的「工作」記憶體，並傳遞它，用古老的 Fortran 方式，想到它讓我熱淚盈眶。這裡的教訓就是在乾淨的 Python 程式中盡量編寫紀錄（bookkeeping）與 app 邏輯，並且讓優化的熱點維持簡潔。

針對特定問題的優化

原始的 C 實作有特定的微型優化，例如將陣列與特定的記憶體邊界對齊，或是預先計算某些函式，放入記憶體查詢表中。雖然它們曾經很流行，但因為今日的 CPU 指令管線、記憶體快取層次結構和協處理器非常複雜，這種優化已經沒有明顯的好處了。雖然仔細地分析程式可以再稍微改善速度，但是它或許不值得用額外的程式複雜性來換取。重點：使用註記與分析工具來彰顯優化欠佳的地方。運用你的領域知識來使用近似演算法，用準確度換取性能（或反過來）。但千萬不要迷信；進行分析，最好使用真正的生產環境資料。

結論

在適當的地方進行優化。根據我的經驗，再怎樣溝通都無法百分之百確定問題的範圍、優先順序，以及顧客的商務目標——也就是完成「人類等級」的優化。確保你提出的問題是真正重要的，不要為了它而迷失在「極客的工作」中。當你捲起袖子準備工作時，請確保那項工作是值得的！

Lyst.com 的大規模生產化機器學習（2014）

Sebastjan Trepca（*lyst.com*）

Lyst.com 是一家總部位於倫敦的新潮產品推薦引擎，每個月都有超過 200 萬位用戶透過 Lyst 的抓取、清理與建模程序來了解新潮產品。該公司成立於 2010 年，目前已獲得 2,000 萬美元的投資。

Sebastjan Trepca 是它的技術創始人與 CTO，他使用 Django 創造這個網站，且團隊使用 Python 來快速測試新想法。

自從 Lyst 創立以來，Python 與 Django 都是這個網站的核心。隨著內部專案的發展，有些 Python 元件已經被換成其他的工具與語言，來適應系統日益成熟的需求。

叢集設計

Lyst 在 Amazon EC2 運行叢集。它總共大約有 100 台電腦，包括最近的 C3 實例，具備優良的 CPU 性能。

它用 Redis 與 PyRes 來實作佇列與儲存參考資訊。主要的資料格式是 JSON，以方便人們理解，並且用 supervisord 來維持程序的運行。

Lyst 使用 Elasticsearch 與 PyES 來檢索所有的產品。Elasticsearch 叢集在七台電腦上儲存 6,000 萬個文件。Lyst 研究過 Solr，但是因為它缺少即時更新功能，所以被捨棄。

在快速發展的初創企業中的程式演進

我們最好可以編寫能夠快速實現的程式碼，以便快速測試商業想法，而不是在第一回合就試著花很長的時間編寫「完美的程式」。如果程式可用，你可以重構它，如果程式背後的想法不好，刪除它並移除功能的成本也很低。這可能會造成基礎程式過於複雜，裡面有許多被四處傳遞的物件，但只要團隊花時間重構對公司有用的程式碼，這個缺點是可以接受的。

Lyst 大量使用 docstring，我們曾經試著使用外部的 Sphinx 文件系統，但因為只想要閱讀程式碼而捨棄它。我們也使用 wiki 來記錄程序與較大型的系統。我們也開始建立非常小型的服務，而不是把所有東西都放在一個基礎程式中。

建構推薦引擎

我們最初使用 Python 來編寫推薦引擎，使用 numpy 與 scipy 來進行計算。隨後，我們使用 Cython 來提升推薦引擎的性能關鍵部分的速度。核心的矩陣分解操作完全以 Cython 編寫，在速度方面有一個數量級的改善。這主要是由於我們能夠在 Python 中編寫可以高性能處理 numpy 陣列的迴圈，這種迴圈在純 Python 裡面非常緩慢，而且被向量化之後的性能非常糟糕，因為它需要在記憶體裡面儲存 numpy 陣列的副本。這種情況的罪魁禍首是 numpy 繁複的檢索機制，它總是會製作被切片的陣列資料副本：如果不需要或不打算複製資料，Cython 迴圈就會快很多。

隨著時間的過去，我們將系統的線上元件（負責在有人請求的時候計算建議）整合成搜尋元件，Elasticsearch。在這個程序中，它們被轉換成 Java 來與 Elasticsearch 進行完全整合。這樣做的原因主要不是為了提升性能，而是因為將推薦引擎與搜尋引擎的全部功能整合在一起，可讓我們更輕鬆地將商業規則應用在推薦中。Java 元件本身非常簡單，主要進行高效的稀疏向量內部積。比較複雜的離線元件仍然是用 Python 寫的，使用 Python 科學堆疊（大部分是 Python 與 Cython）的標準元件。

根據我們的經驗，Python 不僅是原型語言，它也很有用：numpy、Cython 與 weave（和最近的 Numba）等工具可讓我們在性能關鍵的部分獲得很棒的性能，同時維持 Python 的清楚與表達性，而低階的優化可能導致相反的情況。

回報與監控

我們用 Graphite 來製作報告。目前我們可以在部署後親眼看到性能的退化，所以很容易深入研究詳細的事件報告，或是將鏡頭拉遠來查看網站行為的高階報告，在必要時加入與移除事件。

在內部，我們正在設計一個更大型的性能測試基礎設施。它將會納入代表性資料與用例，以便正確地測試網站的新版本。

我們也會讓少量的實際訪客在預備網站上查看最終的部署版本——如果有 bug 或性能退化被發現，它們只會影響少量的訪客，而且我們可以快速撤回這個版本。這可以大大降低部署 bug 的成本與問題。

我們用 Sentry 來 log 與診斷 Python stack trace。

我們用 Jenkins 與 in-memory 資料庫組態來進行持續整合（CI）。如此一來，我們可以進行平行化的測試，因此 check-in 可以快速地讓開發人員看到任何 bug。

一些建議

用良好的工具來追蹤程式的效用非常重要，而且從一開始就非常實用。初創公司會不斷變化，工程方法也會不斷演變：你會從極具試探性的階段開始，一直建構原型、刪除程式碼，直到挖到金礦，然後你會開始往更深的地方挖掘，改善程式、性能等等。在那之前，一切的重點都是關於快速迭代，與優良的監控 / 分析機制。這是老生常談的標準建議，但我認為很多人並沒有真正意識到它的重要性。

我認為現在技術已經沒那麼重要了，所以請使用對你有用的東西。不過，在遷移到 App Engine 或 Heroku 等代管環境之前，我會再三考慮。

在 Smesh 進行的大規模社群媒體分析（2014）

Alex Kelly（*sme.sh*）

Smesh 生產的軟體可以從網路上的各種 API 中獲得資料，過濾、處理與聚合它，再使用那些資料為各種顧客量身訂製 app。例如，我們提供支援 Beamly 的第二螢幕 TV app 中的推文過濾與串流的技術、為行動網路 EE 運行一個品牌與活動監控平台，以及為 Google 運行一大堆 Adwords 資料分析專案。

為了做這些事情，我們執行各式各樣的串流與輪詢服務，經常輪詢 Twitter、Facebook、YouTube 與許多其他服務，以獲取內容，以及每天處理數百萬個推文。

Python 在 Smesh 的角色

我們廣泛地使用 Python —— 大部分的平台與服務都是用它來建構的。因為它有各式各樣的程式庫、工具與框架，使得我們在大部分的工作中使用它。

這種多樣性讓我們能夠為工作（希望）挑選正確的工具。例如，我們曾經使用 Django、Flask 與 Pyramid 來建構 app。每一種工具都有它的好處，我們也可以挑選適合手頭任務的工具。我們用 Celery 來完成任務，用 Boto 來與 AWS 互動，用 PyMongo、MongoEngine、redis-py、Psycopg 等來滿足所有資料需求。這種案例不勝枚舉。

平台

我們的主要平台是由一個 Python 中央模組組成的，它為資料輸入、過濾、聚合與處理提供掛勾，也提供各種其他核心功能。專案專屬的程式會從核心匯入功能，然後根據各個 app 的需要，實作較具體的資料處理與視圖邏輯。

對我們而言，它到目前為止的表現很好，可讓我們不需要做太多重複的工作即可建構相當複雜的 app，可吸收與處理來自各種來源的資料。然而，它不是沒有缺點 —— 每一個 app 都依賴同一個核心模組，所以我們的主要工作是在那個模組裡面更改程式，以及讓所有 app 使用它的最新版本。

我們正在重新設計那個核心軟體，並傾向使用比較屬於服務導向結構（SoA）的做法。在平台成長的過程中，尋找合適的時間進行這種架構變更應該是大多數軟體團隊面臨的挑戰之一。將元件做成單獨的服務需要額外的成本，而且建構各個服務所需的深層領域知識只能在最初的開發迭代獲得，在這種情況下，那項架構成本是解決實際問題的障礙。希望我們選擇了合理的時機來重新審視架構選項，以推動事務往前發展。時間會證明一切。

高性能即時字串比對

我們從 Twitter Streaming API 接收大量資料。當我們接收推文串流時，我們會拿輸入字串與一組關鍵字比對，以便得知各個推文與我們追蹤的哪些詞彙有關。如果輸入速度很低，或關鍵字很少，這不是什麼大問題，但是每秒用上百或上千個關鍵字來比對上百個推文就是個麻煩的問題了。

更棘手的是，我們不僅關心關鍵字有沒有在推文裡面，也會對單字邊界、行首與行尾進行更複雜的模式比對，而且可能在字串的開頭使用 # 與 @ 字元。封裝這種比對知識最有效的方法，是使用正規表達式。但是，每秒對上百條推文執行上千個 regex 模式需要執行大量的計算。以前，我們必須在一個電腦叢集上執行許多 worker 節點，以即時可靠地執行比對。

發現它是系統的主要性能瓶頸之後，我們嘗試了各種方法來提高比對系統的性能：簡化 regex、執行足夠的程序來確保我們利用了伺服器的所有核心、確保所有的 regex 模式都被正確地編譯並快取、在 PyPy 之下執行比對工作，而不是 CPython 等。雖然每一種方法都可以稍微提升性能，但顯然這些方法只能縮短一點處理時間。我們尋找的是數量級的加速，不是分數級的改善。

顯然我們必須在執行模式比對之前縮小問題空間，而不是試著提升各項比對的性能。所以我們要降低推文或程序的數量，或比對推文所需的 regex 模式數量。我們不能刪除收到的推文，因為它是我們感興趣的資料。所以我們設法減少比對推文所需的模式數量。

我們開始研究各種 trie 結構，以便更高效地在各組字串之間進行模式比對，直到遇到 Aho-Corasick 字串比對演算法。它對我們的用例而言是理想的選擇。用來建構 trie 的字典必須是靜態的——你無法在自動機（automaton）完成之後，對著 trie 加入新成員——但是對我們而言，這不是問題，因為關鍵字集合在 Twitter 串流對話（session）期間是靜態的。當我們更改想要追蹤的術語時，我們必須切斷與 API 的連線再重新連接它，所以我們可以在同一時間重新建構 Aho-Corasick trie。

使用 Aho-Corasick 用字串處理輸入可以同時找到所有可能的匹配，遍歷輸入字串，一次一個字元，並且在 trie 的下一層找到匹配的節點（或找不到，因為情況可能如此）。因此我們可以非常快速地發現哪些關鍵字可能在推文裡面，儘管還無法完全確定，因為 Aho-Corasick 的純「字串之中的字串（string-in-string）」的比對無法讓我們套用 regex 模式封裝的複雜邏輯，但我們可以將 Aho-Corasick 比對當成前期過濾器。在字串中不存在的關鍵字不可能匹配，所以我們知道，我們只需要嘗試所有的 regex 模式裡面的一小組，根據出現在文字中的關鍵字。我們不需要對每個輸入評估成千上百個 regex 模式，而是排除大多數，只需要對每個推文處理少數幾個。

藉著將我們想要對著各個進來的推文比對的模式的數量降為少數幾個，我們成功地實現了我們期待的加速。根據 trie 的複雜度與輸入推文的平均長度，現在關鍵字比對系統的執行速度比最初的簡單做法快 10–100 倍。

如果你正在執行大量的 regex 處理，或其他模式比對，我強烈建議深入研究前綴與後綴 trie 的各種變體，這或許可以協助你找到快速的解決方案。

回報、監控、除錯與部署

我們維護了許多不同的系統，它們運行著 Python 軟體，與支持這些軟體的基礎設施。讓它們都正常運行並且不被中斷是很麻煩的事情。以下是我們一路上學到的經驗。

擁有觀察系統內部的即時和歷史情況的能力非常有幫助，無論是在你自己的軟體裡面，還是在運行它的基礎設施之中。我們使用 Graphite 以及 collectd 和 statsd 來繪製漂亮的圖表以說明發生的情況。我們可以從中發現趨勢，並且回溯分析問題來找到根本原因。雖然我們還沒有開始使用 Etsy 的 Skyline，但它看起來也很出色，當你有許多指標無法追蹤時，可以用它發現意外情況。Sentry 是另一種實用的工具，這個很棒的系統可以記錄事件，並且追蹤電腦叢集之間發出的例外。

部署可能是很痛苦的事情，無論你採取什麼方法。我們用過 Puppet、Ansible 與 Salt。它們各有優缺點，也都無法神奇地解決複雜的部署問題。

為了讓一些系統保持高妥善率，我們運行許多分散在不同地理位置的基礎設施叢集，讓一個系統上線運行，將其他的系統當成熱備用系統，藉著用低存活時間（TTL）值來更新 DNS 以進行切換。顯然這件事不一定那麼簡單，尤其是當你有嚴格的資料一致性限制的情況下。幸好，我們沒有受到太嚴重的影響，所以這種做法相對簡單。它也可讓我們執行非常安全的部署策略，我們可以先更新其中一個備用叢集，先進行測試再讓它上線，再更新其他的叢集。

與其他人一樣，我們非常期待 Docker（*http://www.docker.com*）可實現的前景。與幾乎所有人一樣，我們仍然處於把玩它來找出如何在部署流程中使用它的階段。但是，能夠用輕量且可重現的方式快速部署軟體，同時納入它的所有二進制依賴項目與系統程式庫的日子似乎就在眼前。

在伺服器級別，我們用一大堆例行公事來讓工作更輕鬆。Monit 很適合幫你盯緊事態。Upstart 與 supervisord 可讓你更輕鬆地運行服務。如果你沒有使用完整的 Graphite/collectd 設定，Munin 很適合用來進行一些快速且簡單的系統級繪圖。而 Corosync/Pacemaker 是橫跨節點叢集執行服務的好方案（例如，當你有一堆服務需要在某個地方運行，而不是在每一個地方時）。

我試著不是只在這裡列出一堆術語，希望告訴你我們每天都在使用的軟體，它們確實對有效地部署與運行系統造成很大的影響。如果你已經聽過這些知識，我相信你一定還有很多其他實用的小技巧想要分享，請寫封信給我提供一些建議。如果沒有，研究一下它們，希望其中的一些可以像幫助我們一樣幫助你。

用 PyPy 來製作成功的 web 與資料處理系統（2014）

Marko Tasic（*https://github.com/mtasic85*）

由於我在早期有很好的 PyPy 使用經驗，所以我們選擇在任何可以使用它的地方使用它。我曾經在速度很重要的小型玩具專案到中型的專案用過它。我使用它的第一個專案是個協定實作專案，我們當時實作的協定是 Modbus 與 DNP3。後來，我用它製作一個壓縮演算法，所有人都被它的速度嚇到了。如果我沒記錯的話，我在生產環境中使用的第一個版本是 PyPy 1.2，它具備現成的 JIT。在第 1.4 版時，我們確信它是我們的所有專案的未來，因為許多 bug 都被修復了，它的速度也越來越快。讓我們驚訝的是，只要將 PyPy 升級至下一個版本，它就可以將簡單的案例提高 2–3 倍的速度。

接下來我要解釋兩個不同但密切相關的專案，它們共用 90% 的相同程式碼，但是為了更方便解釋，我將它們都稱為「專案」。

這個專案的目的是建立一個收集報紙、雜誌、部落格的系統，它會視情況使用光學字元辨識（OCR），對它們進行分類、翻譯、執行情感分析、分析文件結構，以及檢索它們以供未來搜尋。用戶可以用任何可用的語言來搜尋關鍵字，取得關於被檢索的文件的資訊。搜尋是跨語言的，所以用戶可以使用英文來取得法文的結果。此外，用戶可以從文件頁面上收到被特別標示的文章與關鍵字，裡面有關於它占用的空間與出版價格之類的資訊。它的進階案例之一就是產生報告，用戶可以看到結果的表格畫面，裡面有關於某個公司在報紙、雜誌與部落格上投放的廣告的詳細資訊。除了廣告之外，它也可以「猜測」一篇文章是付費發表的還是客觀的評論，並決定文章的基調。

先決條件

顯然地，PyPy 是我們最喜歡的 Python 實作。我們讓這個資料庫使用 Cassandra 與 Elasticsearch，讓快取伺服器使用 Redis。我們將 Celery 當成分散式任務佇列（worker），並且用 RabbitMQ 來實作它的中間人（broker）。我們將結果存入 Redis 後端。後來，Celery 將 Redis 專門用於中間人與後端。我們使用的 OCR 引擎是 Tesseract，語言翻譯引擎與伺服器是 Moses。我們使用 Scrapy 來爬網。我們用 ZooKeeper 來處理整個系統的分散鎖（distributed lock），但原本使用 Redis。這個 web app 以優秀的 Flask web 框架及其擴展程式（例如 Flask-Login、Flask-Principal 等）為基礎。我們在每一台 web 伺服器上使用 Gunicorn 與 Tornado 來代管 Flask app，並使用 nginx 作為 web 伺服器的反向代理伺服器。其餘的程式碼都是我們編寫的，而且是在 PyPy 之上運行的純 Python。

整個專案都放在內部的 OpenStack 私用雲端上，根據需求執行 100 至 1,000 個 ArchLinux 實例，數量可以動態更改。整個系統每 6–12 個月就需要使用 200 TB 的儲存空間。除了 OCR 與翻譯之外，所有的處理都是用我們的 Python 程式完成的。

資料庫

我們為 Cassandra、Elasticsearch 與 Redis 開發了一個 Python 程式包來統一模型類別。它是個簡單的物件關係對映器（ORM），可將所有東西對映至一個字典或串列或多個字典（要從資料庫取出多筆紀錄時）。

因為 Cassandra 1.2 無法對著索引執行複雜的查詢，我們用連接式（join-like）查詢來支援它們。但是，我們允許對小型資料組（4 GB 以下）進行複雜的查詢，因為大部分的工作都必須在記憶體內處理。PyPy 甚至可在 CPython 無法將資料載入記憶體的情況下執行，這要歸功於它為了讓同質性串列在記憶體中更緊湊而採取的策略。使用 PyPy 的另一個好處是，它會在迴圈內有資料操作或分析時執行 JIT 編譯。我們在迴圈內保持使用靜態的型態，因為這是 JIT 編譯的程式碼的效果特別好的地方。

我們用 Elasticsearch 來檢索與快速搜尋文件。當查詢很複雜時，它非常靈活，所以我們在使用它時沒有遇到任何大問題。我們曾經遇到一個與更新文件有關的問題，它不是為了快速改變文件而設計的，所以我們不得不把那個部分遷移到 Cassandra。另一個限制與資料庫實例需要的記憶體有關，但解決它的方法是使用更小型的查詢，然後在 Celery worker 裡面手動處理資料。PyPy 與用來與 Elasticsearch 伺服器池互動的 PyES 程式庫都沒有出現什麼重大的問題。

web app

如前所述，我們使用 Flask 框架與它的第三方擴展程式。最初，我們在 Django 內做所有事情，但由於需求快速變化，我們換成 Flask。這不代表 Flask 比 Django 更好，而是對我們來說，在 Flask 裡面的程式比在 Django 裡面的更容易理解，因為它的專案布局（layout）非常靈活。我們曾經將 Gunicorn 當成 Web Server Gateway Interface（WSGI）HTTP 伺服器使用，並用 Tornado 執行它的 I/O 迴圈。如此一來，我們的每台 web 伺服器最多有 100 個並行連結。這個數量比預期的更低，因為許多用戶查詢花費很長的時間——我們需要在用戶請求裡面進行很多分析，而且資料是在用戶互動時回傳的。

最初，web app 使用 Python Imaging Library（PIL）來突出顯示文章與單字。我們在使用 PIL 程式庫與 PyPy 時遇到一些問題，因為當時有許多記憶體漏失都與 PIL 有關。後來我們換成 Pillow，它的維護頻率比較高。最後，我們寫了一個透過子程序模組來與 GraphicsMagick 互動的程式庫。

PyPy 運行得很好，它的表現與 CPython 相當。這是因為通常 web app 都是 I/O-bound 的。但是，隨著 PyPy 中的 STM 的發展，我們希望很快就能在多核心實例級別上實現可擴展的事件處理機制。

OCR 與翻譯

我們為 Tesseract 與 Moses 寫了純 Python 程式庫，因為我們在與 API 有關的 CPython 擴展方面遇到問題。 PyPy 藉由 CPyExt 為 CPython API 提供很好的支援，但我們希望更仔細地控制底層發生的事情。因此，我們製作了一個與 PyPy 相容的解決方案，它比 CPython 略快一些。它無法更快的原因是大部分的處理工作都是在 Tesseract 與 Moses 的 C/C++ 程式裡面進行的。我們只能加快處理輸出的速度，並建構文件的 Python 結構。在這個階段，PyPy 相容性沒有什麼大問題。

工作分配與 worker

Celery 可讓我們在幕後執行多個任務。典型的任務有 OCR、翻譯、分析等。雖然所有的事情都可以使用 Hadoop 的 MapReduce 來完成，但我們選擇 Celery，因為我們知道專案的需求會經常改變。

我們有大約 20 個 worker，每一個 worker 都有 10 至 20 個函式。幾乎所有函式都有迴圈，或許多嵌套迴圈。我們想要讓型態保持靜態，這樣 JIT 編譯器才可以完成它的工作。最終，我們用 CPython 加快 2–5 倍的速度，無法提升更多速度的原因是我們的迴圈相對較小，只有 20,000 至 100,000 次迭代。有時我們必須在單字等級上進行一些分析，此時會有 100 萬次以上迭代，此時可以提升 10 倍以上的速度。

結論

對每一個需要高速執行，而且原始碼需要具備高易讀性且易維護性的大型純 Python 專案而言，PyPy 是很棒的選擇。我們發現 PyPy 也非常穩定。我們的所有程式都是長期運行的，在資料結構裡面使用靜態與（或）同質型態，讓 JIT 可以完成它的工作。當我們測試在 CPython 之上的整個系統時，結果不出意外：在 CPython 之上使用 PyPy 提升大約 2 倍的速度。從顧客的角度來看，這意味著用同樣的代價獲得 2 倍的性能。除了 PyPy 到目前為止帶來的所有好處之外，我們希望它的軟體交換式記憶體（STM）可讓我們平行執行 Python 程式，並且擴展它。

Lanyrd.com 的任務佇列（2014）

Andrew Godwin

Lanyrd 是個利用社群來發現會議的網站——用戶登入後，我們會用他們的社交網路好友圖及其他指標，例如他們的工作行業與地理位置，來建議與他們有關的會議。

這個網站的主要任務是將這種原始資料提煉成可以顯示給用戶的東西——實質上就是個會議排行榜。我們離線做這件事，因為我們每隔幾天才會更新會議推薦清單，也因為我們接觸的外部 API 通常很慢。我們也使用 Celery 任務佇列來處理其他費時的事務，例如為用戶提供的連結抓取縮圖，以及寄出 email。在佇列裡面的任務數量每天通常都有 100,000 個以上，有時更多。

Python 在 Lanyrd 的角色

從一開始，Lanyrd 就是用 Python 與 Django 建構的，實際上，它的每一個部分都是用 Python 寫的，包括網站本身、離線處理機制、統計與分析工具、行動後端伺服器及部署系統。它是一種通用且成熟的語言，可以快速且輕鬆地寫出東西，這主要歸功於它的大量程式庫，以及易讀且簡明的語法，這意味著它很容易修改和重構，以及很容易開始編寫。

當我們演變至需要使用任務佇列時（非常早期），Celery 任務佇列已經是個成熟的專案了，而且 Lanyrd 其餘的部分已經是用 Python 寫成的了，所以它可以自然地融入。隨著我們的成長，我們需要改變它背後的佇列（最後變成 Redis），但它通常可以非常妥善地擴展。

作為一家剛起步的公司，為了獲得進展，我們不得不處理一些已知的技術債務——這是必須處理的東西，只要你知道問題是什麼，以及它們何時出現，這就不一定是件壞事。Python 在這方面有很好的彈性；它通常鼓勵元件之間的鬆耦合，這意味著你可以將某個東西換成「還過得去」的實作，並且在稍後輕鬆地將它重構成更好的。

重要的部分（例如支付程式）都必須被單元測試完整地覆蓋，但網站的其他部分與任務佇列流程（尤其是與顯示有關的程式）通常會快速變遷，因此不值得為它們編寫單元測試（它們太脆弱了）。於是，我們採取一種非常敏捷的做法，使用兩分鐘的部署時間與傑出的錯誤追蹤系統；如果有 bug 出現，我們通常可以在五分鐘之內修復並部署它。

讓任務佇列具備高性能

任務佇列的主要問題是它的傳輸量。如果它堆積了大量任務，雖然網站可以持續工作，但是會開始神秘地過期——名單無法更新、網頁內容出錯，且 email 好幾個小時無法寄出。

幸好，任務佇列也鼓勵非常具擴展性的設計；只要你的中央傳訊伺服器（在此是 Redis）可以處理任務請求與回應的傳訊開銷，在實際處理時，你可以啟動任意數量的 worker daemon 來處理負載。

回報、監控、除錯與部署

我們使用監控系統來追蹤佇列長度，如果它開始變長，我們會部署另一個有更多 worker daemon 的伺服器。Celery 可以輕鬆地做這件事。部署系統有許多掛勾，可讓我們在那裡增加 worker 執行緒的數量（如果我們的 CPU 利用率沒有到最好的情況），並且在 30 分鐘之內輕鬆地將新的伺服器轉換成 Celery worker。這與網站的回應時間降到最低的程度不一樣——如果你的任務佇列突然遇到負載尖峰，你有一些時間來進行修復，如果你有足夠的備用容量，通常它會自行恢復平穩。

給其他開發者的建議

我的主要建議是盡快且盡可能地將東西放入任務佇列（或類似的鬆耦合架構）。這需要先執行一些工程，但隨著你的成長，以前只需要半秒完成的操作可能會成長至需要半分鐘，此時你會很開心它們不會塞住你的主要算繪執行緒。完成這件事之後，密切關注佇列的平均等待時間（一個任務從送出去到完成所需的時間），並且確保有一些備用的容量可在負載增加時使用。

最後，為優先順序不同的任務安排不同的任務佇列是有意義的。寄送 email 的優先順序不會太高，大家都已經習慣需要幾分鐘才能收到 email。但是，如果你要在背景算繪縮圖，同時會顯示一個代表處理中的旋轉圖示，你就要提升那項任務的優先順序，否則你會製造糟糕的用戶體驗。你應該不想為了寄出 100,000 份郵件廣告而在接下來的 20 分鐘之內延遲網站上的所有縮圖！

索引

※ 提醒您：由於翻譯書排版的關係，部分索引名詞的對應頁碼會和實際頁碼有一頁之差。

關於作者

Micha Gorelick 是 2033 年第一位登上火星的人,因為他對於時間旅行的貢獻,他在 2056 年獲得諾貝爾獎。後來他看到人類開始濫用這些新技術,於是回到 2012 年,說服當時的自己放棄剛起步的時間旅行研究,追隨他熱愛的資料研究。此後,他共同創辦 Fast Forward Labs 這家機器學習應用研究室,寫了好幾篇關於計算倫理的論文,並且在 Wilkinsburg 協助創辦富包容性的社群空間 Community Forge。他在 2019 年共同創辦 Probable Models,這是一個倫理機器學習群組,製作了互動沉浸式遊戲 *Project Amelia*。在 2020 年,他在法國幫助 OCCRP 的記者從資料中尋找故事。你可以在 1857 年的中央公園找到紀念他一生的紀念碑。

Ian Ozsvald 是首席資料科學家與教練。他與 700 多位參與者共同組織了 PyData-London 年度會議,並且和 10,000 多位成員每月聚會。他在倫敦經營著名的 Mor Consulting Data Science 顧問公司,並且在國際會議上擔任主題演說者。他 17 年來擔任過資深資料科學主管、訓練師與團隊教練。他的興趣是與精力充沛的史賓格犬一起散步,在 Cornish 沿岸衝浪,以及品嘗好咖啡。你可以在 *https://ianozsvald.com* 找到他過往的演說與文章。

出版記事

本書封面上的動物是粗鱗矛頭蝮(fer-de-lance snake)。這個名字的法文意思是「矛之鐵」,此名主要指的是 Martinique 島的一種蛇類(*Bothrops lanceolatus*),但是牠也可以用來代表其他矛頭蝮,例如聖盧西亞矛頭蝮(*Bothrops caribbaeus*)、普通矛頭蝮(*Bothrops atrox*)與粗鱗矛頭蝮(*Bothrops asper*)。這些物種都是蝮蛇(pit viper),名稱來自牠們的眼睛與鼻孔之間的兩個感熱器官。

在美洲,被矛頭蝮咬死的人數比其他任何蛇屬還多,其中粗鱗矛頭蝮與普通矛頭蝮占了特別大的比例。在南美洲的咖啡和香蕉園裡的工人很怕被企圖捕捉囓齒動物的普通矛頭蝮咬傷。據說當易怒的粗鱗矛頭蝮不是在中美洲的河流與溪岸獨自享受日光浴時,也一樣危險。

許多 O'Reilly 封面的動物都已瀕臨絕種,牠們對這個世界來說都很重要。圖片是 Jose Marzan 根據 *Dover Animals* 的黑白雕刻繪製的。

高效能 Python 程式設計第二版

作　　者：Micha Gorelick, Ian Ozsvald
譯　　者：賴屹民
企劃編輯：蔡彤孟
文字編輯：江雅鈴
設計裝幀：陶相騰
發 行 人：廖文良

發 行 所：碁峰資訊股份有限公司
地　　址：台北市南港區三重路 66 號 7 樓之 6
電　　話：(02)2788-2408
傳　　真：(02)8192-4433
網　　站：www.gotop.com.tw
書　　號：A626
版　　次：2020 年 12 月二版
建議售價：NT$780

國家圖書館出版品預行編目資料

高效能 Python 程式設計 / Micha Gorelick, Ian Ozsvald 原著；賴
　屹民譯. -- 二版. -- 臺北市：碁峰資訊, 2020.12
　　面；　公分
　譯自：High Performance Python, 2nd ed.
　ISBN 978-986-502-658-5(平裝)
　1.Python(電腦程式語言)
312.32P97　　　　　　　　　　　　　　　　　　　109017099

讀者服務

● 感謝您購買碁峰圖書，如果您
　對本書的內容或表達上有不清
　楚的地方或其他建議，請至碁
　峰網站：「聯絡我們」\「圖書問
　題」留下您所購買之書籍及問
　題。(請註明購買書籍之書號及
　書名，以及問題頁數，以便能
　儘快為您處理)
　http://www.gotop.com.tw

● 售後服務僅限書籍本身內容，
　若是軟、硬體問題，請您直接
　與軟體廠商聯絡。

● 若於購買書籍後發現有破損、
　缺頁、裝訂錯誤之問題，請直
　接將書寄回更換，並註明您的
　姓名、連絡電話及地址，將有
　專人與您連絡補寄商品。